高职高专“十三五”规划教材

电子CAD
——Altium Designer

缪晓中　主编

化学工业出版社

·北京·

本书根据电子CAD课程实践性比较强的特点，采用理论与实践相结合的教学方法，以每章完成一个典型电路的电路图设计任务为主线，把相关知识点融入完成该任务的整个过程中，从而体现工学结合的职业教学特色。

本书共12章，主要内容包括Protel 99SE与Altium Designer软件的对比、认识Altium Designer设计环境、分立元件及模拟集成电路原理图的绘制、原理图元件库的创建、单片微处理器及接口电路较复杂原理图的绘制、AD/DA转换电路的多图纸设计、单面板的设计与制作、PCB元件封装库的创建、以贴片元件为主的PCB双面板手工布线设计等；另外，简要讲解了电路板设计中常用的IPC国际标准，使学生具有按标准设计的理念；最后以两个综合设计项目为例，分别讲解了直插式元件的电路板设计和贴片式元件的电路板设计的完整过程，培养学生电路板设计与制作的技能。

本书可作为高职高专院校电子技术、自动化技术、通信技术等相关专业教材，也可作为高等本科院校、中等专业学校相关专业的教材，还可供相关工程技术人员参考。

图书在版编目（CIP）数据

电子CAD：Altium Designer/缪晓中主编. —北京：化学工业出版社，2019.6（2025.1重印）
高职高专“十三五”规划教材
ISBN 978-7-122-34461-8

Ⅰ.①电… Ⅱ.①缪… Ⅲ.①印刷电路-计算机辅助设计-应用软件-高等职业教育-教材 Ⅳ.①TN410.2

中国版本图书馆CIP数据核字（2019）第086903号

责任编辑：王听讲　　装帧设计：韩　飞
责任校对：王鹏飞

出版发行：化学工业出版社（北京市东城区青年湖南街13号　邮政编码100011）
印　　装：北京科印技术咨询服务有限公司数码印刷分部
787mm×1092mm　1/16　印张15½　字数406千字　2025年1月北京第1版第3次印刷

购书咨询：010-64518888　　售后服务：010-64518899
网　　址：http://www.cip.com.cn
凡购买本书，如有缺损质量问题，本社销售中心负责调换。

定　　价：45.00元

前 言

本书采用的电子 CAD 工具软件是 Altium 公司（前身为 Protel 国际有限公司）的设计软件 Altium Designer。其继承了 Protel 99SE 软件全部优异的特性和功能，Altium Designer 从设计窗口的环境布局到功能切换的快捷组合按键定义，均保持了与 Protel 99SE 基本一致的要素。Altium Designer 从系统设计的角度，将软、硬件设计流程统一到单一开发平台内，电子设计工程师可以轻松地实现设计数据在某一项目设计的各个阶段（板级电路设计—FPGA 组合逻辑设计—嵌入式软件设计）无障碍地传递，不仅提高了研发效率，而且增强了产品设计的可靠性和数据的安全性。

本书采用理论与实践相结合的教学方法，以完成工程实践中典型电路的原理图、PCB 板图的顺序为主线，使学生清晰地理解电路板设计制作的整个流程，掌握原理图绘制、原理图元件创建、PCB 板绘制、PCB 元件创建等技能，并养成良好的绘图习惯。另外，根据电子技术快速发展的特点，强化贴片元件在 PCB 绘图中的应用。本书具有以下显著特色。

1. 采用 Altium Designer 新版本软件

相较之前版本，Altium Designer 16（简称 AD16）集成了新的高速信号线设计工具 xSignal，支持 DDR3/4 及高速差分信号总线设计功能；AD16 增强了交互式布线器，支持基于安全间距规则的布线空间显示功能和元器件动态位置管理功能等新的功能，而且 AD16 运行更稳定、更可靠。

2. 在职业教育国家规划教材基础上改写，继承了优点

本书主要编写者与“十二五”职业教育国家规划教材《电子 CAD——Protel 99SE》（缪晓中主编）相同，《电子 CAD——Protel 99SE》（第二版）自 2014 年由化学工业出版社出版以来，全国许多高职院校将其选用为教材，给予很高的评价，还被评为全国第二届电子信息类优秀教材一等奖，本书是在上述图书的基础上取长补短、更新软件后重新编写的，进一步发扬了优点。

（1）以完成项目为主线，突出工程实践性。以每章完成一个典型电路的电路图设计为主线，把相关知识点融入完成任务的整个过程中，让学生体验知识的有效性和实用性，提高学习兴趣。书中许多任务都是编者在长期教学与科研工作中积累和实践过的项目，得到实践的检验，体现了很强的工程实践性。书中给出了许多项目的电路安装调试方法或者控制程序，有兴趣的学生在完成绘图任务之后，还可以进行实际电路的制作与调试。

（2）注重教材内容编排的合理性和科学性。在教材内容安排上，按照电路图由简单到复杂的顺序，以及完成项目所需知识点的先后顺序安排教学内容，从而实现教材内容理论知识点安排的连贯性和科学性，使学生对 Altium Designer 软件的整体结构和内容有一个系统的理解和掌握，同时对软件的讲

解和术语的表达力求科学、准确。

3. 与全国职业院校技能大赛相结合

本书与全国职业院校技能大赛相结合，重点讲解了贴片元件在 PCB 绘图中的应用知识。本书第 9 章参考了职业院校技能大赛训练内容，采用以贴片元件为主的实例，强调贴片元件在 PCB 绘图中的应用。同时，强化 PCB 实际布线规范和手动布线技法的训练，培养学生适应企业实际岗位要求的能力。

4. 校企合作编写

在本书编写工程中，编写团队与 Altium 公司上海总部展开了紧密合作，编者们多次到 Altium 公司上海总部参加相关课程的培训学习，得到 Altium 公司的大力支持，Altium 公司还提供了许多技术资料。本书第 12 章由 Altium 公司的工程师编写，使本教材更加体现了规范性和岗位适用性。

5. 引入 IPC 国际标准

引入电路板设计的 IPC 国际标准，使学生了解 IPC 标准并具备按标准设计的理念。该部分内容由知名 PCB 设计公司提供资料并合作编写，体现了校企深度合作的成果。

本书由无锡职业技术学院缪晓中教授主编，并负责编写了第 1 章、第 5 章、第 6 章、第 9 章～第 11 章，第 2 章由缪晓中与 Altium 中国区大学项目部经理华文龙工程师合作编写，无锡职业技术学院谷永先老师编写了第 3 章，无锡职业技术学院王波老师编写了第 4 章、第 7 章，无锡职业技术学院瞿惠琴老师编写了第 8 章，华文龙编写了第 12 章。

由于水平有限，书中难免有不足之处，敬请读者批评指正！主编邮箱：yydz303@163. com。

编　者

2019 年 3 月

目 录

第1章

Protel 99SE与Altium Designer

【本章学习目标】

这章的内容是关于用户如何实现由Protel 99SE到Altium Designer的转变。

通过本章的学习，将达到以下学习目标：

◇ 了解现代电子产品设计的发展及与Altium公司电子自动化设计工具之间的联系；

◇ 掌握Protel 99SE与Altium Designer软件的差异点，以及Altium Designer软件的先进性；

◇ 掌握Altium Designer与Protel 99SE文件转换方法；

◇ 掌握Altium Designer的安装方法。

1.1 电子设计技术发展历程

1. 电子设计技术变革

在电子技术发展进入二十一世纪后，由于单位面积内集成的晶体管数急剧增加，芯片尺寸日益变小；同时，低电压、高频率、易测试、微封装等新设计技术及新工艺要求不断出现，另外，IP核复用的频度需求也越来越多，这就要求设计师不断研究新的设计工艺、运用新的一体化设计工具。

正如微处理器最初只是被开发用于增强个人计算器产品的运算能力，随后伴随着性能的增强和价格的下降，微处理的应用扩展到更广阔的领域，这也就直接引发了后来的基于微处理器的嵌入式系统取代基于分立式器件，通过物理连线组成系统的设计技术变革。而这一变革的关键并不在于微处理器件本身，而是微处理器将系统设计的重心从关注器件间连线转变到“soft”设计领域。基于这一观点，伴随着FPGA技术的发展，电子设计中更多的要素也将通过“soft”设计实现。

现代电子设计流程如图1-1所示，可以简单地分成以下两个阶段：

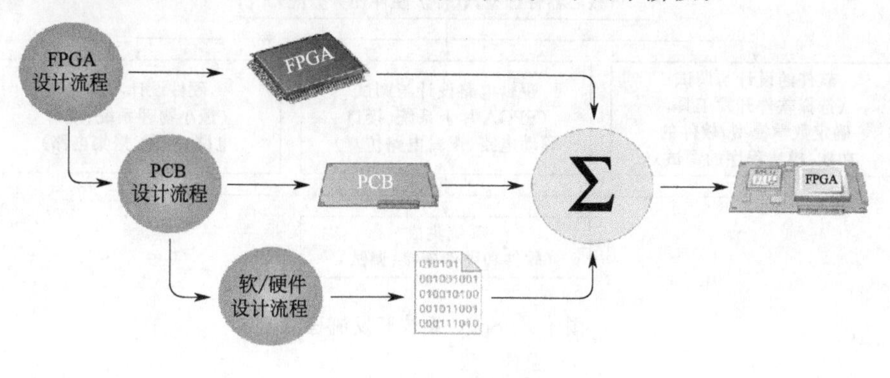

图1-1 电子设计流程

① 器件物理连线平台的设计，即 PCB 板级电路设计；

② "软"设计，即在器件物理连线平台上编程实现"智能化"。

2. 板级电路设计——Protel 99SE

20 世纪 90 年代末，基于个人电脑（PC）性能的迅速提升及微软视窗操作系统（Windows）的广泛使用，Altium 公司（原 Protel 公司）在业界率先提出了贯穿原理图设计—电路仿真—PCB 板图设计—信号完整性分析—CAM 数据输出板级电路设计完整流程的电子设计自动化（EDA）工具——Protel 99SE 版本。Protel 99SE 以可靠、易用的电路设计风格，迅速获得了全球电子设计工程师的喜爱，从工业控制到航空航天，从消费电子到医疗电子等全球不同的电子设计领域和行业，许多电子设计工程师都能熟练地应用 Protel 99SE 开发出性能卓越的板级电子设备。

Protel 99SE 的主要特点如下：

① 模块化的原理图设计；

② 强大的原理图编辑功能；

③ 完善的库元件编辑和管理功能；

④ 32 位高精度板图设计系统；

⑤ 丰富、灵活的板图编辑功能；

⑥ 强大、高效的板图布线功能；

⑦ 完备的设计规则检查（DRC）功能；

⑧ 完整的电路设计仿真功能；

⑨ 快速、可靠的 CAM 制板数据输出。

3. 现代电子产品设计——Altium Designer

纵观电子设计的发展过程，EDA 及软件开发工具成为推动技术发展的关键因素，同时，基于微处理器的软件设计和面向大规模可编程器件——CPLD 和 FPGA 的广泛应用，正在不断加速电子设计技术从硬件电路向"软"设计过渡。Altium 公司的一体化电子产品设计解决方案——Altium Designer 将帮助电子设计工程师更好地开展电子自动化设计工作，促使电子产品的设计更可靠、更高效、更安全。

物理板级电路设计、FPGA 片上组合逻辑系统设计和面向软处理器内核的嵌入式软件设计，是"软"设计 SoPC 系统开发的三个基本流程阶段，如图 1-2 所示。

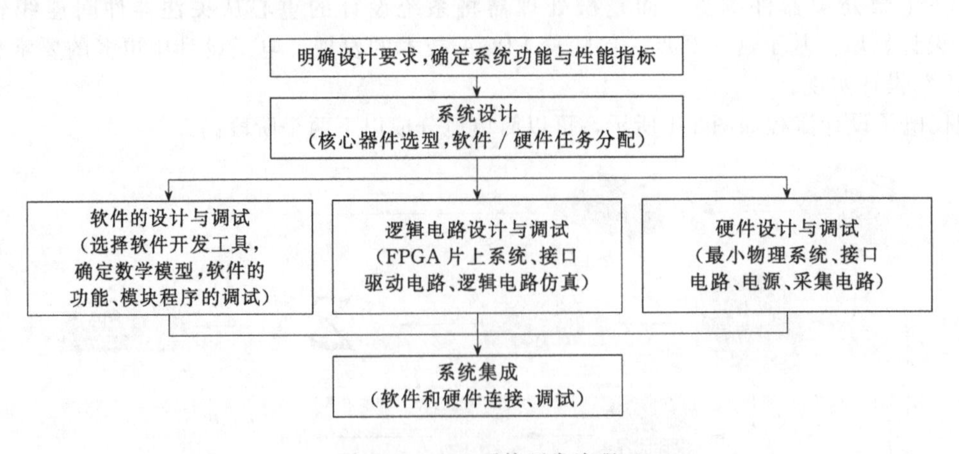

图 1-2　SoPC 系统开发流程

以"软"设计（"soft"设计）为核心的 SoPC 系统，具有结构简单、修改方便、通用性强的突出优点。Altium Designer 与当前电子设计其他工具的关键差异，就在前者相对于重新设计或设计实现后软件或固件设计更容易被移植。

通过提供用于 PCB 板图设计的高级功能和用于 FPGA 片上设计的 IP 内核，Altium 公司力图帮助每位电子产品设计者避免繁琐的元器件连线和外围接口部件设计。Altium Designer 将为设计创新提供源源不断的支持，使“soft”设计处于系统设计流程的核心地位。

1.2 Protel 99 SE 与 Altium Designer 简介

20 世纪 80 年代中叶，诞生了一家专业从事电子设计自动化技术研究和工具开发的公司——Protel。该公司推出的首个产品 Protel，能帮助电子设计师利用电子计算机在图形运算和处理特性，更高效地实现电路功能设计，同时，帮助广大的设计者将电子设计过程从价格高昂的工程机向个人电脑（PC）平台转换，加速了全球范围内电子设计技术的普及。作为全球电子设计自动化技术的领导者，Protel 公司从满足主流电子设计工程师研发需求的角度，跟踪最新的电子设计技术发展趋势，不断推陈出新。回顾电子设计软件更新历程，首个运行于微软 Windows 视窗环境的 EDA 工具——Protel 3. x，首个板级电路设计系统——Protel 99SE，首个一体化电子产品设计系统——Altium Designer，都验证了公司一贯为全球主流电子设计工程师提供最佳的电子自动化设计解决方案的产品研发理念。

① 产品技术的延续性。作为 Protel 99SE 产品后续的 EDA 工具升级版本——Altium Designer，继承了 Protel 99SE 软件全部优异的特性和功能。Altium Designer 从设计窗口的环境布局，到功能切换的快捷组合按键定义，均保持了与 Protel 99SE 基本一致的元素。Altium Designer 中仍然延续了传统的原理图设计模块、电路功能仿真模块、PCB 板图设计模块、信号完整性分析模块和 CAM 制板数据输出模块，仍然提供与多款第三方工具软件之间设计数据的良好兼容性。

② 产品技术的创新性。作为 Altium 公司电子自动化设计技术战略转变的主打产品——全球首个一体化电子产品开发平台，Altium Designer 从系统设计的角度，将软硬设计流程统一到单一开发平台内，保障了当前或未来一段时间内电子设计工程师可以轻松地实现设计数据在某一项目设计的各个阶段（板级电路设计—FPGA 组合逻辑设计—嵌入式软件设计）无障碍地传递，不仅能提高研发效率，缩短产品面市周期，而且增强了产品设计的可靠性和数据的安全性。

在一体化设计方面，Altium Designer 提供了以下三项主要特性：

a. 电子产品开发全程调用相同的设计程序；

b. 电子产品开发全程采用一个连贯的模型设计；

c. 电子产品开发全程共用同一元件的相应模型。

统一设计可以极大地简化电子设计工作，利用新技术（如低成本、大规模可编程逻辑器件），整合企业级产品不同的开发过程，从而使电路板设计工程师和嵌入式软件设计工程师在一个统一的设计环境内共同完成同一个项目的研发。

1. 元器件模型设计

在新一代的 Altium Designer 平台中，不仅具备了原有 Protel 99SE 中的原理图器件模型设计、PCB 器件模型设计，同时采用了全新的 3D 图像引擎构建元器件的实际外形，使得开发人员可以在该软件平台下得到电路各方面的详细信息；在模型的设计上，新一代的 Altium Designer 具备更加智能化的设计功能，提高了模型设计的效率和速度，简化了开发人员的设计工作。

2. 电子设计工程管理

Altium Designer 具备了强大的工程项目管理功能，不仅包括文件管理和编辑，同时也将

PCB 工程、嵌入式工程、EDA 设计工程等集合到了一个平台上，使得项目在开发过程中，各个子工程间的联系和管理得到了很好的保证。图 1-3 所示为 Altium Designer 工程项目结构的示意图。

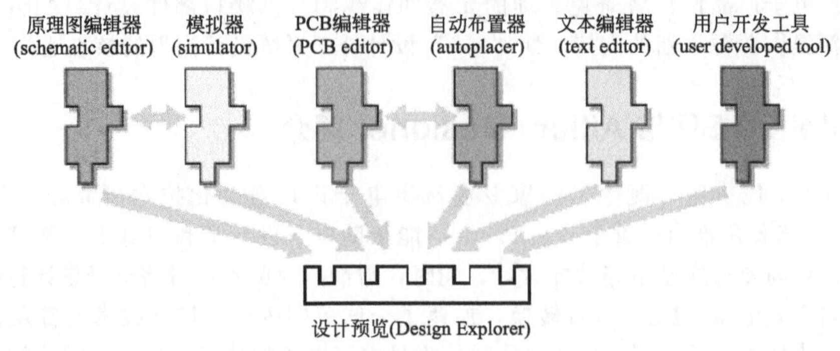

图 1-3　Altium Designer 工程项目结构

3. 原理图设计模块

（1）总线线束（Harness）设计。Altium Designer 引进一种叫做 Signal Harnesses 的新方法，用来建立元件之间的连接和降低电路图的复杂性。该方法通过汇集所有信号的逻辑组，对电线和总线连接性进行了扩展，大大简化了电气配线路径和电路图设计的构架，并提高了可读性。

开发人员可通过 Signal Harnesses 来创建和操作子电路之间更高抽象级别，用更简单的图展现更复杂的设计。图 1-4 中的线束载有多个信号，并且含有总线和电线。这些线束经过分组，统称为单一实体。这种多信号连接即称为 Signal Harness。

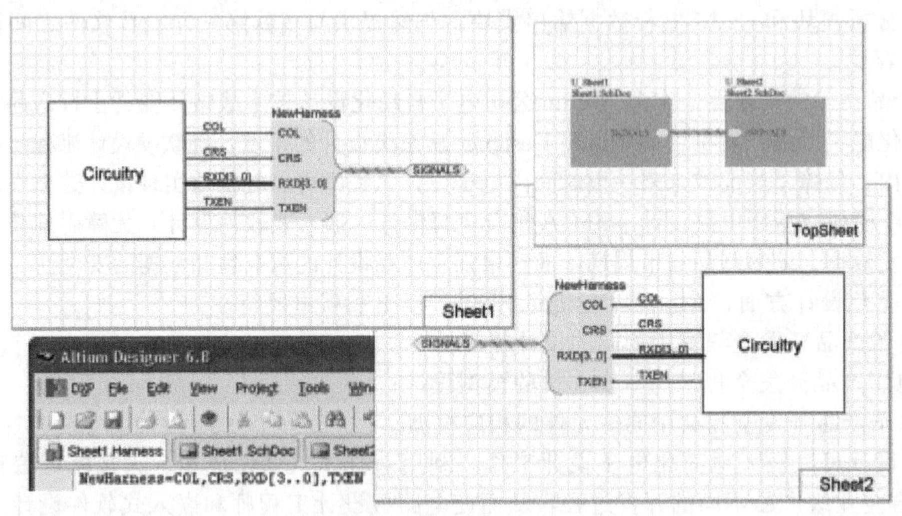

图 1-4　总线线束设计

（2）定义原理图装配变量（Variant Definition）。Altium Designer 支持在单个项目中创建多种变量，可以在同一个设计板上采用不同的器件，用来处理制造不同产品设计的装配变量。通常在 PCB 项目中包含多个电路中的部分差异元件或是不同的模型的装配变量。Altium Designer 对定义变量的数量没有任何限制。

Altium Designer 变量管理器可以在一个项目中定义多个装配变量，对每个变量按要求设定其输出参数。当完成设计项目和装配变量的定义以后，通过变量就可以产生装配文件和材料清单。

4. 印制板图设计模块

（1）规则驱动的板图设计。Altium Designer 提供了一个基于规则驱动的 PCB 板图设计环境，允许开发人员自主以多类型的设计规则来完善 PCB 设计的完整性。其中图 1-5 所示是 Altium Designer PCB 规则驱动的设置界面。

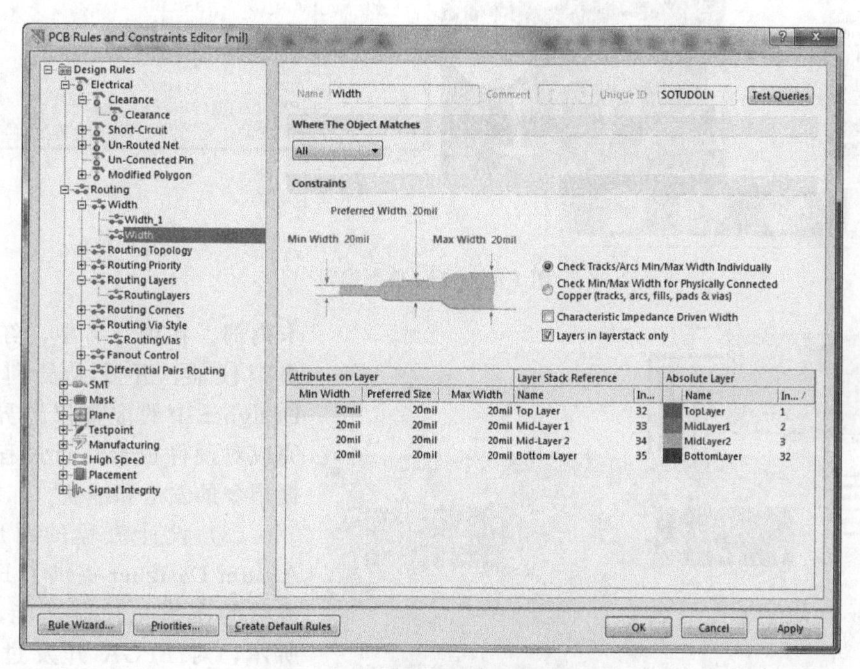

图 1-5　PCB 规则驱动的设置界面

（2）同步 PCB 与 FPGA 设计数据。在面向 PCB 与 FPGA 的工程开发时，Altium Designer 不仅提供了工程开发过程中的设计同步和统一的平台环境，即在统一的软件平台下可以同步地开展 PCB 和 FPGA 的设计，同时也同步提供了 PCB 设计与 FPGA 分配的引脚数据。

5. CAM 格式数据编辑

Altium Designer 的 CAM 编辑器提供了多种功能，它们主要基于 CAM 数据的查看和编辑。当光绘文件、钻孔文件输入到编辑器后，CAM 编辑器按照指示决定板层的类型和叠层，编辑器可以根据 CAM 数据，提取出 PCB 板子的网络表，并与 PCB 设计软件导出的 IPC 符合标准的网络表进行比较，查找隐含的错误。同时 CAM 编辑器还可以根据设定的规则，对 CAM 数据进行 DRC（Design Rules Checking），查找并自动修复隐含的错误，另外提供了拼板和 NC 布线（如添加邮票孔、V 刀）等功能。

Altium Designer 编辑器允许开发人员输入 Gerber 格式的光绘文件和钻孔文件，然后运用一系列的设计规则来验证输入文件中的相关数据，如图 1-6 所示。一旦被验证通过，将会在多个规则中产生一个自适应选项。

6. FPGA 数字电路设计模块

（1）独立于器件的 FPGA 设计。Altium Designer 开发环境中提供了 FPGA 开发功能，该功能不仅可以作为复杂工程中一个子工程进行开发，同时也可以作为独立的 FPGA 开发工程进行开发。

（2）支持嵌入虚拟仪器的设计调试。Altium Designer 在 FPGA 工程开发中提供了多种功能的虚拟仪器，以帮助开发人员顺利完成系统的测试和开发，其中虚拟仪器可通过 Altium Designer 与物理板卡的连接线捕获板卡上各类数据或者将开发人员设置的数据指令发送到板

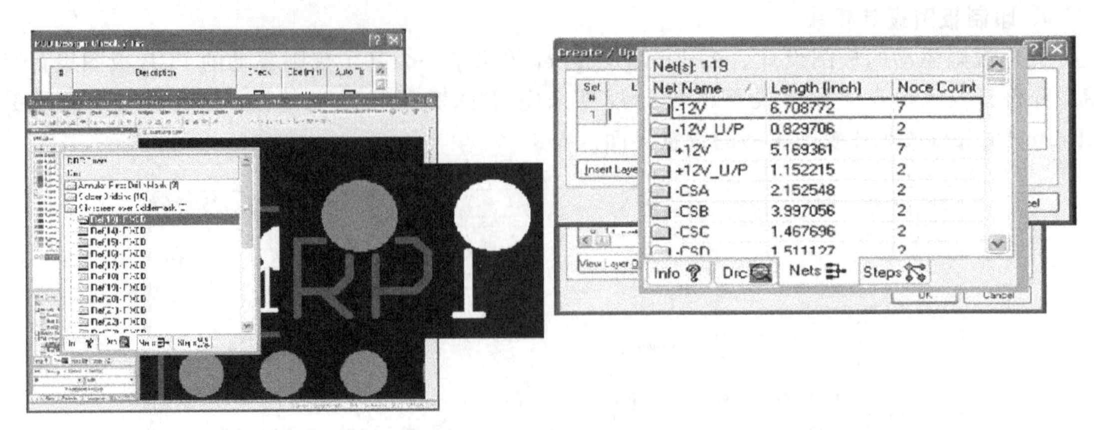

图 1-6 CAM 数据编辑

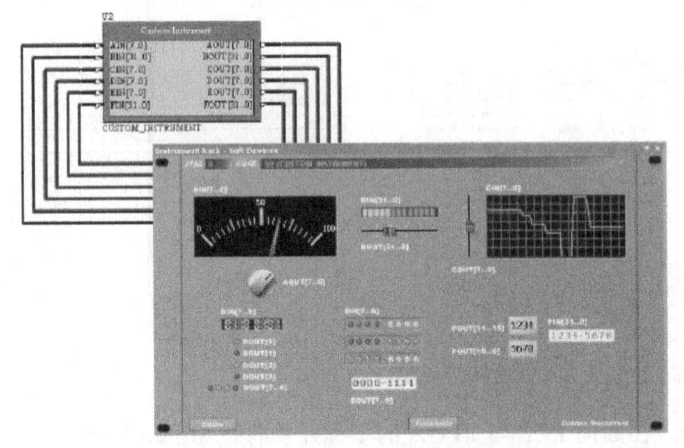

图 1-7 虚拟仪器与 FPGA 开发的结合

卡内部。在图 1-7 中，红色框内是虚拟仪器，开发人员利用 Altium Designer 中的虚拟仪器界面，可以完成对硬件板卡运行过程中所需数据指令的发送和捕获。

（3）设计流程的图形化控制。Altium Designer 提供了 FPGA 设计流程的图形化控制功能，如图 1-8 所示，对 FPGA 开发过程中的编译、综合、建立下载文件并对文件进行下载，提供了四个方面的控制功能。

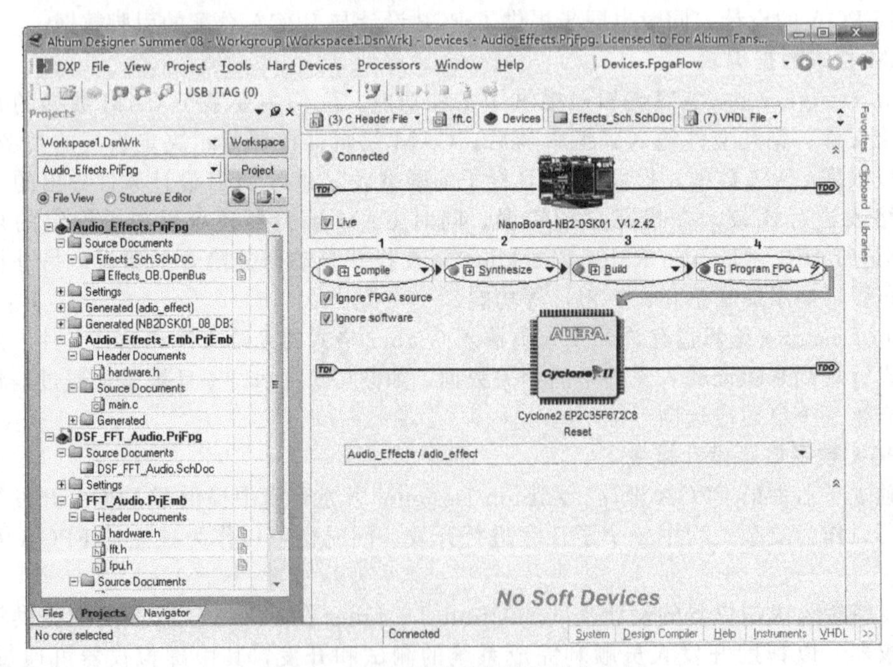

图 1-8 FPGA 设计流程的图形化控制

7. 嵌入式软件设计模块

Altium Designer 开发平台中集成了 8 位和 32 位的嵌入式处理器软核，开发人员可依据工程的具体需要，选择相应的处理器，同时软件平台的嵌入式工程支持基于处理器软核 C/C++ 语言的嵌入式软件开发。表 1-1 列出了目前 Altium Designer 支持的软核处理器。

表 1-1　Altium Designer 支持的软核处理器

处理器名称	说明
TSK51/52	基于 8051 的 8 位处理器软核
TSK3000	基于 MIPS 结构的 32 位处理器软核
PPC450	基于 PowerPC 结构的 32 位 Xilinx 处理器接口
MICROBLAZE	基于 RISC 结构的 32 位 Xilinx 软核处理器接口
COREMP7	基于 ARM7 结构的 32 位 Actel 软核处理器接口
NIOS II	基于 RISC 结构的 32 位 Altera 软核处理器接口

1.3　导入 Protel 99SE 设计数据

Altium Designer 全面兼容 Protel 99SE 的各种文档，AD 软件可以直接打开 Protel 99SE 原理图文档。

Altium Designer 中设计的文档也可以保存成 Protel 99SE 格式，方便在 Protel 99SE 软件中打开、编辑。在 AD 软件的 PCB 界面下，使用“save as”功能，把文件保存为 version 4.0 格式，该格式文档能在 Protel 99SE 软件中打开，如图 1-9 所示。

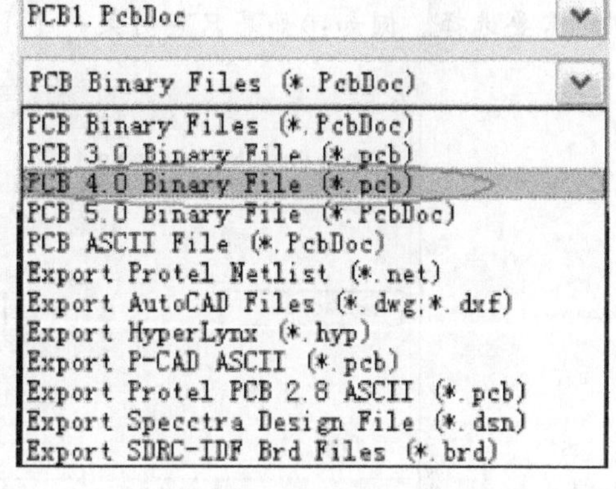

图 1-9　文件保存为 version 4.0 格式

1. 在 Altium Designer 中导入 Protel 99SE 版本的 DDB 文件

Altium Designer 包含了特定的 Protel 99SE 自动转换器，可直接将 Protel 99SE 中的 DDB 文件转换成 Altium Designer 下项目管理的文件格式。在 AD 中导入 Protel 99SE 版本 DDB 文件的方法如下。

(1) 使用菜单【File】→【Import Wizard】打开导入向导，进入导入界面，如图 1-10 所示。

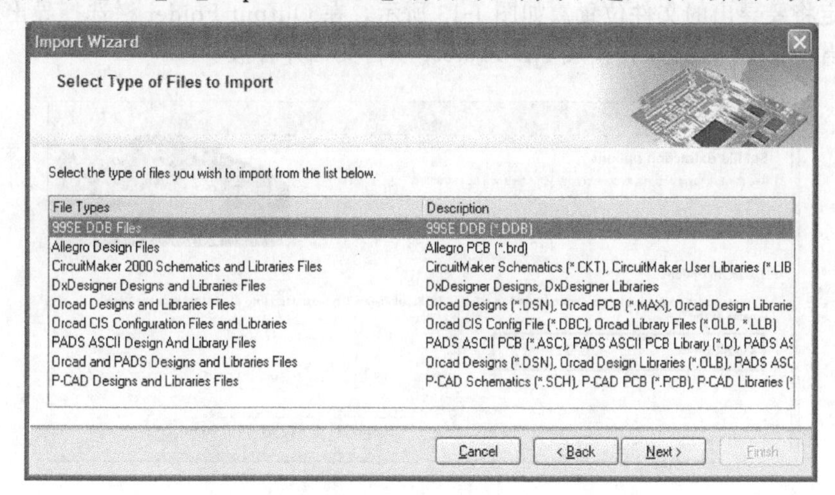

图 1-10　导入 Protel 99SE 的 DDB 文件

（2）选择 Protel 99SE DDB Files 项目文档，如图 1-10 所示。

（3）转换时需要关闭当前的窗口，如图 1-11 所示，单击 Yes 按钮。

图 1-11　关闭当前的窗口提示框

（4）找到需要转换的 DDB 文件。如图 1-12 所示，单击 Add 按钮找到需要转换的某个文件夹下的所有 DDB 文件，或者某一个 DDB 文件。

【说明】图 1-12 左边的框是 Folders To Process，其作用是将某个文件夹下的所有 DDB 文件都转换。图 1-12 右边的框 Files To Process 的作用是将某一个 DDB 文件转换，可以根据用户的需要选择。例如：如果只想对某一个 DDB 文件转换，就选择 Files To Process。

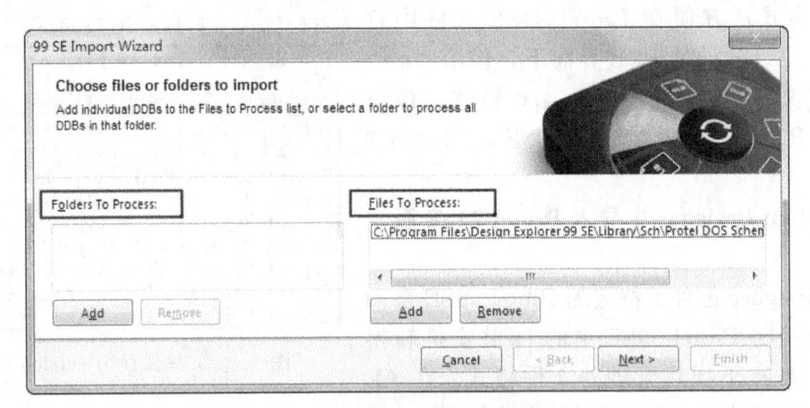

图 1-12　找到需要转换的 DDB 文件

（5）确定将要导出的文件位置。如图 1-13 所示，在 Output Folder 栏选择导出文件存放的位置，系统自动将 DDB 文件转换成 AD Project 项目文档并存放。

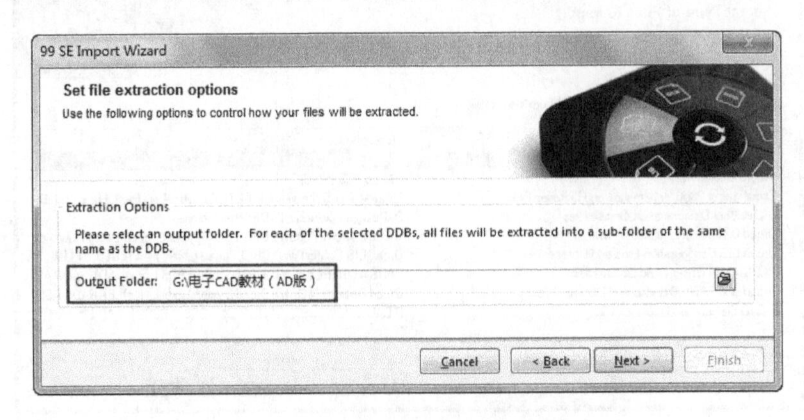

图 1-13　选择将要导出文件的位置

【练习】将 Protel 99SE 软件中的 Protel DOS Schematic Libraries. ddb 和 Intel Databooks. ddb（这两个文件位于 C:\Program Files\Design Explorer 99 SE\Library\Sch）转换为 AD 软件下的文件。

2. Altium Designer 的 Import Wizard 没有内容或为空的解决方法

Altium Designer 10 以上版本安装后，当【File】→【Import Wizard】导入向导功能并打开后往往是空白，这个问题需要进行软件功能扩展来解决，方法如下。

(1) 进入【File】→【Import Wizard】菜单，然后单击 Next 按钮，看到显示内容为空白，如图 1-14 所示。

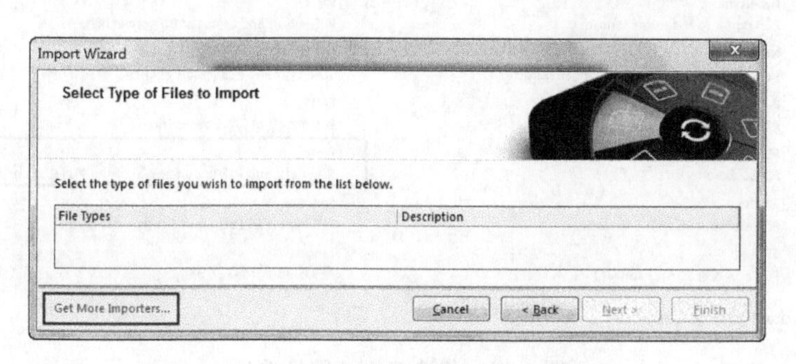

图 1-14　Import Wizard 显示内容为空白

(2) 单击对话框下面的 Get More Importers，进入 Extensions & Updates 界面，如图 1-15 所示。

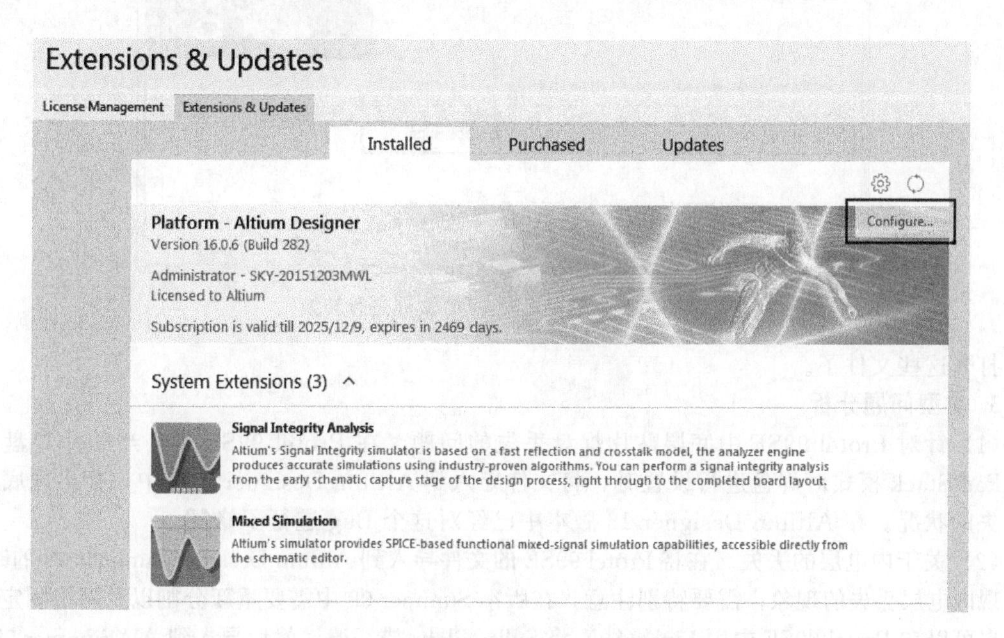

图 1-15　Extensions & Updates 界面

(3) 单击右上角 Configure 按钮进入配置界面后，如图 1-16 所示，可以看到有很多工具都没有安装，勾选好需要安装的工具，例如勾选 Protel。

(4) 单击右上角的 Apply 按钮，AD 软件就会自动下载安装这些组件（保持计算机联网状态）。然后再次进入【File】→【Import Wizard】，里面就有相应的工具了，如图 1-17 所示。

这时就可以将 Protel 99SE 版本的 DDB 文件转换为 Altium Designer 文件，用 AD 软件就

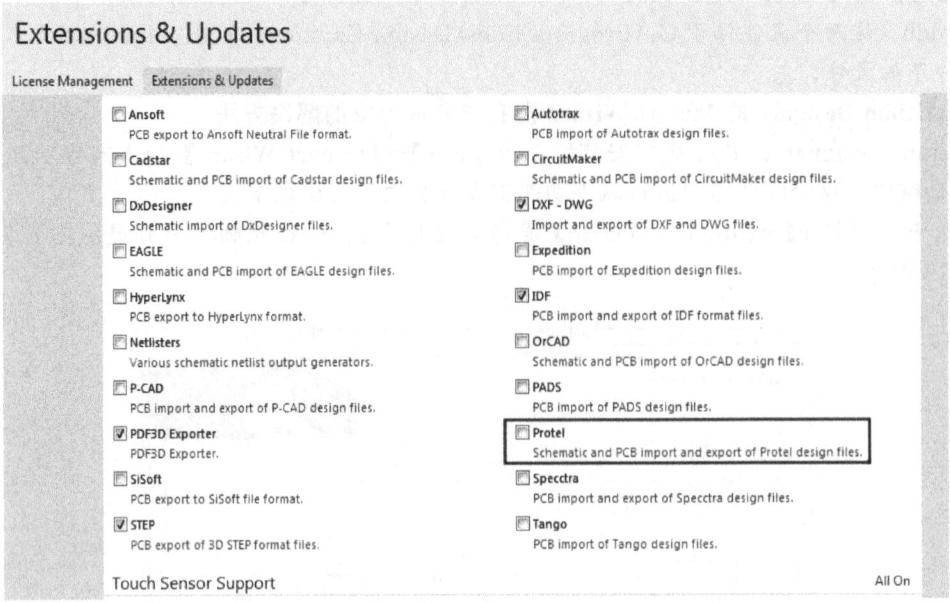

图 1-16　勾选 Protel 转换选项

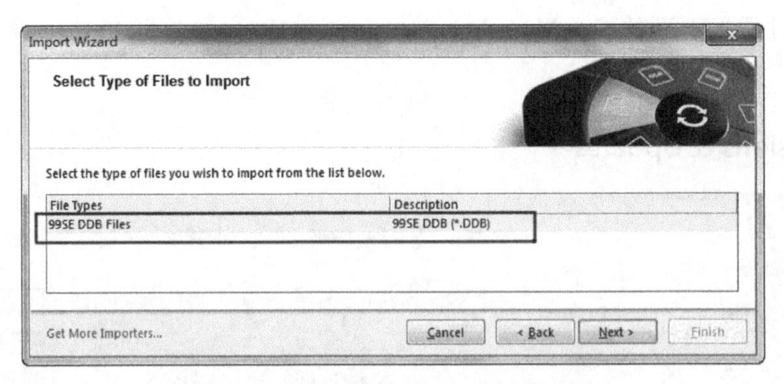

图 1-17　显示可以对 DDB 文件进行转换

可以打开这些文件了。

3. 典型问题分析

（1）针对 Protel 99SE 中底层贴片焊盘丢失的问题。在 Protel 99SE 中，当贴片焊盘使用 Use Pad Stack 模式对焊盘进行设置时，将文件导入到 Altium Designer 过程中，会出现底层焊盘丢失的状况。在 Altium Designer 16 版本中已经对这个 Bug 进行了修复。

（2）关于内电层的丢失。在将 Protel 99SE 的文件导入到 Altium Designer Summer 09 的时候，会出现内电层丢失的现象，需要特别注意，在版本 Summer 09 中需要重新分割以及网络制定。当然，也可以在 Protel 99SE 中用 Line（线）将 Splite Plane 描一遍，然后导入到 AD Summer 09 中，重新制定网络即可。该问题在版本 Release 16 中已解决。

（3）将旧版本的文件导入到 AD 软件之后会出现无法编辑的问题。由于 Protel 99SE 的文件并非以 DDB 的工程文件的方式存在，而对于 AD 软件而言，提供的是 DDB 文件的导入，所以对于 Protel 99SE 文件的导入，建议不要直接导入 *.pcb 或者是 *.sch 的文件，而是导入 DDB 的文件，如若只有单纯的 PCB 或 SCH 文件，最好也是先将其加入 DDB 文件后再进行导入。

4. Protel 99SE 与 Altium Designer 功能对比

Altium Designer 相对于 Protel 增强了非常多的功能。其功能的增加主要体现在以下几个方面。

(1) 在软件架构方面，Altium Designer 不像 Protel 那样，仅用于设计 PCB 电路板的功能。Altium Designer 在传统的设计 PCB 电路板的基础上，新增加了 FPGA 以及嵌入式智能设计这一功能模块。因此，Altium Designer 不但可以做硬件电路板的设计，也可以做嵌入式软件设计，是一款统一的电子产品设计平台。

(2) 在 EDA 设计软件兼容性方面，Altium Designer 提供了其他 EDA 设计软件的设计文档的导入向导。通过 Import Wizard 导入其他电子设计软件的设计文档以及库文件。

(3) 在辅助功能模块接口方面，Altium Designer 提供了与机械设计软件 ECAD 之间的接口，通过 3D 来进行数据的传输。在设计部门与制造部门之间，提供了 CAM 功能，使得设计部门与制造部门进行良好沟通。对于采购部门以及装配部门，提供了 DBLIB 以及 SVNDBLIB 等功能，使得采购部门与设计部门等人员可以共享元件信息，提供与公司 PDM 系统或者 ERP 系统的集成。

(4) 对于项目管理方面，Altium Designer 采用的是以项目为基础的管理方式，而不是以 DDB 的形式管理的。这样使得项目中的设计文档的复用性更强，文件损坏的风险降低。另外提供了版本控制、装配变量、灵活的设计输出 Output Jobs 等功能，使得项目管理者可以轻松方便地对整个设计的过程进行监控。

(5) 在设计功能方面，Altium Designer 在原理图、库、PCB、FPGA 以及嵌入式智能设计等各方面都增加了许多新的功能。这将大大增强对处理复杂板卡设计和高速数字信号的支持，以及嵌入式软件和其他辅助功能模块的支持。

Altium Designer 对于之前的版本 Protel 99SE 是向下兼容的，因此，原来 Protel 99SE 的用户若要转向 Altium Designer 进行设计，则可以将 Protel 99SE 的设计文件以及库文件导入到 Altium Designer 中。

1.4 Altium Designer 软件的安装

1. 软件的下载

用户可以从网上下载 AD16 的软件。具体方法如下。

首先下载一个百度网盘软件，注册或用微信扫码打开自己的百度网盘。然后打开链接 http://pan.baidu.com/s/1qXE1bGw，如图 1-18 所示，勾选“AD16 安装文件带破解”，然后单击保存到百度网盘，就可以将软件下载到自己的百度网盘了。

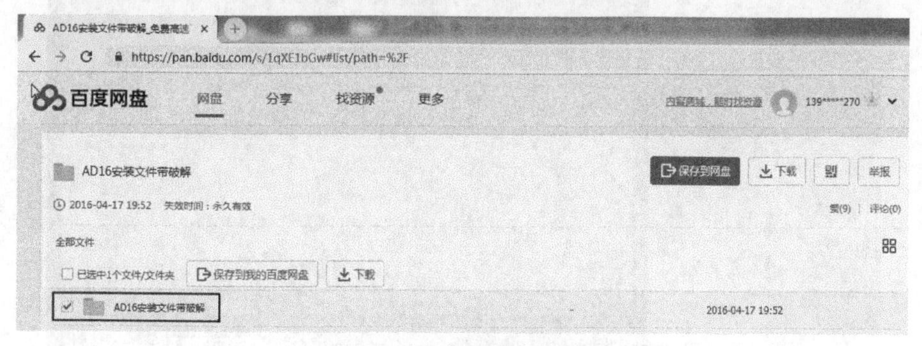

图 1-18　百度网盘下载界面

然后在自己的百度网盘上，将软件下载到自己的电脑。

2. 软件的安装

软件下载后，接下来就可以安装软件了。

（1）双击 AltiumDesignerSetup_16_0_6 安装程序，进入安装界面。单击 Next，进入 License Agreement 窗口。选择语言类型，本书选择了英语，因为使用英语版本更便于对软件的理解和操作，方便今后的拓展。然后勾选 I accept the agreement 接受。

（2）单击 Next，进入 Select Design Functionality 选择设计功能窗口，如图 1-19 所示，选择用户希望安装的功能。为了减少软件运行的压力，一般选择 PCB Design 模块，其他仿真、FPGA、导入导出等模块可以不选。

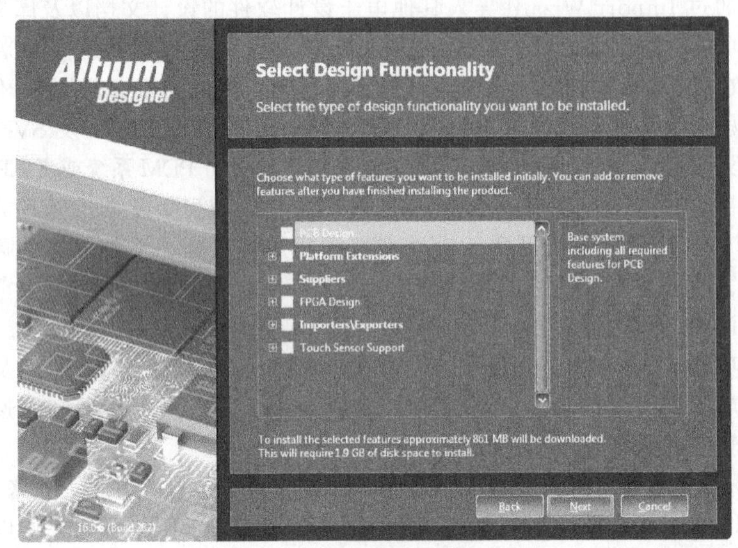

图 1-19　选择软件设计功能

（3）单击 Next，进入 Destination Folders 窗口，如图 1-20 所示，确定希望安装的目录：

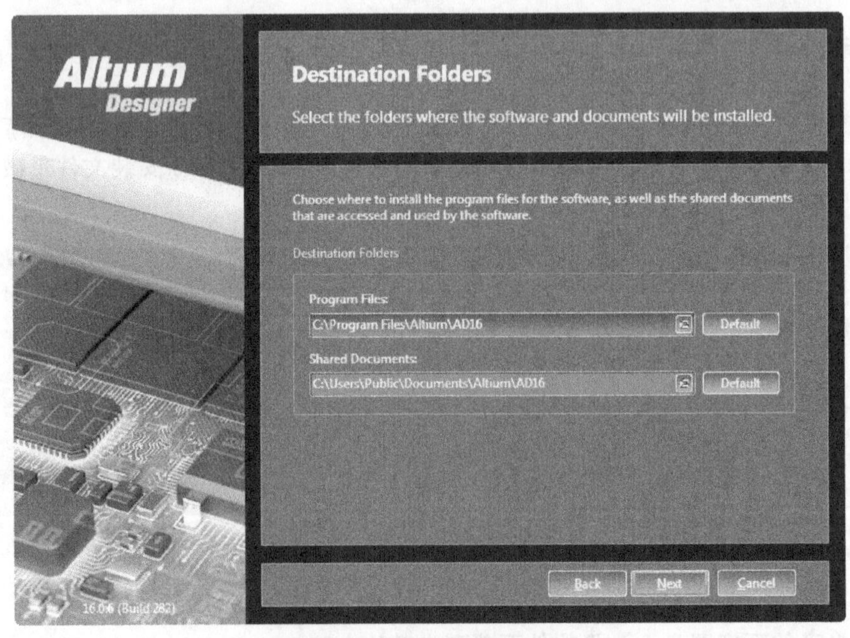

图 1-20　选择软件安装的路径

默认的安装目录是 C:\Program Files\Altium\AD16；

默认的共享目录是 C:\Users\Public\Documents\Altium\AD16。

共享目录的中文名称是本地磁盘 C:\用户 \ 公用 \ 公用文档 \ Altium \ AD16，软件的元件库 Library 安装在该目录下。

【说明】 如果用户想自定义安装目录，安装路径中最好不要用中文，创建的安装文件夹也应该是空白的。

(4) 单击 Next，进入安装状态。安装过程需要一些时间，最后弹出 Istallation Complete 安装完成窗口，不要勾选 Run Altium Designer。然后单击 Finish 按钮，完成软件的安装。

3. 软件的破解

(1) 将安装包中 License 文件夹复制到安装目录 C:\Program Files\Altium\AD16 下，如图 1-21 所示。

图 1-21　复制 License 文件夹到指定目录

(2) 在安装目录中双击 DXP 应用程序，运行软件，如图 1-22 所示。

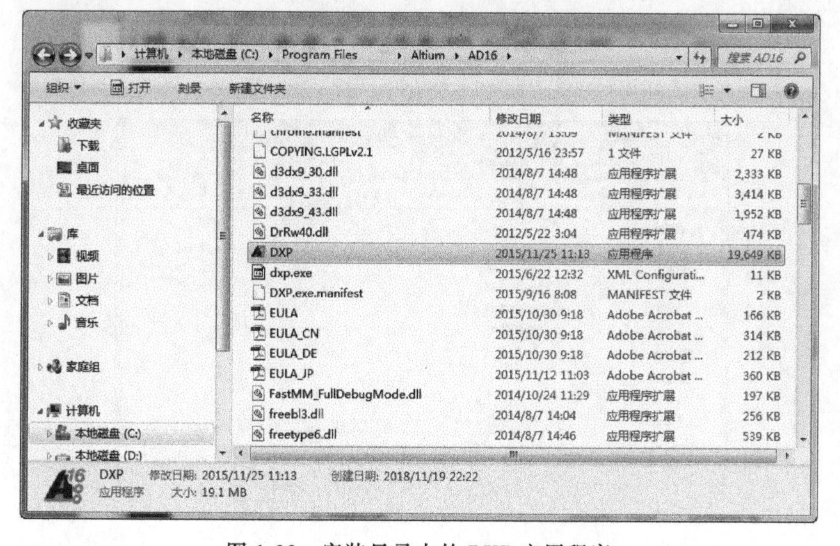

图 1-22　安装目录中的 DXP 应用程序

图 1-23　安装提示对话框（一）

（3）出现如图 1-23 所示安装提示对话框，勾选并单击 OK。

（4）出现如图 1-24 所示安装提示对话框，勾选并再次单击 OK。

（5）双击如图 1-25 所示的 Add standalone license file 标签，然后选择安装路径 C:\Program Files\Altium\AD16\License，如图 1-26 所示，选择任意一个后缀名是“.alf”的文件打开即可。这样就破解成功了。

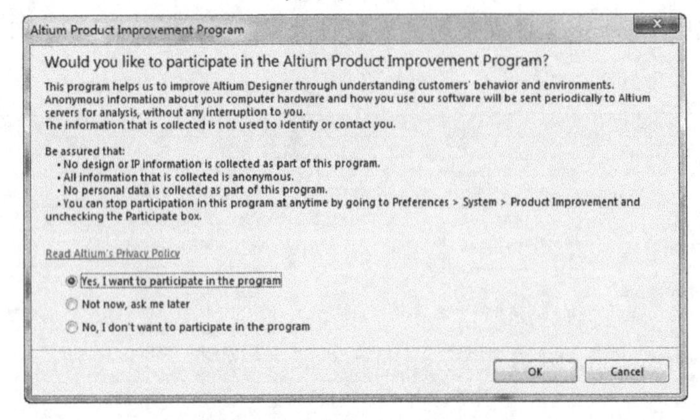

图 1-24　安装提示对话框（二）

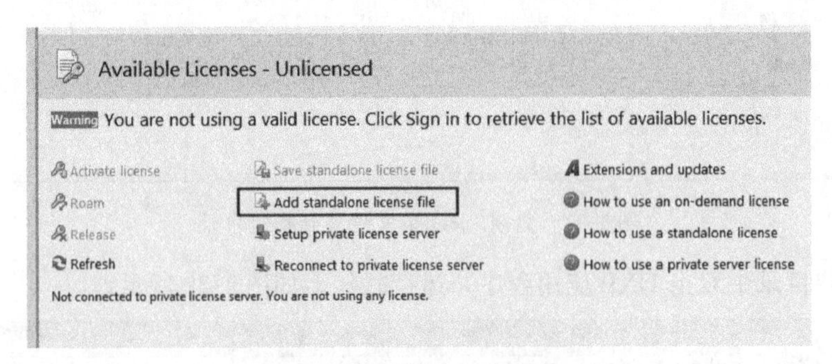

图 1-25　添加单机版许可文件

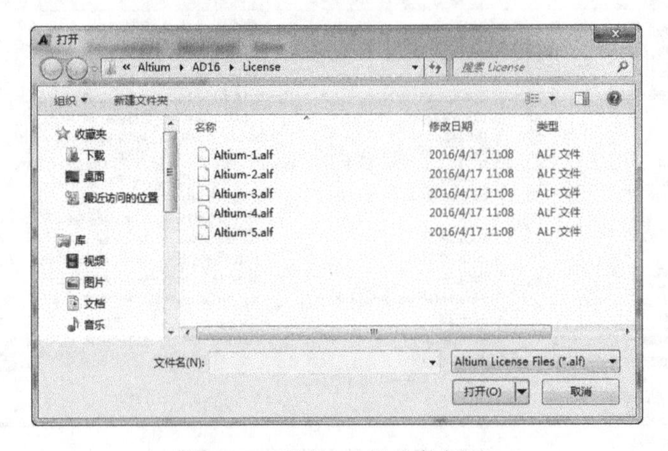

图 1-26　选择 *.alf 文件打开

本章小结

本章介绍了电子产品设计的发展历程，Altium 公司电子自动化设计工具的进步与电子产品设计发展之间相互促进的关系；详细分析了 Protel 99SE 与 Altium Designer 软件的差异点，以及 Altium Designer 软件的先进性，使学习者能理解两者的不同与联系，便于顺利过渡到新软件的使用。另外，还介绍了 Altium Designer 与 Protel 99SE 文件转换方法，使原先 Protel 99SE 版本的文件也能在 Altium Designer 上正常使用。最后还讲解了 Altium Designer 软件的安装方法。

习　题

1-1　简述 Protel 99SE 与 Altium Designer 软件的差异点。

1-2　简述在 Altium Designer 中导入 Protel 99SE 设计数据文件的方法。

1-3　简述 Altium Designer 安装方法。

第2章

认识 Altium Designer 设计环境

【本章学习目标】

本章主要从整体上对 Altium Designer 独特的设计环境进行介绍，达到以下学习目标：

◇ 掌握对工作面板的访问、管理、移动等操作；

◇ 掌握 Project 工程面板中的文件管理方法；

◇ 掌握对文件操作的一些基本方法；

◇ 理解软件的环境设置、导航、网络更新等操作。

2.1 Altium Designer 用户界面

Altium Designer（简称：AD）是一个完整的电子产品开发环境，DXP 集成平台是 Altium Designer 的基本设计平台，它汇集了 Altium Designer 的各种编辑器和软件引擎，并对所有的工具和编辑器提供了统一的用户界面，如图 2-1 所示。从输入到 PCB 的制作，从嵌入式软件

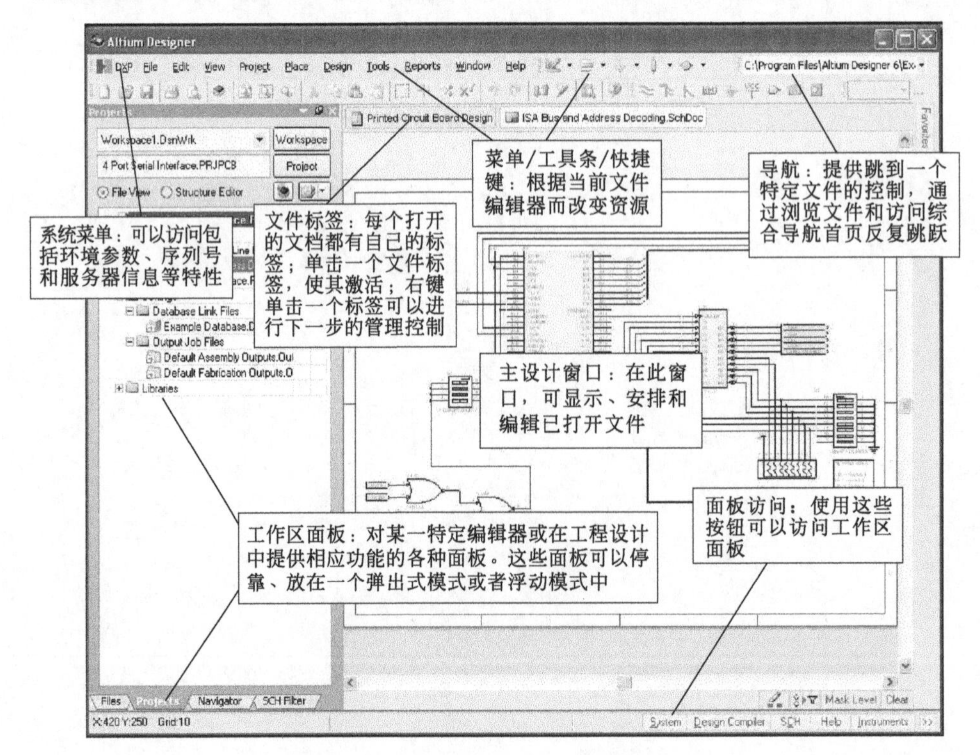

图 2-1　Altium Designer 用户界面

开发到把 FPGA 设计下载到一个物理 FPGA 器件里，这些都聚集在这个设计环境中。

由于 Altium Designer 对不同的编辑器采用一致的编辑方式进行选择和使用，用户能轻易、顺利地在 Altium Designer 的环境中切换各种设计任务，并且其设计环境是完全可定制的，用户可在该设计环境中建立自己的工作空间，允许用户调整工作区的资源，包括菜单、工具栏和快捷方式，以配合用户的工作方式。

2.2　工作区面板

工作区面板是 Altium Designer 环境的基本要素，可以分为系统性面板和编辑器面板两种类型。系统性面板在任何时候都可以使用，而编辑器面板只有在不同类型的文件被打开时，在对应的编辑器里使用。

Altium Designer 环境的工作区面板，能体现出相应编辑状态下所需用到的信息和控制命令，使用户的设计更有效率。

例如：AD 软件启动后，系统会自动激活 Files 文件面板、Projects 工程面板、Navigator 导航面板。如图 2-2 所示，当前显示的是 Files 文件面板。用户可以单击面板底部的标签，在这三个面板之间切换。

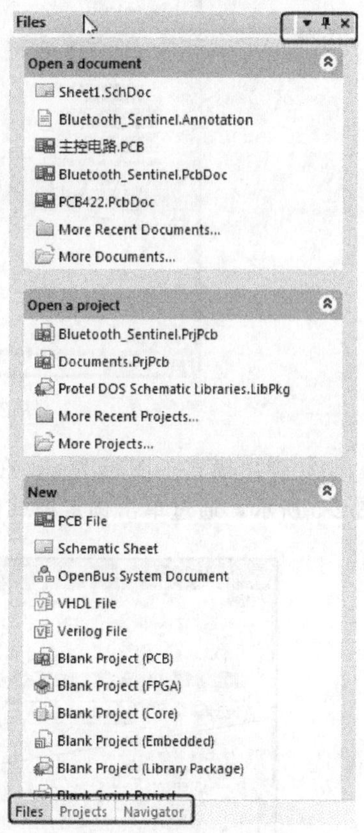

图 2-2　Files 文件面板

每个面板的右上角都有 3 个按钮：▼按钮用于在各种面板之间进行切换；🖈按钮表示面板目前处于锁定显示方式（面板有锁定显示、弹出式显示、浮动显示 3 种显示方式），单击该图标可以进行显示模式的切换；✖按钮用于关闭面板。

1. 访问面板

当 Altium Designer 第一次打开时，部分面板已经随之打开了。例如 Files 文件面板、Projects 工程面板、Navigator 导航面板，会分组出现和停驻在左侧的应用程序窗口，如图 2-2 所示。其他的面板，如 Libraries 面板会处于弹出模式，在主设计窗口的右边的边框上以按钮的形式出现。

用户当前使用的文件编辑环境中，在主设计窗口的底部有很多按钮，如 System、Design Compiler 等，这些按钮可快速访问现有的面板。每个按钮显示准许访问的面板类型的名称，当单击一个按钮时，会出现这个类型面板的弹出式菜单。例如，单击 System 按钮，弹出相应菜单，单击菜单中的条目会打开相应的面板，勾号标记表明该面板在工作区是打开和可视的，如图 2-3 所示。

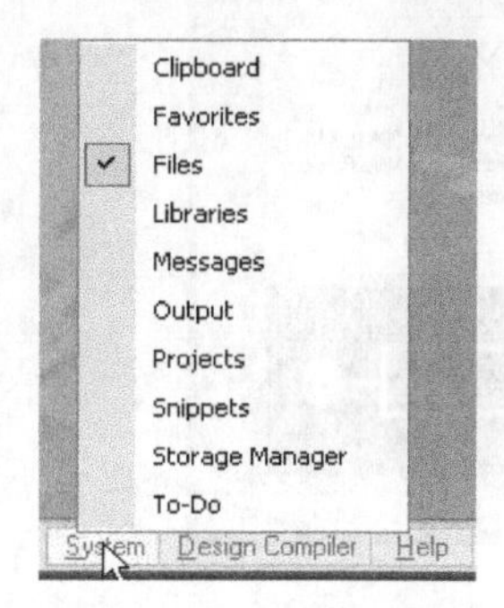

图 2-3　访问工作面板

所有的工作面板也可从【View】→【Workspace Panels】的子菜单中访问。

2. 管理面板

依靠当前激活的文件编辑器，可以访问大量的工作面板，或者在特定时间打开工作面板。为方便布局和在工作区使用多个面板，Altium Designer 提供了多种面板显示模式和管理功能。

（1）面板显示模式。面板有以下三种不同的显示模式。

① 锁定模式。图标为🖈，在此模式中一个面板可以与主设计窗口横向或纵向停靠。右键单击一个面板的标题栏或标签，在弹出式菜单

中选择 Allow Dock 选项，可设置面板横向或纵向停靠于 Altium Designer 设计环境中。

当纵向停靠时，面板会停靠在主设计窗口的右边或左边；当横向停靠时，面板要么停靠在主设计窗口的上方（在工具栏之下），要么在主设计窗口的下方（在状态栏之上），如图 2-4 所示。

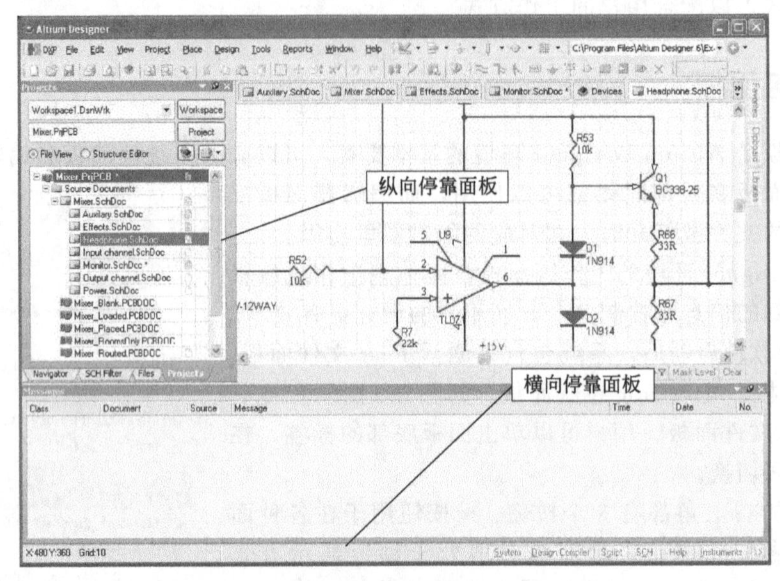

图 2-4　锁定模式中的面板纵向、横向停靠

② 弹出模式。图标为▬，在此模式面板会以按钮的形式显示在主设计窗口的边界，如图 2-5 所示，通过单击锁定模式图标▮可切换到弹出式模式。

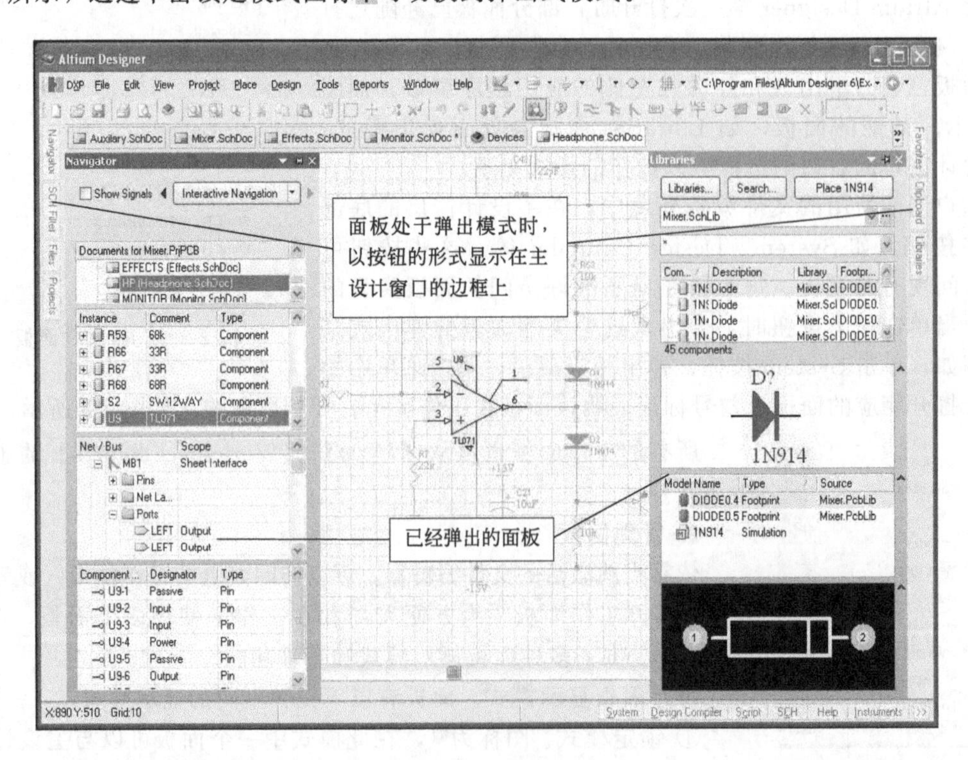

图 2-5　弹出模式面板

● 将光标放置在面板按钮上，会使相应面板从边框中自动滑出显示。

● 将光标移开面板，面板将会自动隐藏。

● 单击面板按钮可以使面板无滑动地展开，鼠标单击面板以外的区域可以使它再一次滑动回去。

③ 浮动模式。该模式没有对应的图标，在此模式下，面板可以放置在 Altium Designer 环境中或环境外的任何地方。对于之前没有设置为停靠或弹出模式的面板，会以这种标准的开放模式打开。

当在主设计窗口进行一个交互式设计时，可以将位于主设计窗口编辑区的浮动面板设置为透明，如图 2-6 所示。即当进行绘图操作时，光标接近浮动面板时面板透明，不操作时浮动面板恢复正常显示状态。

单击主菜单【DXP】→【Preferences】，打开 Preferences 参数对话框，在其中 System 条目下的 Transparency 对话框中可进行相应的参数设置。

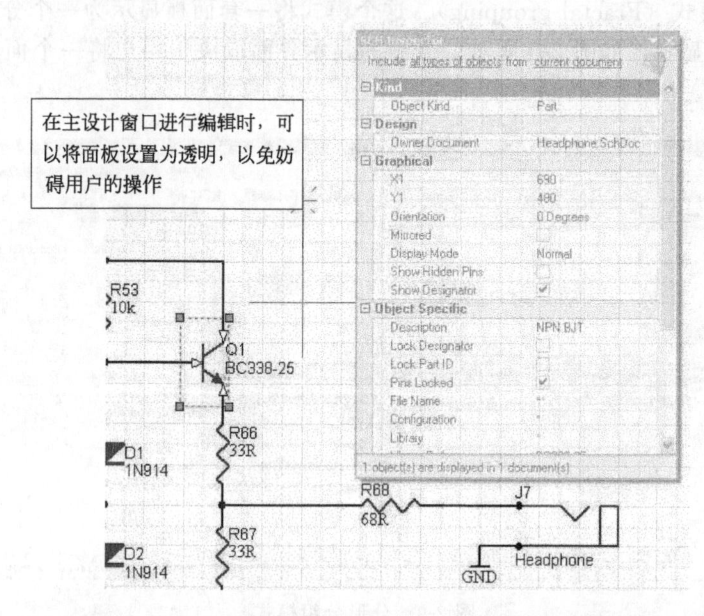

图 2-6　将位于主设计窗口编辑区的浮动面板设置为透明

(2) 分组面板。简单地拖动和放置一个面板到另一个面板上面就可以将面板分组，软件提供了以下两种分组面板模式。

① 标准标签分组模式（Standard tabbed grouping）。此模式将一套面板显示为一个标签组，其中任何时间只有一个面板当前可见，如图 2-7 所示。

通过执行以下步骤可以实现该方式的分组：拖动用户想要组合的面板，将其拖放至目标面板的中心位置，使整个目标面板（或目标面板组）被阴影覆盖，然后松开鼠标左键，实现分组。图 2-8 显示了标准标签分组模式下拖放面板的整个过程。

面板标签组中各个面板的次序可以任意改变，直接单击面板的标签，然后拖动到更改的位置。

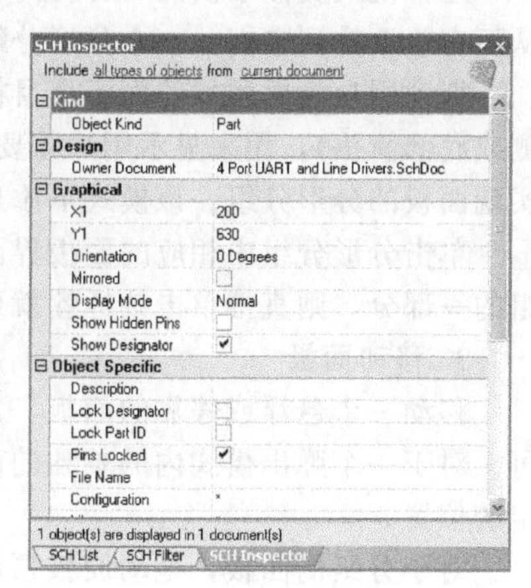

图 2-7　标准标签分组模式

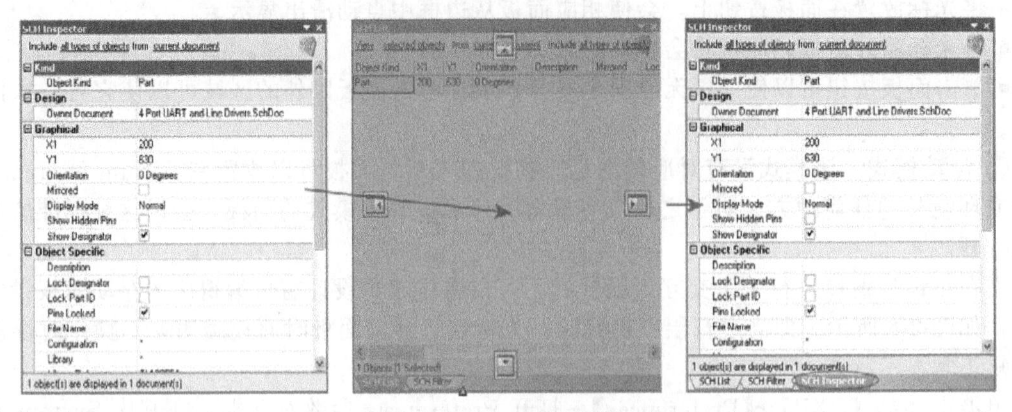

图 2-8　标准标签分组模式下拖放面板的过程

② 分形分组模式（Fractal grouping）。这个模式将一套面板显示为一个分形分组，分组中的多个面板可同时显示，如图 2-9 所示。分组的显示界面取决于用户将一个面板放置于另一个面板的哪一个方向。

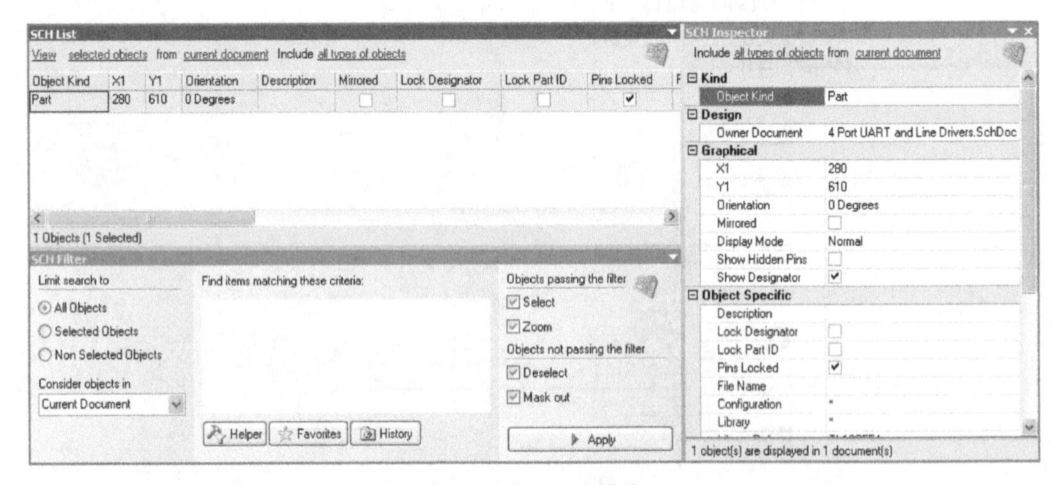

图 2-9　分形分组模式

这种模式类似于横向/纵向排列的打开窗口，用户可以拖动一个面板停靠在另一个面板内，从而有效地排列它们。一个分形分组可以由单个的面板和/或标准标签面板组成。

拖动用户想要添加的面板至目标面板，出现的阴影（蓝色）和方向图标（顶端、左侧、右侧或底部箭头），用来显示用户将要移动添加面板的位置，拖动其放置在相应的位置，就可以实现面板的分形分组。该模式下添加面板如图 2-10 所示。

单击分形分组中相应的面板界面就可以将其激活。如果所需的面板是分形结构中标签式分组的一部分，则直接单击该标签就可以将其激活。

3. 移动面板

移动一个悬浮或停靠的面板，只需单击面板内相应的标签，并将其拖动至一个新的位置即可。对于一个弹出模式内的单独的面板，移动它只需单击边框上相应的按钮，并将其拖动至预定的位置。

对于分组的面板，拖动面板顶部的标题栏即可移动分组中所有的面板。单击并拖动面板的标题（或标签），就可以移动该面板到其他地方，并将其从分组中分离出来。

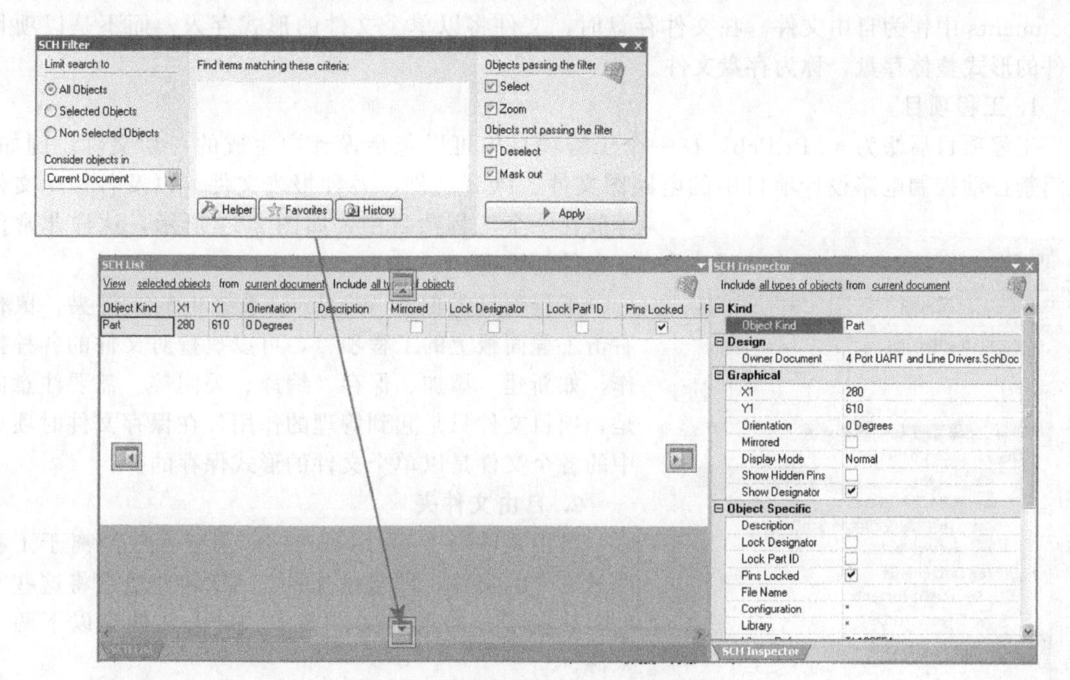

图 2-10　分形分组模式下添加面板

将一个分形分组模式中的面板放回，成为一个标准的标签式分组，可以直接拖动分形分组模式中的平铺面板的标题栏至目标面板或现有的标签式分组，目标面板全部成为阴影时释放。此时面板将会添加到标签式分组中。

移动一个面板到已经包含了一个或多个面板的设计环境的边框，会使该面板添加成为与那些已经存在的面板相同的模式（停靠或弹出式）。

当用户移动一个面板靠近另一个漂浮面板时，它们的边界会合并在一起。同样，移动一个面板至桌面的边端，面板和桌面的边界会合并在一起。这种“合并吸引”特性使得在设计环境内更易安排浮动面板。

在移动面板过程中使用 Ctrl 键，可防止面板自动停靠、分组或合并。

4. 关闭面板

关闭面板可以右击其标题栏或标签，从弹出的菜单中选择关闭选项，也可以左键单击面板标题栏最右边的关闭按钮。

【注意】如果面板属于分组模式，那么使用这个关闭按钮将会关闭组内所有的面板。

5. 最大化/还原面板

在浮动模式中，鼠标右键单击面板的标题栏（或者标签），从右键菜单中选择 Maximize 选项，就可以最大化面板。直接右键单击标题栏或标签，并选择弹出式菜单中的 Restore 命令，就可将最大化的面板还原为原始大小。另外，双击标题栏可以在最大化和还原状态间切换。

2.3　工作面板的文件管理

AD 软件的 Project 工程面板提供两种文件，即项目文件和自由文件。项目文件位于 Project 面板的工程项目（*.PrjPCB）中，自由文件位于面板的自由文件夹（Free Documents）中。设计时生成的文件可以放在工程项目中作为项目文件，也可以移出放入 Free

Documents 中作为自由文件。在文件存盘时，文件将以单个文件的形式存入，而不是以项目文件的形式整体存盘，称为存盘文件。

1. 工程项目

工程项目后缀为 *. PrjPcb，在一个工程项目中可以包括设计中生成的一切文件。例如，把门禁自动控制电路设计项目中的电路图文件、PCB 文件、各种报表文件，以及各种库文件等放在一个工程项目中，如图 2-11 所示，这样非常便于文件的管理。

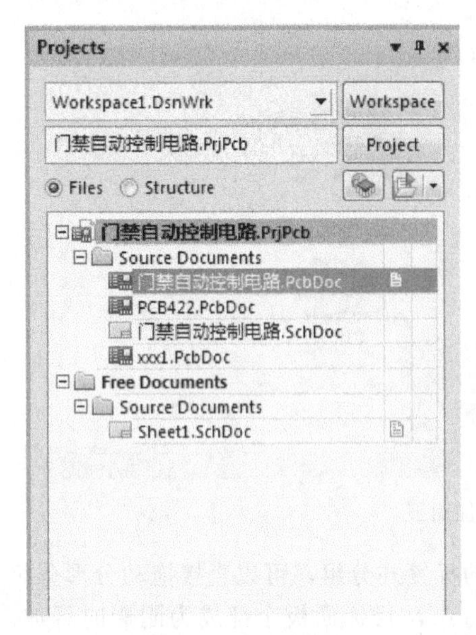

图 2-11　工程项目

工程项目类似于 Windows 系统中的文件夹，鼠标右击工程面板上的工程项目，可以执行对文件的各种操作，如新建、添加、保存、编译、关闭等。需要注意的是，项目文件只是起到管理的作用，在保存文件时项目中的各个文件是以单个文件的形式保存的。

2. 自由文件夹

自由文件夹 Free Documents 用于存放游离于工程项目之外的文件，即自由文件，AD 软件通常将这些文件存放在唯一的自由文件夹中。自由文件有以下两个来源。

① 当用鼠标将某个文件从工程项目拖出时，该文件并没有从 Project 工程面板中消失，而是出现在 Free Documents 中，称为自由文件。

② 直接单击打开存盘文件时，该文件将出现在自由文件夹中成为自由文件。

自由文件的存在方便了设计工作，可以将工程项目中不需要的文件拖出，暂时存放在自由文件夹中。当将自由文件从自由文件夹中再移出时，文件将会从面板中消失。

2.4　文件的操作

在 Altium Designer 中，每种类型的文件打开和编辑都在相应的编辑器中。例如，原理图的打开和编辑在原理图编辑器中；PCB 库文件的打开和浏览在 PCB 库编辑器中。如果用户创建一个新文件或打开一个现有的文件，与文件类型相关的编辑器将会自动成为当前编辑器。

1. 建立新文件

可以用下列方法之一来建立新文件。

(1) 从【File】→【New】子菜单中选择所需的文件类型，如图 2-12 所示。

(2) 从 Files 面板 New 选项中选择所需的文件类型，如图 2-13 所示。

如果面板中 Files 选项标签没有弹出，就单击主要应用程序窗口中右下角的 System 按钮，并从出现的弹出式菜单中选择 Files 选项。

2. 打开和显示文件

当用户打开一个文档，它会在应用程序的主设计窗口成为当前文件。多份文件也可同时打开，每个打开的文档都会在主设计窗口的顶部产生相应的标签，但是主设计窗口中只有一个激活文件。

当前文件的标签是突出显示的，只要单击相应标签就可以使另一个已经打开的文件成为当前文件。另外，使用 Ctrl＋Tab 和 Ctrl＋Shift＋Tab 快捷键，可以分别向前或向后激活打开的文件。

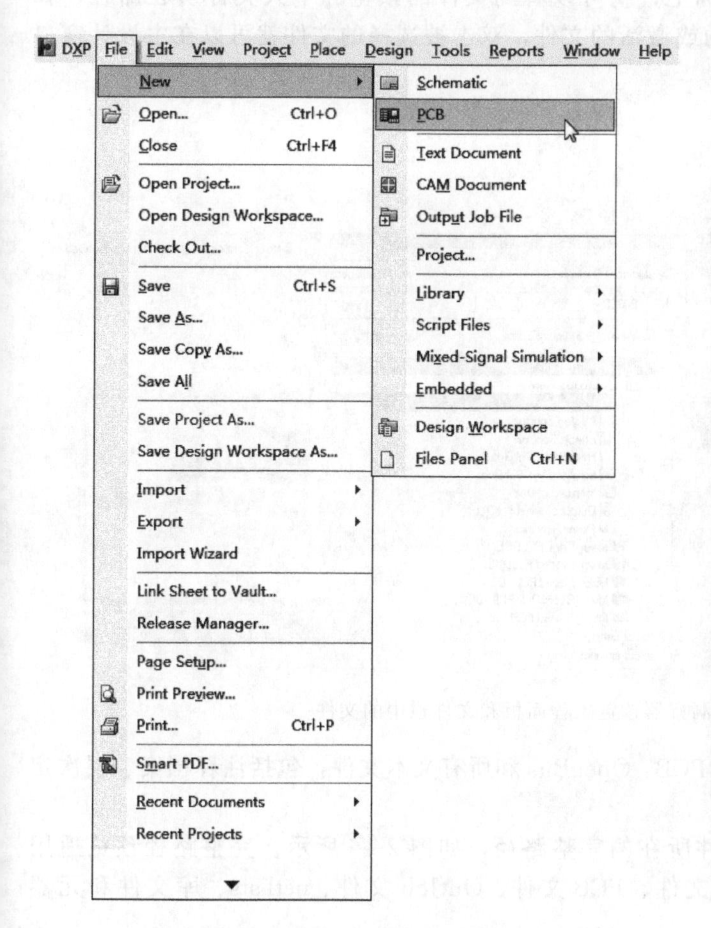

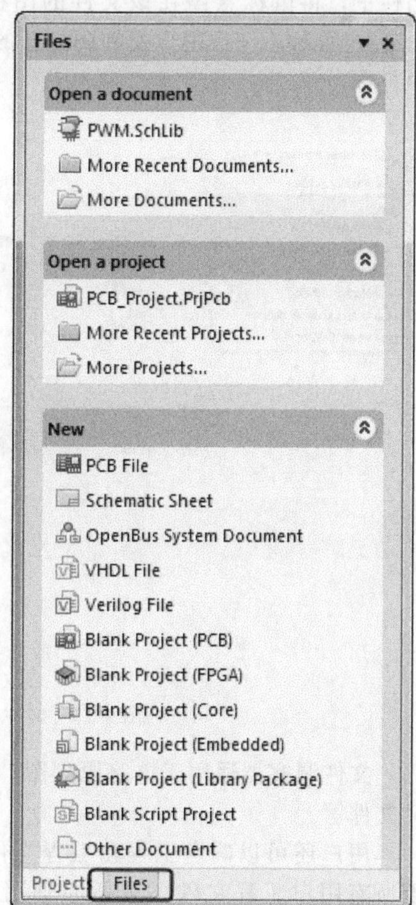

图 2-12　通过菜单新建文件　　　　图 2-13　通过 Files 面板新建文件

如果用户有大量文件要打开，可以将它们在文件列表中分组。用户可以根据文件的类型或工程来分组。图 2-14 所示为多个文件根据工程分组放在文件栏里。

可通过单击主菜单【DXP】→【Preferences】，打开 Preferences 参数对话框，在其中 System 条目下的 View 页面中，可以改变用户的文件栏设置。

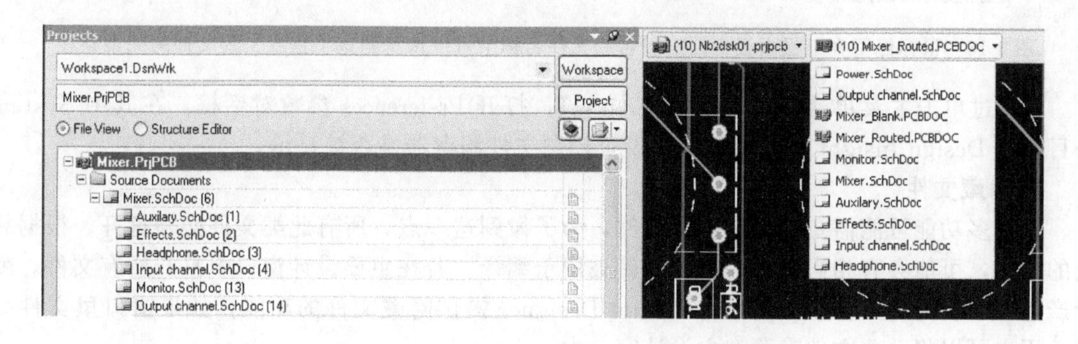

图 2-14　多个文件根据工程分组放在文件栏里

3. 文件洞察器

文件洞察器是设计洞察器的一部分，用以预览和打开用户的文件。无论是在工程面板或文档栏里，将鼠标悬停在该文件的图标上，就可以看到文件的预览和个人文件所在路径，如图 2-15 所示。一旦用户找到要打开的或激活的文件，双击被选择的文件就可以在主设计窗口中打开。

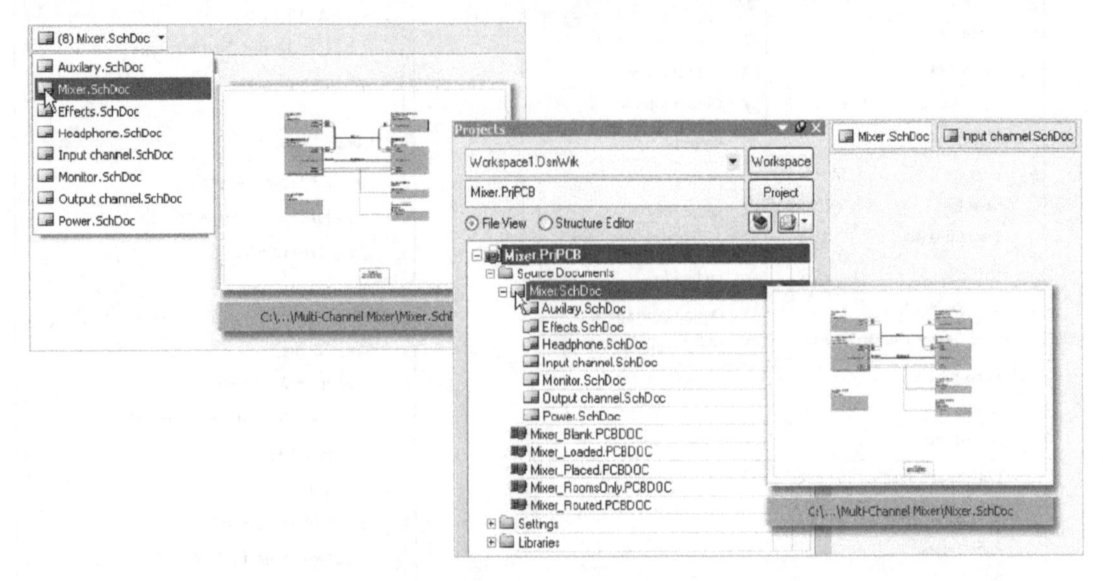

图 2-15　文件洞察器预览工程面板和文件栏中的文件

文件洞察器适用于电路原理图、PCB、OpenBus 和所有文本文件，包括注释档案、层次定义文件等。

用户还可以确定工程和工程文件所在的完整路径，如图 2-16 所示。完整路径预览适用于所有用户工程文件，包括原理图文件、PCB 文件、OutJob 文件、netlists、库文件和元器件表。

图 2-16　鼠标停留在工程面板中的工程名或文件名称上可以预览到该工程或工程文件的完整路径

可通过单击主菜单【DXP】→【Preferences】，打开 Preferences 参数对话框，在其中 System 条目下的 Design Insight 页面中，可以设置控制文件洞察器是否被显示。

4. 隐藏文件

有许多功能可能需要编译所有源文件，为了做到这一点，所有此类文件必须打开。根据相应的工程，可能会有相当数量的原始文件被用于编译。若在主要设计窗口中打开所有文件，就会产生一个凌乱的工作区。为此，Altium Designer 提供隐藏文件的功能，如果窗口里文件太多，用户可以将一些文件隐藏在主设计窗口中。

任何打开的文件都可通过以下方式存放在隐藏模式中：右击它的标签，然后选择 Hide 命令，或者右击 Project 面板中的文件并选择 Hide 命令。被隐藏的文件会列出在文件栏右边的下拉式菜单里，如图 2-17 所示。

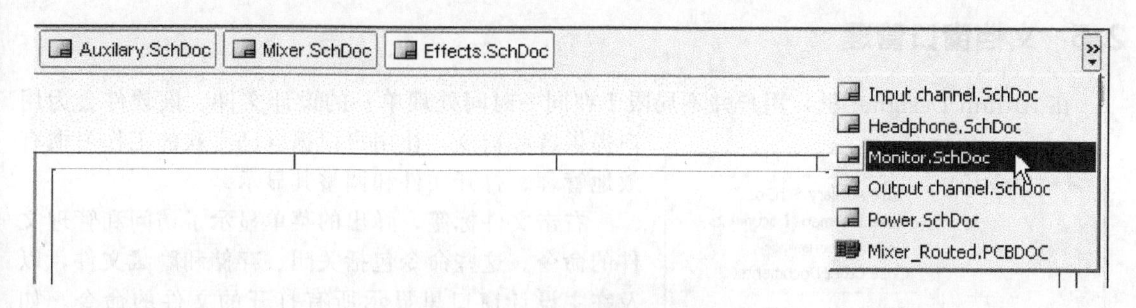

图 2-17　访问隐藏的文件

单击列表中的选项将取消隐藏文件，并会在主设计窗口中作为一个标签式的文件重现。工程面板中的窗口菜单和文件的右键菜单也能提供取消隐藏文件的命令。

5. 显示文件状态

作为工程面板中常用选项的一部分，用户可以使用显示图标来查看文件打开/修改状态。这些可视化的图标可以让用户快速查看哪个文件被打开、隐藏或修改，如图 2-18 所示。

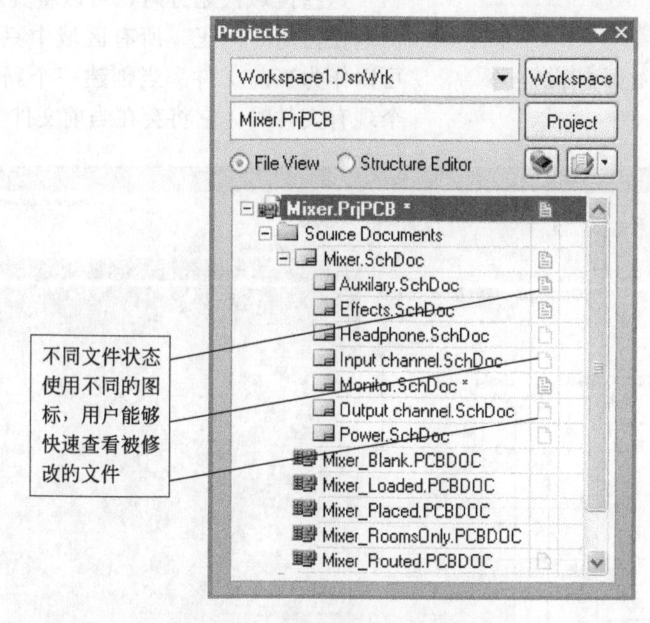

图 2-18　文件状态的图标显示

为了便于参考，下面列出了使用的图标。当光标停留在图标上时，括号里表示操作的文字就会出现。

(Open)——文件作为一个标签文件在主设计窗口中被打开；

(Hidden)——文件被隐藏；

(Open/Modified)——文本被打开并且被修改过（尚未被保存）；

(Modified)——此图标只出现在主要工程文件旁边，则表示该工程被修改过（尚未被保存）。

在面板中未保存的文档、工程或者设计工作区，会用星号 * 在相应条目旁标注，并在主设计窗口相关的标签里用星号 * 来表明。

2.5 文档窗口管理

在 Altium Designer 里，用户并不局限于在同一时间处理单一的设计文件。该软件会为用户提供各种指令，让用户根据自己喜欢的工作习惯有效地管理、打开文件和调整其显示。

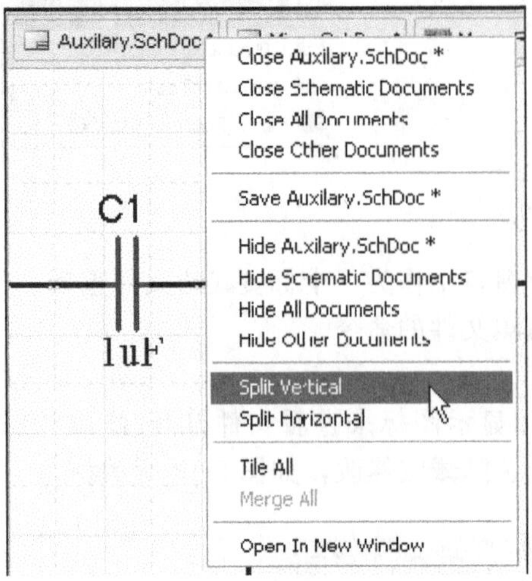

右击文件标签，弹出的菜单显示了访问和管理文件的命令。这些命令包括关闭、存储和隐藏文件，以及在主设计窗口里显示所有打开的文件的命令，如图 2-19 所示。

图 2-19　访问和管理文件的命令

1. 在同一个设计窗口中排列文档

当使用交互查看时，用来横向分列 Split Vertical 或纵向分列 Split Horizontal 主设计窗口的指令就会非常有用，图 2-20 为划分主设计的窗口显示了电路原理图和 PCB 文件横向并排打开的布局图。

这些区域被划分时，可以将其看成是单独的窗口，但是在任何时间里，所有区域中只有一个区域的文件可以作为当前文件。当创建一个新的文件或者打开一个现有文件时，它将会在当前文件工作的窗口中打开。

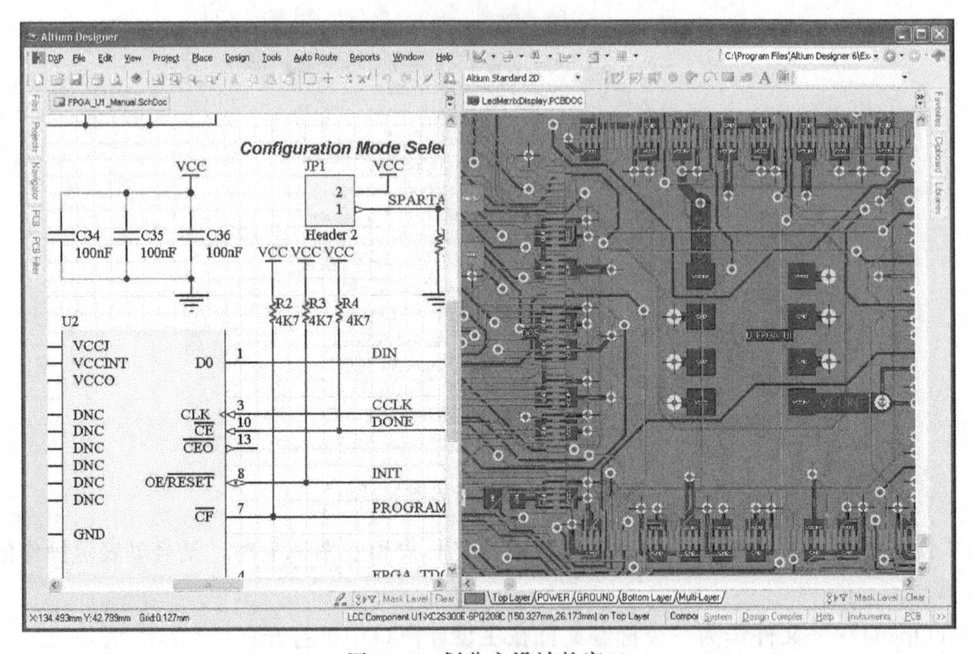

图 2-20　划分主设计的窗口

2. 创建多个设计窗口

用户也可以在独立的设计窗口打开一个文档。右键单击文件标签，从弹出式菜单中选择 Open In New Window。或者单击该文件的标签，将它拖动到主设计窗口外的桌面领域，如图 2-21 所示，打开两个独立的设计窗口。

Altium Designer 中可使用主窗口菜单上相关指令，将多个窗口横向或纵向放置，如图 2-22 所示。

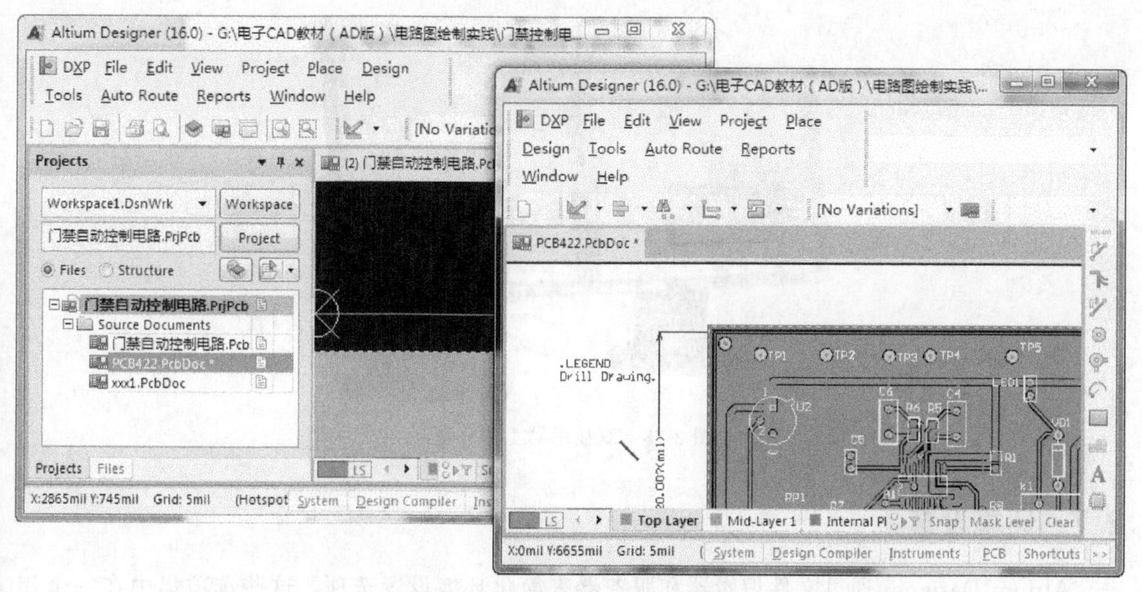

图 2-21　创建多个独立设计窗口

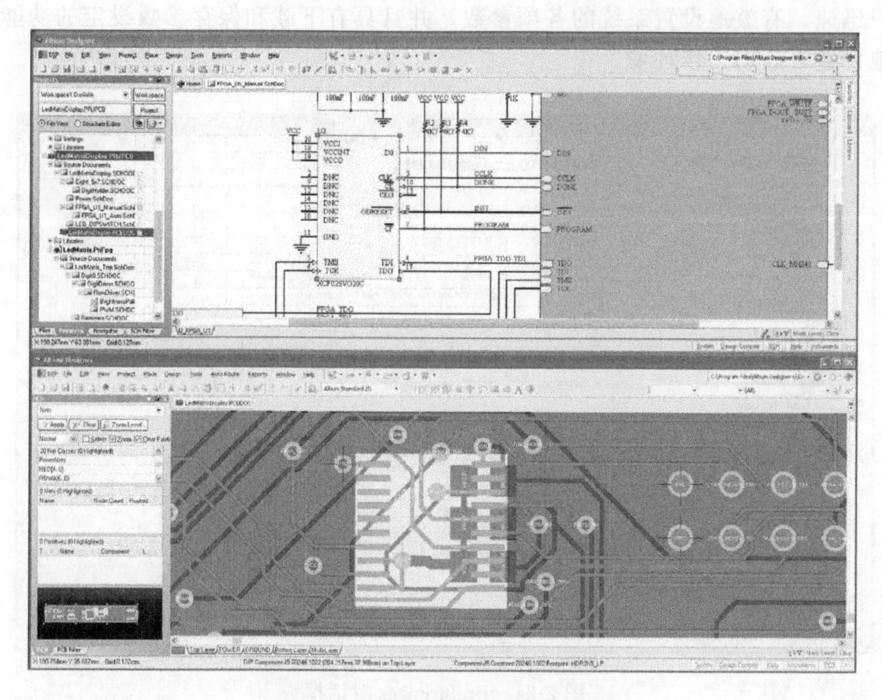

图 2-22　两个独立设计窗口的查看

2.6　扩展设计界面——支持双显示器

Altium Designer 支持使用双显示器，建议采用 1280×1024 像素的分辨率。它可以同时打开多个文件，如工作空间面板、工具栏和支持文件。这个功能让用户有足够的设计空间，创建一个更舒适的工作环境。例如，用户可以使用一台显示器进行设计，同时用另一台显示器查看工作空间控制面板和其他文件，如图 2-23 所示。

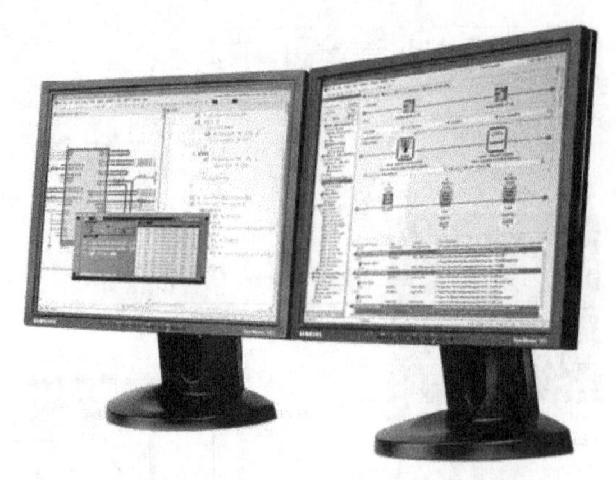

图 2-23　双显示器工作环境

2.7　环境设置

Altium Designer 通过文件编辑器和服务器来简化环境设置选项，这些选项集中在一个相互关联的对话框——Preferences 对话框进行设置，如图 2-24 所示。该对话框具有树状导航结构，使用户迅速、有效地设置系统的各项参数，并且具有下载和保存参数设定的功能，设计者可更自由地设置自己的工作环境。

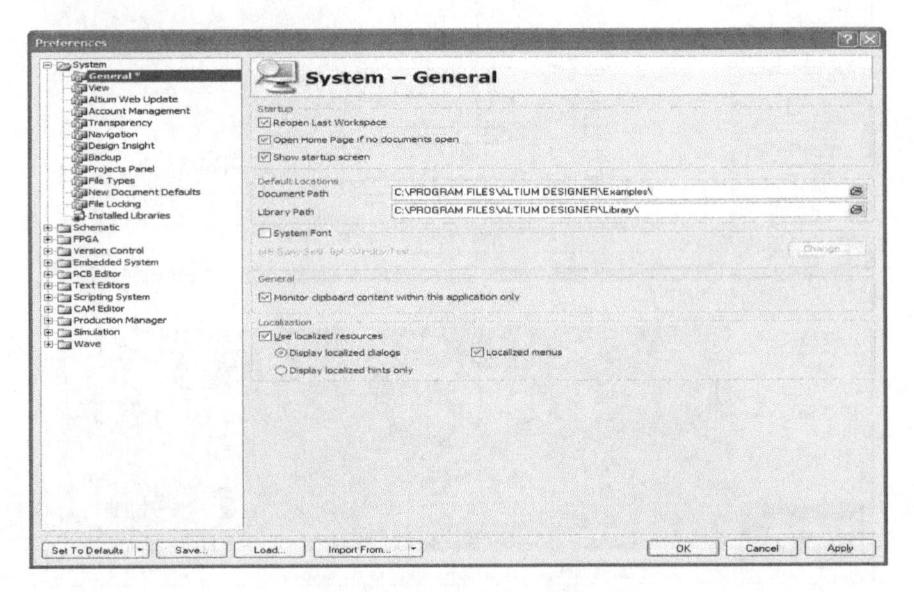

图 2-24　Preferences 对话框

从【Tools】→【Preferences】可进入该对话框，也可以通过 Preferences 命令访问该对话框（例如，在原理图主菜单中，选择【Tools】→【Schematic Preferences】）。

2.8　导航

为了辅助文件的设计，Altium Designer 提供了一个专用的 Navigation 文件导航工具条，如图 2-25 所示，设计者可以从任何文件编辑界面中访问该导航条。

1. 直接文件导航

图 2-25　专用文件导航工具条

在导航栏左侧区域可以为用户链接到PC机上的任何地址或文件，甚至到互联网上的任何网页。输入或粘贴目的地址到该区域，并按下 Enter 键，目的地址或文件将会在主设计窗口打开。

目的地址是本地或网络存储媒介上的地址簿和文件夹，其形式为文件：///根地址：/路径/文件。

目的地址是互联网上文件的标准 URL，形式为 http://网址。

所有 Altium Designer 完整的导航支持页面都采用以下形式为 DXP://文件名。

用户输入目的地址的区域实际上是下拉列表，其中提供了此前已进入的所有目的地址（有效和无效的）的历史列表。这个历史列表不会存在于整个设计阶段，它会被现有的软件清除。

2. 浏览查看文件

对于已经在主设计窗口内打开的文件，使用向左或向右的箭头，可以让用户有效地来回翻阅。紧贴于这些按钮右侧的下拉式箭头提供了一个文件列表，其中包含分别向前或向后迅速浏览序列的所有文件。单击所选文件进入就可直接查阅该文件。

3. 完整的导航页面

单击按钮进入首页，如图 2-26 所示。首页提供了常用任务的链接，例如打开最近浏览过的文件或工程、登录 Altium 公司的技术支持中心、进入系统配置选项等。

图 2-26　完整的导航首页

2.9　本地化语言环境

Altium Designer 提供若干非英语的语言支持，所有菜单项和大多数对话框文本标签都可以使用安装在 PC 上的语言进行显示。本地化语言可作为英文文本的翻译提示，或是作为对表格和菜单的翻译。

单击主菜单【DXP】→【Preferences】，打开 Preferences 参数对话框，在其中 System 条目下的 Localization 页面的参数设定对话框中进行本地化设置，如图 2-27 所示。

图 2-27　设置本地化选项

2.10　网络更新

为了保证用户的软件、库和文档不断更新，Altium Designer 提供了网络更新功能，可选择【DXP】→【Extensions & Updates】命令，如图 2-28 所示。用户可以通过访问网络查看 Altium 公司的更新，进行网络更新需要有 Altium 公司技术支持中心的账户。

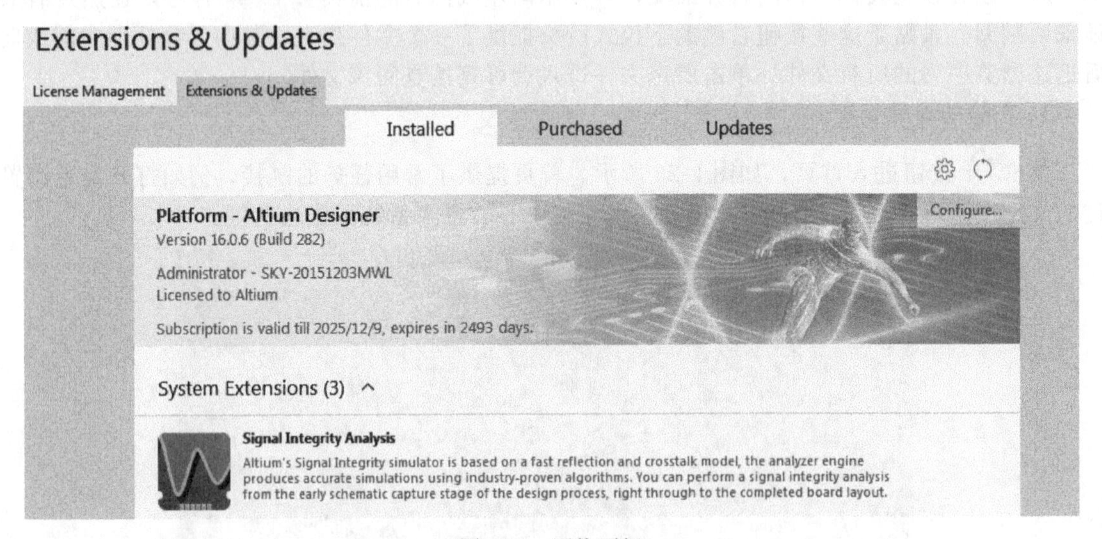

图 2-28　网络更新

本章小结

本章对 Altium Designer 设计环境进行了简要介绍，重点讲解了工作区面板的访问和管理、文件管理和文件操作、设计窗口的管理和显示，以及工作环境设置、导航、网络更新等内容，从而使学习者对 Altium Designer 的设计环境有一个整体的认识，便于后续内容的学习。

习　题

2-1　如何实现工作区面板的锁定模式、弹出模式和浮动模式三种显示模式的切换？

2-2　面板的标准标签分组模式和分形分组模式有何区别？如何切换？

2-3　Altium Designer 中对文件有哪些常用的操作？

第3章

电压检测控制电路原理图的绘制

【本章学习目标】

本章主要以绘制电压检测控制电路原理图为例，介绍较简单电路原理图的绘制方法，以达到以下学习目标：

◇ 掌握电路原理图设计步骤；
◇ 掌握电路原理图图纸、网格、光标等的设置方法；
◇ 熟悉主菜单、工具栏的使用方法；
◇ 熟练掌握放置元件、导线、电源/地和输入/输出端口的方法；
◇ 掌握对电路原理图元件编辑的各种操作。

3.1 任务分析

在图 3-1 所示的电压检测控制电路中，通过调节 RP 模拟被测电压的变化，通过控制电路控制信号灯及发光二极管的亮和灭。

电压检测控制电路由变压器降压、半波整流及电容滤波提供直流电源。晶体管 V1 等元件组成电压检测电路，集成电路 555 构成自激振荡器，为双向晶闸管 V2 提供导通信号。当图中 A 点电位低于某值时，晶体管 V1 截止，VD3 截止。此时 555 电路产生自激振荡信号（频率较高以便

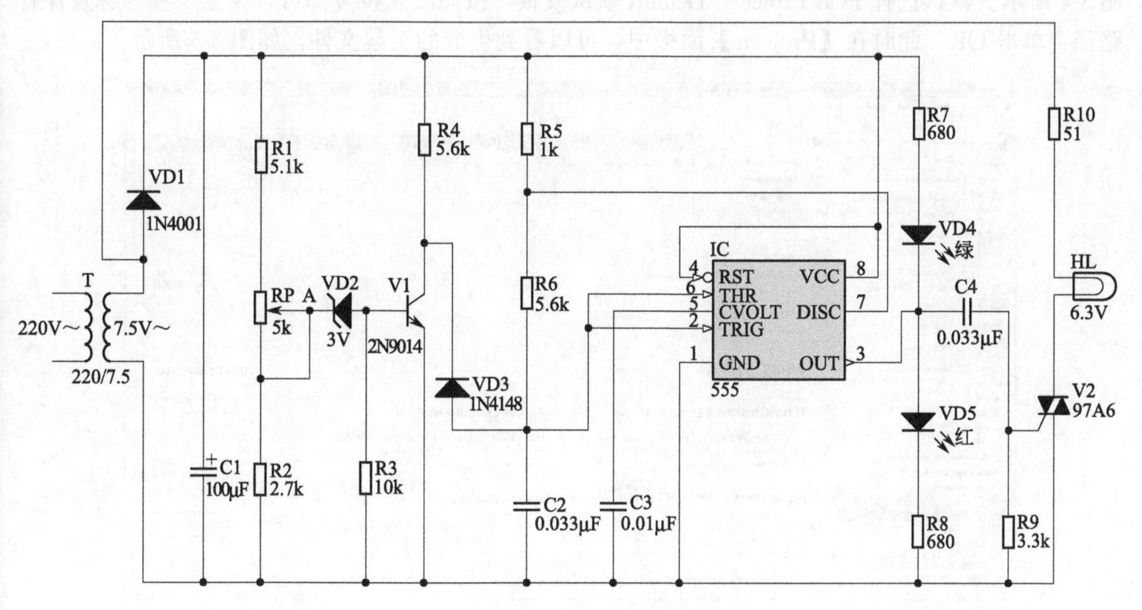

图 3-1　电压检测控制电路原理图

触发 V2)。VD4、VD5 同时发光，双向晶闸管 V2 被触发导通，指示灯 HL 亮。当 A 点电位高于某值，使 V1 导通，则 VD3 导通，从而使 555 电路的 2 脚保持为低电平，555 停振。此时 VD5 亮，VD4 不亮，IC 的 3 脚维持高电位。但由于 C4 的作用，V2 不能被触发导通，HL 熄灭。

该项目主要训练学生掌握绘制电路原理图的基本方法。通过本章的学习，学会如何设置电路原理图图纸、网格、光标等，掌握如何使用主菜单和常用工具栏，熟练掌握元件库的调用、元件的查找与放置、元件属性的编辑，掌握导线、电源/地和输入/输出端口等的放置及其属性的编辑，熟悉编辑对象的各种操作。

该电路主要由电阻、电容、二极管、三极管以及定时器 IC（555)、变压器 T、双向晶闸管 V2 、稳压管 VD2、灯泡等组成。该电路图中元件均可从元件库中查到。

3.2 电路原理图设计基础

3.2.1 电路原理图设计步骤

电路原理图设计步骤如图 3-2 所示，其中关于创建原理图文件、设置图纸、放置元件、放置导线、放置电源及接地符号等内容将在本章介绍，关于原理图的检查、修改、保存及打印输出等内容将在后续章节中详细介绍。

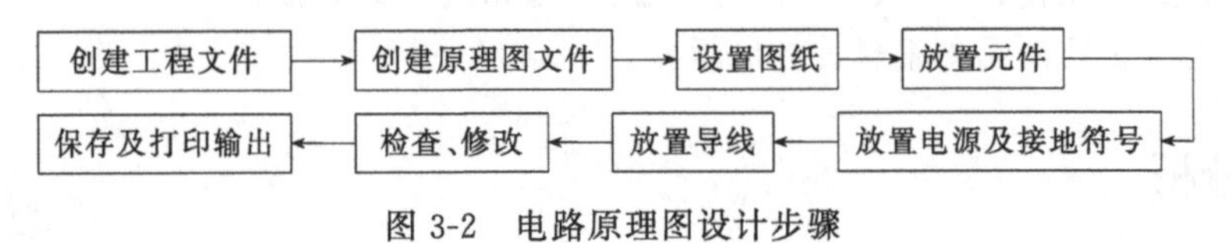

图 3-2 电路原理图设计步骤

3.2.2 创建电路原理图文件

1. 新建工程文件

新建工程文件命令如图 3-3 所示，单击【File】→【New】→【Project】，弹出新建工程对话框如图 3-4 所示。默认选择 PCB Project，Default 默认模板，按照默认设置即可，设置工程名称及保存路径，单击 OK。此时在【Projects】面板中，可以看到生成的工程文件，如图 3-5 所示。

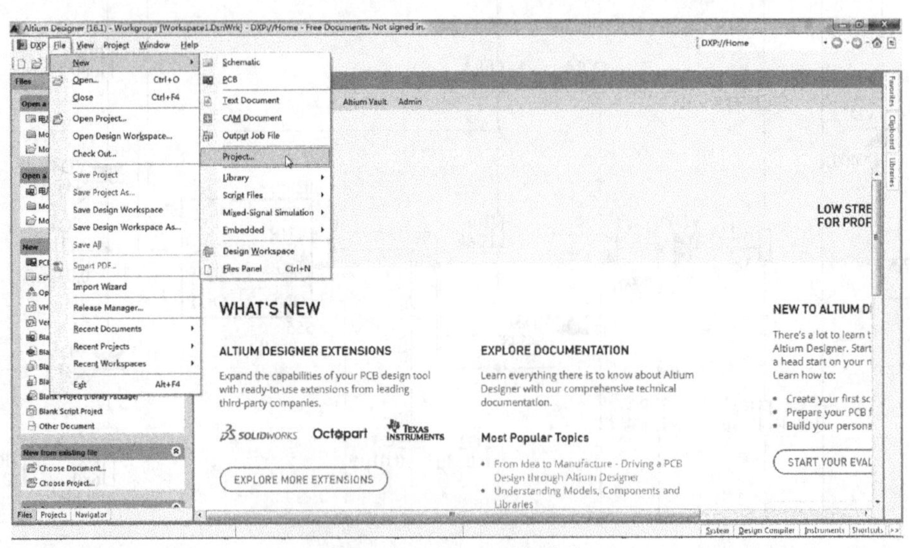

图 3-3 新建工程文件命令

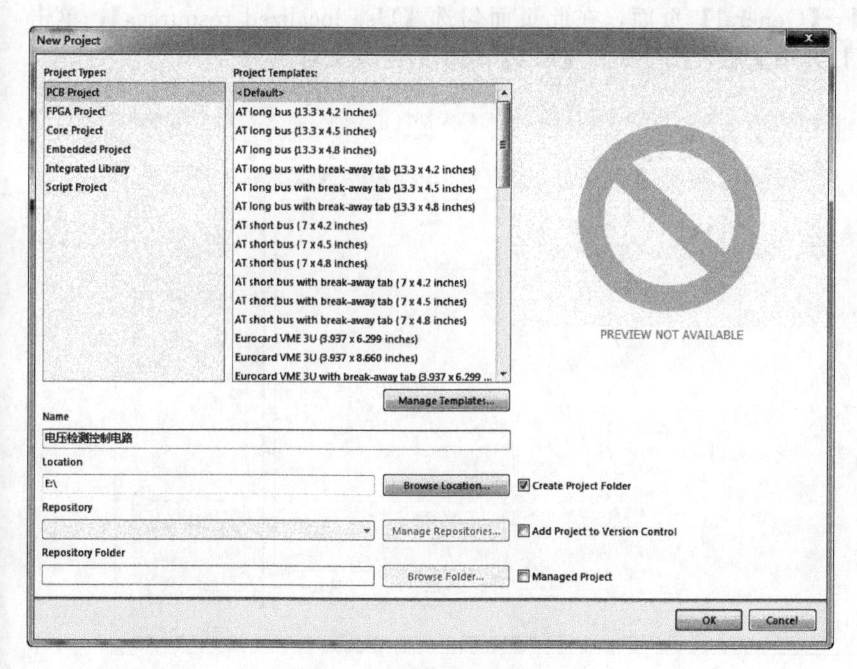

图 3-4　新建工程对话框

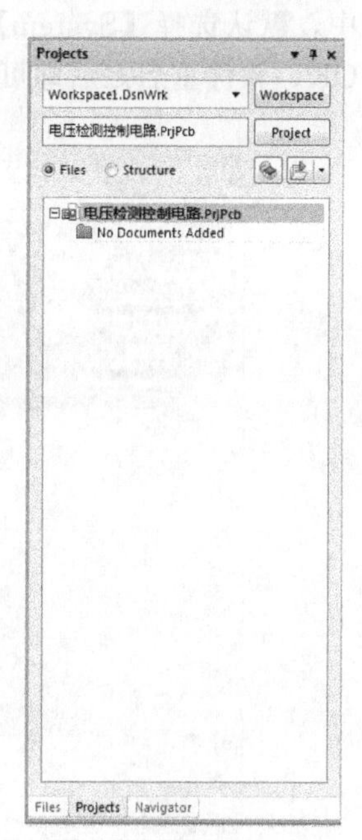

图 3-5　生成工程文件

2. 创建原理图文件

在新建工程文件中创建原理图文件的方法如下。

方法一：如图 3-6 所示，执行菜单命令【File】→【New】→【Schematic】，将生成原理图文件。

方法二：如图 3-7 所示，在界面左侧的【Files】面板中，单击【New】→【Schematic Sheet】，也将生成原理图文件，如图 3-8 所示。

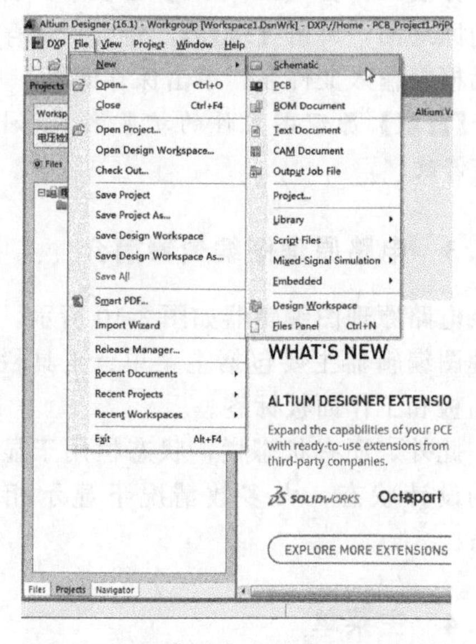

图 3-6　通过菜单命令创建原理图文件

图 3-7　通过 Files 面板创建原理图文件

在前面的操作中，可以发现 Altium Designer 安装后默认为英文版，如需改为中文版，可以通过如下步骤设置：执行菜单命令【DXP】→【Preferences】，在打开的 Preferences 对话框中，默认选择【System】→【General】页面，在此页面勾选【Use localized resources】，单击 OK，软件重启之后即可打开中文版，图 3-9 为【File】菜单的中英文对照。

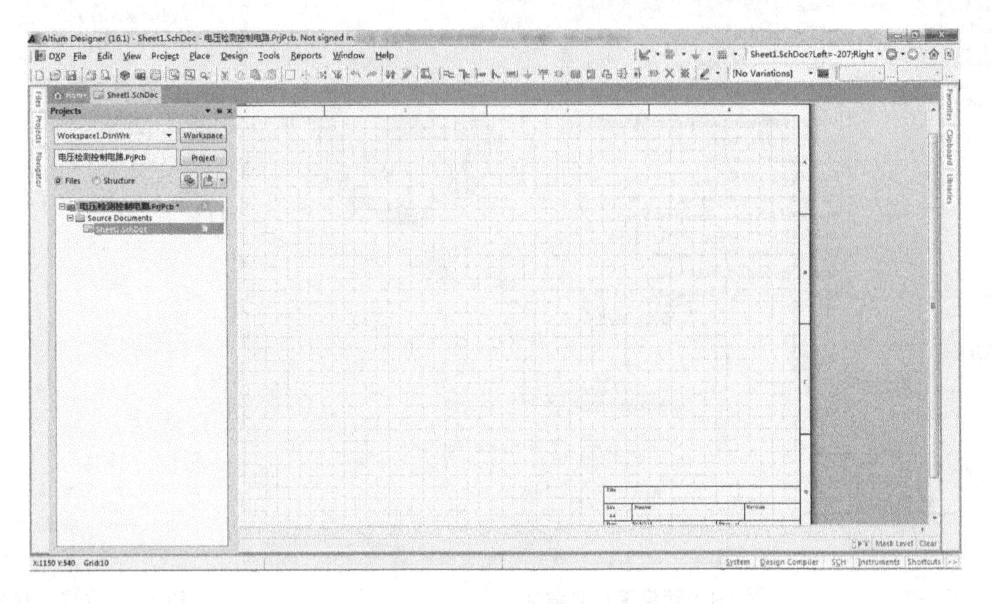

图 3-8　生成原理图文件

图 3-9　File 菜单中英文对照

3. 修改原理图文件名

方法一：单击菜单命令【File】→【Save】，或者单击工具栏保存文档按钮，将弹出保存文件对话框，输入文件名，单击保存即可。

方法二：在【Projects】面板中，右击创建的原理图，单击【Save】，将弹出保存文件对话框，输入文件名，单击保存即可。

【注意】 *原理图文件的扩展名“.SchDoc”不可修改。*

3.2.3　电路原理图编辑器简介

电路原理图编辑器如图 3-10 所示。电路原理图编辑器主要包括主菜单、工具栏、工作面板和工作面板标签。

此外，还有状态栏，状态栏用于显示当前的设计状态，大多数情况下显示相对坐标值。

3.2.4　主菜单

主菜单中各菜单的功能描述如表 3-1 所示。

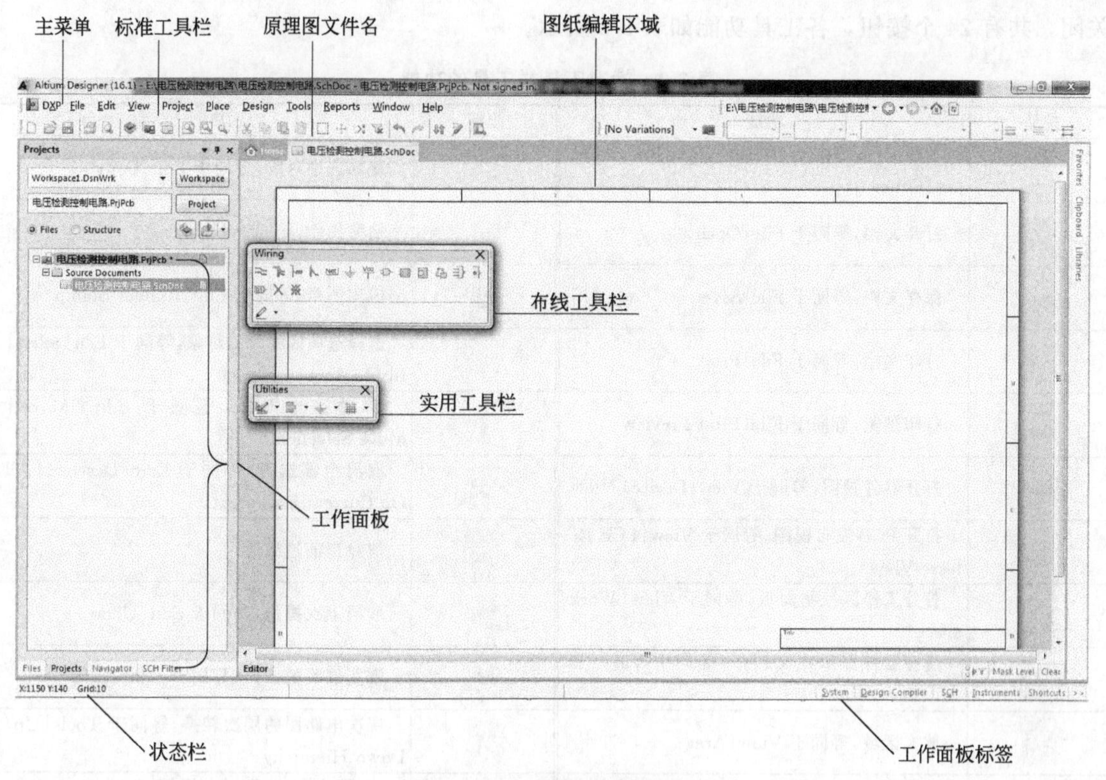

图 3-10　电路原理图编辑器

表 3-1　主菜单中各菜单的功能描述

菜单项	描述
File(文件)	文件的新建、打开、关闭、导入、导出、保存、打印、退出等
Edit(编辑)	撤销、恢复、剪切、复制、粘贴、清除、查找文本、替换文本、选中、取消选中、删除、改变、移动、排列、跳转、设置标记、增加单元等
View(视窗)	视窗的放大、缩小、刷新、网格的设置，还包括切换设计管理器、状态栏、命令行及各工具栏的打开和关闭等
Project(工程)	编译原理图、编译工程、工作空间设计、添加新文件到工程、添加已有的文件到工程、从工程删除文件、版本控制、工程选项等
Place(放置)	放置总线、总线分支、元件、节点、电源、导线、网络标号、端口、方框图、方框图入口、注释、文本框等
Design(设计)	更新 PCB 文件、浏览原理图库、添加/删除原理图库文件、制作项目原理图库文件、模板的更新和设置、生成网络表、从方块图生成子电路图、从子电路图生成方块图、图纸的设置等
Tools(工具)	ERC(电气错误检查)、查找元件、切换子电路图和方块图、注释、数据库的连接、绕过探测器、选择 PCB 元件和原理图的参数设置等
Reports(报告)	产生选中的引脚信息、材料单、设计层次、增加平级和层次的端口参数、删除端口参数等报告
Window(窗口)	窗口平铺、层叠放置、水平分割、垂直分割、重排图标和关闭所有的选项卡等
Help(帮助)	显示帮助内容、原理图的帮助主题、快捷键的使用说明、各种受欢迎的快捷命令的直接使用、关于 Altium Designer 软件的版本信息等

3.2.5　工具栏

绘制原理图需使用的工具栏有标准工具栏（Schematic Standard）、布线工具栏（Wiring）及实用工具栏（Utilities）。

1. 标准工具栏

标准工具栏可以通过菜单命令【View】→【Toolbars】→【Schematic Standard】来打开或者

关闭，共有 24 个按钮，各工具功能如表 3-2 所示。

表 3-2　标准工具栏工具的功能

按钮	功能	按钮	功能
	新建文件,等同于 Project|Add New to Project|Other		复制选中对象,等同于 Edit|Copy
	打开文档,等同于 File|Open		粘贴操作,等同于 Edit|Paste
	保存文档,等同于 File|Save		橡皮图章,等同于 Edit|Rubber Stamp
	打印文档,等同于 File|Print		选择选项区域内的对象,等同于 Edit|Select|Inside Area
	打印预览,等同于 File|Print Preview		移动选中对象,等同于 Edit|Move|Move Selection
	打开器件视图,等同于 View|Devices View		取消全部选择,等同于 Edit|Deselect|All On Current Document
	打开 PCB 发布视图,等同于 View|PCB Release View		清除当前过滤器
	打开工作区控制面板,等同于 View|Workspace		取消上次操作,等同于 Edit|Undo
	所有器件显示在文档中,等同于 View|Fit All Objects		恢复取消的操作,等同于 Edit|Redo
	放大区域,等同于 View|Area		层次电路图的层次转换,等同于 Tools|Up/Down Hierarchy
	对选中元件所处的区域放大,等同于 View|Selected Objects		放置交叉探测点,等同于 Tools|Cross Probe
	剪切选中对象,等同于 Edit|Cut		查看元件库,等同于 Design|Browse Library

2. 布线工具栏

布线工具栏是画原理图时最常用的工具栏，其中各工具常用来绘制导线、放置网络标号、放置节点和端口等。可以通过菜单命令【View】→【Toolbars】→【Wiring】来打开或者关闭。其中各个工具的作用如表 3-3 所示。

表 3-3　布线工具的作用

按钮	功能意义	按钮	功能意义	按钮	功能意义	按钮	功能意义
	画导线	Net	放置网络标号		放置图纸符号		放置线束入口
	画总线		放置地符号		放置图纸出入口	D1	放置电路端口
	画信号线束	Vcc	放置电源符号		放置设备图纸符号		放置忽略 ERC 检查点
	画总线分支		放置元件		放置线束接口		针对特定错误忽略 ERC 检测点

3. 实用工具栏

实用工具栏包括实用工具、排列工具、电源和接地，以及网格设置，如图 3-11 所示。可以通过菜单命令【View】→【Toolbars】→【Utilities】打开或者关闭。

（1）实用工具。放置直线、多边形、椭圆圆弧、贝塞尔曲线、字符串、超链接、字符文本、矩形、圆角矩形、椭圆、饼形图、图片以及智能粘贴。

（2）对齐工具。对所选的对象进行左对齐、右对齐、水平居中、水平平均分布、顶端对

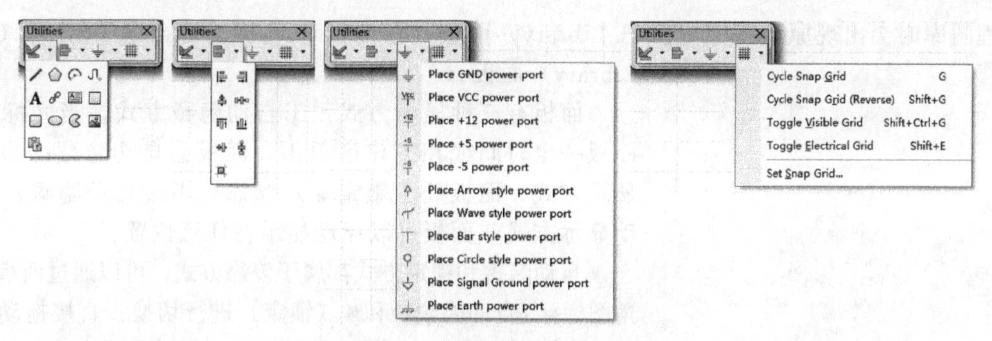

图 3-11　实用工具栏的功能

齐、底部对齐、垂直居中、垂直平均分布以及对齐到网格。

(3) 电源和接地。电源符号有 Bar（直线）、Circle（圆）、Allow（箭头）、Wave（波）等形式，接地符号有 Allow（箭头）地、Power Ground（电源地）、Signal Ground（信号地）、Earth（接大地）等形式。

(4) 网格设置。设置捕捉网格、可视网格以及电气网格。

3.2.6　工作面板

在 Altium Designer 16 中可以通过工作面板，实现打开文件、浏览各个设计文件、编辑对象和访问库文件等各种功能。在原理图编辑器的左侧，有三个面板，分别为文件（Files）面板、工程（Projects）面板和导航（Navigator）面板。在原理图编辑器的右侧，有三个面板，分别为收藏夹（Favorites）面板、粘贴板（Clipboard）面板和库（Libraries）面板。其中文件（Files）面板、工程（Projects）面板和库（Libraries）面板较为常用，如图 3-12 所示。以上面板是在任何编辑环境中都有的面板。还有一类面板在特定的编辑环境下才会出现，比如在编

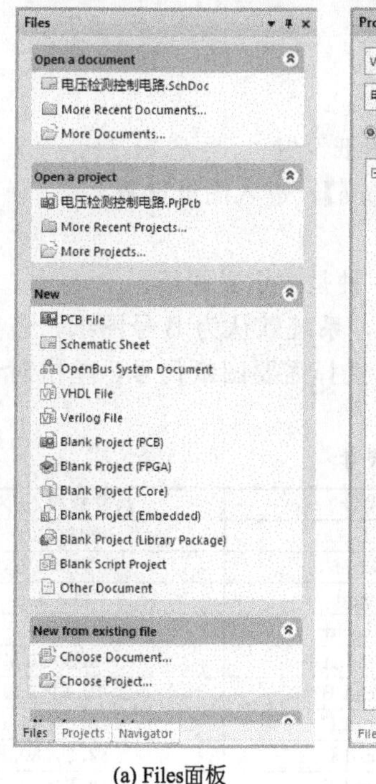

(a) Files面板

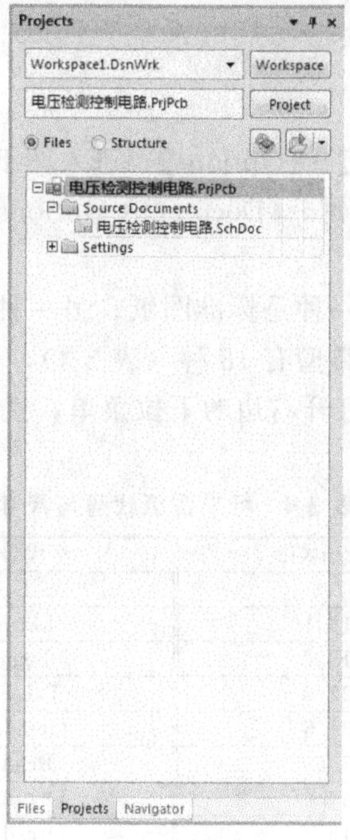

(b) Projects面板

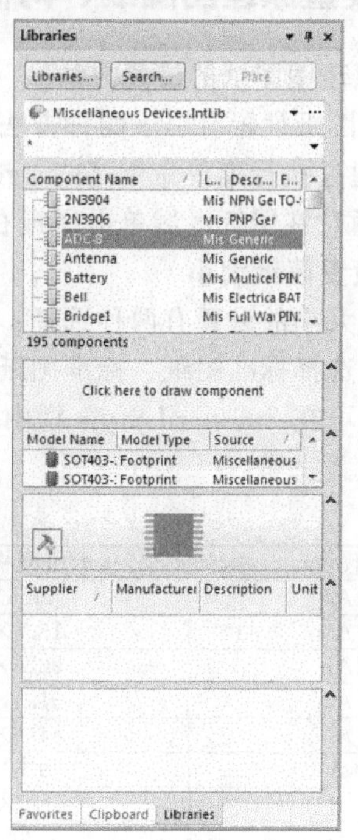

(c) Libraries面板

图 3-12　常用面板

辑原理图库时会出现原理图库（SCH Library）面板，在编辑 PCB 库时会出现 PCB 库（PCB Library）面板。

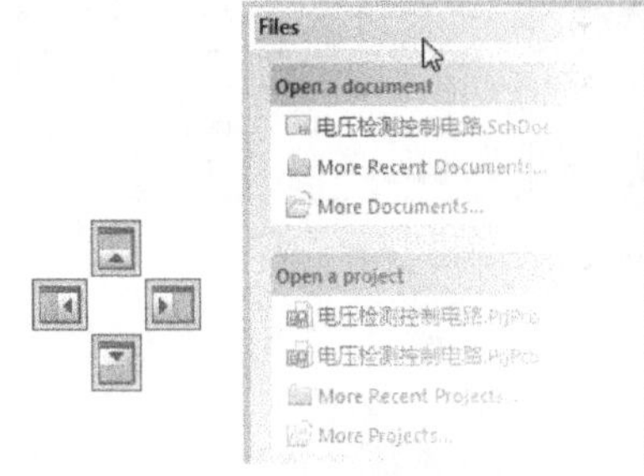

图 3-13 将面板拖动到箭头上即可实现停靠

面板有三种显示方式：①自动隐藏方式，当光标移开面板一定时间或在工作区单击，面板会自动隐藏；②锁定显示方式，面板处于锁定显示状态，不会自动隐藏；③浮动显示方式，面板可以浮动显示在任意位置。

自动隐藏和锁定方式都属于停靠方式，可以通过面板右上角图标（自动隐藏）和（锁定）进行切换。直接拖动面板的上边框到工作区，则可以使面板处于浮动显示方式。如果要从浮动状态切换到停靠状态，拖动面板上边框，则会出现如图 3-13 所示的箭头，将面板拖动到箭头上即可实现停靠。

3.2.7 工作面板标签

工作面板标签位于软件界面的右下角，如图 3-14 所示，利用工作面板标签可以根据需要查看工作面板窗口。如单击 System 则会出现如图 3-15 所示的选项。也可以通过菜单【View】→【Workspace Panels】选择选项，查看相应的工作面板窗口。

图 3-14 工作面板标签

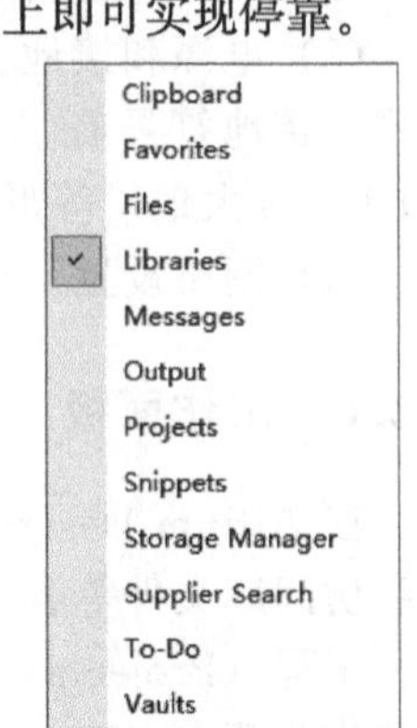

图 3-15 System 的选项

3.3 设置原理图图纸、网格、光标和文件信息

1. 原理图图纸的设置方法

进入图纸设置有以下两种方法：

① 通过执行菜单命令【Design】→【Options】，进入图纸设置；

② 通过在图纸区域单击鼠标右键→【Document Options】，进入图纸设置。

2. 设置图纸大小

图纸大小的设置有两种选择：一种是标准图纸；另一种是自定义图纸。

(1) 选择标准图纸。标准图纸类型有 18 种（表 3-4），系统默认为 B 号图纸，若要修改图纸大小，可在 Standard Style 栏中打开右边的下拉菜单，选择需要图纸代号，单击对话框下部的 OK 设置完毕。

表 3-4 标准图纸代号与尺寸

代号	尺寸规格/in×in	代号	尺寸规格/in×in
A4	11.5×7.6	E	42×32
A3	15.5×11.1	Letter	11×8.5
A2	22.3×15.7	Legal	14×8.5
A1	31.5×22.3	Tabloid	17×11
A0	44.6×31.5	Orcad A	9.9×7.9
A	9.6×7.5	Orcad B	15.6×9.9
B	15×9.5	Orcad C	20.6×15.6
C	20×15	Orcad D	32.6×20.6
D	32×20	Orcad E	42.8×32.2

注：1in=25.4mm

（2）选择自定义图纸。如果标准图纸满足不了要求，这时就要自己定义图纸的大小了。自定义图纸可以在设置图纸对话框中的 Custom Style 区域中进行设置。这里必须选中 Use Custom Style 项，即在该项左边的方框内打钩，如图 3-16 所示，如此方可进行相关的设置。自定义图纸选项及功能如表 3-5 所示。

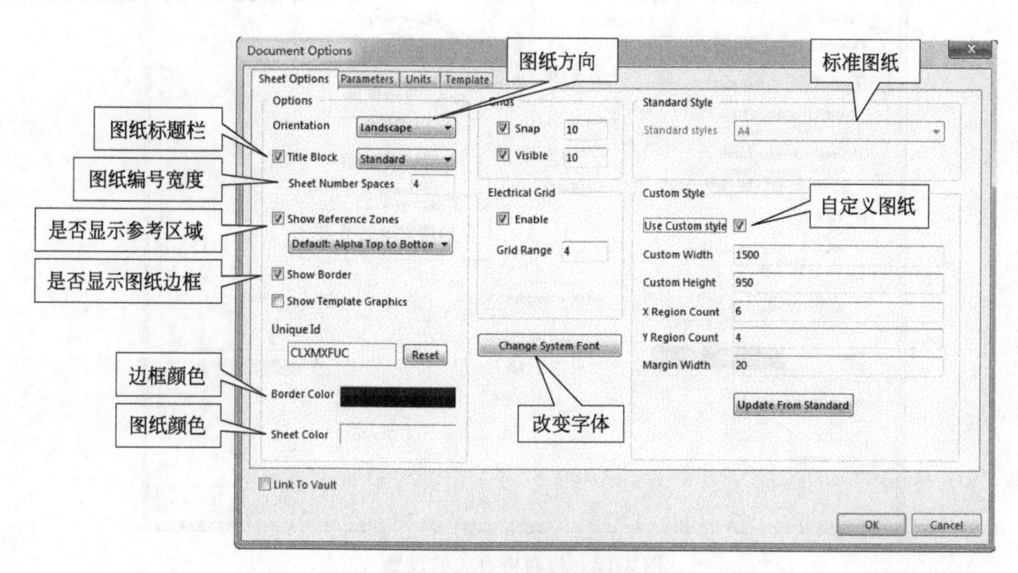

图 3-16　自定义图纸参数设置

表 3-5　自定义图纸选项及功能

图纸选项	功能	图纸选项	功能
Custom Width	设置图纸的宽度，单位为 1/100in	Y Region Count	设置 Y 轴框参考坐标的刻度数
Custom Height	设置图纸的高度，单位为 1/100in	Margin Width	设置边框宽度，其单位为 1/100in
X Region Count	设置 X 轴框参考坐标的刻度数		

3. 设置图纸的其他参数

（1）设置图纸方向。单击 Orientation 项右边的下拉按钮，有两个选项：Landscape 和 Portrait，其中 Landscape 表示将图纸水平放置，Portrait 表示将图纸纵向放置。

（2）设置图纸标题栏。选中 Title Block 项（该项左边方框打钩），则在其右边有两种模式的标题栏可选，分别为标准模式（Standard）和美国国家标准化组织模式（ANSI）。如果这两种模式不合适，使用者也可以将 Title Block 项左边方框内的“钩”去掉，此时图纸中将不会出现系统设置的标题栏，可由使用者自行设计。

（3）设置图纸颜色。为了更清楚地显示所画的电路原理图，就需要对图纸的颜色进行设置，其方法如下：单击 Sheet Color 项右边的颜色框进行图纸底色设置，单击 Border Color 项右边的颜色框进行图纸边框的设置。

（4）设置系统字体。单击 Change System Font 即可进行设置。

（5）设置图纸边框的显示与否。在 Show Border 左边的分框内打钩则显示，否则不显示。

（6）设置图纸参考区域的显示与否。在 Show Reference Zones 左边的分框内打钩则显示，否则不显示。

4. 设置网格

（1）Grids 网格。在图 3-17 与网格有关的设置对话框的 Grids 项中，可以设置光标和网络。

① Snap 左边的方框内打钩则显示光标，并且可在右边方框内设置光标移动一次的步长。

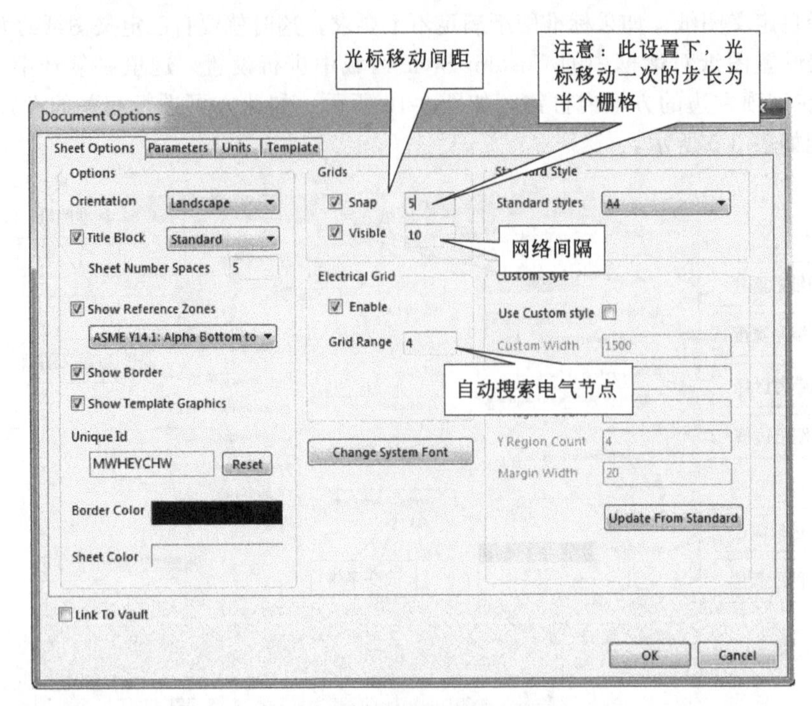

图 3-17　与网格有关的设置

② Visible 左边的方框内打钩则显示网格，此时可在右边方框内设置显示的每个栅格的边长。Visible 左边的方框内的“钩”去掉则隐藏网格。

(2) Electrical Grid 电气网格。若 Enable 选中，则此时系统在连接导线时，将以箭头光标为圆心，以 Grid Range 栏中设置值为半径，自动向四周搜索电气节点。当找到最接近的节点时，就会把十字光标自动移到此节点上，并在该节点上显示出一个圆点。

5. 设置文件信息

通过菜单命令【Design】→【Options】或在图纸空白处单击【右键】→【Document Options】，在【Document Options】对话框中，单击打开 Parameters 选项卡，如图 3-18 所示，根据需要设置文件信息。

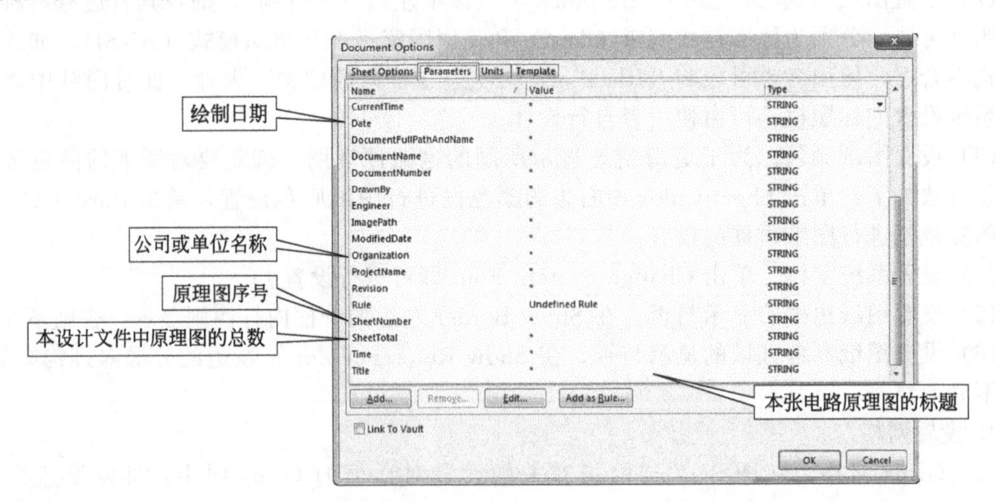

图 3-18　设置文件信息

6. 电压检测控制电路原理图图纸的设置

进入原理图编辑器。执行菜单命令【Design】→【Options】，进入图纸设置。图纸大小为 A4，捕捉栅格为 5mil，可视栅格为 10mil；系统字体为宋体、字号 11；标题栏格式为 Standard。如图 3-19 所示，设置各参数后先后单击【确定】和 OK 完成设置。

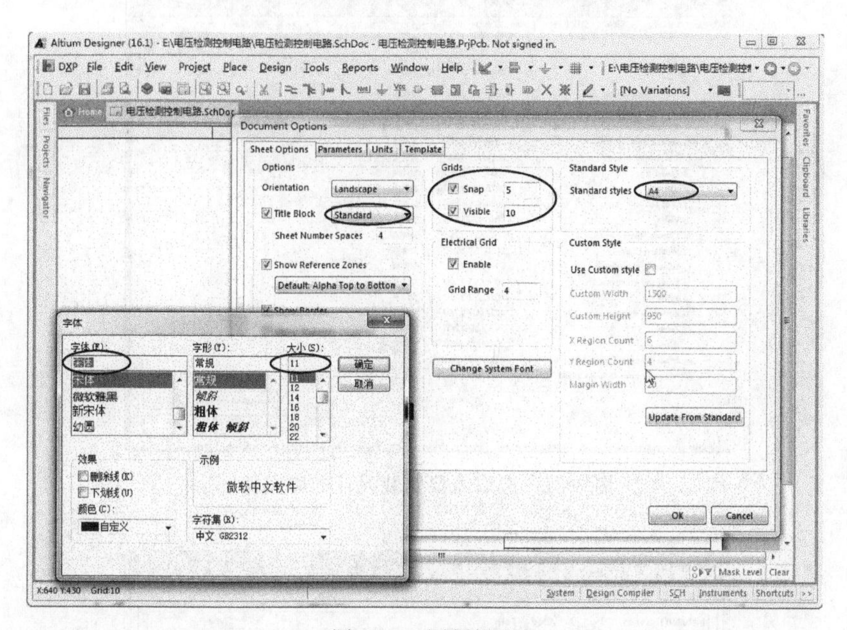

图 3-19　图纸设置

3.4 放置元件

3.4.1 装卸元件库

在放置元件之前，为了快速查到所需元件，通常需要将该元件所在的元件库载入内存。如果一次载入过多的元件库，将会占用较多的系统资源，同时也会降低应用程序的执行效率，所以，通常只载入必要而常用的元件库，其他特殊的元件库当需要时再载入。

1. 添加元件库的步骤

(1) 打开“电压检测控制电路 . SchDoc”，即打开原理图编辑器。

(2) 单击右侧 Libraries 面板，单击【Libraries...】按钮，或单击【Design】→【Add/Remove Library】，屏幕将出现如图 3-20 所示的【Available Libraries】对话框。

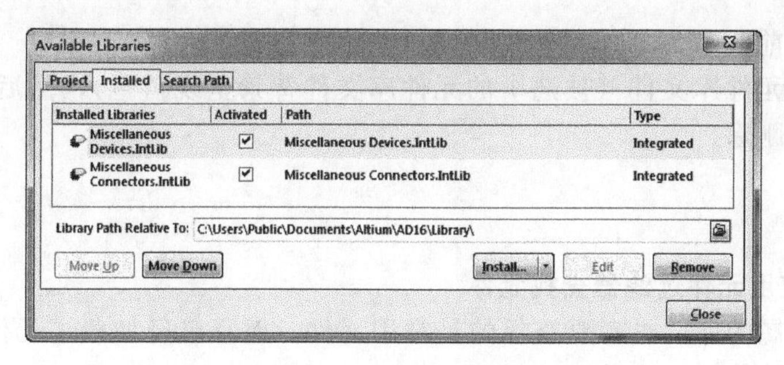

图 3-20　【Available Libraries】对话框

（3）单击【Install…】→【Install from file】，如图 3-21 所示，在弹出的对话框中选取元件库文件，然后双击鼠标或单击【打开】按钮，此元件库就会出现在 Installed 选项卡中，如图 3-22 所示。

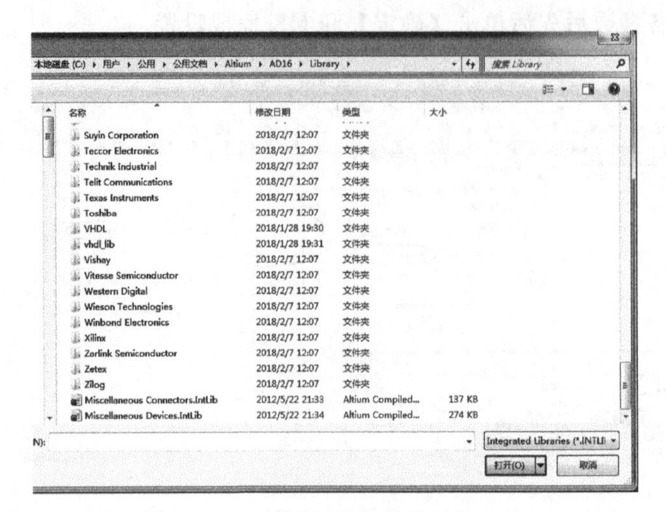

图 3-21　选取需要安装元件的库文件

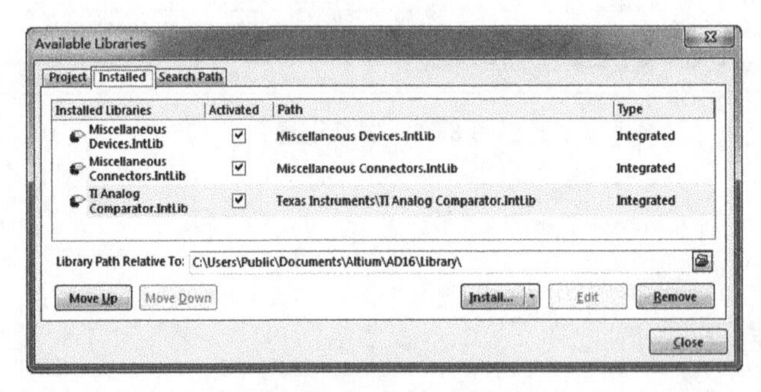

图 3-22　Installed 选项卡

【说明】常用元件库有 Miscellaneous Devices. IntLib（多功能器件库）、Miscellaneous Connectors. IntLib（多功能接口库）。库文件默认路径为 C:\Users\Public\Documents\Altium\AD16\Library\，软件自带的库文件较少，对于本例，需要从 http://techdocs. altium. com/display/ADOH/Download+Libraries 下载库文件压缩包，解压缩之后放到默认路径，再参考上面添加元件库的步骤，安装需要的库文件。

2. 删除元件库

删除元件库的前两步与添加元件库相同。在第三步时，在【Available Libraries】对话框中，选中要删除的元件库文件（被选中的元件库文件背景呈现蓝色），然后单击【Remove】，即完成该元件库的删除。

3.4.2　查找元件

1. 方法一：使用元件过滤器查找元件

在知道元件所属的库，或者要查找的是常用元件，而且已经加载了元件所属的原理图库时，采用此方法比较快捷。

在图 3-23 所示的过滤器 Filter 中，输入要查找的元件全名，或者配合使用通配符“*”

或“?”，都可以方便地在已加载的原理图库中找到所需元件。其中“＊”代表任何一个或多个字符，“?”代表任何一个字符。

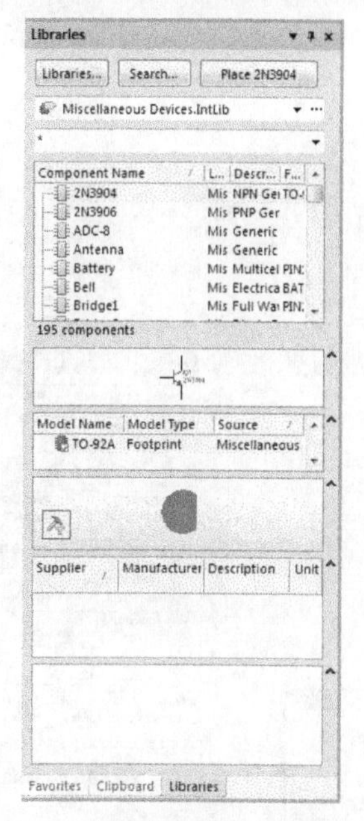

(a) 列出当前库所有元件

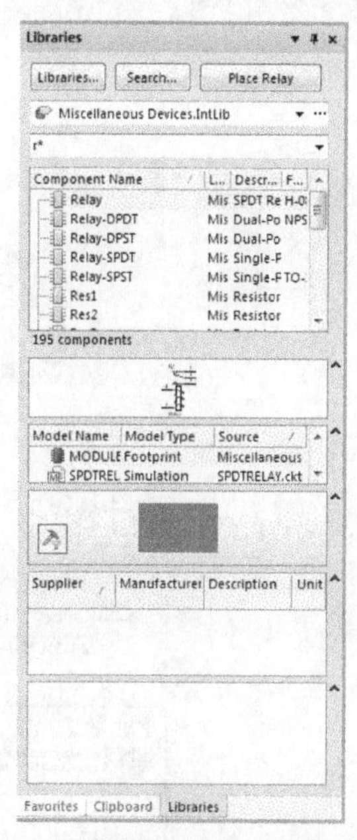

(b) 列出当前库中r开头的元件

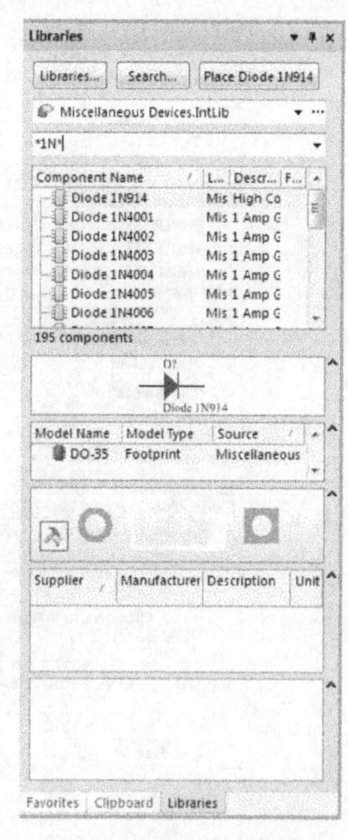

(c) 列出当前库中含1N的元件

图 3-23　使用元件过滤器查找元件

2. 方法二：使用 Libraries 面板中【Search...】查找元件

单击【Search...】按钮，弹出如图 3-24 所示【Libraries Search】对话框。根据需要输入查找条件，单击对话框的【Search】之后，如图 3-25 所示，可以在 Libraries 面板中显示查找结果，选取所需的元件拖动到工作区，如果所选取元件所属的库没有安装，则会提示安装该库，如图 3-26 所示，单击 Yes 进行安装。例如，查找 555 电路，如图 3-24 所示。在查找域中选择【Name】，由于 555 芯片不同的厂家不同型号的命名不一样，但名称都会包含 555，所以过滤

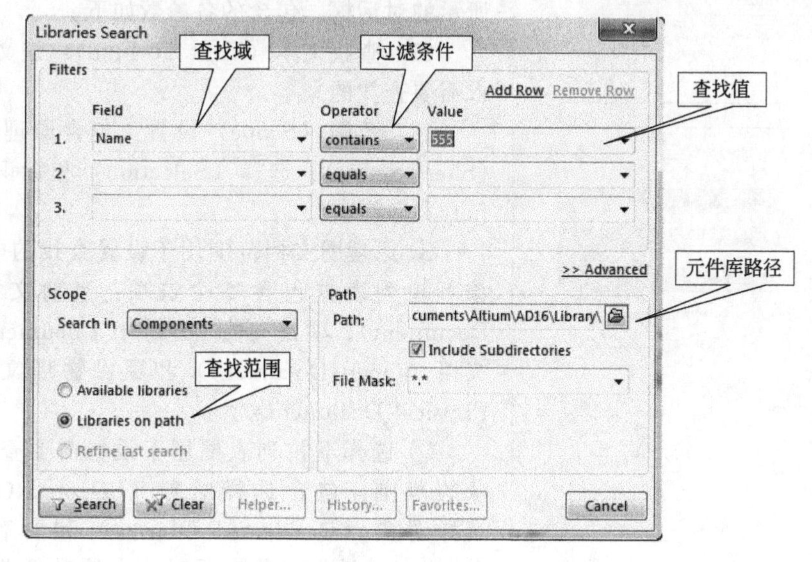

图 3-24　【Libraries Search】对话框

条件选择【contains】。查找值输入 555，查找范围选择【Libraries on path】，并设置元件库路径，单击 Search，搜索结果如图 3-25 所示。

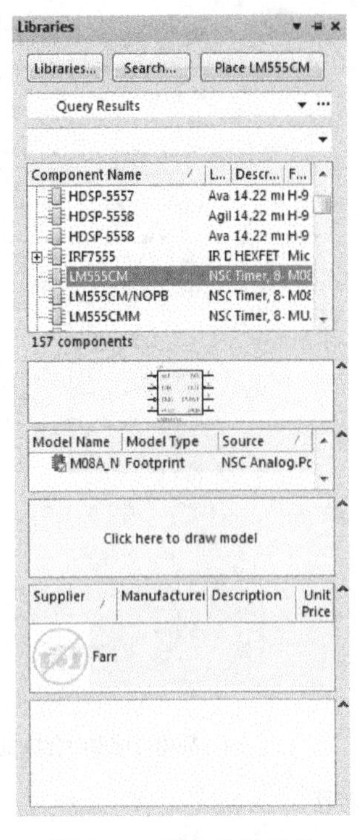

图 3-25　显示查找结果

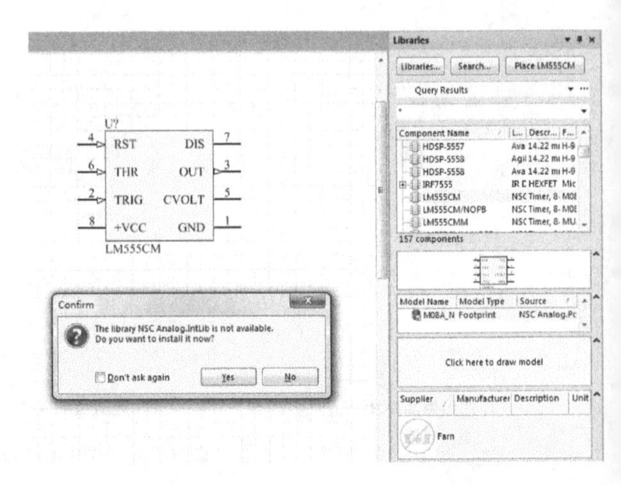

图 3-26　提示安装库文件

3.4.3　查找与替换文本

1. 查找文本

查找文本命令可用于在电路图中查找指定的文本，运用查找文本命令可以迅速找到某一文字标识的图案。执行菜单命令【Edit】→【Find Text】，或按下 Ctrl+F 快捷键，出现如图 3-27 所示的对话框。包含的各参数如下。

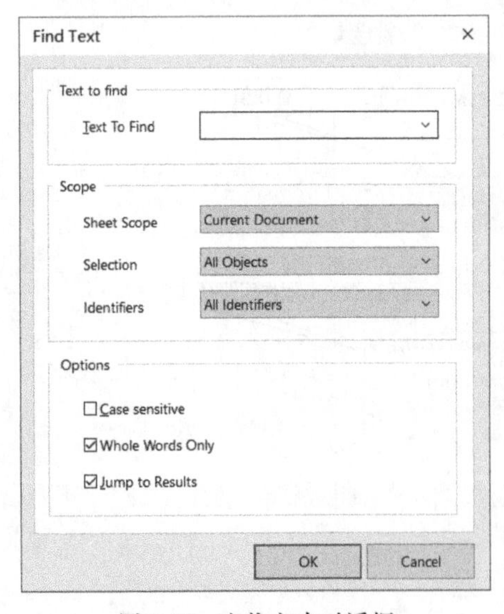

图 3-27　查找文本对话框

(1) 查找文本（Text To Find）：该文本栏用来输入需要查找的文本。

(2) 范围（Scope）设置：包含原理图文档范围（Sheet Scope）、选择（Selection）和标识符（Identifiers）三栏。

① 原理图文档范围用于设置查找的电路图范围，该下拉列表框包含 4 个选项：当前文档（Current Document）、项目文档（Project Document）、打开的文档（Open Document）和项目物理文档（Project Physical Documents）。

② 选择下拉列表框用于设置需要查找的文本对象的范围，包含选择对象（Selected Objects）、未选择对象（Deselected Objects）和所有对象（All Objects）。选择对象表示对选中的对象进行查找，未

选择对象表示对没有选中的对象进行查找。

③ 标识符用于设置查找的电路图标识符范围，包含 3 个选项：所有标识符（All identifiers）、仅网络标识符（Net Identifiers Only）和仅标号（Designators Only）。

（3）选项（Options）：用于设置查找对象具有哪些特殊属性，包括大小写敏感（Case sensitive）、全词匹配（Whole Words Only）和跳至结果（Jump to Results）三个选项。大小写敏感（Case sensitive）被选中，则查找时大小写一致才被查找到；全词匹配（Whole Words Only）被选中，则整个词完全匹配才被查找到；跳至结果（Jump to Results）被选中，则找到后跳到结果处。

2. 替换文本

替换文本命令用于将电路图中指定文本用新的文本替换掉，这项操作在需要多处相同文本修改成另一文本时非常有用。执行菜单命令【Edit】→【Replace Text】，或按下 Ctrl＋H 快捷键，出现如图 3-28 所示的对话框。替换文本和查找文本的对话框比较相似，替换文本（Replace With）用于输入替换原文本的新文本。替换提示（Prompt On Replace）用于设置是否显示确认替换提示对话框，如果该选项被选中，表示在进行替换之前，显示确认替换提示对话框，反之不显示。

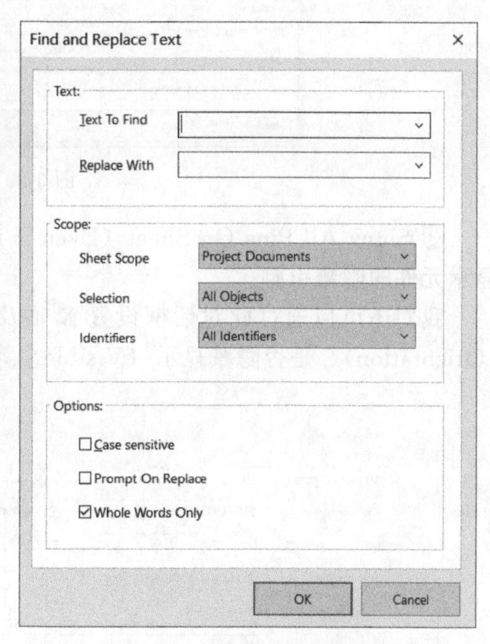

图 3-28　替换文本对话框

3.4.4　放置方法

方法一：在 Libraries 面板中选中要放置的元件（元件背景呈现蓝色），直接拖动到原理图工作区，或者单击 Libraries 面板的 Place 按钮放置选取的元件。

方法二：通过菜单命令【Place】→【Part】。

方法三：单击布线工具栏放置元件图标 。

3.4.5　设置元件属性

1. 打开元件属性对话框的方法

方法一：在元件放置过程中，按 Tab 键，将弹出图 3-29 所示的元件属性对话框设置元件属性。

方法二：在元件放置完成后，左键双击元件，也将弹出设置元件属性对话框。

方法三：在元件放置完成后，还可以通过菜单命令【Edit】→【Change】实现元件属性的设置。该命令可将编辑状态切换到对象属性编辑模式，此时只需将鼠标指针指向该对象，然后单击鼠标左键，即可打开元件属性对话框。

2. 元件属性对话框介绍

① Designator：元件序号，即元件在电路图中的流水序号。

② Part：用于指定复合式封装元件中的哪个单元号的元件。例如 SN74LS00D 是由 4 个与非门组成，如果在 Part 项选择 1，则表示选择了第一个与非门，图纸显示 SN74LS00D 的序号为 U1A；如果在 Part 项选择 2，则表示选择了第二个与非门，图纸显示 SN74LS00D 的序号为 U1B，如图 3-30 所示。

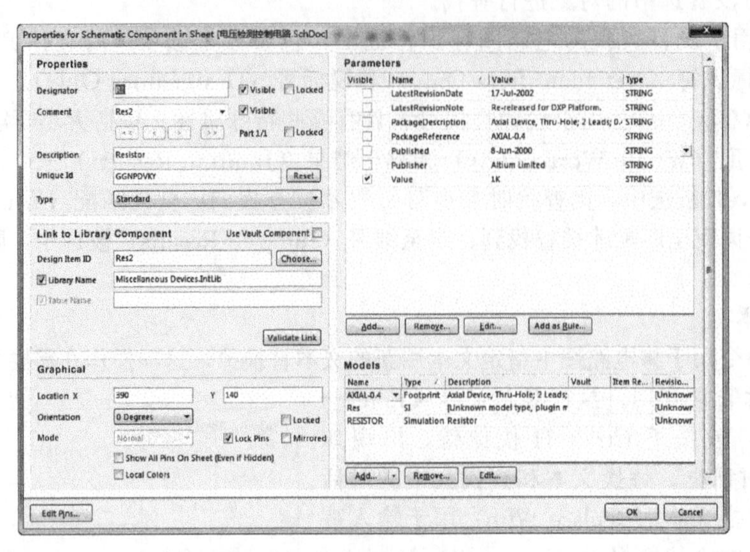

图 3-29　元件属性对话框

③ Show All Pins On Sheet（Even if Hidden）：是否显示元件的隐藏引脚，选择该选项可显示元件的隐藏引脚。

我们还可以通过此对话框设置 X 轴及 Y 轴坐标（X-Location 及 Y-Location）、旋转角度（Orientation）、是否隐藏显示（Visible）等更为深入、细致的控制特性。

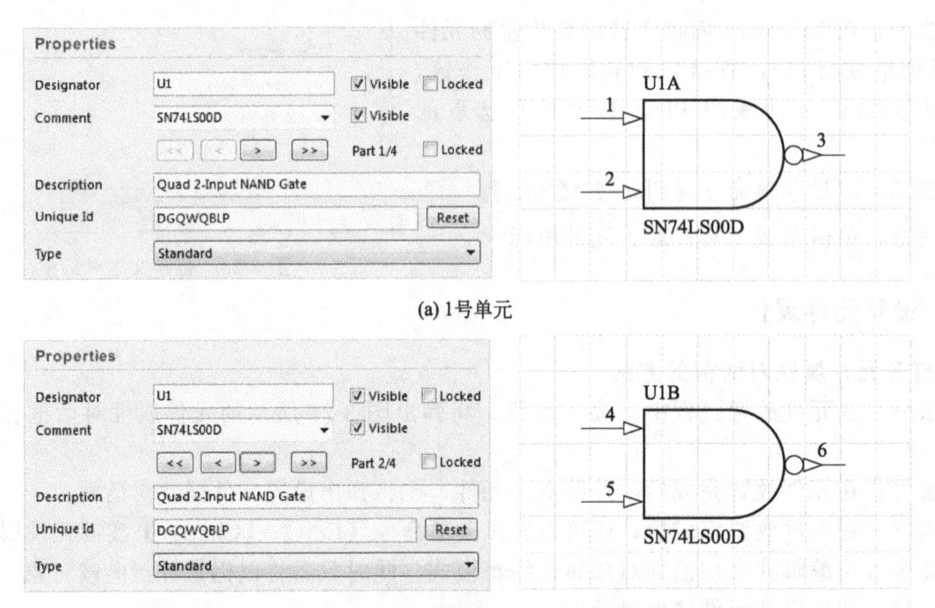

(a) 1号单元

(b) 2号单元

图 3-30　选择复合式封装元件中的不同单元号元件

3.4.6　改变元件放置方向

（1）在放置元件的过程中，用鼠标对准已放置好的元件并按住鼠标左键，此时可使用下面的功能键改变元件的放置方向：

① 按空格键，可使元件按逆时针方向旋转 90°；

② 按下 X 键，使元件左右对调，即以十字光标为轴做水平调整；

③ 按下 Y 键，使元件上下对调，即以十字光标为轴做垂直调整。

【提示】以上改变放置方向的方法同样适用于其他对象，如导线、端口、电源和接地符号等。

(2) 在元件放置完成后，左键双击元件，弹出元件属性对话框，改变 Orientation 右侧的角度，可以旋转当前编辑的元器件。

3.4.7　电压检测控制电路原理图中元件的放置

本电路各元件参数如表 3-6 所示，定时器来自 TI Analog Timer Circuit. IntLib，其他元件来自 Miscellaneous Devices. IntLib。元件放置完成的状态如图 3-31 所示。

表 3-6　电压检测控制电路元件参数

Description(元件描述)	Footprint(元件封装名)	Designator(元件序号)	LibRef(元件样本库)
极性电容	POLAR0. 8	C1	Cap Pol2
电容	RAD-0. 3	C2，C3，C4	Cap
灯泡	PIN2	HL	Lamp
定时器	P008	IC	NE555P
电阻	AXIAL-0. 4	R1，R2，R3，R4，R5，R6，R7，R8，R9，R10	Res2
可变电阻	VR5	RP	RPot
变压器	TRANS	T	Trans
NPN 双极晶体管	TO-226-AA	V1	NPN
硅双向晶闸管	369-03	V2	Triac
二极管	SMC	VD1，VD3	Diode
齐纳二极管	DIODE-0. 7	VD2	D Zener
LED	LED-0	VD4，VD5	LED0

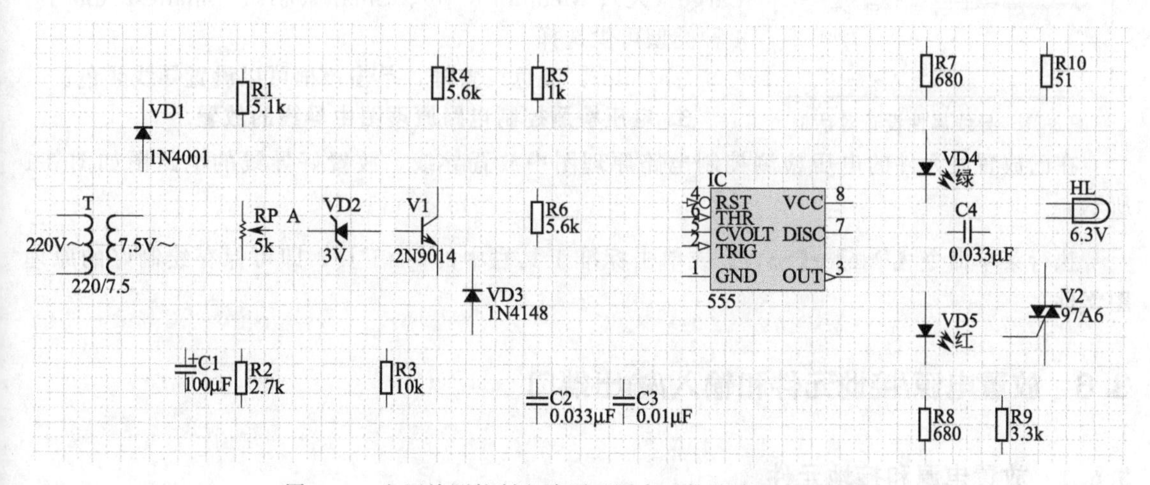

图 3-31　电压检测控制电路原理图中元件的放置完成状态

3.5　放置导线并设置属性

1. 放置导线

执行菜单命令【Place】→【Wire】或者使用 Wiring 工具栏中的 工具，就可以放置导线了，此时鼠标指针的形状也会由箭头变为大十字。这时只需将鼠标指针指向欲拉连线的一端，单击鼠标左键，就会出现一个可以随鼠标指针移动的预拉线。第二次单击鼠标左键便可完成连线，单击鼠标右键退出放置导线。

在放置导线过程中单击鼠标右键或者按下 Esc 键可退出放置导线。当鼠标指针移动到连线的转弯点时，单击鼠标左键就可定位一次转弯。当导线的两端不在同一水平线和垂直线上时，在鼠标指针移动过程中，按下 Shift＋空格键可以改变导线的走向。导线的走向如图 3-32 所示。

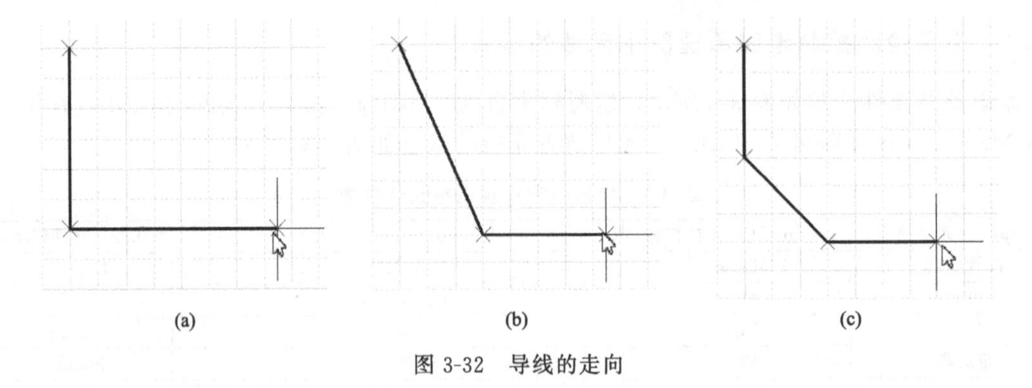

图 3-32　导线的走向

2. 设置导线属性

(1) 当系统处于预拉线状态时，按下 Tab 键将弹出 Wire（导线）属性设置对话框，如图 3-33 所示。

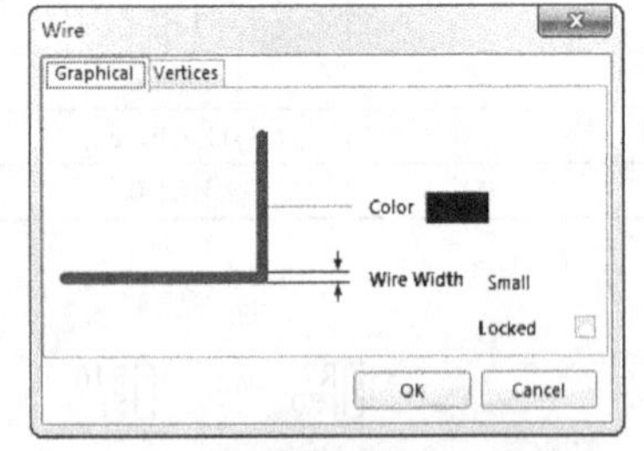

图 3-33　导线属性设置对话框

(2) 当导线已经放置好后，可以左键双击导线或右键单击导线选择【Properties】命令，打开导线属性设置对话框。

① Wire width：设置导线宽度。单击下拉列表框，有 Large（大）、Medium（中）、Small（小）、Smallest（最小）4 种类型可供选择。

② Color：颜色设置框，单击该框可以设置导线颜色。

3. 电压检测控制电路原理图中导线的放置

在已放置好元件的电压检测控制电路原理图中放置导线。放置好导线的电路图如图 3-1 所示。

执行菜单命令【File】→【Save】或单击标准工具栏中的 工具，即可保存绘制好的原理图文件。

3.6 放置电源/接地元件和输入/输出端口

3.6.1 放置电源和接地元件

1. 调用放置电源和接地元件的方法

对于 VCC 电源元件与 GND 接地元件，必须通过菜单命令【Place】→【Power Port】，或在 Utilities 工具栏中 Power Sources 按钮来调用。

2. 设置电源和接地符号

(1) 执行菜单命令【Place】→【Power Port】或单击 Utilities 工具栏中 Power Sources 按钮

后，编辑窗口中会有一个随鼠标指针移动的电源符号，按 Tab 键，将会出现如图 3-34 所示的对话框。

(2) 对于已放置好的电源元件，左键双击电源元件或使用右键菜单的【Properties】命令，也可以弹出【Power Port】对话框。

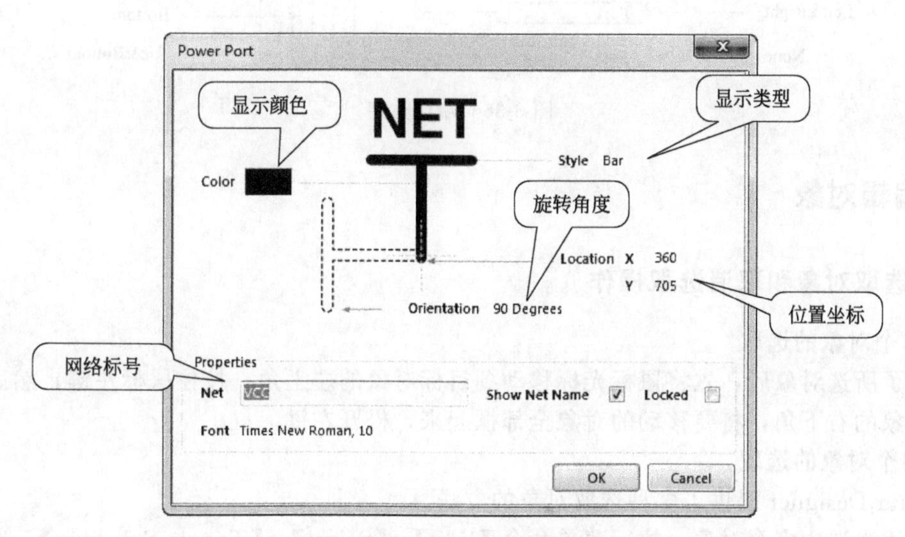

图 3-34　Power Port 对话框

3.6.2　放置输入/输出端口

端口用来表示各原理图图纸之间的连接关系。执行菜单命令【Place】→【Port】或单击 Wiring（布线）工具栏中的工具，此时按 Tab 键，将会出现如图 3-35 所示的端口属性设置对话框。

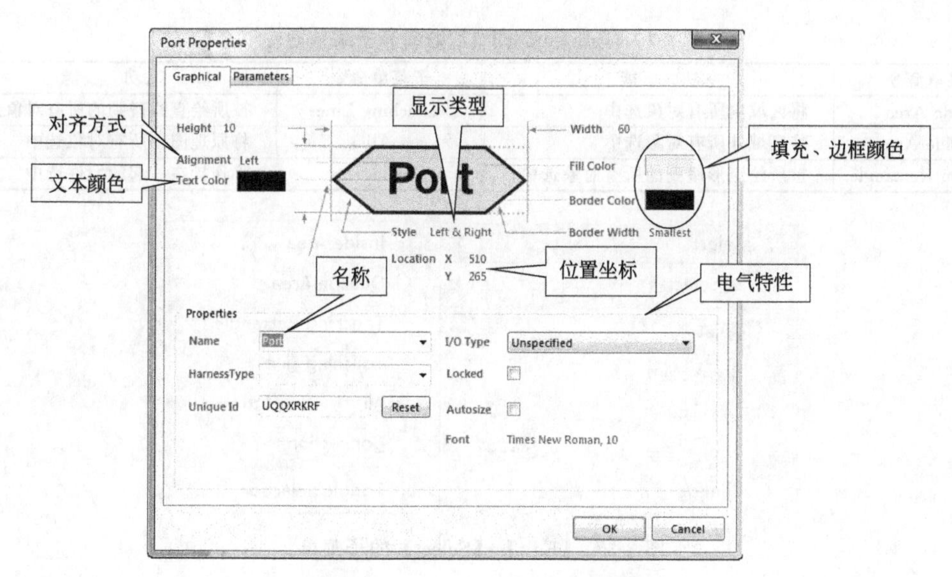

图 3-35　【Port Properties】对话框

对于已放置好的端口，左键双击端口或使用右键菜单的【Properties】命令，也可以弹出端口属性设置对话框。端口类型（Style）如图 3-36 所示。

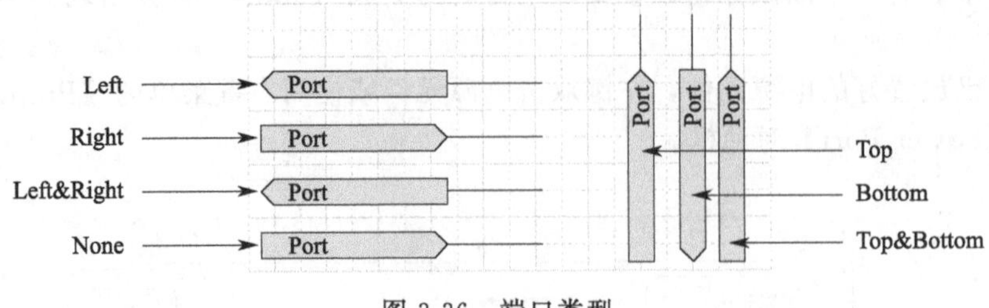

图 3-36　端口类型

3.7　编辑对象

3.7.1　选取对象和取消选取操作

1. 单个对象的选取

确定了所选对象后，先将鼠标光标移动到目标对象的左上角，按住鼠标左键，然后将光标拖动到对象的右下角，将要移动的对象全部框起来，松开左键。

2. 多个对象的选取

Altium Designer 提供了多种选取对象的方法。

(1) 逐次选中多个对象。执行菜单命令【Edit】→【Select】→【Toggle Selection】，出现十字光标，移动光标到目标对象，单击鼠标左键即可选中。用同样的方法可选中其他的目标对象。逐个选中多个对象，也可以按住 Shift 键，然后使用鼠标逐个选中所需要选择的对象。

(2) 同时选中多个对象。确定了所选对象后，先将鼠标光标移动到目标对象组的左上角，按住鼠标左键，然后将光标拖动到目标区域的右下角，将要移动的对象全部框起来，松开左键。另外，用标准工具栏按钮也可完成任务。还可以使用菜单【Edit】→【Select】的子菜单命令（表 3-7）来实现对对象的选取，如图 3-37 所示。

表 3-7　【Edit】→【Select】的部分子菜单命令

子菜单命令	功　能	子菜单命令	功　能
Inside Area	将区域内所有对象选中	Touching Line	被所绘直线碰到的所有对象选中
Outside Area	将区域外所有对象选中	All	将原理图中所有对象选中
Touching Rectangle	被所绘矩形碰到的所有对象选中	Connection	将连接在一起的元件选中

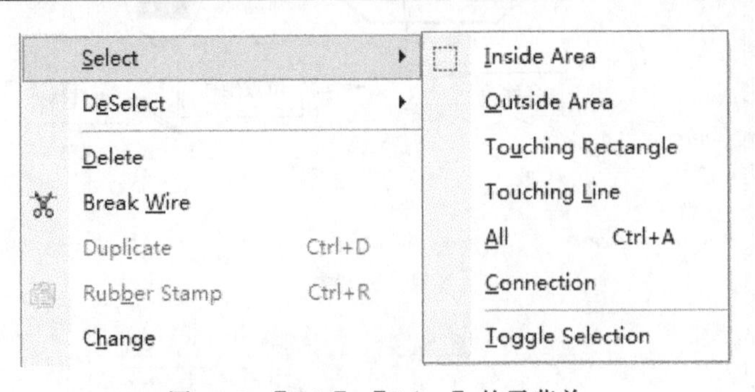

图 3-37　【Edit】→【Select】的子菜单

3. 取消选取操作

对于已被选中的对象，执行菜单命令【Edit】→【DeSelect】→【All】或者使用标准工具栏中的 工具，可实现取消选中操作。

使用菜单命令【Edit】→【DeSelect】的子菜单中的各个命令来实现取消选取操作，如图 3-38 和表 3-8 所示。

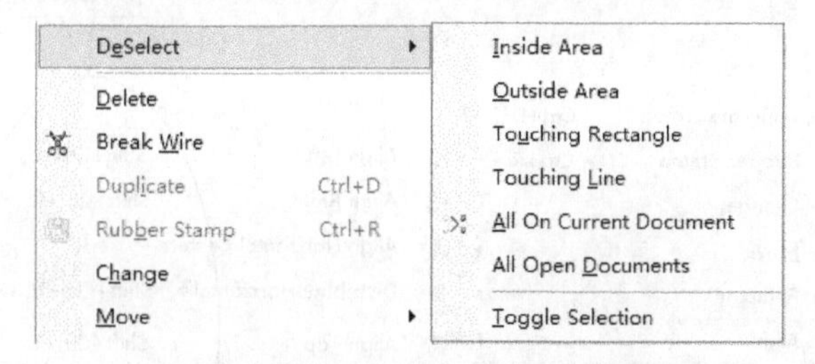

图 3-38 【Edit】→【DeSelect】子菜单

表 3-8 【Edit】→【DeSelect】的部分子菜单命令

子菜单命令	功　能	子菜单命令	功　能
Inside Area	将区域内所有对象取消选中	Touching Line	被所绘直线碰到的所有对象取消选中
Outside Area	将区域外所有对象取消选中	All On Current Document	当前文档中所有对象取消选中
Touching Rectangle	被所绘矩形碰到的所有对象取消选中	All Open Documents	所有打开文档中的对象取消选中

3.7.2　删除对象

（1）使用 Delete 键。适用于选取的对象的删除。

（2）执行菜单命令【Edit】→【Delete】。启动 Delete 命令之前不需要选取对象，启动 Delete 命令之后，光标变成十字状，将光标移到所要删除的元件上单击鼠标，即可删除元件。此命令可连续删除多个对象。单击鼠标右键退出命令。

3.7.3　移动对象

1. 单个元件的移动

具体操作过程如下：用鼠标对准所需要选中的对象，然后按住鼠标左键，所选中的元件出现√，可移动该对象。拖动鼠标移动，将其拖动到用户需要的位置，松开鼠标左键即完成移动任务。

对于已选取的对象，执行菜单命令【Edit】→【Move】→【Move Selection】或者使用标准工具栏中的 ✥ 工具，单击并移动鼠标，将其拖动到用户需要的位置，松开鼠标左键即完成移动任务，导线不会跟随元件移动。

移动单个元件还有另外一种方法：左键双击元件，弹出设置元件属性对话框，此时修改 Location X、Y 的参数值，即改变元件的位置坐标，便可以移动元件的位置。

2. 多个元件的移动

要移动多个元件首先要选中多个元件。前面已介绍选中多个元件的方法。直接用鼠标将其拖动到用户需要的位置，松开鼠标左键即完成移动任务。另一种方法是：多个元件后执行菜单命令【Edit】→【Move】→【Move Selection】，或者使用标准工具栏中的 ✥ 工具，即可实现元件的移动操作，导线不会跟随元件移动。

3.7.4　对齐对象

1. 菜单 Align 命令

对齐对象可使用菜单命令【Edit】→【Align】，如图 3-39 所示。对齐对象命令功能如表 3-9

所示。

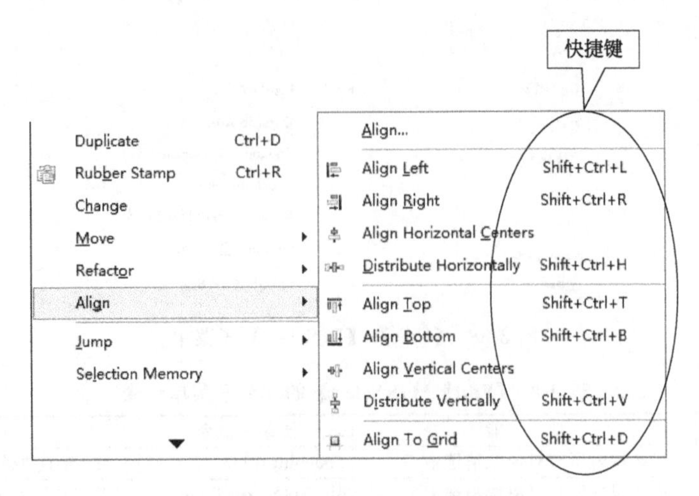

图 3-39 【Edit】→【Align】子菜单

表 3-9 对齐对象命令功能描述

命　　令	功能描述
Align Left	将选取的元件,向最左边的元件对齐
Align Right	将选取的元件,向最右边的元件对齐
Align Horizontal Centers	将选取的元件,向最左边元件和最右边元件的中间位置对齐
Distribute Horizontally	将选取的元件,在最左边元件和最右边元件之间等间距放置
Align Top	将选取的元件,向最上面的元件对齐
Align Bottom	将选取的元件,向最下面的元件对齐
Align Vertical Centers	将选取的元件,向最上面元件和最下面元件的中间位置对齐
Distribute Vertically	将选取的元件,在最上面元件和最下面元件之间等间距放置
Align To Grid	将选取的元件,对齐到网格

2. 元件对齐的设置

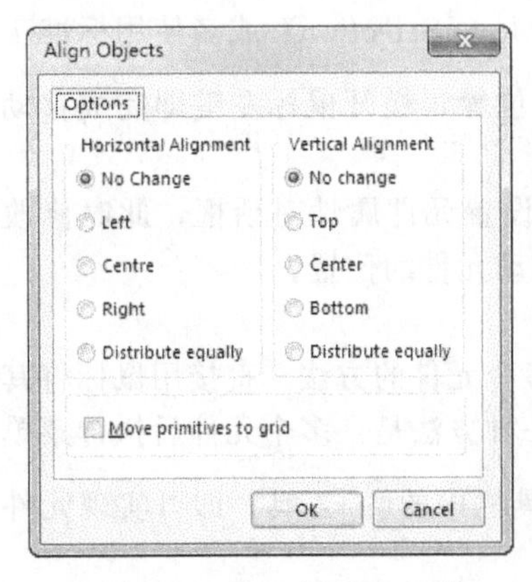

图 3-40 元件对齐设置对话框

单击菜单命令【Edit】→【Align】→【Align...】，屏幕会出现如图 3-40 所示的元件对齐设置对话框。下面介绍元件对齐设置对话框中的各个选项。

Horizontal Alignment：水平对齐区域。No Change 保持原状，Left 等同于 Align Left 命令，Centre 等同于 Center Horizontal 命令，Right 等同于 Align Right 命令，Distribute equally 等同于 Distribute Horizontal 命令。

Vertical Alignment：垂直对齐区域。No Change 保持原状，Top 等同于 Align Top 命令，Center 等同于 Center Vertical 命令，Bottom 等同于 Align Bottom 命令，Distribute equally 等同于 Distribute Vertically 命令。

Move primitives to grid：该选项的功能是在设定对齐时，将元件移到格点上，以利于线路的连接。

【提示】元件对齐设置对话框中的水平和垂直方向的对齐可以同时设置。

3.7.5　撤销与恢复对象

1. 撤销

执行菜单命令【Edit】→【Undo】或者使用快捷键 Alt＋Backspace，以及使用标准工具栏中的 工具，都可以撤销上一次操作。

2. 恢复

执行菜单命令【Edit】→【Redo】或者使用快捷键 Ctrl＋Backspace，以及使用标准工具栏中的 工具，都可以恢复上一次撤销的操作。

3.7.6　复制、剪切和粘贴对象

1. 复制对象

执行菜单命令【Edit】→【Copy】命令，将选取的元件作为副本，放入剪贴板中。在将元件复制到剪贴板前，必须先选取所要复制的元件，启动复制命令，即可将元件复制到剪贴板中。启动复制命令也可以按快捷键 Ctrl＋C 来实现。

2. 剪切对象

执行菜单命令【Edit】→【Cut】，命令，将选取的元件直接移入剪贴板中，同时电路图上的被选元件被删除。在将元件剪切到剪贴板前，必须先选取所要剪切的元件，启动剪切命令即可将元件移动到剪贴板中，同时电路图上选取的元件被删除。启动剪切命令也可以按快捷键 Ctrl＋X，或者使用标准工具栏中的 工具来实现。

3. 粘贴对象

执行菜单命令【Edit】→【Paste】命令将剪贴板里的内容作为副本，放入电路图中。

启动粘贴命令后，光标变成十字状，且光标上带着剪贴板中的元件，将光标移到合适位置，单击鼠标，即可在该处粘贴元件。启动粘贴命令也可以按快捷键 Ctrl＋V，或者使用标准工具栏中的 工具来实现。

3.8　改变视窗操作

1. 工作窗口的缩放

(1) 工作窗口的放大

① 使用键盘上的 PageUp 键，将以鼠标为中心放大。

② 通过菜单命令【View】→【Area】，可以放大框选区域。

③ 通过菜单命令【View】→【Around Point】，可以放大以左键单击的第一点为矩形框的中心，以及以左键单击的第二点为矩形框的拐角点的矩形区域。

(2) 工作窗口的缩小

使用键盘上的 PageDown 键即可缩小工作窗口。

(3) 改变视窗大小

① 通过菜单命令【View】→【Fit Document】，使得窗口恢复到显示整个文件。

② 通过菜单命令【View】→【Fit All Objects】，将只显示已绘图部分。

2. 窗口的刷新

① 使用键盘上的 End 键，对绘图区的图样进行更新，恢复正常的显示状态。

② 通过菜单命令【View】→【Refresh】，功能同上。

3.9 上机实训 绘制 555 振荡器与积分器电路原理图

1. 上机任务

绘制如图 3-41 所示的 555 振荡器与积分器电路原理图。

2. 任务分析

该电路主要由电阻、电容、555 定时器、运算放大器 OP072、端口，以及电源和地组成。

3. 操作步骤和提示

(1) 建立工程设计文件，命名为“555 振荡器与积分器电路．PrjPcb”。

(2) 建立原理图文件，取名“555 振荡器与积分器电路．SchDoc”。

(3) 文件设置：图纸大小为 A4，捕捉栅格 5mil（1mil=0.0254mm），可视栅格为 10mil；系统字体为宋体、字号 12；标题栏格式为 Standard。

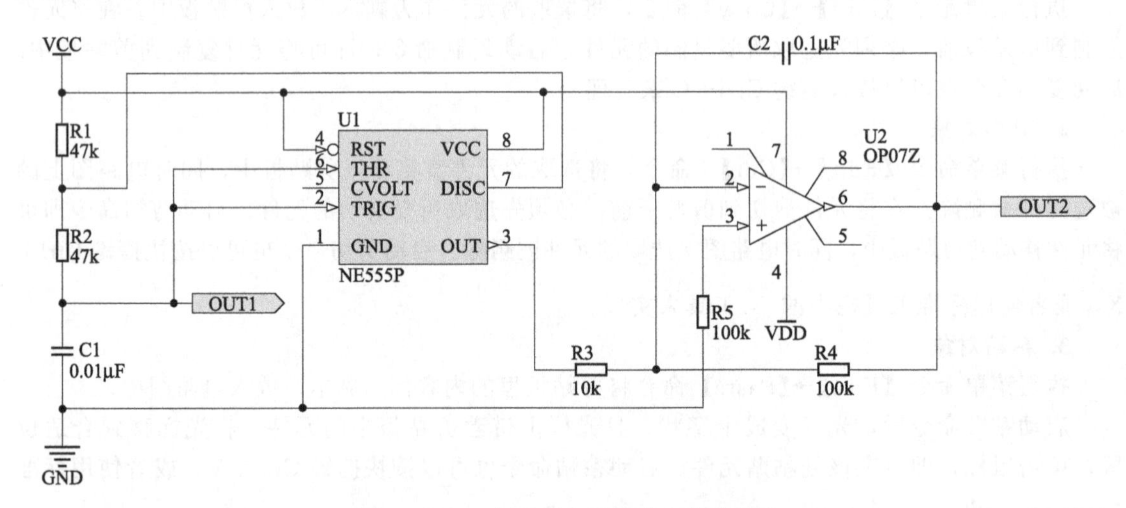

图 3-41 555 振荡器与积分器电路原理图

(4) 原理图绘制。

① 本图的元器件列表如表 3-10 所示，可按表进行元件的属性设置。

表 3-10 555 振荡器与积分器电路元器件表

Description （元件描述）	Footprint （元件封装名）	LibRef （元件样本名）	Designator （元件序号）	Library Name （库名称）
电容	RAD-0.3	Cap	C1，C2	Miscellaneous Devices. InLib
电阻	AXIAL-0.4	Res2	R1，R2，R3，R4，R5	Miscellaneous Devices. InLib
定时器	P008	NE555P	U1	TI Analog Timer Circuit. IntLib
运放	Q-8	OP07Z	U2	AD Operational Amplifier. IntLib

② 放置元件。利用查找功能找到主要元件，查找时使用通配符 *。比如输入“*555*”，就可以找到 555 定时器．其他主要元件也可采用上述方法查找。

③ 绘制导线、端口、电源和地。在工具栏【Wiring】中均可查到这些符号。

本章小结

本章以绘制电压检测控制电路原理图为例，介绍了如何使用 Altium Designer 原理图编辑器绘制较简单电路原理图的方法。

（1）如何新建原理图文件，包括修改原理图文件名和保存路径。

（2）如何在进行电路图绘制之前，根据实际情况对图纸及相关内容进行设置，如图纸大小、方向、标题栏、颜色、网格和光标等。

（3）如何绘制电路图，包括原理图编辑器的主菜单、标准工具栏和其他常用工具栏的使用，还有元件的放置、导线的放置、电源与接地符号的设置、电路输入/输出端口的放置、改变视窗的操作和对象的编辑方法等。

（4）简要介绍了原理图元件库的装卸和元件的查找方法等。

习　题

3-1　绘制如图 3-42 所示的单管放大电路原理图。

3-2　绘制如图 3-43 所示的电压检测与显示电路原理图。

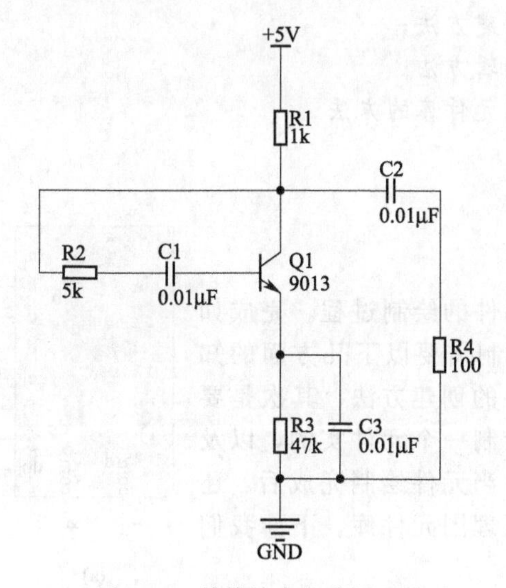

图 3-42　单管放大电路原理图

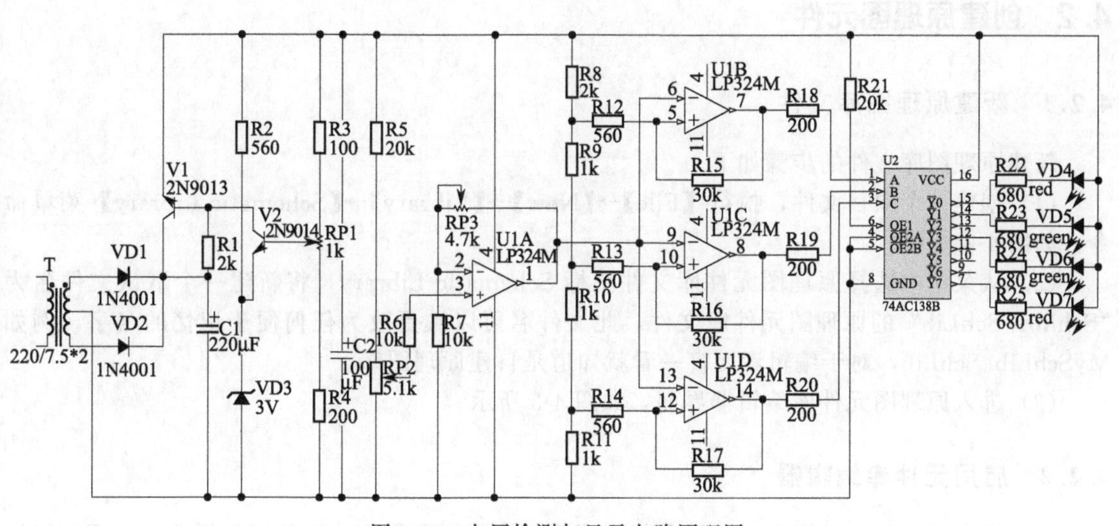

图 3-43　电压检测与显示电路原理图

第 4 章

数码管原理图元件库的创建

【本章学习目标】

本章以数码管元件为例，讲解原理图元件的具体创建过程，以达到以下学习目标：

◇ 掌握原理图元件的创建方法；

◇ 掌握原理图元件的编辑方法；

◇ 掌握导入自制原理图元件库的方法。

4.1 任务分析

本章主要讲解原理图元件的绘制过程。完成如图 4-1 所示原理图元件的绘制需要以下几方面的知识：首先是原理图元件文件的创建方法；其次是要学会如何在原理图文件中绘制一个元件实例，以及对这个实例进行编辑；最后当元件绘制完成后，还要学会怎样来使用自制的原理图元件库。下面我们从这三个方面开始学习。

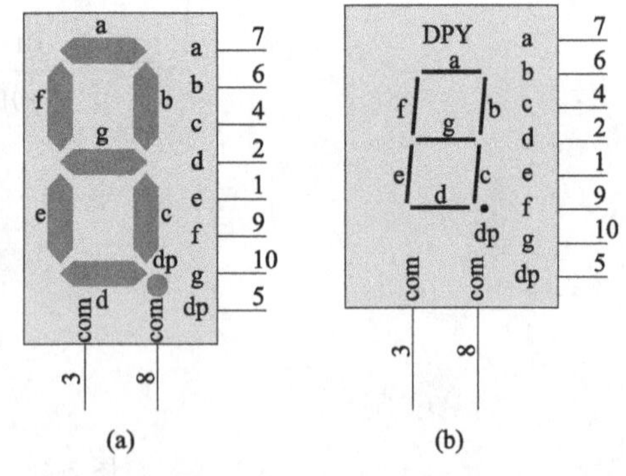

图 4-1 数码管原理图元件

4.2 创建原理图元件

4.2.1 新建原理图库文件

新建原理图库文件的步骤如下。

(1) 创建一个项目文件，执行【File】→【New】→【Library】→【Schematic Library】菜单命令，如图 4-2 所示。

(2) 从菜单中选择原理图元件库文件图标 Schematic Library，将新建一个默认文件名为“Schlib1. SchLib”的原理图元件库文件，此文件名可以被更改为任何便于记忆的名字，例如 MySchLib. SchLib，对于编辑者而言一看就知道是自建原理图库。

(3) 进入原理图元件库编辑器界面，如图 4-3 所示。

4.2.2 启用元件库编辑器

当用户启动元件库编辑器后，屏幕将出现元件库编辑器界面。元件库编辑器与原理图设计编辑器界面相似，主要由元件管理器、主工具栏、菜单、常用工具栏、编辑区等组成。不同在

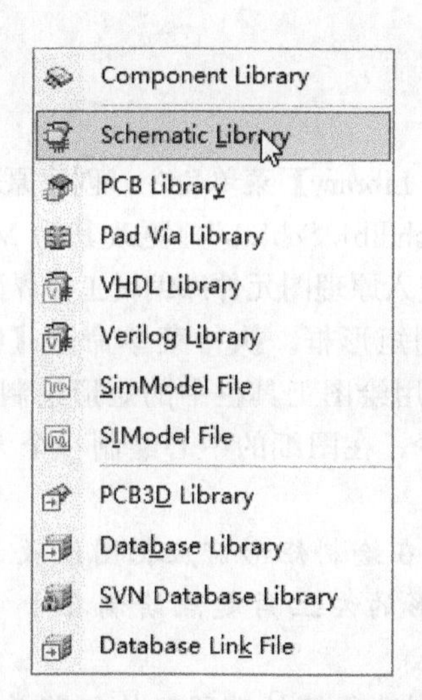

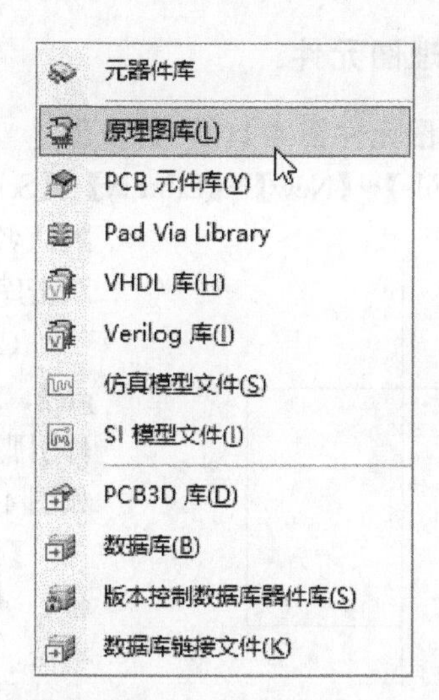

图 4-2　菜单命令中英文对照

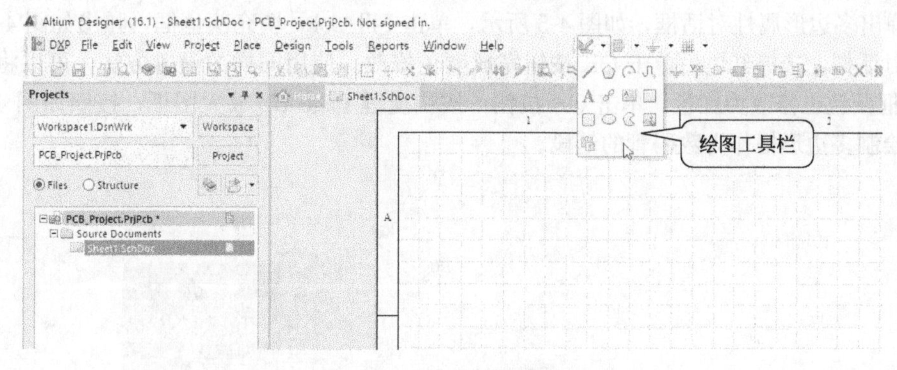

图 4-3　元件库编辑器界面

于元件库编辑器中央有一个十字坐标轴，将元件编辑区划分为四个象限，象限的定义和数学上的定义相同。一般我们在第四象限中进行元件的编辑工作。

默认情况下有两种工具栏，一个是 SchLib Standard 元件绘图工具栏，另一个是 IEEE Tools IEEE 工具栏，常用的是元件绘图工具栏，IEEE 工具栏不常用，这里不作介绍。

元件绘图工具栏中各工具常用来绘制元件库中元件的边框和外形，以及放置相应的引脚。可以通过菜单命令【View】→【Toolbars】→【Sch Lib Standard】，打开或者关闭元件绘图工具栏，其中各个绘图工具的作用如表 4-1 所示。

表 4-1　绘图工具的作用

工具符号	作用	工具符号	作用
	绘制直线		绘制矩形
	绘制贝塞尔曲线(如信号波形)		绘制圆角矩形
	绘制椭圆弧		绘制椭圆
	绘制多边形		粘贴图片
A	放置文字		放置超链接
	创建新文件		放置元件引脚
	添加子元件		放置文本框

4.2.3 绘制原理图元件

1. 绘制原理图元件图 4-1(a) 的步骤

(1) 单击【File】→【New】→【Library】→【Schematic Library】菜单命令，创建原理图元件库文件，默认名为“Schilib1. SchLib”，更改其为 MySchLib. SchLib，双击库文件进入原理图元件库编辑工作界面。

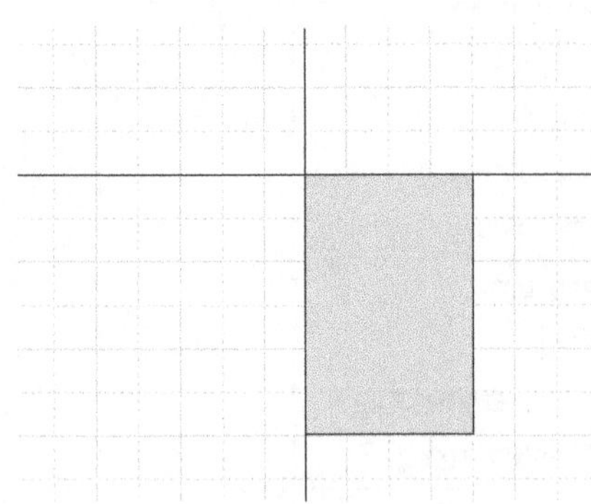

图 4-4 绘制好的矩形

(2) 绘制矩形框。执行菜单命令【Place】→【Rectangle】，或者利用绘图工具栏中的矩形绘制工具，根据元件引脚的多少，在图纸的中心绘制一个大小合适的矩形，如图 4-4 所示。

【注意】 在绘制矩形前应把图纸放大到可以看到网格，并将矩形的左上角起点绘制在十字形辅助线的正中心。

(3) 绘制数码管的笔段。执行菜单命令【Place】→【Polygon】，或者选择绘制多边形工具，按下键盘上的 Tab 键，弹出多边形属性对话框，如图 4-5 所示，单击 Fill Color 填充颜色框，弹出如图 4-6 所示的选择颜色对话框，选择红色后单击 OK 按钮完成颜色修改。使用同样的设置方法，可以将【Border Color】边框颜色也修改为红色。单击 OK 按钮，按快捷键 Page Up 放大图纸，按照如图 4-7(a) 所示的顺序绘制多边形框作为数码管的笔段。

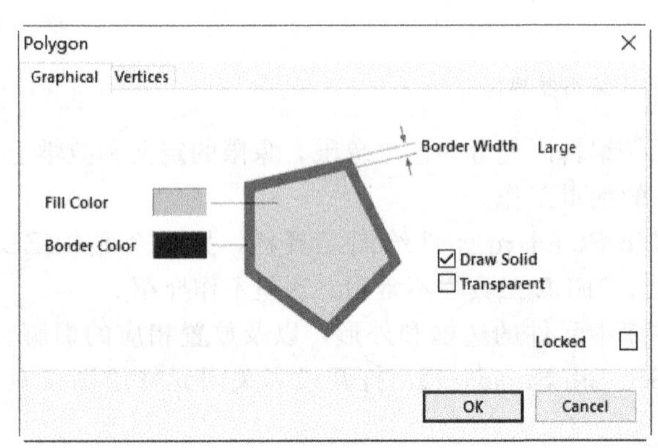

图 4-5 多边形属性对话框

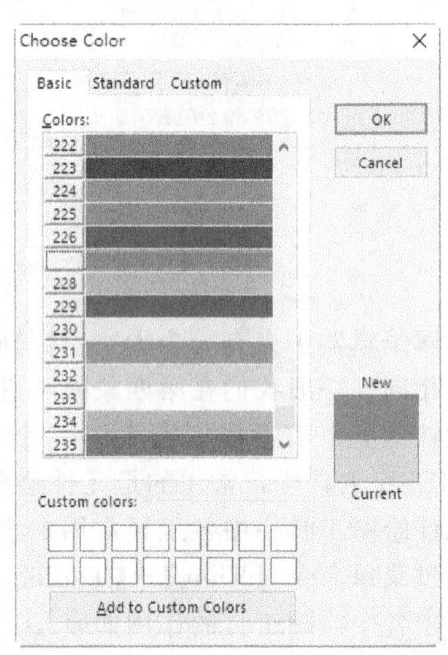

图 4-6 选择颜色对话框

(4) 选中刚才绘制的多边形框，通过 Ctrl＋C 复制、Ctrl＋V 粘贴的办法，绘制数码管的其他段。如果要绘制垂直的笔段，粘贴时按空格键可以旋转 90°。绘制好的笔段如图 4-7(b) 所示，其中 a～g 由文本工具 **T** 添加。

(5) 绘制数码管的小数点。选择椭圆绘制工具，按照图 4-8 所示的步骤绘制小数点。

【注意】 绘制小数点前，同样可以通过按键盘上的 Tab

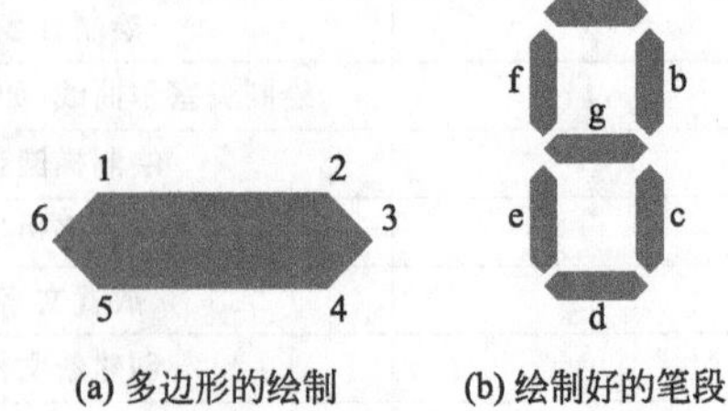

(a) 多边形的绘制　(b) 绘制好的笔段

图 4-7 绘制数码管笔段

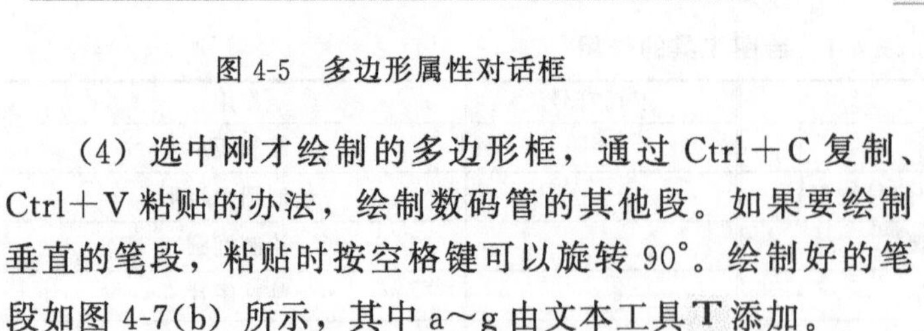

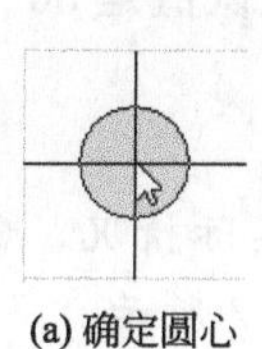
(a) 确定圆心

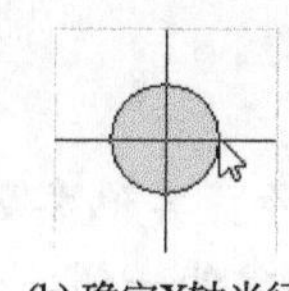
(b) 确定X轴半径

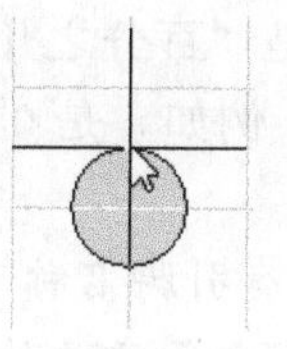
(c) 确定Y轴半径

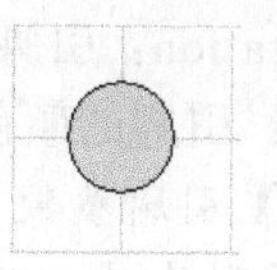
(d) 绘制完成

图 4-8 小数点绘制过程

键，弹出椭圆属性对话框，设置颜色等参数。

【操作技巧】在绘制数码管的笔段和小数点这些小图形时，可以修改光标移动的步距，从而更方便于绘制。如图 4-9 所示，执行【Options】→【Document Option】菜单命令，或者单击右键选择【Document Option】命令，弹出如图 4-10 所示的元件库编辑器设置对话框，在 Visible 后面的空格里可以输入想要的步距，默认情况下的步距是 10。在绘制小图形时，可以将其改为 3 或者更小的值（例如 1），这样光标就可以任意移动了，绘制完成后恢复默认值。

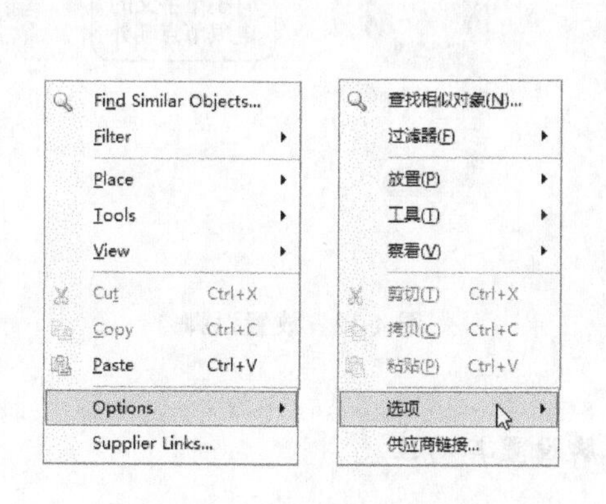

图 4-9 Options 菜单

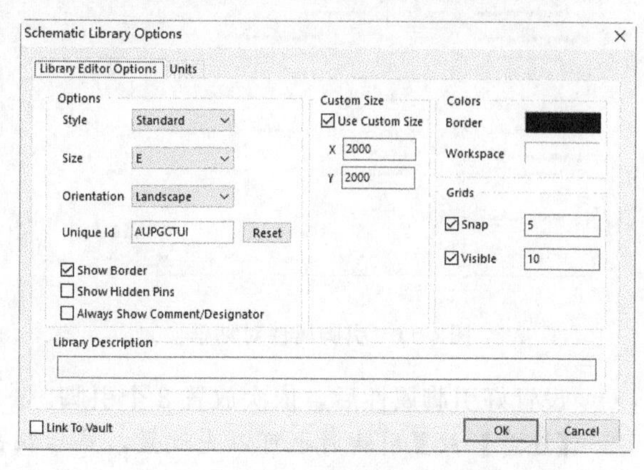

图 4-10 元件库编辑器设置对话框

（6）添加元件引脚。执行菜单命令【Place】→【Pins】或者使用绘图工具栏中的放置引脚工具，可将编辑模式切换到放置引脚模式，此时鼠标指针旁边会多出一个十字符号及一条短线，这个短线即是引脚。放置引脚之前，可按键盘上 Tab 键弹出引脚属性对话框如图 4-11 所示。其主要属性如下。

Display Name：引脚名称。一般显示在引脚的一端，引脚的这一端通常放置在靠里一侧，无电气意义。

Designator：引脚编号。一般以数字表示实际元件的引脚号。

Electrical Type：电气特性。用于设定引脚是输入还是输出端，或者是电源。

Hide：引脚被隐藏。设置绘制的引脚被隐藏，可以选中该复选框。例如在画一些集成元件时，通常将 V_{CC}（电源）信号与 GND（接地）信号引脚隐藏。

Inside：是否给引脚名旁边加上电气标志。

Inside Edge：是否给引脚加代表时钟信号的标志。

Outside Edge：是否给引脚加代表低电平有效信号的标志。

Outside：是否给引脚加上代表信号流向的标志。

Show Name：显示引脚名称。如果想隐藏引脚名称，可以去掉该复选框前的√。默认情况下是被选中的，即显示引脚名称。

Line Width：引脚线宽。

Length：引脚长度。单位是“百分之几英寸”。设置引脚的长度，默认值是 30。

Orientation：引脚的方向。例如，是 0°还是 90°等。

Color：引脚的颜色。

【注意】 *引脚参数中重要的有引脚名称和引脚编号。其他参数根据实际情况，需要时才设置。在放置引脚时一定要将具有电气意义的一端放在靠外一侧，如图 4-12 所示。*

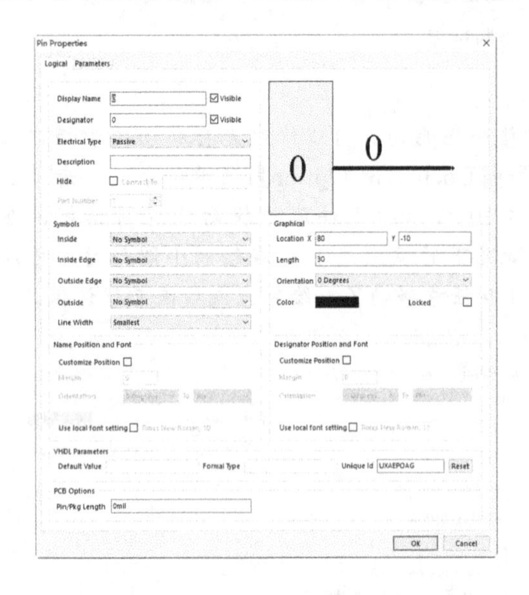

图 4-11　引脚属性对话框

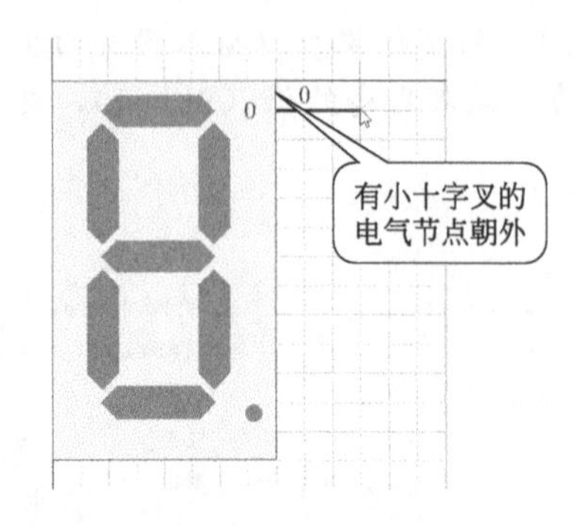

图 4-12　放置引脚

设置好引脚属性后，依次放置 8 个引脚。

【注意】 *放置引脚时也可以先放置，然后双击引脚设置其属性。*

绘制好的八段数码管元件的图形如图 4-13 所示。

(7) 保存已绘制好的元件。执行菜单命令【Tools】→【Rename Component】，打开元件重命名对话框，如图 4-14 所示。将元件名称改为 DPY_8_LED。

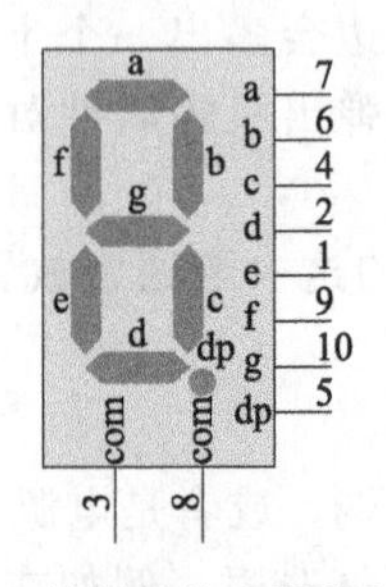

图 4-13　绘制好的八段数码管元件

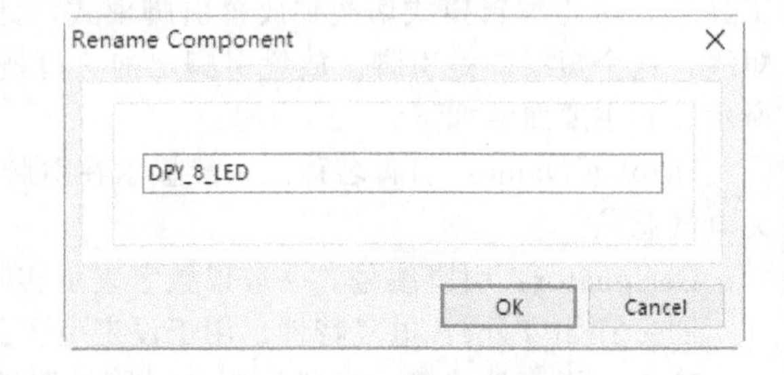

图 4-14　元件重命名对话框

当执行完上述操作后，可以查看一下元件库管理器，如图 4-15 所示。其中已经添加了一个 DPY_8_LED 元件，该元件位于 MySchLib. SchLib 中，而 MySchLib. SchLib 属于 Example. PrjPcb（本实例新建的设计工程）工程文件。

用户如果想在原理图设计时使用此元件，只需将库文件装载到元件库中，取用元件 DPY_8_LED 即可。另外，如果用户要在现有的元件库中加入新设计的元件，只要双击已经存在的元件库文件，进入元件库编辑器，执行菜单命令【Tools】→【New Component】，然后就可以按照上面的步骤设计新的元件了。

2. 绘制原理图元件图 4-1(b) 的步骤

(1) 新建元件。双击文件 8SEG_DPY. SchLib，进入元件库编辑器。单击【Tools】→【New Component Name】，弹出图 4-16 所示的对话框，输入 DPY_8_LED1，单击 OK 按钮。在原来的库中添加了一个新元件 DPY_8_LED1。

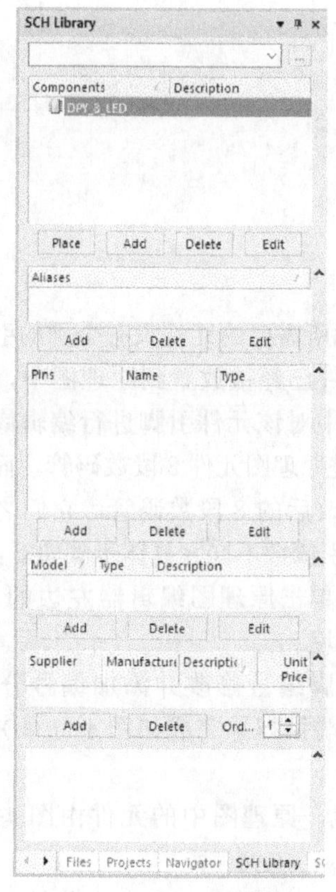

图 4-15　元件库管理器

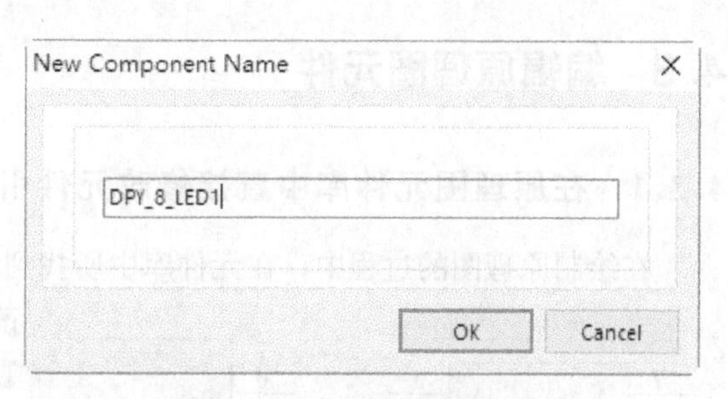

图 4-16　新建元件对话框

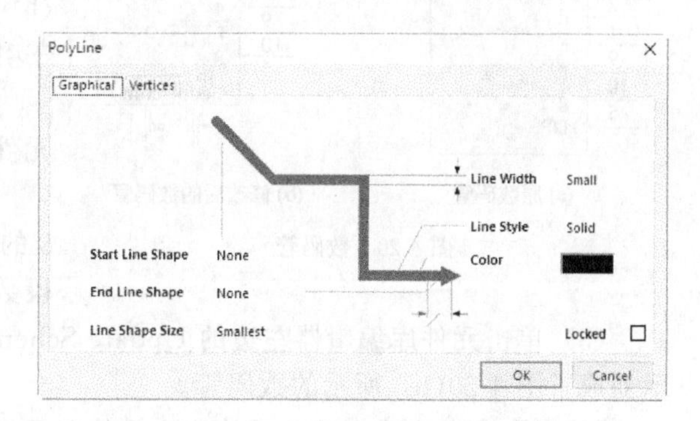

图 4-17　直线属性对话框

(2) 绘制数码管笔段。执行菜单命令【Place】→【Line】，或者利用绘图工具栏的直线绘制工具╱，按下 Tab 键弹出直线属性对话框，如图 4-17 所示。单击 Color 颜色选择框，弹出如图 4-18 所示的选择颜色对话框，选择黑色，单击 OK 按钮完成颜色修改。按照如图 4-19 所示的 a～g 的顺序绘制直线。

(3) 绘制数码管的小数点 h 段。选择椭圆绘制工具◯，按照图 4-8 所示的步骤绘制小数点。

(4) 放置元件引脚，步骤同绘制图 4-1(a) 元件引脚。

(5) 保存已绘制好的元件，执行菜单命令【Tools】→【Rename Component】，打开新元件名对话框，如图 4-14 所示，将元件名称改为 DPY_8_LED。

【**注意**】完成后要及时保存文件，否则会影响后面的元件调用。

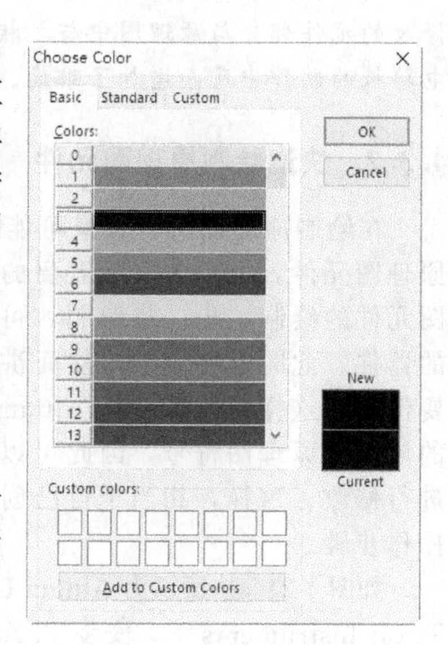

图 4-18　选择颜色对话框

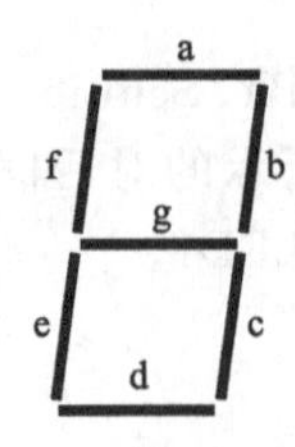

图 4-19 数码管笔段直线的绘制

4.3 编辑原理图元件

4.3.1 在原理图元件库中直接修改元件引脚

在绘制原理图的过程中，在元件库中所找到的元件与实际所需要的元件只有个别的引脚需要修改，并且此元件已经被放置到原理图中，此时可以直接在元件库中对该元件引脚进行编辑修改，如图 4-20(a) 所示是原理图元件 8 段数码管，而如图 4-20(b) 所示是修改后的 8 段数码管，它们之间区别在于引脚编号和引脚数不同。具体步骤如下：

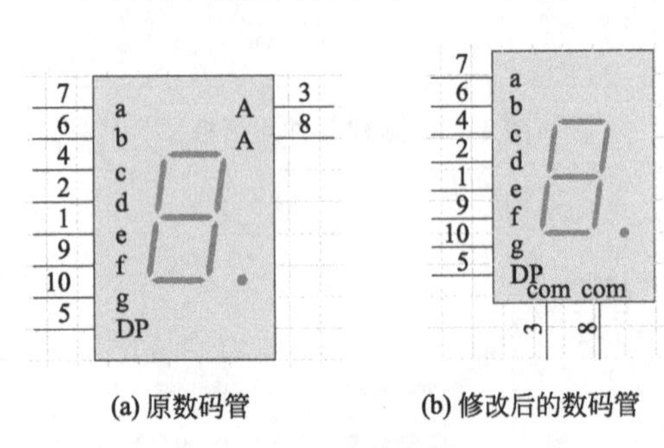

(a) 原数码管　(b) 修改后的数码管

图 4-20 数码管

(1) 可以单击原理图编辑器左边的 Edit 进入元件库制作环境。

(2) 将引脚编号修改并添加编号分别为 3 和 8 的两个公共端引脚。完成如图 4-20(b) 所示的 8 段数码管。

(3) 单击元件库编辑器左边的 Update Schematics 按钮，原理图中的元件由图 4-20(a) 所示变成了图 4-20(b) 所示的数码管。

【注意】此种方法只适用于快速方便绘制原理图。这样绘制的原理图不适合制作印制电路板，因为直接修改的元件并未保存入相应的元件库。在印制电路板制作中导入网络表时，直接修改的元件部分与原理图中与之相连的部分并不存在电气连接，需要自己来添加连接。在印制电路板的制作中反而增加了难度。

4.3.2 快速绘制原理图元件

在绘制原理图时，大家可能会遇到这种情况，Altium Designer 中存在与该类型相似的原理图元件，但是与实际需要的符号之间还是有一定的差异。如果按照前面讲述的原理图元件的绘制一步一步绘制，可能耗费很多的时间，特别是对于引脚比较多，比较复杂的器件。此时也可以采用前面讲过的方法直接在元件库中对元件进行修改，修改后必须要保存，这样可能会破坏 Altium Designer 原有的元件库，而且下次还需要使用未编辑前的该元件原理图符号，因此可以采用快速绘制的方法，就是先将该原理图元件复制，再进行修改。这样，相当于自己创建了一个新元件，不会破坏原元件库。下面介绍具体的操作步骤。

如图 4-21(a) 所示为 Altium Designer16 中的 555 数码管符号（Altium 安装目录→Library→Texas Instruments 下，安装 TI Analog Timer Circuit. IntLib 就能找到），而现在需要的 555 数码管符号如图 4-21(b) 所示。

1. 复制元件

(1) 打开555数码管符号所在的系统自带元件库TI Analog Timer Circuit. IntLib，找到并选中555数码管，进入元件编辑器环境。

(2) 复制该元件。用鼠标将该元件框住，采取Ctrl+C组合键复制。

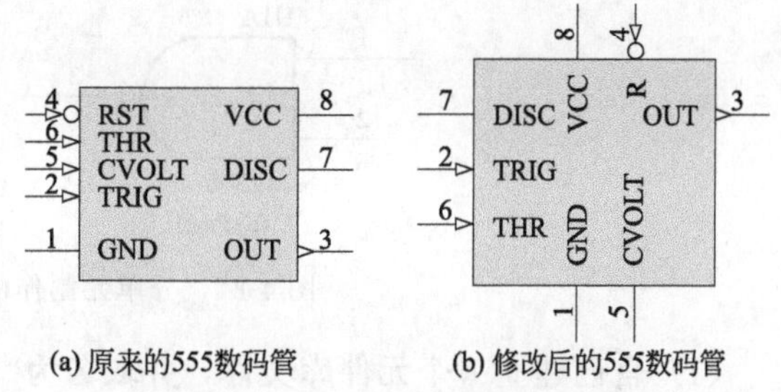

(a) 原来的555数码管　(b) 修改后的555数码管

图4-21　要修改的数码管符号

2. 粘贴编辑元件

(1) 自制一个元件库文件，改名为555-1. Lib。双击进入元件编辑器环境，在第四象限中选择合适的地方，采取Ctrl+V组合键粘贴复制的元件。粘贴好的元件与所需元件符号还有一定的差异，还需要编辑。

(2) 编辑元件。对比元件与所需要的元件的差异，只需在相应的引脚部分进行编辑，即可得到如图4-21(b) 所示的555数码管元件。

(3) 保存元件。

【注意】 在打开元件库复制好相应的元件后，最好及时地将元件库关闭，以免造成对元件库的破坏。

4.3.3　绘制含有子元件的元件

1. 子元件的概念

对于很多数字电路而言，其内部往往由结构完全相同的各子元件组成。图4-22所示为数字集成电路元件74LS00的内部结构和引脚排列图，可以看到74LS00由四个完全相同的二输入与非门组成。左下角7脚为GND，右上角14脚为VCC。整个芯片采用DIP（双列直插）结构。

在电路的实际使用中，可能只会用到其中的一个与非门。那么这一个与非门就是整个74LS00芯片中的一个子元件。如果在绘制74LS00元件时采用如图4-23所示的元件符号，那么绘制原理图时会使整个原理图面积过大，因此应该采用图4-24所示的分单元制作的方法。

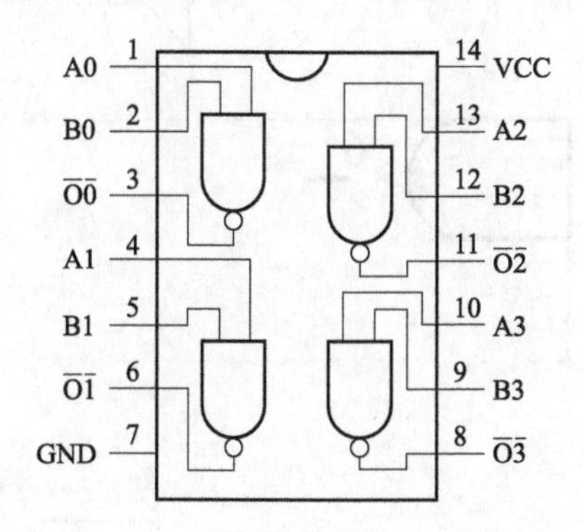

图4-22　74LS00的内部结构和引脚排列

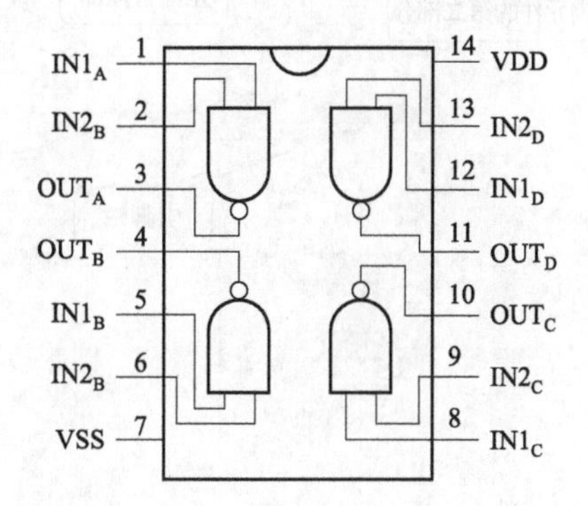

图4-23　采用74LS00原来的元件符号绘图

2. 绘制第一个子元件

下面以制作如图4-23所示的芯片MC14093的原理图元件为例，讲解含有子元件原理图元件的制作方法。

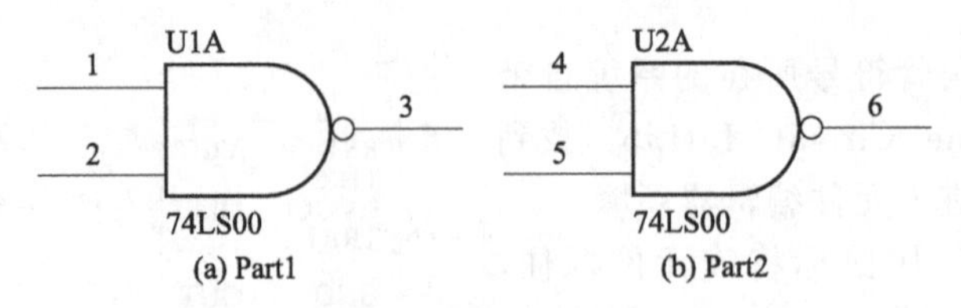

(a) Part1　　(b) Part2

图 4-24　分单元制作的 74LS00 原理图元件

(1) 自己建立一个元件库文件，并取名为“元件库 .lib”。双击元件库文件进入元件库编辑界面。

(2) 利用前面讲过的绘图工具绘制 MC14093 的第一个子元件 Part 1（图 4-25）。

【注意】 在 Part 1 的绘制中，已经将 MC14093 的 VDD 和 VSS 端绘制好了，且设置它们的属性为隐藏（图 4-26），电气特性为 Power。因此在 Part 2 的绘制过程中可以省去 VDD 和 VSS 端的绘制，因为一个 MC14093 芯片只有一个 VDD 和 VSS。

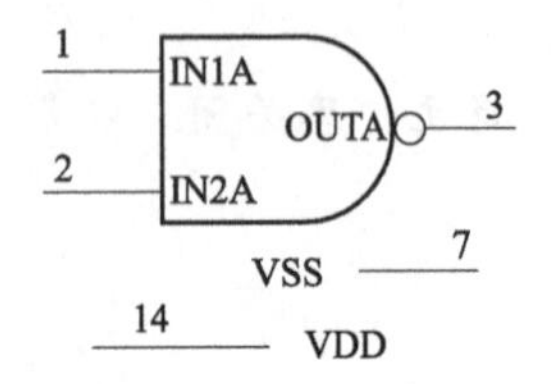

图 4-25　MC14093 的 Part 1

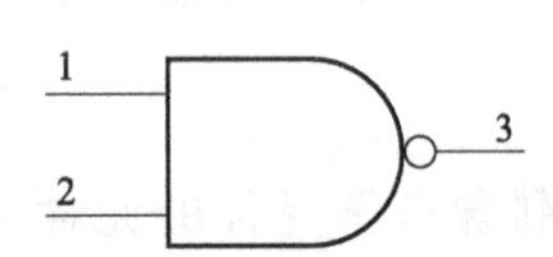

图 4-26　隐藏 VDD 和 VSS 后的 Part1

3. 绘制第二个子元件

执行菜单命令【Tools】→【New Part】，或者利用绘图工具栏中的添加子元件工具，元件库编辑器进入如图 4-27 所示的第二个子元件 Part 2 的编辑界面。

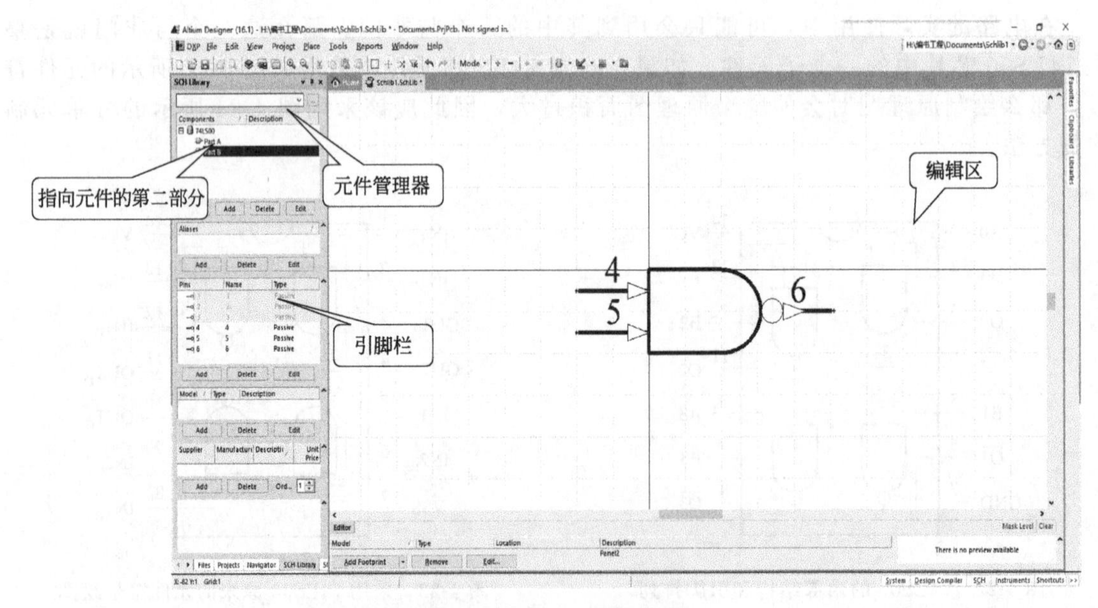

图 4-27　Part 2 编辑界面

采用与绘制 Part 1 一样的方法绘制 Part 2，以及 Part 3、Part 4。

4.3.4 原理图元件库的调用

前面我们绘制了自己需要的元件库，那么绘制好的元件库该怎样才能为我们所用呢？要使用我们自己绘制的元件库或者别人绘制好的元件库，首先就得加载元件库。具体操作如下。

（1）在 Altium Designer16 原理图编辑器界面中，单击编辑区边栏上的 Libraries 标签，在弹出的对话框中单击 Available Libraries 按钮，此时弹出添加库文件对话框，如图 4-28 所示。单击 Installed 标签，单击 Install 按钮，选择"Install from file..."，弹出打开库文件对话框如图 4-29 所示。

（2）选择我们自己绘制的元件库，默认是直接出现在库文件列表框中的，如图 4-29 所示。

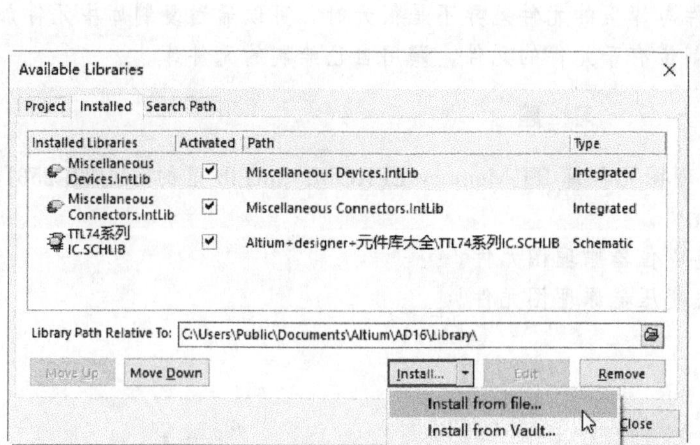

图 4-28 添加库文件对话框

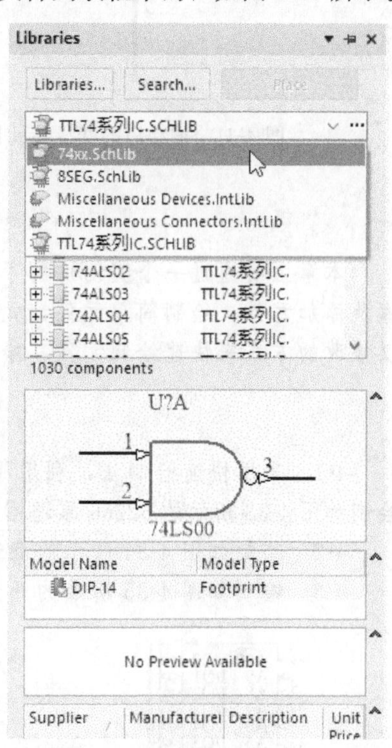

图 4-29 打开库文件对话框

4.4 上机实训 变压器原理图元件的绘制

1. 上机任务

绘制如图 4-30 所示的变压器符号。

2. 任务分析

图 4-30 所示的变压器符号在 Altium Designer 元件库中没有，也没有相近的符号，所以采取自己创建的方式来制作。

3. 操作步骤

（1）在 PCB 工程中新建一个原理图元件库文件：transformer. SchLib。

（2）修改光标的步距数为 1。

（3）复制元件。打开名为 Miscellaneous Devices. IntLib 的集成库文件，选中元件名 TRAN1，采取 Ctrl+C 组合键复制。

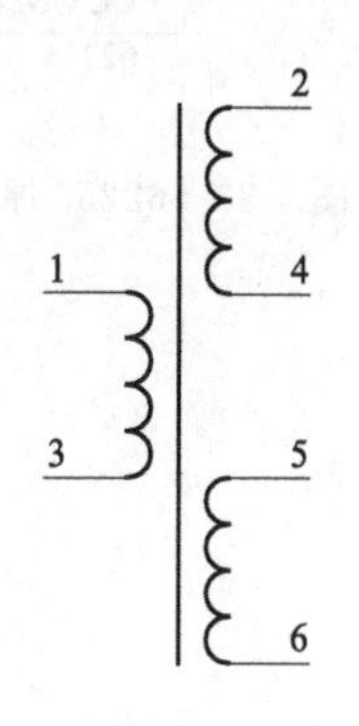

图 4-30 变压器符号

(4) 粘贴元件。双击打开 transformer. SchLib 文件，采取 Ctrl＋V 组合键粘贴复制的元件。

(5) 编辑元件。删除变压器主、副绕组中间一条线。选中右半部分，将其拖动到如图 4-31 所示的位置。再复制它，在下面相应的地方粘贴，从而得到如图 4-32 所示的变压器。再比较一下与图 4-30 所示变压器的差异，只需在相应的引脚部分进行编辑即可。

图 4-31 拖动后的变压器元件　　图 4-32 粘贴好后的变压器元件

本章小结

本章主要通过一个实例讲解了原理图元件的制作过程和方法，主要有以下几个方面：创建库及添加元件，绘制简单元件，元件与库里的元件差异不是很大时，可以通过复制库中元件加以修改的方式来快速绘制元件，绘制带有子元件的元件，调用自己绘制的元件库。

习　题

4-1 采用快速绘制法，利用原理图元件库 TI Memory EPROM. IntLib 里的 SMJ27C256J，绘制如图 4-33 所示的 62256 原理图元件。

4-2 绘制如图 4-34 所示的双连电位器原理图元件。

4-3 绘制如图 4-35 所示的开关变压器原理图元件。

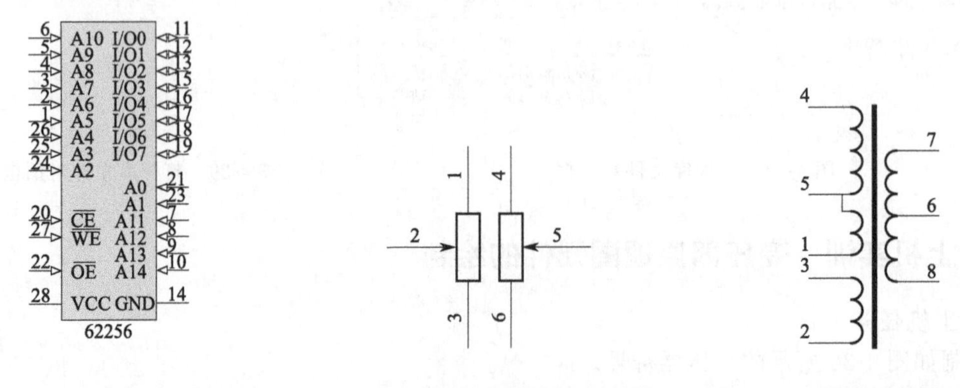

图 4-33 62256 原理图元件　　图 4-34 双连电位器原理图元件　　图 4-35 开关变压器原理图元件

第5章

直流电机 PWM 调速电路原理图的绘制

【本章学习目标】

本章主要以绘制基于单片机的直流电机 PWM 调速电路原理图为例，介绍较复杂电路原理图的绘制方法，达到以下学习目标：

◇ 理解总线、总线分支和网络标号的作用；

◇ 掌握总线、总线分支和网络标号的绘制方法；

◇ 掌握 ERC 电气规则测试以及修改错误的方法；

◇ 掌握全局编辑的方法；

◇ 掌握原理图的打印和报表生成。

5.1 任务分析

1. 电路分析

该项目整体电路原理图如图 5-1 所示。电路主要由单片机 U1（INTEL80C52）、锁存器 U2（74LS373）、定时/计数器 U3（INTEL8253）、直流电机驱动器 U4（L298N）、四与门 U5（74LS08）、比较器 U8（LM324）等组成。

主要器件功能：U2 实现地址锁存，定时/计数器 U3 在单片机 U1 控制下产生两路 PWM 脉宽调制信号 PWM1、PWM2，经过四与门 U5 在 P10～P13 控制下实现电机的正转、反转和停止的控制，U4 实现对两个直流电机的驱动。

2. 任务要求

该项目主要训练学生掌握绘制原理图的另一种方法，即采用总线、总线分支和网络标号绘制原理图，这是在实际工作中通常采用的一种绘制方法。另外，在图纸绘制完成后，学习对该图进行电气规则测试（ERC）及错误修改，以及使用绘图工具对电路图进行文字标注等方法。同时复习巩固前几章原理图绘制的知识点，如元件库调用、元件的查找与放置、元件属性编辑，新元件创建等。

5.2 原理图绘制

该图的绘制步骤如下。

（1）新建一个新的 PCB 工程，命名 PWM. PrjPcb。

（2）新建一个原理图文件，命名 PWM. SchDoc。图纸大小设置为 Width=1300，Height=800。

（3）新建一个原理图元件库 PWM. SchLib。按照前一章介绍的方法，在原理图元件库 PWM. SchLib 中，创建一个直流电机驱动器的原理图元件，取名 L298N，如图 5-2 所示。

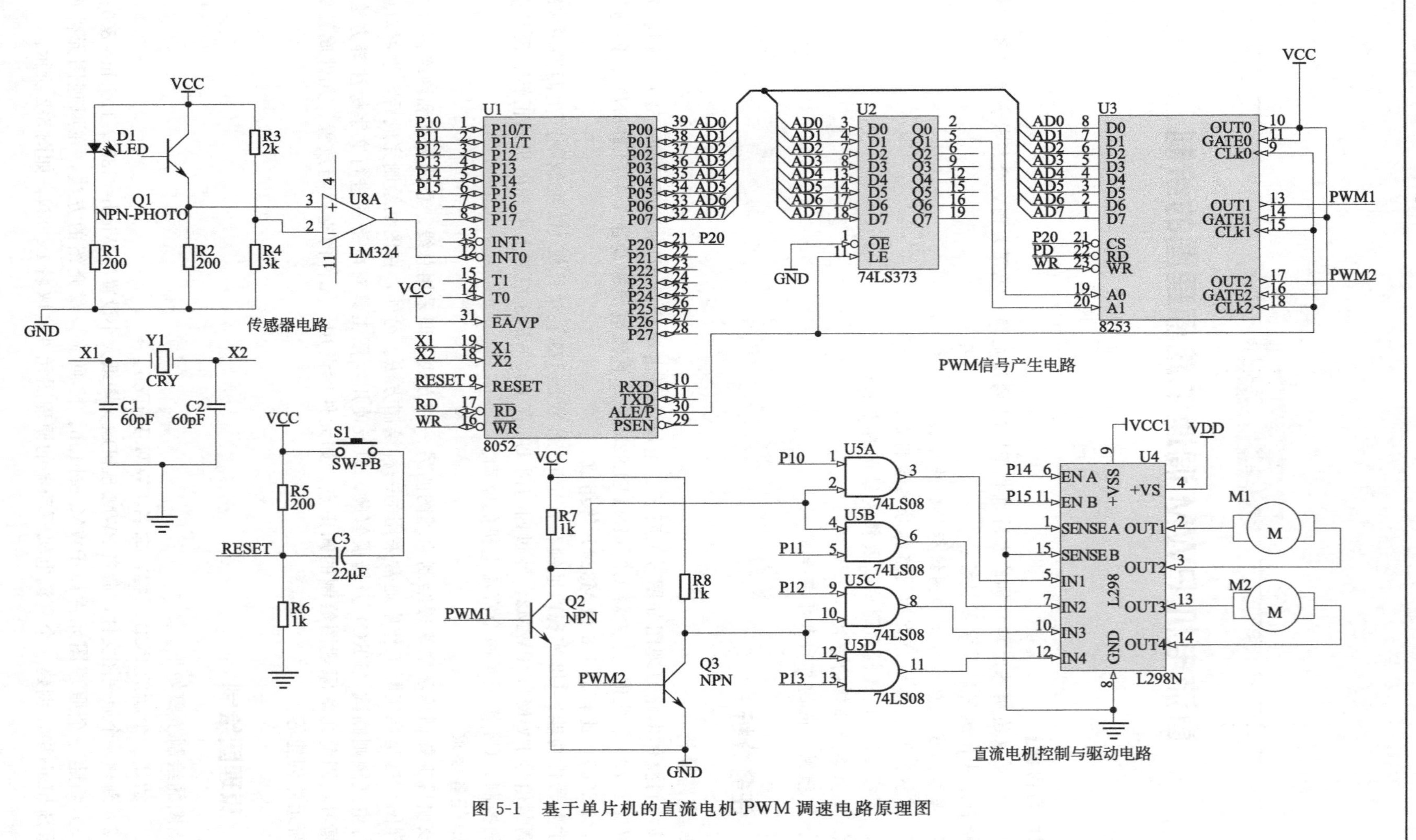

图 5-1 基于单片机的直流电机PWM调速电路原理图

【注意】

① 虽然 L298N 也可以在 AD 软件的 ST Micro Electronics Motion Control Circuit. SchLib 库中找到，但是为了训练学生的元件创建能力，本章就自己创建该元件。当然也可以直接调用 AD 库中的 L298N 元件。

② 在创建 L298N 元件时，由于 4 脚、9 脚为 L298N 的两个电源引脚，所以创建时应将这两脚的电气属性（Electrical）设置为 Power，否则会在以后的电气规则检测（ERC）中出现错误。

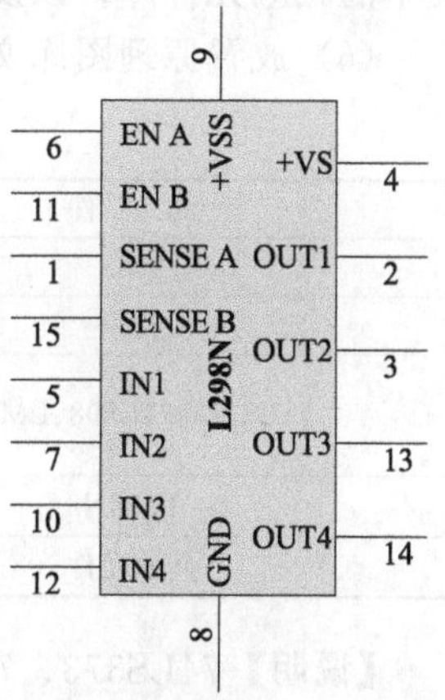

图 5-2　创建的 L298N 原理图元件

（4）放置自制的原理图元件

方法一：在 PWM. SchLib 原理图元件库编辑器状态下，单击窗口左侧工作面板的 SCH Library 标签，弹出 SCH Libraries 面板，单击 Place 按钮，将选中的元件 L298N 直接放置到原理图 PWM. SchDoc 中，如图 5-3 所示。

方法二：在 PWM. SchDoc 原理图编辑器状态下，单击右侧 Libraries 标签，弹出 Libraries 面板。单击面板上的下拉菜单，选择自制元件库 PWM. SchLib，然后再单击 Place L298N 按钮放置元件，如图 5-4 所示。

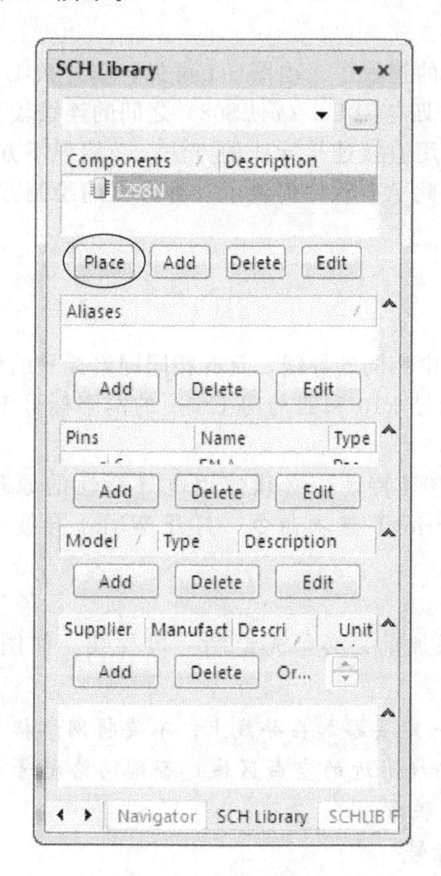

图 5-3　在元件库编辑器状态下放置 L298N

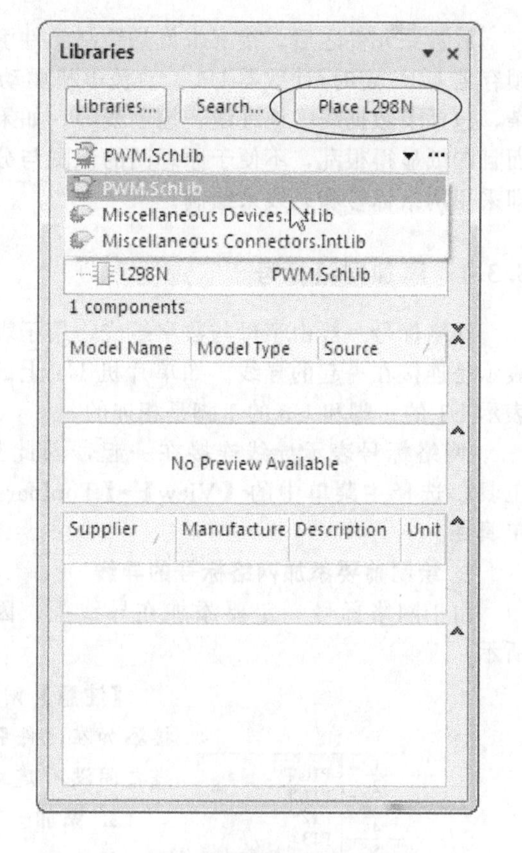

图 5-4　在原理图编辑器状态下放置 L298N

（5）添加元件库。由于在绘图时有些元件在 AD 软件的元件库里没有，但是在 Protel 99SE 的元件库中有，可以参考第 1 章的 1.3 节，需要把 Protel 99SE 的有些元件库转换为 AD 项目文档，并添加进来。

转换 Protel DOS Schematic Libraries. ddb、Intel Databooks. ddb 为 AD 软件的元件库，并放到某个文件夹中；然后添加转换后的 Protel DOS Schematic Libraries、Intel Databooks 文件夹中的相应元件库，以及自己创建的元件库 PWM. SchLib。

（6）放置原理图库文件中的元件。PWM 调速电路主要元件及所属元件库如表 5-1 所示。

表 5-1 PWM 调速电路主要元件及所属元件库

元　件	所属元件库
8052	转换后的 Intel Databooks 文件夹中的 Intel Embedded I(1992). SchLib
8253	转换后的 Intel Databooks 文件夹中的 Intel Peripheral. SchLib
74LS373、74LS08、LM324	转换后的 Protel DOS Schematic Libraries 文件夹中的 Protel DOS Schematic Operational Amplifiers. SchLib
L298N	自己创建
其他元件	Miscellaneous Devices. IntLib

【说明】74LS373、74LS08 这类 TTL 元件，也可以在 AD 软件自带元件库——Motorola Databooks 文件夹下的 Motorola Fast and LS TTL Data 1989（Com′cial）. SchLib 中找到。

5.3 网络标号与绘制总线

放置完元件之后，接下来就是绘制元件引脚之间的连线了。由图 5-1 可见，单片机 U1 与锁存器 U2、定时/计数器 U3 、直流电机驱动器 U4、四与门 U5（74LS08）之间的连线较为复杂，包括了数据线、地址线、控制线等。如果还是采用直接连接导线的方法，必然很不方便，而且图纸显得很乱，不便于原理图的识图与分析。因此 AD 软件提供了一种方便的绘制方法，即采用网络标号和总线来绘制。

5.3.1 添加网络标号

网络标号一般由字母与数字组成，用于表示图纸中相同的导线，具有相同网络标号的导线表示是连接在一起的导线。如单片机 U1 上的网络标号 P10 和四与门 U5 上的网络标号 P10，表示 U1 的 1 脚和 U5 的 1 脚是相连的。

网络标号表示导线连接在一起，因此其具有电气特性，必须使用电气特性的原理图工具。选择主菜单中的【View】→【Toolbars】→【Wiring】选项命令，打开 Wiring 导线绘制工具条。

1. 绘制前要添加网络标号的导线

由于网络标号一定要添加在导线上，因此在添加前，必须先绘制一段导线。如图 5-5 所示。

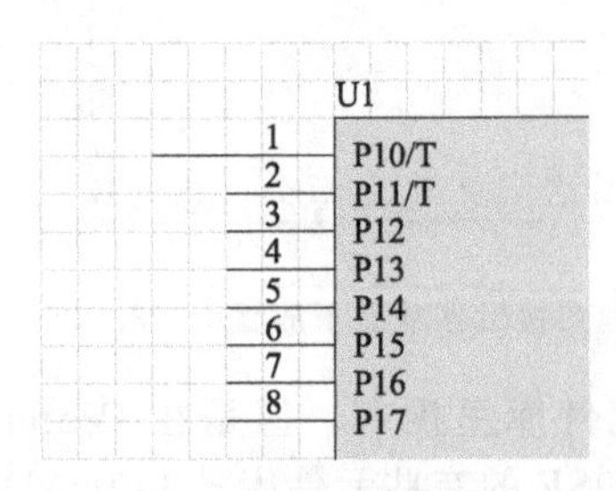

图 5-5　添加网络标号的导线

【注意】网络标号一定要添加在导线上，不要将网络标号直接添加在元件引脚或导线附近的空白区域，否则网络标号和导线之间没有建立起电气联系。

2. 添加一端网络标号

单击 Wiring 工具条中图标 Net1，然后按下键盘上的 Tab 键，弹出网络标号属性对话框。如图 5-6 所示，在 Net 栏输入“P10”，可以改变文字的字体和大小，单击 OK 按钮完成设置。这时光标变成十字形，并且带出网络标号“P10”，将光标移动到网络标号的导线上，此时导线上出现黑色小十字电气节点，单击鼠标左键即可放置该网络标号，如图 5-7 所示。

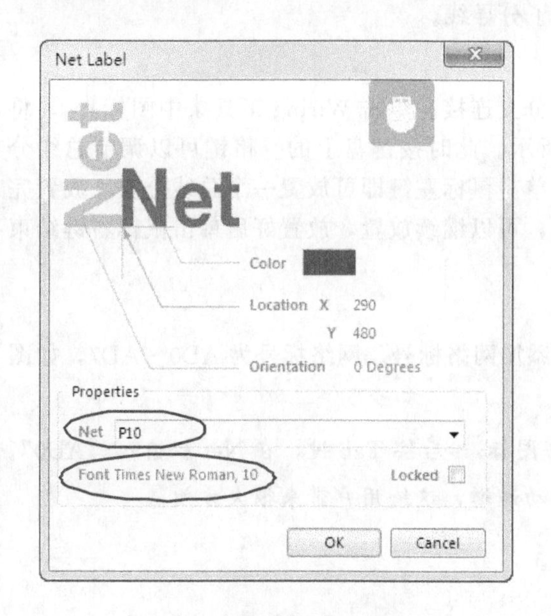

图 5-6　编辑网络标号属性

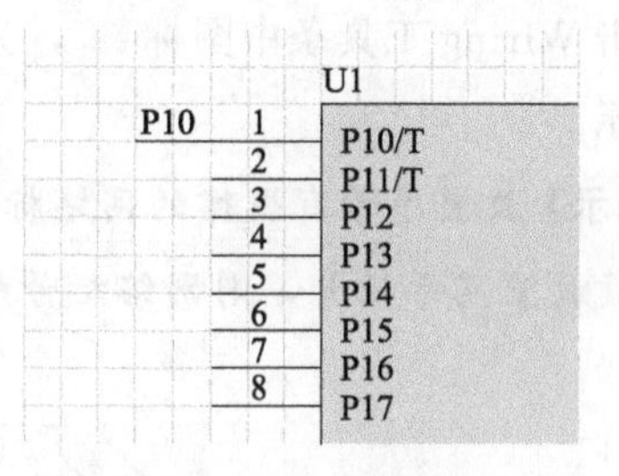

图 5-7　添加一端网络标号

3. 添加另一端导线的网络标号

按照相同的方法，添加 U5A 上的另一端导线的网络标号，完成后的效果如图 5-8 所示。

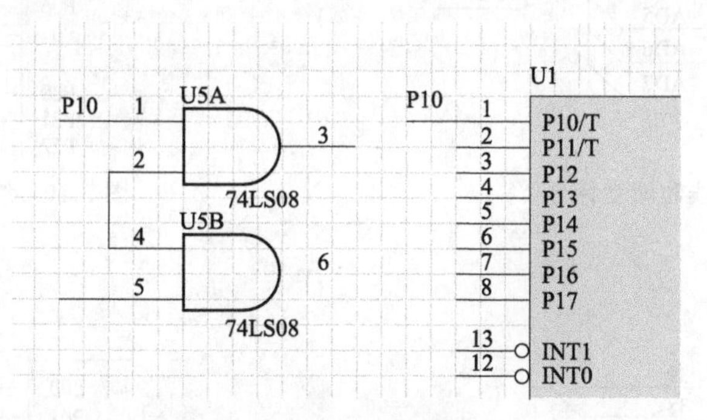

图 5-8　完成后的网络标号

5.3.2　绘制总线

如果需要连接的一组导线距离较长，数量较多，且具有相同的电气特性。如单片机控制系统中的地址总线、数据总线等，就可以采用结合网络标号的总线绘制方式，使整张电路图简洁明了。

总线不是单独的一根普通导线，它代表的是具有相同电气特性的一组导线。它以总线分支引出各条分支线，以网络标号来标识和区分各分导线，具有相同网络标号的分导线是同一根导线，如图 5-9 所示。总线和网络标号、总线分支三者密不可分，下面介绍总线绘制方法和步骤。

1. 绘制分导线

由于要添加网络标号来标识各分导线，所以在添加各网络标号前，必须先绘制好分导线。由图 5-10 可见，单片机 P0 口的八个引脚均添加了分导线。

2. 放置总线分支

总线与分导线不能直接相连，必须通过总线分支连接。单击 Wiring 工具条中图标，将弹出十字形光标，并带出总线分支，如图 5-11 所示。此时按键盘上的空格键可以调节总线分支线的方向，当接触处出现十字形电气节点时，单击鼠标左键即可放置一个总线分支。放置完一个总线分支后，仍然处于总线分支的放置状态，可以继续放置，放置好后单击鼠标右键结束放置状态。

3. 添加网络标号

单击 Wiring 工具条中图标，为各分导线添加网络标号，网络标号为 AD0～AD7，如图 5-12 所示。

【提示】放置序号有规律的网络标号时，单击图标后按 Tab 键，在 Net 栏输入“AD0”。此时连续放置网络标号，则网络标号的序号会自动递增，这给用户带来很大方便。

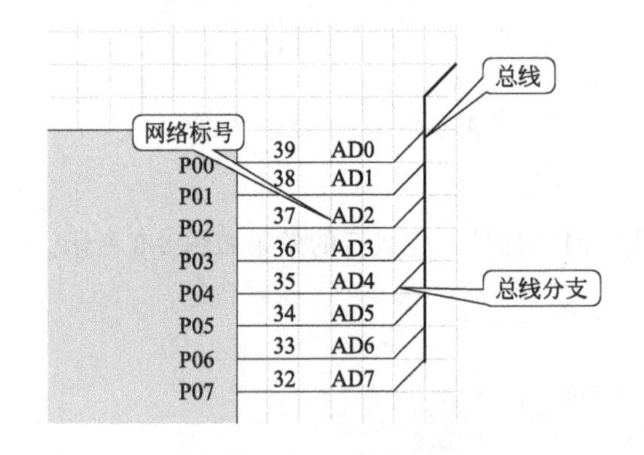

图 5-9　总线和网络标号

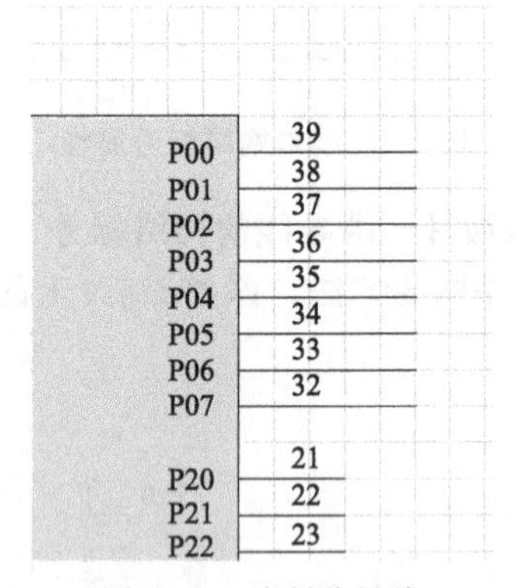

图 5-10　绘制分导线

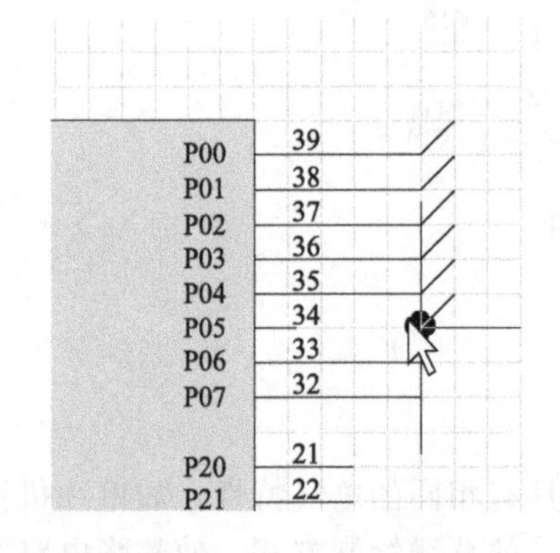

图 5-11　放置总线分支

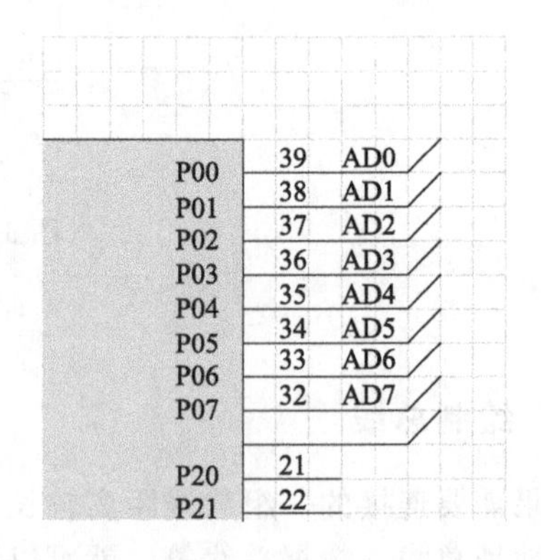

图 5-12　添加网络标号

4. 绘制总线

单击 Wiring 工具条中图标，出现十字光标，靠近总线分支，出现电气节点，表示接触良好，单击鼠标左键即可绘制总线。完成后如图 5-9 所示。

5.3.3　完成 PWM 调速电路原理图的绘制

参照图 5-1，采用网络标号和总线的绘制方法，进行各元件导线连接，从而完成整张原理图的绘制。

如果需要查阅该项目详细资料，可以通过中国期刊网查阅《国外电子元器件》2005 年第 12 期，论文《一种基于 8253 与 L298N 的电机 PWM 调速方法》，或直接与作者联系（联系邮箱见前言）。

5.3.4　原理图元件的过滤

对于元件较多的复杂电路原理图，为了能够快速地浏览原理图中的元件、网络以及违反设计规则的内容等，可以用 Navigator 导航面板实现快速查找和浏览。

在原理图编辑器窗口状态下，单击窗口右下角状态栏的【Design Compiler】→【Navigator】，弹出导航面板，单击面板上的 Interactive Navigator 交互式导航按钮，就会在下面的列表框中显示出原理图中的所有元件、网络和引脚。例如，如果单击其中一个元件 R15，图纸就会将该元件高亮显示，并置于勾选状态，其他元件和导线将屏蔽显示，如图 5-13 所示。

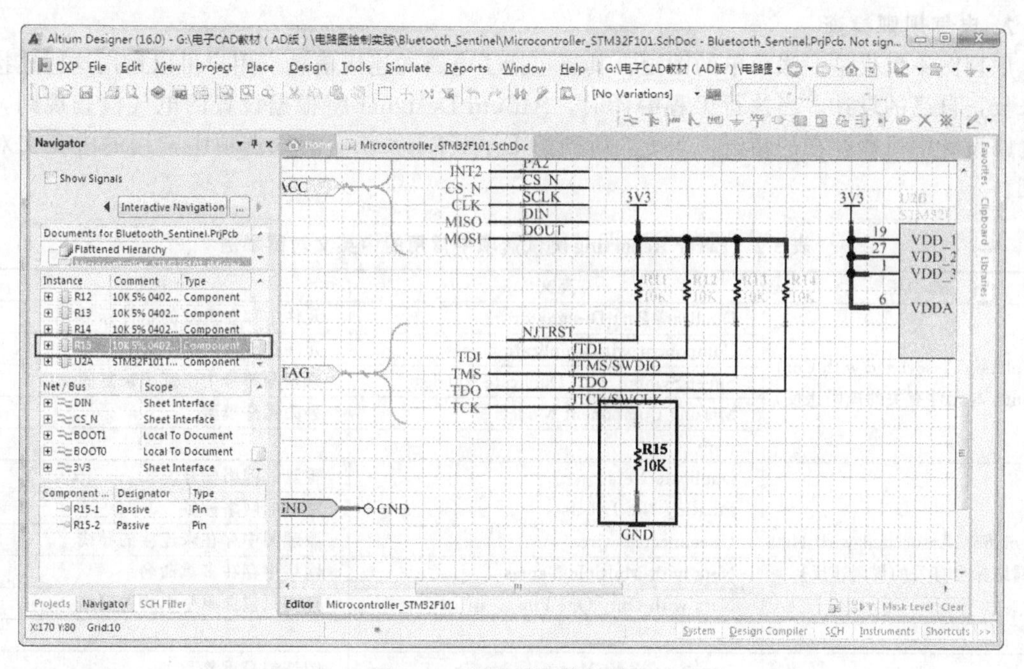

图 5-13　原理图元件的过滤

5.4　设置工程选项

1. 工程设置选项

如图 5-14 所示，工程设置选项包括：Error Reporting、Connection Matrix、Class Generation、Comparator、ECO Generation 等选项。工程参数配置相关的所有操作，均可选择菜单【Project】→【Project Options】命令，并在 Options for PCB Project 对话框中设置。

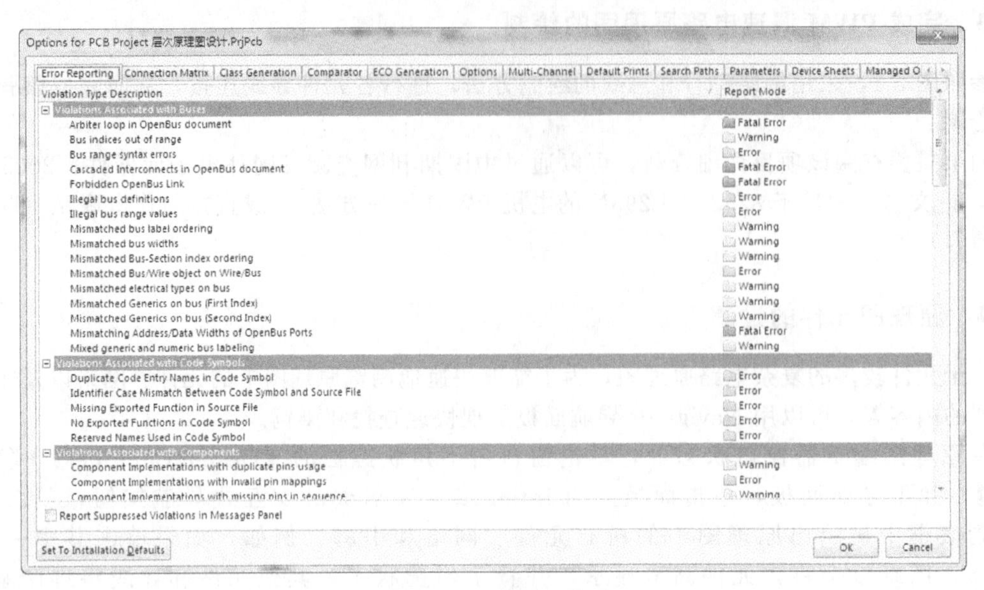

图 5-14　工程设置选项

2. 电气规则检查

原理图不仅仅是一张简单的图画，其还包括了电路的连接信息。用户可以运用这些连接信息来校正自己的设计。当执行工程编译时，Altium Designer 将根据设置的电气检查规则，查询电路设计中可能存在的错误。表 5-2 所列为 Error Reporting 测试选项中常用的中英文对照举例。

表 5-2　Error Reporting 测试选项中常用的中英文对照举例

选项栏	英文	中文
Violation Associated with Components(与元件有关的规则违反)	Duplicate Part Designators	元件中存在重复的组件标号
	Component with Duplicate pins	元件具有重复的引脚
	Sheet Symbol with Duplicate Entries	原理图符号中出现了重复的端口
	Missing Component Models	丢失元件模型
	……	
Violation Associated with Nets（与网络标号有关的规则违反）	Duplicate Nets	重复的网络标号
	Floating Net Labels	浮动的网络标签
	Unconnected wires	原理图中存在未连接的导线
	Nets with Multiple Names	网络中存在多重命名
	Nets with Only One Pin	存在只包含单个引脚的网络
	……	
Violation Associated with Documents(与文档有关的规则违反)	Duplicate sheet Numbers	图纸编号重复
	Port not linked to parent sheet symbol	子原理图端口与父系原理图的端口未连接
	Duplicate sheet symbol Names	原理图符号命名重复
	……	

注：由于条目太多，这里只做举例说明。

(1) Error Reporting 错误报告。用于设置原理图电气性能检查。Report Mode 设置当前选项提示的错误级别，级别分为 No Report、Warning、Error、Fatal Error，单击下拉菜单即可。

(2) Connection Matrix 连接矩阵。图 5-15 连接矩阵图给出了一个原理图中不同类型连接端口之间的图形化描述，并显示了它们之间的连接是否设置为允许。整个矩阵图共有四种色块：绿色块表示电学连接关系是正确的；黄色块表示电学连接关系有时是正确的，有时是错误的（Warning）；橘黄色块表示电学连接关系是错误的（Error）；红色块表示电学连接关系是严重错误的（Fatal Error）。

整个矩阵图类似于一张二维坐标图，纵、横两项内容的交点处就是一个色块，反映了这两项内容连接的正确性。例如：输入引脚 Input Pin 与输出引脚 Output Pin 交点处是绿色方块，表示这种连接是正确的；而 Power Pin 和与 Output Pin 交点处是红色方块，表示这种连接错误。

用户可以根据自己的要求设置任意一个类型的错误等级。用光标每单击一次，某个色方块就变化一次颜色。也可以单击页面的 Set To Installation Defaults 按钮，则 ERC 检测将按照系统默认的测试规则。

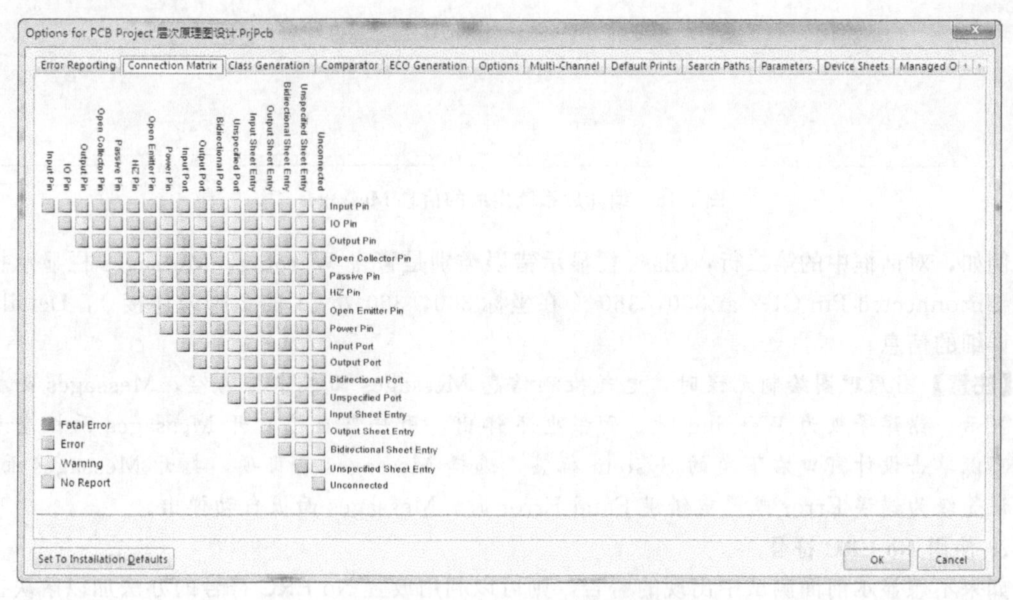

图 5-15　Connection Matrix 连接矩阵

(3) Comparator。用于执行工程编译时，需要设置是否需要显示或忽略在两个文件之间存在的设计数据差异。单击 Comparator 界面，在 Asscoiated with Component 部分，找到 Changed Room Definitions、Extra Room Definitions 和 Extra Component Classes 选项。通过下拉菜单将上述选项设置为 Ignore Differences，这样，用户便可以开始编译工程并检查所有错误了。

5.5 编译工程

工程编译可以检查设计草图中的连接和电气规则的错误，并提供一个排除错误的环境。选择菜单【Project】→【Compile PCB Project】，执行当前工程的编译。当工程被编译后，所有违例信息都将显示在 Messages 消息窗口中，单击违例条目可以查看错误。如果电路设计符合工程选项内的连接性和电气规则的约束，则 Messages 消息窗口中不会显示任何错误。如果报告中显示有错误，则需要检查电路并纠正，以确保原理图设计的正确性。

当工程被编译完后，在 Navigator 面板中将显示文件的层次关系，并且将元器件、网络和模型关联在一起。

1. 产生 ERC 电气规则检测信息

在设置完电气规则后，单击 OK 按钮，退出对话框。然后选择菜单【Project】→【Compile PCB Project】，执行当前工程的编译，并使系统生成相应的错误结果信息 Messages，如图 5-16 所示。

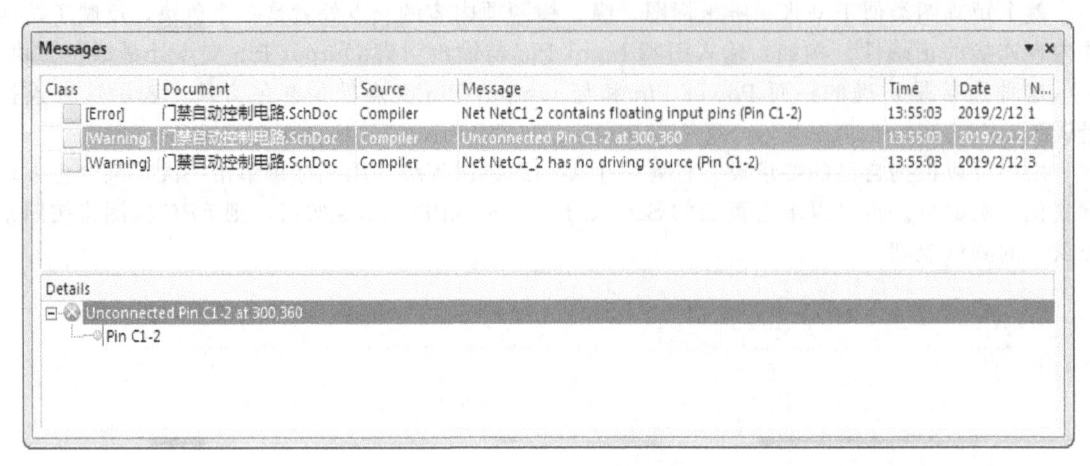

图 5-16　编译后系统生成的信息 Messages

例如，对话框中的第二行：Class 栏显示错误类别是警告 Warning，Messages 栏显示提示信息 Unconnected Pin C1-2 at 300，360（在坐标 300，360 处 C1 的 2 脚未连接），Details 栏显示详细的信息。

【注意】当原理图绘制无误时，电气检测信息 Messages 面板中将为空，Messages 面板不弹出显示。错误等级为 Warning 时，面板也不弹出，用户需自己打开 Messages 面板查看信息。可以单击设计窗口右下角的 System 标签，选择 Messages 条目项，打开 Messages 面板。当错误等级为错误 Error 或严重错误 Fatal Error 时，Messages 面板自动弹出。

2. 使用 No ERC 符号

如果不想显示前面测试中出现的警告，则可以利用放置 No ERC 符号的办法加以解决。即在原理图警告出现的位置放置 No ERC 符号，便可以避开 ERC 测试。具体步骤如下。

（1）单击原理图工具栏中按钮，或者执行菜单命令【Place】→【Directives】→【Generic No ERC】。

（2）完成上一步的操作后，十字光标会带着一个 No ERC 符号出现在工作区。

（3）将 No ERC 符号（红色的叉号）依次放置到警告曾经出现的位置上，然后单击右键即可退出命令状态。

完成后再次对原理图执行电气法则测试，可以发现，所有的警告都没有出现。

5.6 全局编辑

在绘图中往往要对多个对象同时进行编辑，就是通常说的全局编辑。在 Protel 99SE 中的方法是对一个对象进行编辑，并且将这些修改推广至其他对象。

而在 Altium 中，编辑技术发生了彻底改变，方法是选中多个需要编辑的对象，查看它们的属性，然后编辑它们，即按照“选中-查看-编辑”的顺序。下面我们通过实例讲解一下，将名为 VDD 的电源网络名修改名为 3V3。

1. 选中多个对象

在原理图中找到一个电源 VDD 符号，右击弹出菜单，在菜单中单击 Find Similar Objects 命令，该对话框列出了所选对象的属性，如图 5-17 所示。

在该对话框中的每个选项都可以指定相似条件。对象的每一项属性，都可以指定它与目标对象的匹配条件为 Same、Different，或者不关心这个参数时设为 Any。

这里将 Object Kind 选项设为 Same，Text 选项也设为 Same。即当对象是一种电源对象，并且具有 VDD 的网络名的时候就匹配。

然后在对话框右下角设置是限于本文档 Current Document，还是所有打开的文档 Open Document，所有打开的文档 Open Document 前，工程中所有页面都必须先打开。

勾选 Select Matching 复选框，作用是选中所有名为 VDD 的电源接口，也可以勾选 Run Inspector 复选框，作用是打开一个已经载入了所有已选对象属性的 Inspector 面板。单击 OK 按钮，弹出 SCH Inspector 检视器面板。

2. 检视与编辑对象

原理图编辑器和 PCB 编辑器都包含一个称为 SCH Inspector 的面板，如图 5-18 所示。检视器的基本功能是列出当前所选对象的属性，并当在其中一个属性输入一个新值，并按下 Enter 键时，所有已选对象的属性值都会被立即修改。

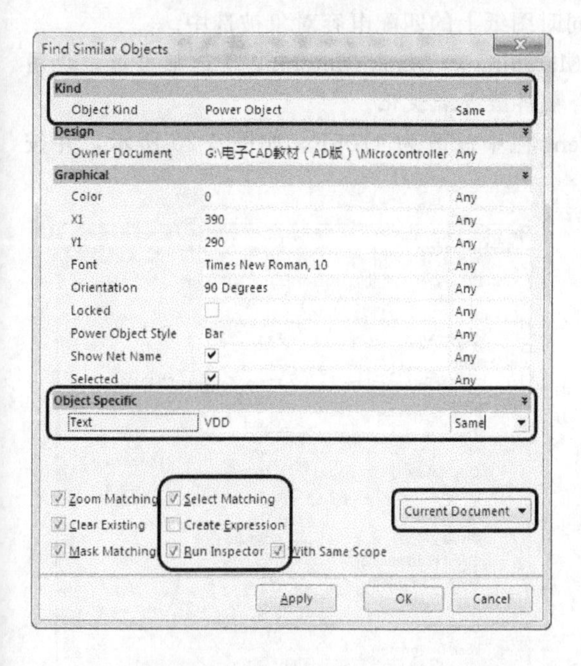

图 5-17　选中具有 VDD 网络名的多个电源对象

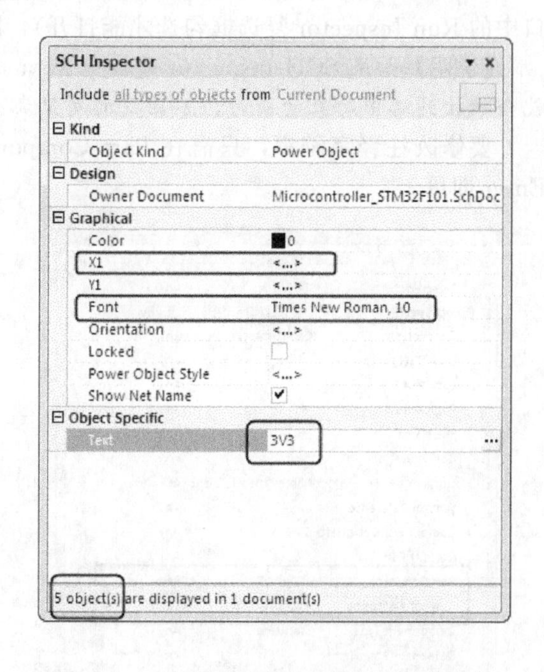

图 5-18　在检视器中修改所有已选对象的值

所选多个对象的所有相同的属性都会被显示出来，例如对象的字体 Font 都为 Times New Roman，10。如果属性具有不同值，看到的就是＜…＞。例如它们的坐标 X1 就是这种情况，表明这些对象的 X1 坐标是不全相同的。

将 Text 文本选项的内容改为 3V3，并按 Enter 键，则所有已选对象的值都将修改为 3V3。

可以用上述方法对原理图编辑器和 PCB 编辑器的任何类型的对象进行全局编辑操作。SCH Inspector 检视器面板可以在 Altium Designer 主界面右下角的面板访问栏，单击 SCH 标签打开。

【注意】 编辑执行以后，会发现原理图其他对象都被淡化或屏蔽了。当对象被屏蔽以后就不能再被编辑了，取消屏蔽可以单击工作区右下角的 Clear 按钮，或者通过 Shift+C 快捷键。

3. 编辑组对象

之前编辑的对象 VDD 是一个图元对象，它是原理图编辑器基本对象中的一种。对于元件等更加复杂的对象，称为组对象，就是一组图元对象的集合。例如，原理图上的一个元件就是画图对象、字符串、参数、引脚和参考模型的集合体。图元对象是组对象的一部分，有时也称为子对象，而对应的组对象称为父对象。

现在以多个采用 RAD-0.3 封装的 470μF 16V 的电容器为例。完成以下任务：①完成元件注释字符串修改，将 470μF16V 元件注释修改为 470μF；②为元件增加一个名为 Voltage 的参数，其值为 16V，并使该参数可见。具体操作步骤如下。

(1) 选中电容。右击一个 470μF16V 的电容器，弹出 Find Similar Objects 命令。这里假设匹配的元件具有相同的注释 Part Comment（470μF 16V）和相同的封装 Current Footprint（RAD-0.3），如图 5-19 所示。单击 OK 按钮，这样具有相同注释并具有相同封装的电容被选中。

【说明】若在元件序号 Component Designator 栏中改写为 C*，则图纸中所有以 C 开头的电容将都被选中。

(2) 修改注释字符串。SCH Inspector 检视器面板随之打开（需将 Find Similar Objects 窗口中的 Run Inspector 复选框勾选才能打开），同时图纸上的匹配电容对象被选中。

【说明】如果 SCH Inspector 面板中 Zoom Matching 和 Mask Matching 复选框勾选，视图就会缩放到选中对象的同时，不匹配的对象都会被屏蔽或者淡化。

要修改注释字符串，只需在 Part Component 栏中修改为 470μF，如图 5-20 所示，并按 Enter 即可。

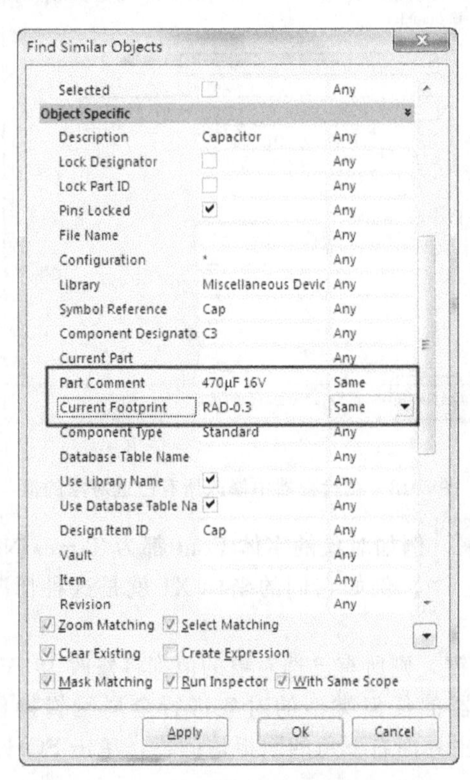

图 5-19 查找 470μF16V 的电容器

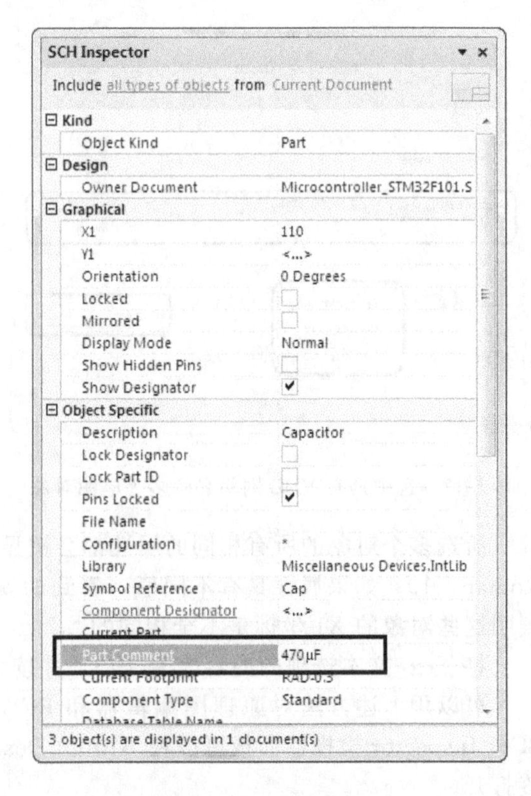

图 5-20 改变后的电容值

(3) 向元件添加新的参数。为这 3 个电容元件增加一个新参数，称为 Voltage，并赋值为 16V。要完成这个任务，需要用到 SCH Inspector 面板底部的 Add User Parameter 功能，如图 5-21 所示。注意先输入值再输入参数名。

首先在 Add User Parameter 栏中输入新参数的值 16V，按 Enter 键执行修改。此时弹出 Add new parameter to XX objects 对话框，输入新的参数名 Voltage 并单击 OK 按钮，完成修改。按这种方法可增加任意多个参数。

【提示】 单击参数旁边的“×”号可以删除参数。

(4) 设置显示电压参数值。参数的可见性是参数本身的特征，不是元件的特征，所以需要在 SCH Inspector 面板中设置子系参数。要访问子系参数的属性，单击 SCH Inspector 面板电压参数名的超链接 Voltage，这样电压参数的属性就会载入并可以编辑。可以通过检查 SCH Inspector 面板顶部的 Object Kind 来确保操作的正确，该栏目现在应该显示 Parameter。

取消 Hide 复选框，使元件的电压参数可见。

如果想要返回父系元件中，可以单击超链接 Owner，如图 5-22 所示。

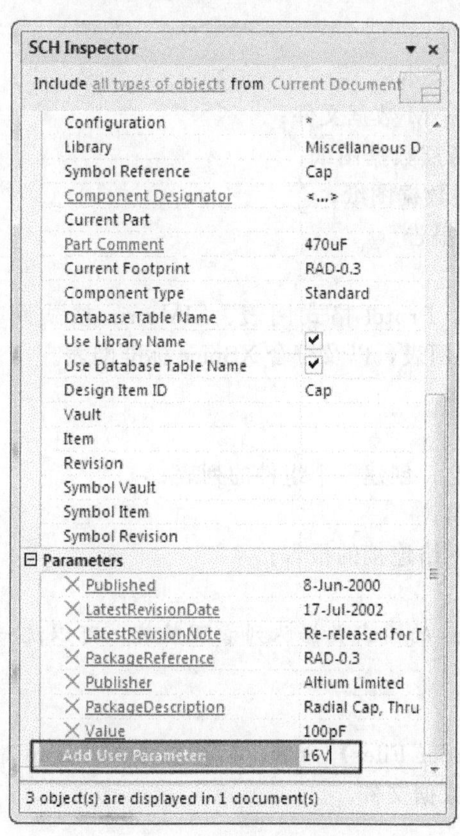
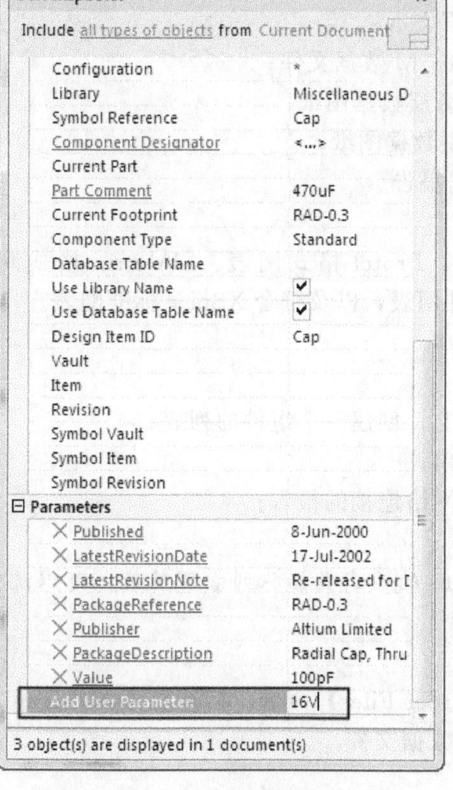

图 5-21　添加用户定义参数

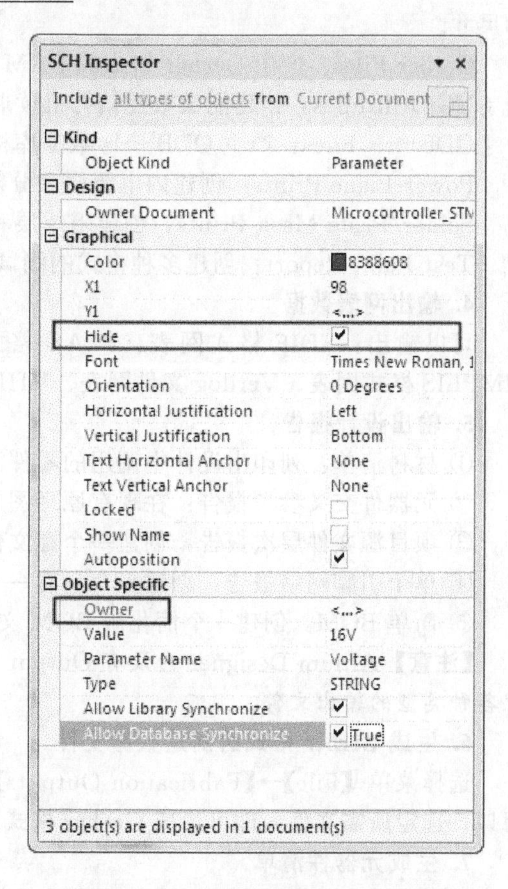

图 5-22　进入子系或返回父系元件属性

按照上述方法，可以对元件属性中的元件序号、元件标称值，以及网络标号的字体大小、字体颜色等进行全局编辑。这给用户绘图带来了很大方便，也使图纸更加统一美观。

5.7　输出制造文件

Altium Designer 一体化设计平台提供了丰富的制造数据输出功能。由于在 PCB 制造过程中存在数据格式转换输出、元器件采购、电路板测试、元器件装配等多个环节，因此，需要电子设计自动化工具具备产生多种不同用途文件格式的能力。本节重点介绍元件清单的输出。

1. 输出装配数据

① 元器件装配图：打印电路板两面装配的元器件位置和原点信息；

② Pick&Place File：用于控制机械手攫取元器件并摆放到电路板的数据文本。

2. 输出设计文档

① 层复合格式绘图：控制打印视图中显示的层组合模式；

② 三维视图打印：打印输出电路板三维视图；

③ 原理图打印输出：输出原理图设计图纸；

④ PCB 板图打印输出：输出 PCB 板图设计图纸。

3. 输出制造数据

① 绘制复合钻孔数据设计：在一张图纸中绘制出机械板形和钻孔位置、尺寸信息；

② 绘制钻孔图/生成钻孔数据文件向导：在多张图纸上，分别绘制出不同钻孔信息的位置和尺寸。

Gerber Files：产生 Gerber 格式的 CAM 数据文件；

NC Drill Files：创建能被数控钻孔机读取的数据文本；

ODB++ Files：产生 ODB++ 数据库格式的 CAM 数据文件；

Power-Plane Prints：创建内电源层和分割内电源层数据图纸；

Solder/Paste Mask Prints：创建阻焊层和锡膏层数据图纸；

Test Point Report：创建多种格式的测试点数据报告。

4. 输出网表数据

可以输出：EDIF 格式网表、PCAD 格式网表、Protel 格式网表、SIMetrix 格式网表、SIMPLIS 格式网表、Verilog 文件网表、VHDL 文件网表，以及符合 XSpice 标准网表。

5. 输出设计报告

① 材料清单：列印出设计中调用的零件清单；

② 元器件交叉参考报告：在现有原理图的基础上，创建一个组件的列表；

③ 项目源文件层次报告：创建一个源文件的清单；

④ 单个引脚网络报告：创建一个只有一个引脚网络连接的报告；

⑤ 简单 BOM：创建一个简化版 BOM 文件。

【注意】 Altium Designer 内设有 Output Job Files 的输出数据队列管理功能，可以统一管理各种类型的输出文件。

6. 生成 Gerber 格式的制造数据文件

选择菜单【File】→【Fabrication Outputs】→【Gerber Files】命令，打开 Gerber Setup 对话窗口，选定所需文件，即可生成 Gerber 格式的制造数据文件。

7. 生成元器件清单

(1) 选择菜单【Reports】→【Bill of Materials】命令，打开 Bill of Materials For PCB Document 对话框，如图 5-23 所示。

(2) 在 All Column 选项编辑区域内，选择需要输出到报告中的元器件属性列的名称，选中 Show 复选框。

(3) 将设定为分组类型的属性列拖入 Grouped Columns 选项编辑区，用于在材料清单中按设置的类型划分元件组。例如，若要以封装名称分组，可在 All Columns 中选择 Footprint，并拖动到 Grouped Columns。

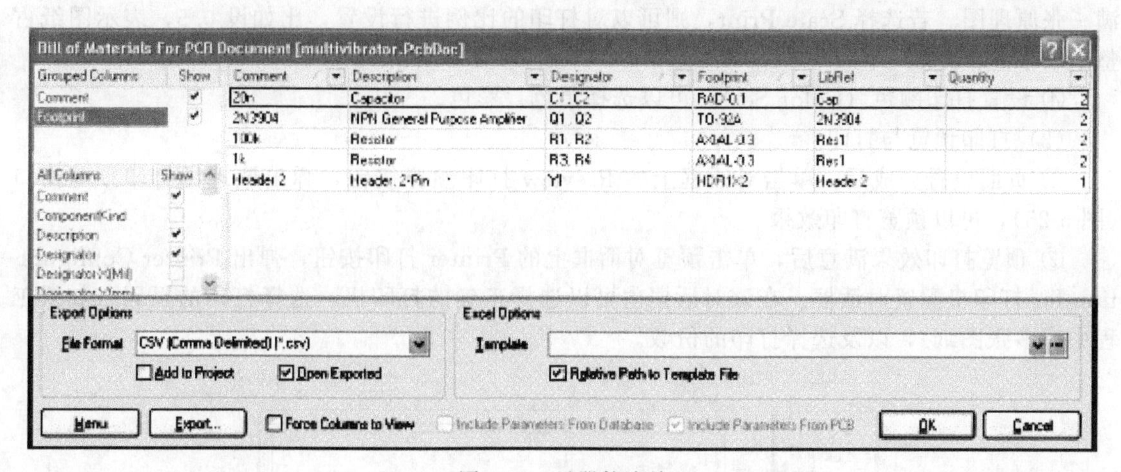

图 5-23　元器件清单

（4）在 Export Option 属性区，设置 BOM 文件的输出格式，如“CSV”代表输出文件的格式为 CSV 浏览器编辑格式。

5.8　原理图的打印输出

在实际工程中往往需要将原理图打印，方便查阅或作为资料保存。AD 软件相比 Protel 99SE 软件在原理图输出上使用方便且功能更强，可以实现 PDF 格式的输出。

1. 打印电路图

（1）单击【Files】→【Page Setup】菜单，弹出 Schematic Print Properties 原理图打印属性对话框，如图 5-24 所示。

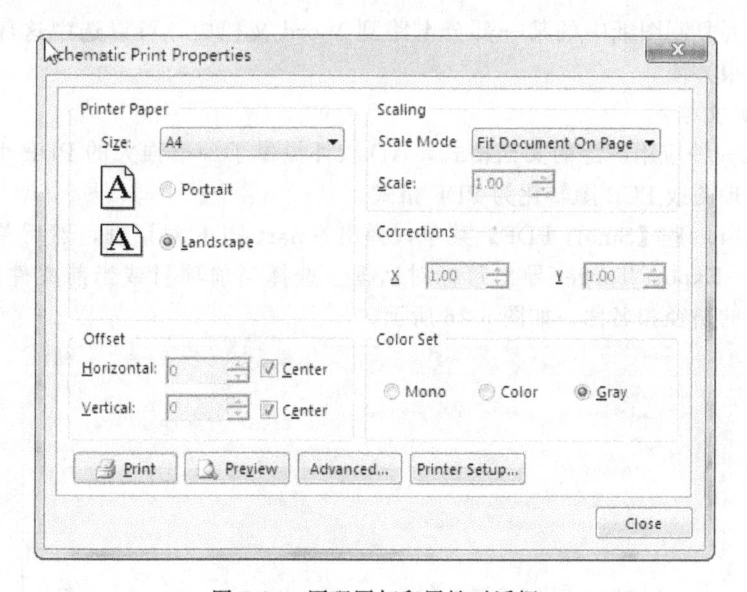

图 5-24　原理图打印属性对话框

① 选择打印纸张的尺寸 Printer Paper。

② 选择打印纸张的方向，纵向为 Portrait，横向为 Landscape。

③ 选择图纸缩放比例 Scale Mode，默认设置为 Fit Document On Page，表示页面正好打

满一张原理图。若选择 Scale Print，则可以对打印的比例进行设置，比如设 0.5，表示图纸占整个纸张的二分之一。

④ 设置打印颜色（Color Set），可以选择单色、彩色。

（2）打印预览与打印。

① 页面设置完成后，单击对话框上的 Preview 打印预览按钮，弹出原理图打印预览窗口（图 5-25），可以预览打印效果。

② 预览打印效果满意后，单击预览对话框上的 Printer 打印按钮，弹出 Printer Configuration for 打印机配置对话框。在该对话框内可以选择正确的打印机、选择打印的页码（如果工程中有多张图纸），以及选择打印的份数。

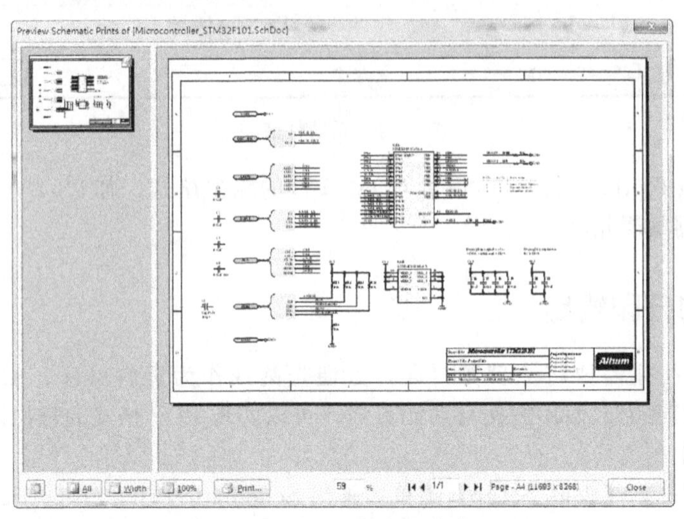

图 5-25　原理图打印预览窗口

另外，如果要复制图纸中的某一部分电路到 Word 文档中，可以选中这部分电路进行复制、粘贴即可，很方便。

2. 输出 PDF 文档

PDF 文档是一种应用广泛的文档格式，AD 软件提供了一个强大的 PDF 生成工具，可以方便地将电路原理图或 PCB 图转化为 PDF 格式。

（1）单击【Files】→【Smart PDF】菜单，弹出 Smart PDF 对话框，然后单击 Next 按钮，进入选择 Choose Export Target 导出目标对话框。选择当前项目或当前文件作为导出目标，并确定导出文件的路径和名称，如图 5-26 所示。

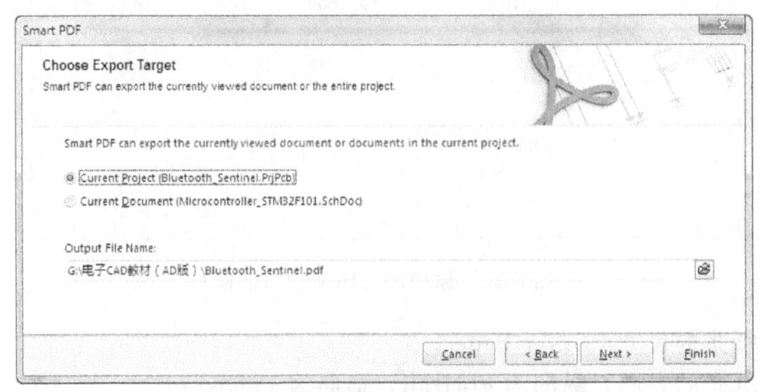

图 5-26　选择导出目标和导出路径

（2）单击 Next 按钮，进入 Choose Project Files 导出项目文件对话框。选择需要 PDF 输出的原理图文件。按住 Ctrl 键或 Shift 键，再单击鼠标左键，可以选择多个输出文件。

（3）单击 Next 按钮，进入 Export Bill of Materials 导出元件报表对话框。设置是否生成元件报表，以及报表格式和套用的模板。

（4）单击 Next 按钮，进入 Additional PDF Settings 打印设置对话框，如图 5-27 所示。

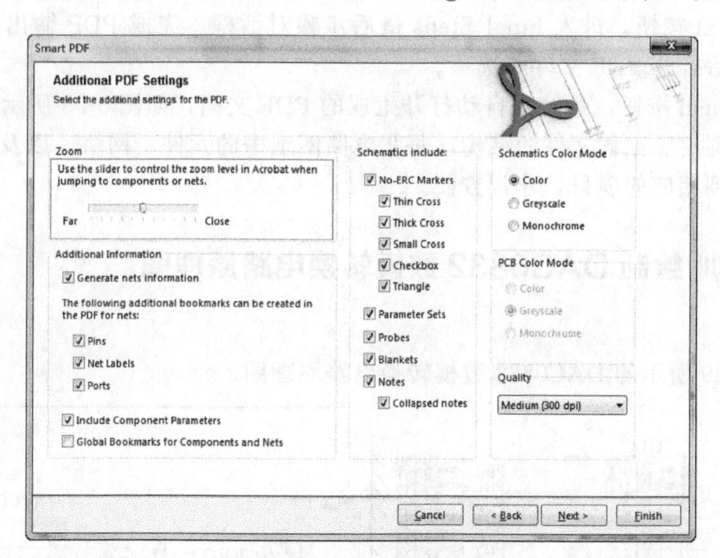

图 5-27　打印设置

① Zoom 缩放栏，用来设定 PDF 阅读窗口缩放的大小。

② Additional Information 附加信息栏，用来设定是否在 PDF 文档中生成相关的网络信息，如引脚 Pin、网络标号 Net Labels、端口 Ports 的信息。

③ Schematic include 原理图选项栏，用来设定是否将 No-ERC Markers（忽略电气检查标

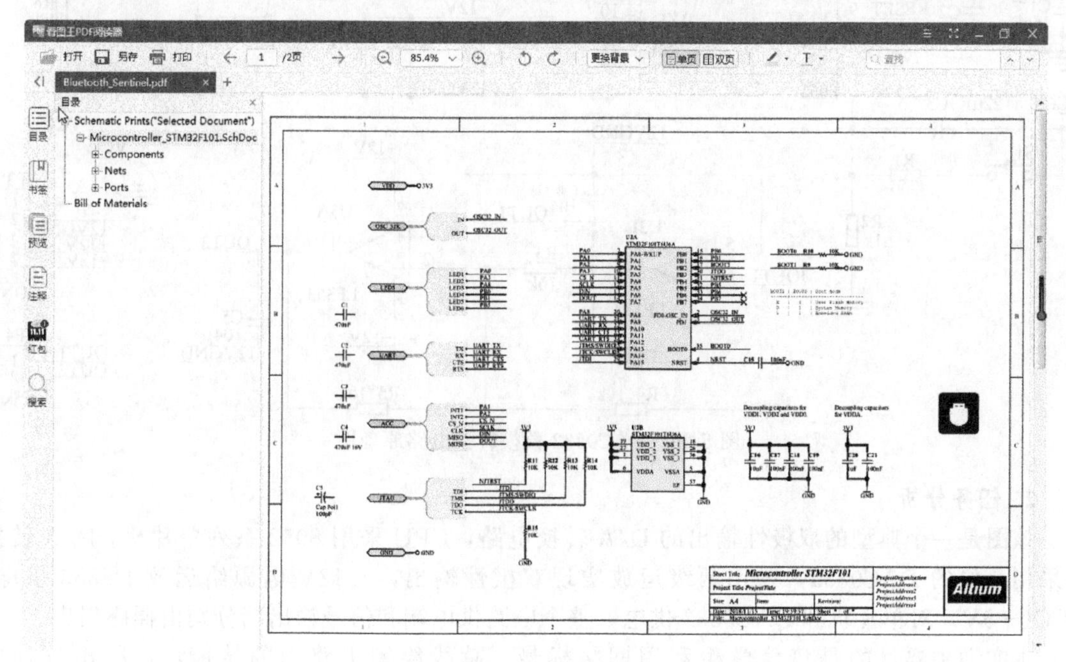

图 5-28　PDF 图纸预览与工程文件结构

号）等符号生成在 PDF 文档中。

④ Schematic Color Mode 输出图纸的颜色设置栏，可以选择单色、彩色。

⑤ Quality 栏，可以设置 PDF 文档质量。

（5）单击 Next 按钮，进入 Structure Settings 结构设置对话框。该功能是针对重复层次原理图或多通道原理图设计的，一般无需修改。

（6）单击 Next 按钮，进入 Final Steps 最后步骤对话框，完成 PDF 输出设置。在该对话框可以选择导出后打开 PDF 文件等选项。

（7）单击 Finish 按钮，系统会自动打开生成的 PDF 文档，如图 5-28 所示。在左边的标签栏中，层次式地列出了工程文件的结构，每张电路图纸中的元件、网络，以及元件报表。可以单击各标签跳转到相应的项目，非常方便。

5.9 上机实训 绘制 DAC0832 数模转换电路原理图

1. 上机任务

绘制如图 5-29 所示的 DAC0832 数模转换电路原理图。

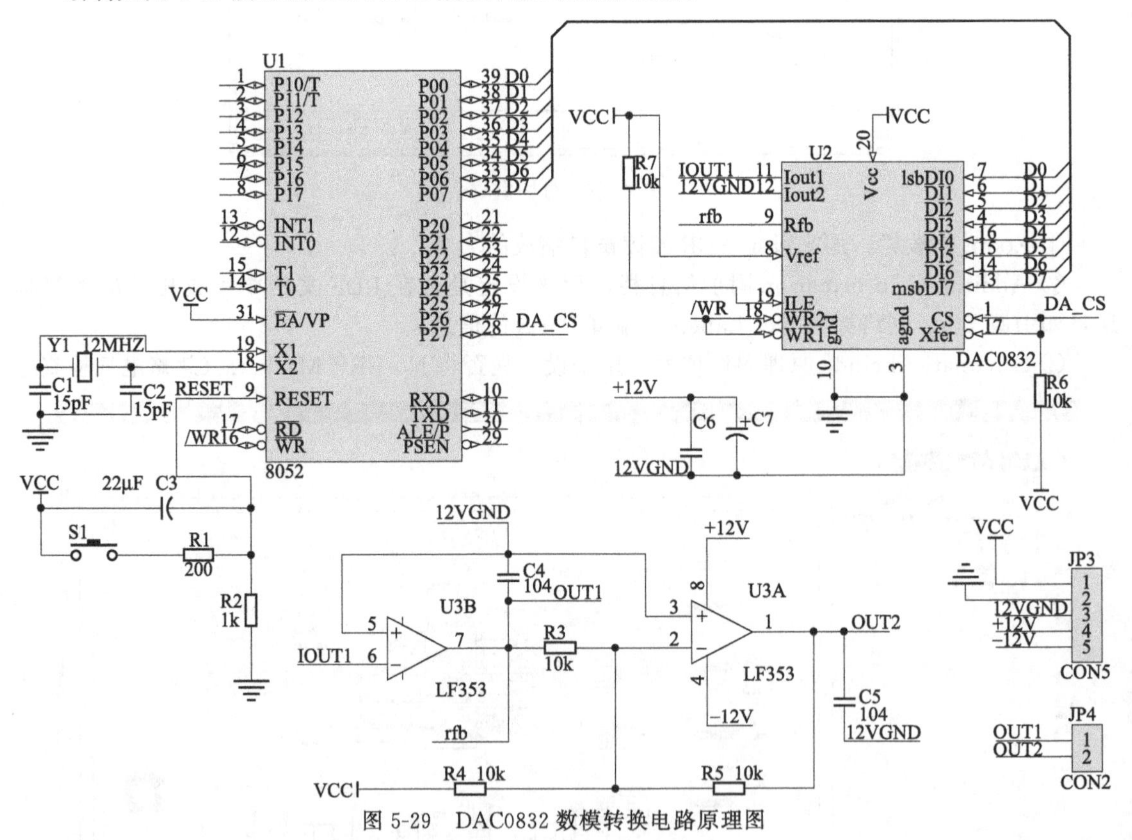

图 5-29　DAC0832 数模转换电路原理图

2. 任务分析

该图是一个典型的双极性输出的 D/A 转换电路，CPU 采用 8052 系列单片机，D/A 转换器采用 8 位的 DAC0832，采用两级运放实现双极性输出，±12V 电源给运放 LF353 供电，VCC(+5V) 对单片机和 DAC0832 供电，整个电路供电端和信号输出端分别由插座引出。

本实训主要目的是培养学生利用网络标号、总线绘制电路图的技能，进行电气规则（ERC）检查并修改错误的能力，以及掌握标注文字和生成报表的能力。

3. 操作步骤

(1) 建立设计工程，命名为“D/A 数模转换 . PrjPcb”。

(2) 建立原理图文件。在上述设计工程设计下新建一个原理图文件，取名“D/A 转换 . SchDoc”。

文件设置：图纸大小为 A4，捕捉栅格 5mil，可视栅格为 10mil；系统字体为宋体，字号为 12；标题栏格式为 Standard；用“特殊字符串”设置图纸标题为“数模转换电路”。

(3) 原理图绘制。

① 要求：所有元件序号的字体为 Arial Narrow、大小为 11；所有元件标称值的字体为 Arial Narrow、大小为 10。

② 本图的元器件可按表 5-3 进行绘制。

表 5-3　DAC0832 数模转换电路的元器件列表

元件序号	元件标称值	元件封装名	所属元件库
R1	200	AXIAL-0. 3	Miscellaneous Devices. IntLib
R2	1k	AXIAL-0. 3	
R3、R4、R5、R6	10k	AXIAL-0. 3	
C1、C2	15pF	RAD-0. 1	
C4、C5	104	RAD-0. 1	
C6	0. 1μF	RAD-0. 1	
C3、C7	22μF	RB. 1/. 2	
JP4	CON2	HDR1×3	Miscellaneous Connectors. IntLib
JP3	CON5	HDR1×5	
U1	8052	DIP-40	转换后的 Intel Databooks 文件夹中的 Intel Embedded I(1992). SchLib
U2	DAC0832	DIP-20	转换后的 Protel DOS Schematic Libraries 文件夹中的 Protel DOS Schematic Analog Digital. SchLib

③ 添加元件库。添加转换后的 Intel Databooks 文件夹中的 Intel Embedded I (1992) . SchLib、Protel DOS Schematic Libraries 文件夹中的 Protel DOS Schematic Analog Digital. SchLib。

④ 放置元件。利用查找功能找到主要元件，参照第 3 章元件查找的方法（Search 功能）。例如查找 8052、DAC0832，就可以在 Intel Embedded Ⅰ (1992) . lib 中找到 8052。

⑤ 绘制总线和其他导线。

⑥ 检查原理图。对该图进行电气规则（ERC）检查，针对检查报告中的错误修改原理图，直到无错误为止。

⑦ 生成原理图元件报表清单，要求包含元件参数。

⑧ 生成原理图的网络表。

⑨ 用 A4 纸打印该原理图。

【说明】 整个 D/A 数模转换电路已经过实际调试，验证了该电路设计的正确性，感兴趣的读者可进行 PCB 板制作和调试。调试用的程序可参考单片机教材中 D/A 转换电路方面的内容。

本章小结

本章主要以绘制基于单片机的直流电机 PWM 调速电路原理图为例，重点讲解了采用总线、总线分支和网络标号绘制较复杂电路原理图的方法，还有电路原理图绘好后的电气规则测试以及错误修改，使用绘图工具完成图中文字注释、全局编辑，以及原理图的常用报表生成和打印等知识和技能。

习 题

5-1 为什么放置元件前应先加载相应的元件库？如何加载和删除一个元件库？

5-2 在元件属性中的 Designator、Part、Value、Comment、Footprint 分别代表什么含义？

5-3 为什么在原理图绘制过程中要使用网络标号和总线？在什么情况下适合采用总线连接？

5-4 完成如图 5-30 所示的单片机最小系统的原理图绘制。要求完成电气检测（ERC），生成元件报表清单，并打印预览原理图。

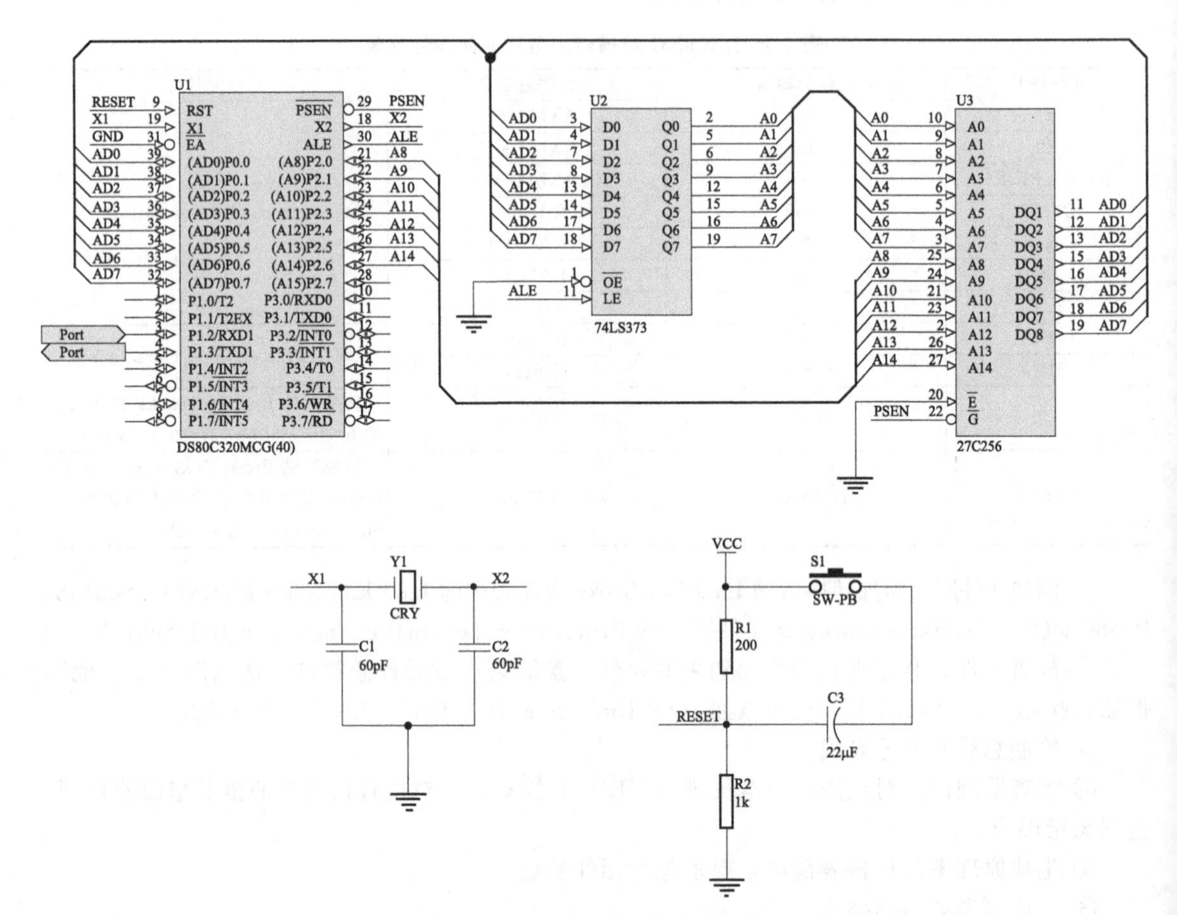

图 5-30 单片机最小系统的原理图

第6章

单片机最小系统与DA/AD转换电路的多图纸设计

【本章学习目标】

本章主要以绘制单片机最小系统与DA/AD转换电路原理图为例，介绍多图纸设计的绘图方法，以达到以下学习目标：

◇ 理解多图纸设计的基本概念；

◇ 掌握输入/输出端口的绘制方法；

◇ 掌握方块电路的绘制和端口设置方法；

◇ 掌握多图纸设计原理图的绘制方法。

6.1 任务分析

本任务以绘制单片机最小系统与DA/AD转换电路原理图（图6-1）为例，采用自下向上的设计方法绘制层次性原理图。整个系统的主原理图采用方块电路绘制，整个电路分为三个模块，MCU模块由8051系列单片机和外围电路组成，AD模数转换模块采用ADC0809，DA数模转换模块采用DAC0832。

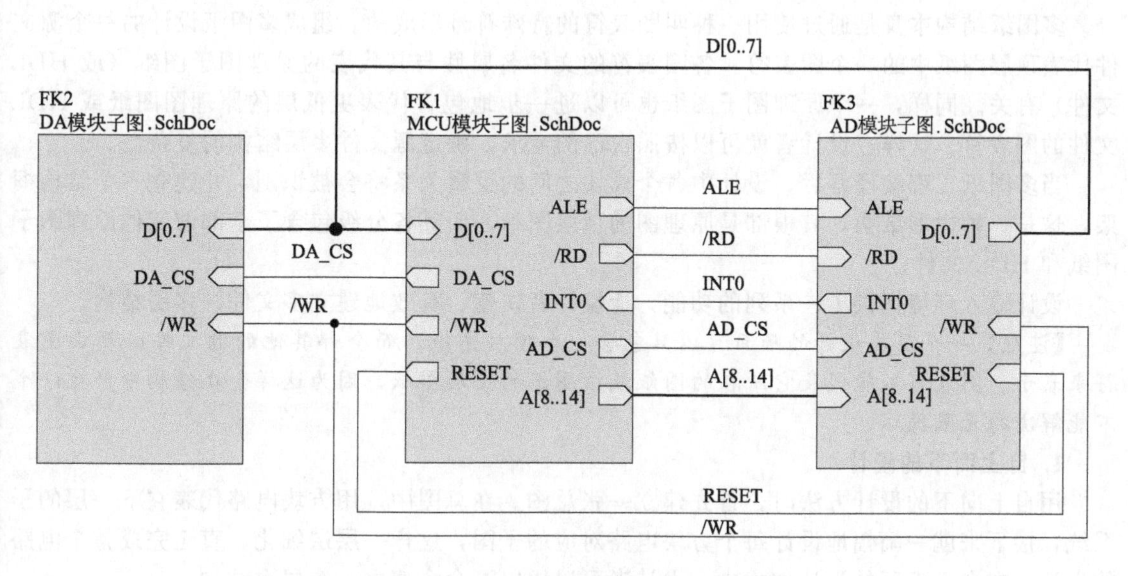

图6-1　DA/AD转换电路原理图

本任务主要学习多图纸设计中各模块的子原理图及其端口的绘制，以及建立总图的方法。

6.2 多图纸设计的页面结构

当设计规模较大或复杂度较高的原理图时，工程师需要致力于多图纸设计。把整个电路按不同功能分别画在几张图上，可以把复杂的电路变为相对简单的几个模块，结构清晰明了，便于提高设计速度，便于检查。这种层次化设计方法非常类似于软件工程中的模块化设计方法。

就算有时候设计不是特别复杂，通过多图纸也有利于工程的组织。例如，设计中可能包含多种模块化的元件，把这些单独的文档当作模块来进行管理，可以让多个工程师同时进行工程开发。另一个原因是这种设计方法允许用户可以用小规格的打印机来打印图纸，如激光打印机。

对于每个多图纸的工程，用户必须做出两方面的决策：确定各个页面之间的结构关系和用于各页面中的电路之间的电气连接的方法。

【注意】 我们通常说的层次原理图设计，实际上是多图纸设计中的一种类型。

图 6-2 表明了层次性原理图图纸之间的层次结构。主原理图由多个方块电路组成，主要规定了各子原理图之间的连接关系，而子原理图则体现各模块内部的具体电路结构。

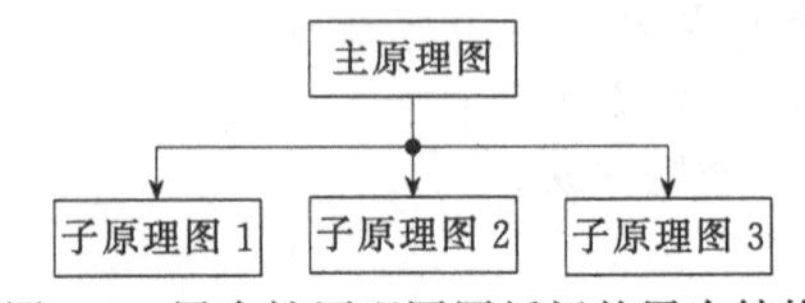

图 6-2 层次性原理图图纸间的层次结构

6.2.1 定义页面结构

当工程文件把多个源文件链接起来时，文件之间和网络连通关系就由各文件本身的信息所确定。一个多图纸设计的工程是由逻辑块组成的多级结构，其中每个块可以是一个原理图图纸或一个 HDL 文件（VHDL 或 Verlog HDL）。在这个结构的最顶端是一个主原理图图纸，常称为工程顶层图纸。

多图纸结构本身是通过使用一种叫图表符的特殊符号形成的。组成多图纸设计的每个源文件代表顶层图纸中的一个图表符。各图表符的文件名属性与其代表的原理图子图纸（或 HDL 文件）有关。同样，一个原理图子图纸也可以进一步地包含代表更低层的原理图图纸或 HDL 文件的图表符。这样，设计者就可以按照自己的需求，确定源文件多层结构的复杂性。

当多图纸工程编译好后，设计中各个模块之间的逻辑关系将会被识别，并建立一个结构框架，这是一种树形结构，其根部是原理图的顶层图纸，而其各分级包含了全部的其他原理图子图纸和 HDL 文件。

设计输入环境提供了一系列的功能，让设计者快速、有效地建立多文件、多层结构。

【注意】 一个层次设计的项目可以只包含一个顶层图纸，而全部其他的源文件必须由图表符来表示。图表符不能代表它所在的图纸或该图纸的上层图纸，因为这样会在结构中产生一个不能解决的无限循环。

1. 自上而下的设计

用自上向下的设计方法时，首先建立一张总图。在总图中，用方块电路代表它下一层的子系统，接下来就一幅幅地设计每个方块电路对应的子图，这样一层层细化，直至完成整个电路的设计。在自上而下的设计方式中，设计者可以用以下命令建立一个层次结构。

① Create sheet from symbol：使用菜单中的这个命令（位于主菜单 Design 下），可以由顶层图纸中的图表符生成对应的子图纸。与图表符相匹配的端口自动加入子图中，随时可以连接导线。

② Create VHDL file from symbol：使用这个命令可以由顶层图纸中的图表符生成对应的一个 VHDL 文件，该文件中有一个实体声明（entity），其中包含匹配于该图表符的端口定义。

③ Create Verlog file from symbol：使用这个命令可以由顶层图纸中的图表符生成对应的一个 Verlog HDL 文件，该文件有一个模块（module）声明，其中包含匹配于该图表符的端口定义。

④ Push part to sheet：使用这个命令把一个放置好的原理图器件“压入”新建的原理图子图纸中，并在父系图纸中生成一个指向新的原理图子图纸的图表符，以代替元器件，相应的端口将会自动地加入并连接到子图纸中。在模块上右击可以看到该命令。

2. 自下而上的设计

在设计层次原理图时，用户常碰到这样的情况，就是在每一个模块设计出来之前，并不清楚每个模块到底有哪些端口，这时就必须采用自下向上的设计方法了。用自下向上的设计方法时，先设计出下层模块的原理图，再由这些原理图产生方块电路，进而产生上层原理图。这样层层向上组织，最后生成总图。这是一种被广泛采用的层次原理图设计方法。在自下而上的设计方式中，设计者可以用以下命令建立一个层次结构。

① Create symbol from sheet or HDL：使用这个命令可以根据指定的原理图图纸、VHDL 或 Vrelog 文件建立一个图表符。在使用这个命令之前，先创建一个原理图并激活它，以便可以包含这个图表符。

② Convert part to sheet symbol：使用这个命令可以把选中的器件转换为一个图表符。该图表符的 Designator 域将会被初始化为该器件的标识符，Filename 域被设置为该器件的注释文本。改变文件名以指向所需的子图纸；改变图纸入口使其与子图纸的端口一致。右击一个元件可以获取这个命令。

3. 混合原理图/HDL 文件层次

当创建一个设计层次时，设计者可以很方便地在父系原理图中使用一个图表符，来表示一个下层原理图子图纸。这样，可以推广到原理图和 HDL 代码的混合设计输入中。

6.2.2　维护层次结构

一旦设计者在多图纸设计中建立了层次结构，就必须能够维护这个结构。为此，Altium Designer 16 提供了一些功能来协助设计者完成这项工作。

1. 端口和图纸入口的同步

当子图纸中所有的对应端口均与图纸入口匹配（不管是名字，还是 I/O 类型）时，图表符就跟子图纸“同步”。使用菜单命令【Design】→【Synchronize Ports To Sheet Entries In】，可以维持图表符与子图纸的匹配，如图 6-3 所示。

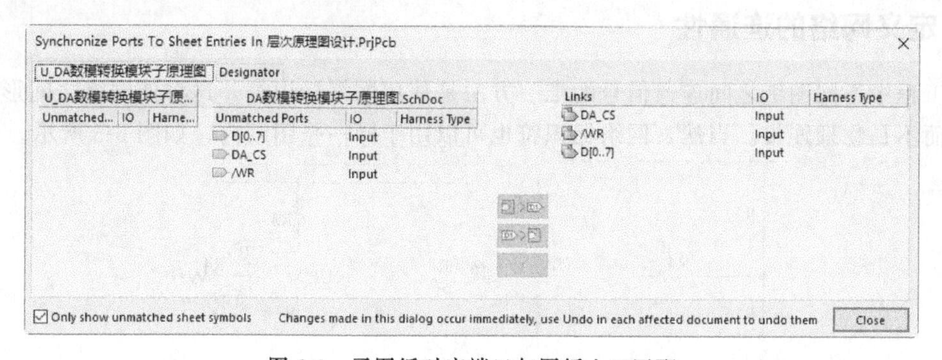

图 6-3　子图纸对应端口与图纸入口匹配

2. 重命名一个图表符的子图纸

在设计过程中，设计者可能要改变一个原理图子图纸的名字，例如设计者可能已经在图纸中改变了电路，并要求使用其他名字来更好地表示图纸的功能。可以先重命名图纸，然后再手动调用该图纸的图表符，Altium Designer 16 提供了【Design】→【Rename Child Sheet】菜单命令，设计者可以完成以下工作：

① 重命名子图纸，并更新当前设计工程中全部的相关图表符；

② 重命名子图纸，并更新当前工作区中全部的相关图表符；

③ 创建一个具有新名字的子图纸副本，并更新当前图符号使其指向该子图纸副本。

6.2.3 常用符号

(1) 方块电路（图表符）。它代表了本图下一层的子图，每个方块电路都与特定的子图相对应，它相当于封装了子图中的所有电路，从而将一张原理图简化为一个符号。方块电路是层次原理图所特有的。

(2) 方块电路端口。它是方块电路所代表的下层子图与其他电路连接的端口。通常情况下，方块电路端口与它同名的下层子图的 I/O 端口相连。层次性原理图中的常用符号如图 6-4 所示。

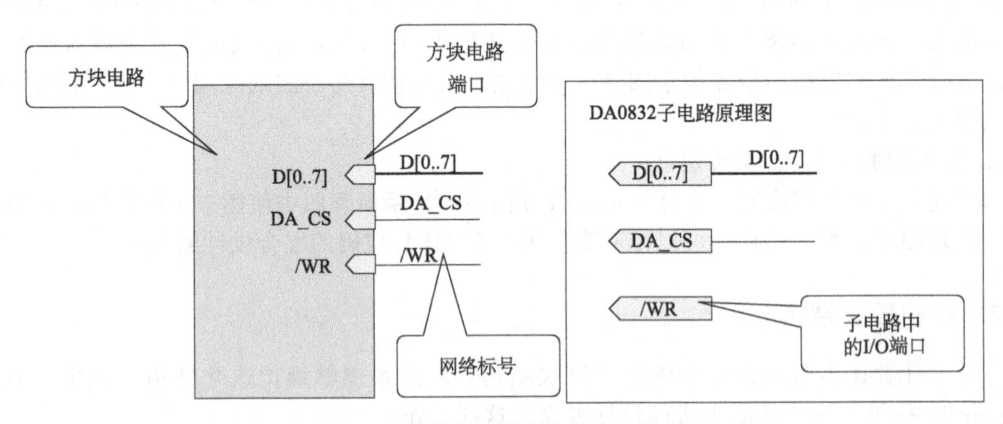

图 6-4 层次性原理图中的常用符号

(3) I/O 端口和网络标号。它们不是层次原理图所特有的，之所以要在这里提一下，是因为它们都可以在层次原理图的连接中发挥作用。

6.3 定义网络的连通性

在工程中不同图纸之间连通信号的唯一方法是使用网络标识符，这将使网络之间形成逻辑连接，而不是物理连接。当然，网络标识符也可以用于同一张图纸内，如图 6-5 所示。

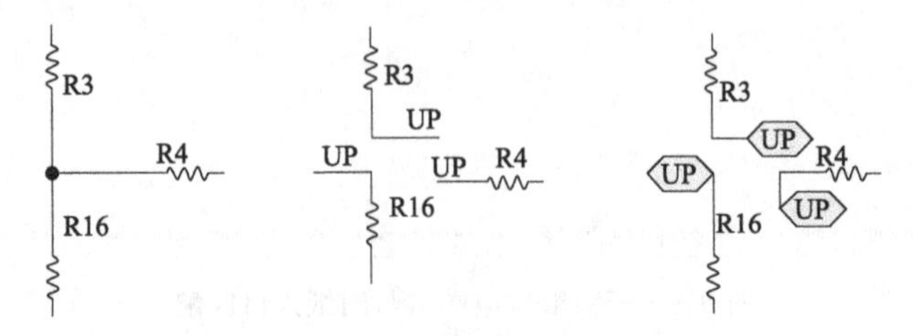

图 6-5 同一张图纸内使用的网络标识符

图 6-5 中显示了连接线是怎样分别被网络标签、端口代替的。这就是所谓的网络标识符，在后面将会详细讨论。

图 6-6 举例说明了一个常见的误解：如果名字是一样的，不同类型的网络标识符（如网络标号和端口）在逻辑上是连通的。实际上，反过来才是对的：各类网络标识符可以有截然不同的名字，但当它们之间通过导线连在一起时，就会形成单个网络。

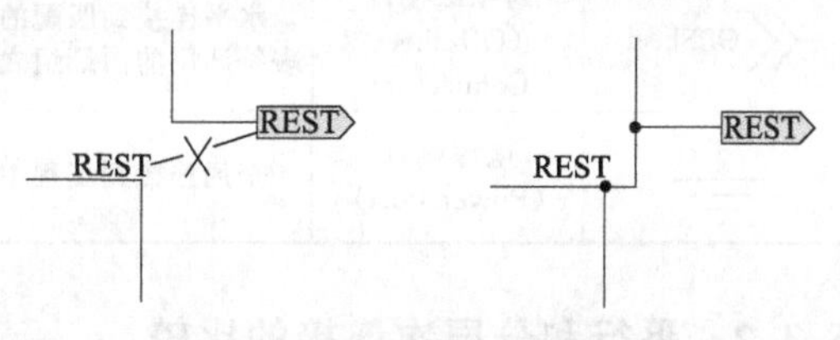

图 6-6　连接在一起的网络标识符形成单个网络

以上内容只说明了在同一图纸内使用网络标识符来取代物理连接，而没有说明在多图纸的工程中，网络标识符可以让设计者在不同的图纸之间自由地连通网络。

6.3.1　网络标识符

最基本的网络标识符是网络标签（Net Labels）。它们的主要功能是减少图纸中的连线量。当遇到在图纸之间使用网络标签来协调连接的情况时，用户应该把它们看成是本地（图纸内）的连接。

端口（Port）和网络标签一样，都是可在同文档内连接匹配的接口。不同于网络标签的是，端口是为图纸之间连接而特别设计的，它可以用于横向或纵向的连接。横向连接可以忽略多图纸结构，而把工程中所有的具有相同名字的端口接连成同一个网络。纵向连接则是有约束的，它只能连接子图纸和父系图纸之间的信号。不同于端口对端口的匹配，纵向连接是在子图纸的端口和父系图纸的图纸入口之间形成的，而图纸入口必须放置到调用了相应子图纸的图表符内。

跨图纸接口（Off-sheet connectors）提供了介于端口和网络标号的作用。允许设计者在工程中的一组选定的图纸内建立横向连接。组织图纸的方法是在图表符的 Filename 文本框内输入以分号隔开的多图纸名，然后就可以放置跨图纸接口，把需要在组内连接的信号连接起来。名字匹配的跨图纸接口会连接在一起，但只限于那些以父系图表符组织在一起的图纸之内。如果只有一个子图纸指定给一个图表符，那么该图纸上的跨图纸接口不会连接到工程别处的匹配接口上。

电源端口（也叫电源对象）完全忽视工程的结构，并与所有的参与链接的图纸上匹配的电源端口连接起来。通过在 Connect To 文本框（在 Pin Properties 引脚属性对话框里）中，输入电源端口的名字，隐藏引脚也能够与该电源端口连接起来。设计者如果要导入一个 Proel 99 SE 或更早版本的设计，所有隐藏引脚的这个区域都将被自动地填入一个网络名。表 6-1 给出了各类网络标识符。

表 6-1　各类网络标识符一览表

网络标识符	名称	说明
NetLabel	网络标号 (Net label)	如果和端口、图表符联合使用，或选择了层次结构、自动范围，则起垂直连接作用。当选择 Flat 范围时，会水平连接到全部的匹配网络标号
Prot	端口 (Port)	如果它和父系图表符的某图纸入口(Sheet Entry)匹配，或选择了层次结构、自动范围，则起垂直连接作用。当选择了 Flat 或 Ports Global 范围时，会水平连接到全部的匹配端口
Entry	图纸入口 (Sheet Entry)	总是垂直连接到图表符所调用的下层图纸的端口

续表

网络标识符	名称	说明
OffSheet	跨图纸接口(Off-sheet Connector)	水平连接到匹配的跨图纸接口，但是只限于被单个的、子图纸分割的(Sub-divided)图表符调用的图纸组之间
(接地符号)	电源端口(Power Port)	全局连接到工程中所有的匹配电源端口

6.3.2 平行和分层次连接的比较

在文档结构方面，所有的多图纸设计工程是分层次组织的，即使只有两个层次（例如：一个顶层图纸包含了全部的图表符，而图表符分别调用了各个子图纸）。在连通性方面，设计可以遵循平行或分层次结构。它们最基本的不同点是：分层次设计依照设计者建立的图纸结构来连接图纸间的信号；而平行设计不考虑图纸的结构。

6.3.3 平行设计

如果一个设计中没有分层次，例如全部的子图纸都在同一层次上，不存在图表符调用下层图纸的情况，那么这个设计就是一个平行设计。在这种情况下，设计不要求具有顶层图纸，不用包含图表符去调用子图纸。要检测一个没有顶层图纸的工程，只需在 Projects 面板上右击对应文件名，并单击 Remove from Project 命令即可。

已经包含顶层图纸的平行设计是可以正常通过编译的，但 Altium Designer 16 让设计者也可以选择不使用顶层图纸。

6.3.4 连通性设计举例

下面 4 个例子展示了在相同的图纸结构关系下，检测出的或已选择的作用域是怎样影响到网络标号和端口的连通性的。

1. 分层次设计

图 6-7 所示原理图工程将会被自动识别为分层次作用域，因为在父系图纸里的图表符带有图纸入口。在这个例子中，两个子图纸的网络标号 C1 和 C2 不会连接到其他子图纸的匹配网络标号上，但仍然会与本地的匹配标号连接。两个子图纸的端口 HP-R 和 HP-L 具有不同的名字，不过在分层次作用域生效的情况下，就算它们的名字相同也不会发生水平连接，端口只会进行垂直连接，向上接连到父系图纸。在这种情况下，子图纸上的端口必须在相应的图表符上有匹配的图纸入口，然后，在父系图纸上用导线连接到别的引脚或其他网络标识符上。

在这个例子中，父系图纸上的 HP-R 和 HP-L 两个图纸入口连接在一起了（注意它们的名字是不匹配的；这是一个物理连接，不是逻辑的连接）。在一个结构更高级的设计中，这些信号会被连到端口上，并匹配于父系图纸中图表符的入口。

2. 全局端口设计

如图 6-8 所示，在这个设计里只有端口，而不存在图纸入口，因此作用域被自动地设置成全局端口。这使得工程平行化，工程上任何位置的匹配端口之间形成逻辑连接，但网络标签没有这种能力，它们仍然只在独立的图纸内进行局部连接。

因为这个工程是平行的，所以即使顶层图纸从工程中移除，工程仍然可以正常进行编译。Altium Designer 16 使用工程文件来决定哪些图纸是属于工程的。

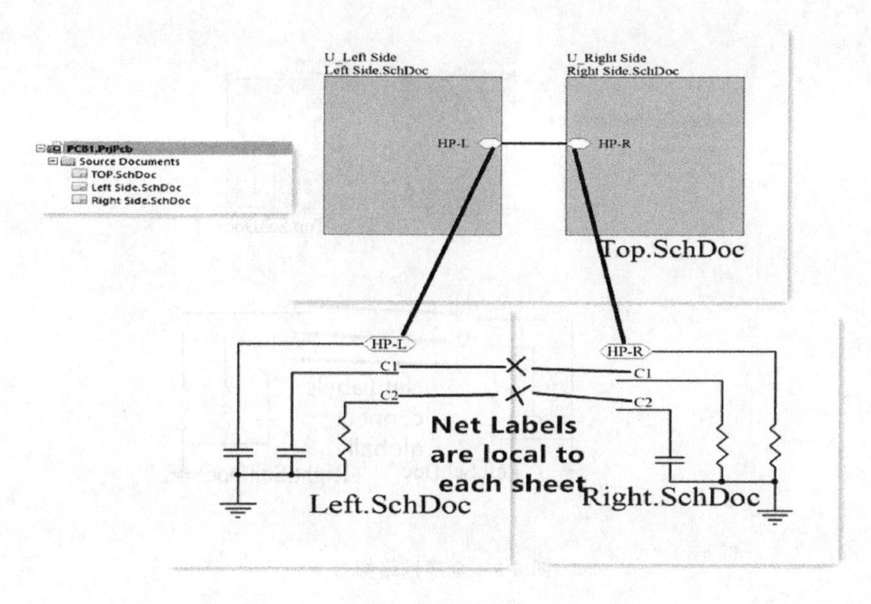

图 6-7　分层次设计

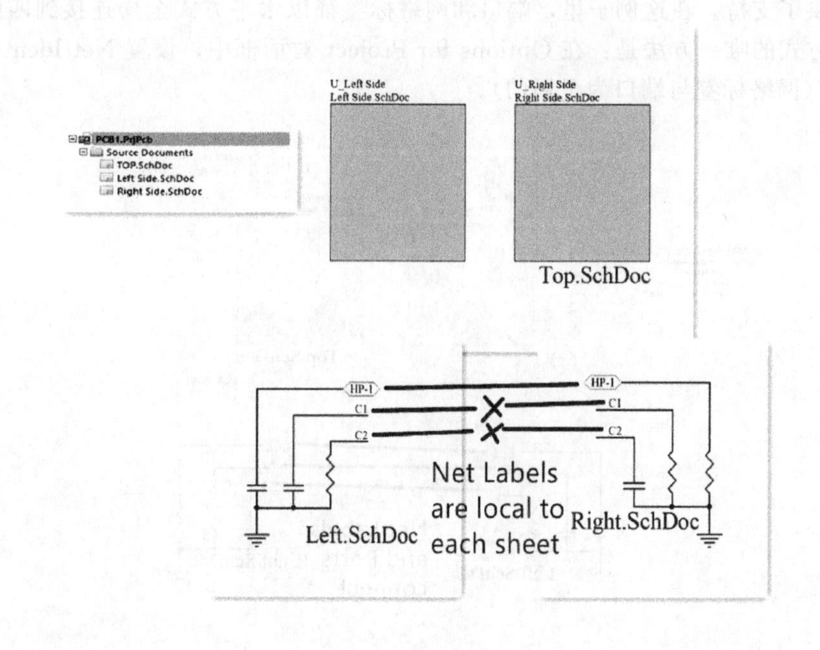

图 6-8　全局端口设计

3. 全局网络标号

如图 6-9 所示，这个工程中完全没有端口和图纸入口。这是唯一的情况，使得网络标签自动在多图纸设计中进行全局连接。这些网络标签将与工程内其他的匹配标签连接起来，而忽视工程结构。

同样，因为这个设计工程是平行的，所以顶层图纸可以从工程中移除，而工程仍然可以正常进行编译。

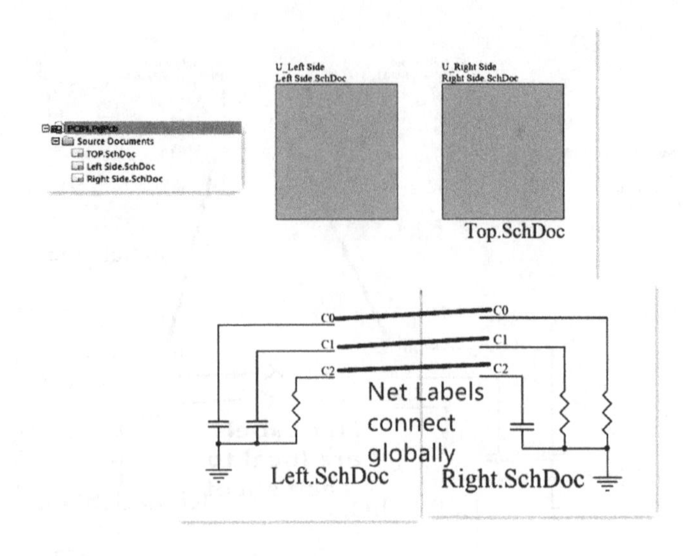

图 6-9　全局网络标号

4. 全局网络标号和端口

如图 6-10 所示，这种作用域不能由自动探测器产生，但 Altium Designer 16 为继承以前版本的设计提供了支持。在这例子里，端口和网络标签都以水平方式全局连接到匹配对象上。使用这种连通方式的唯一方法是：在 Options for Project 对话框中，设置 Net Identifier Scope 的值为 Global（网络标签与端口为全局的）。

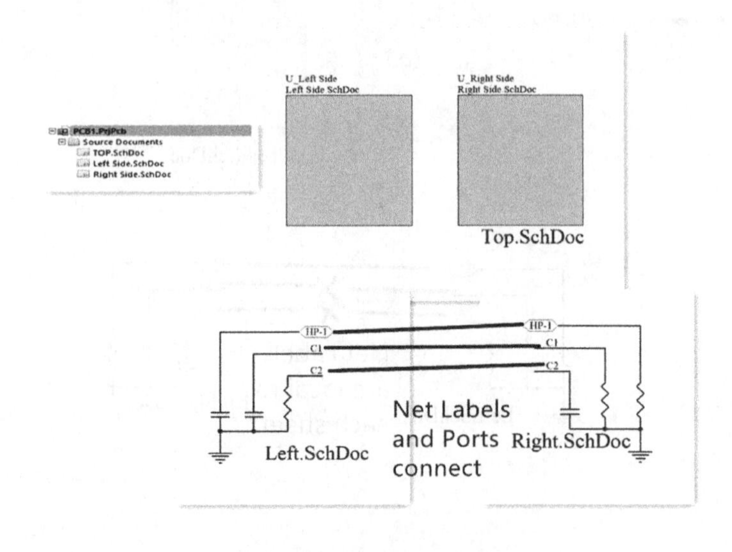

图 6-10　全局网络标号和端口

6.4 绘制层次原理图

本节将主要介绍采用自底向上的设计方法，绘制单片机最小系统与 DA/AD 转换电路的层次原理图，电路总体结构如图 6-1 所示。主要步骤是：先分别绘制各子原理图，然后由各子原理图产生主原理图中的方块电路，最后完成方块电路之间的连线。

6.4.1　绘制 MCU 模块子原理图

（1）建立工程设计文件。执行菜单命令【File】→【New】→【Project】→【PCB Project】，建立一个新的工程设计文件，命名为“层次原理图设计”。

（2）绘制层次原理图子图。该层次原理图共有三张子图，分别是 MCU 模块、AD 模数转换模块和 DA 数模转换模块，这里先绘制 MCU 模块子原理图，如图 6-11 所示。执行菜单命令【File】→【New】→【Schematic】，新建原理图文件，命名为“MCU 模块子图 . SchDoc”。

或者右击工程文件“层次原理图设计 . PrjPcb”图标，单击执行菜单命令【Add New to project】→【Schematic】，也可以完成新原理图文件的建立，如图 6-12 所示。

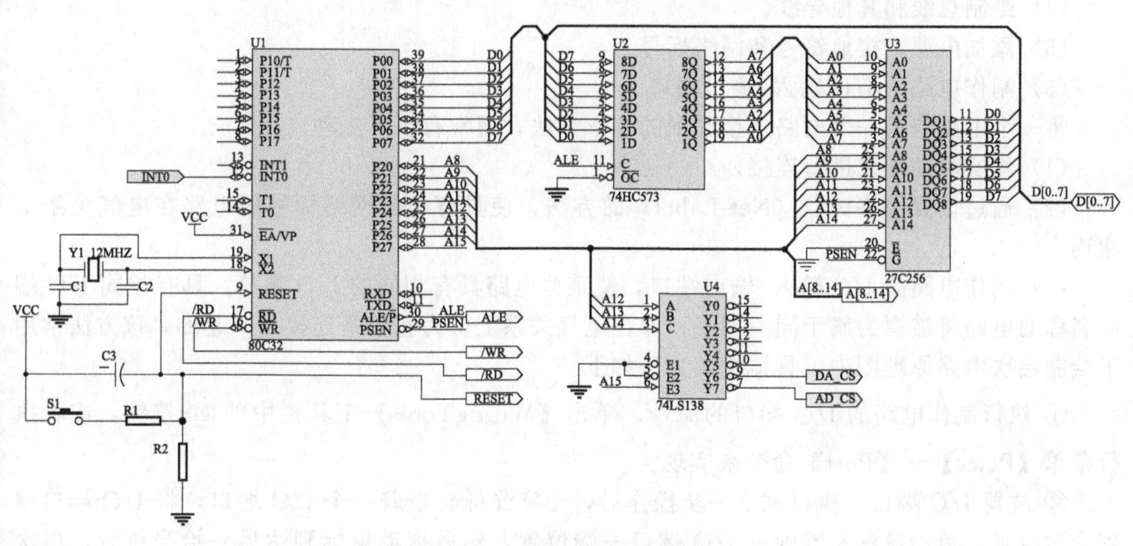

图 6-11　MCU 模块子原理图

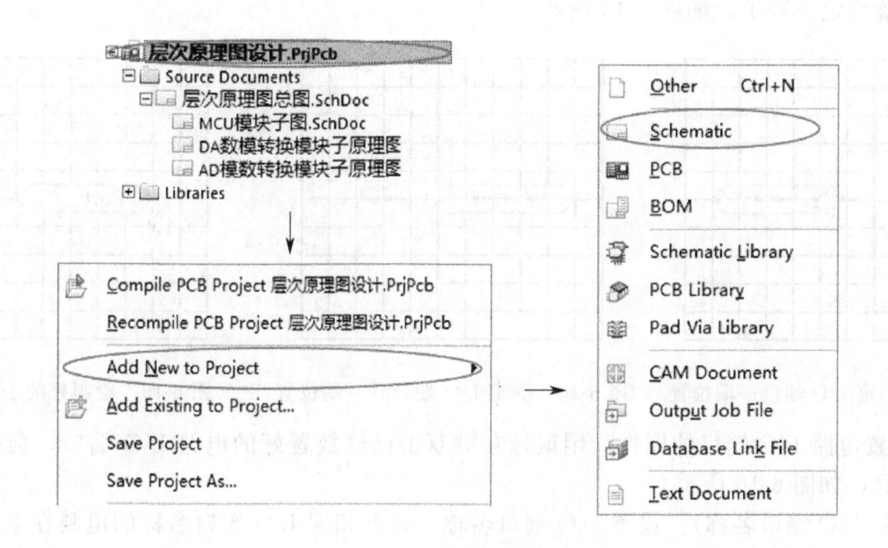

图 6-12　新建原理图文件

（3）放置元件。该 MCU 模块子图主要由以下元件组成：U1 是 8051 系列单片机；U2 是 74HC573 锁存器，实现地址锁存；U3 是 27C256 存储器，实现外扩的程序存储器；U4 是

74LS138 译码器，实现地址译码产生 DA0832 和 AD0809 的片选信号。其元件列表如表 6-2 所示。

表 6-2 MCU 模块子原理图元件列表

元件样本名	元件序号	所属元件库
74LS138	U4	转换后的 Protel DOS Schematic Libraries 文件夹中 Protel DOS Schematic TTL. SchLib
74HC573	U2	
8051	U1	转换后的 Intel Databooks 文件夹中 Intel Embedded I(1992). SchLib 等库
27C256	U3	
其他电阻、电容等元件	R1、R2、C1、C2、C3、Y1、S1	Miscellaneous Devices. IntLib

(4) 绘制总线和其他导线。

(5) 添加电源、接地符号和网络标号。

(6) 制作电路的 I/O 输入/输出端口。

将一个电路与另一个电路连接起来的基本方法，通常有以下三种。

(1) 用实际的导线进行连接。

(2) 通过设置网络标号（Net Label）的方法，使具有相同网络标号的电路在电气关系上相连。

(3) 制作电路的 I/O 输入/输出端口，使某些电路具有相同的 I/O 端口。具有相同 I/O 端口名称的电路将被视为属于同一网络，即在电气关系上认为它们是连接在一起的，该方法常用于绘制层次电路原理图中。具体绘制方法如下。

① 执行制作电路的 I/O 端口的命令。单击【WiringTools】工具栏中的按钮，或者执行菜单【Place】→【Port】命令来实现。

② 放置 I/O 端口。执行完上一步操作后，十字光标会带着一个 I/O 端口，将 I/O 端口移到合适位置，单击鼠标左键确定 I/O 端口一端位置，然后拖动鼠标到达另一恰当位置，再次单击鼠标左键即可确定 I/O 端口另一端的位置，如图 6-13 和图 6-14 所示。这样 I/O 端口的位置和长度就确定下来了，如图 6-15 所示。

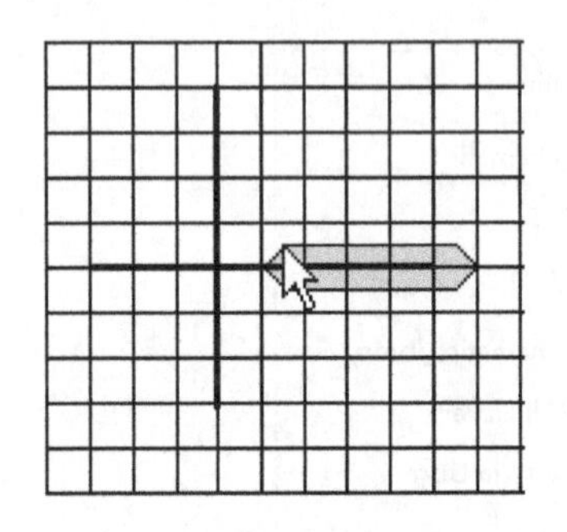

图 6-13 确定 I/O 端口一端位置

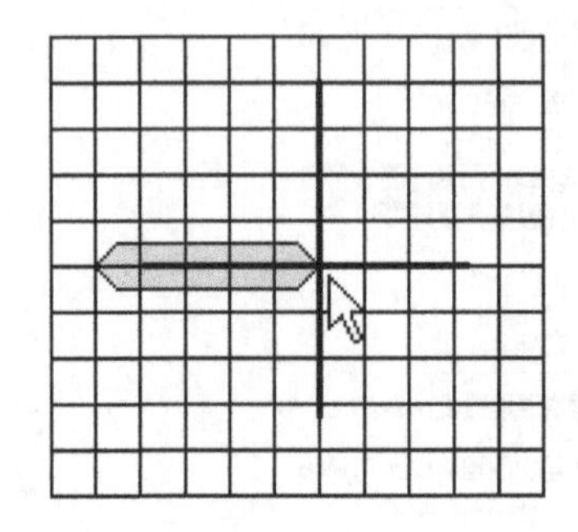

图 6-14 确定 I/O 端口另一端位置

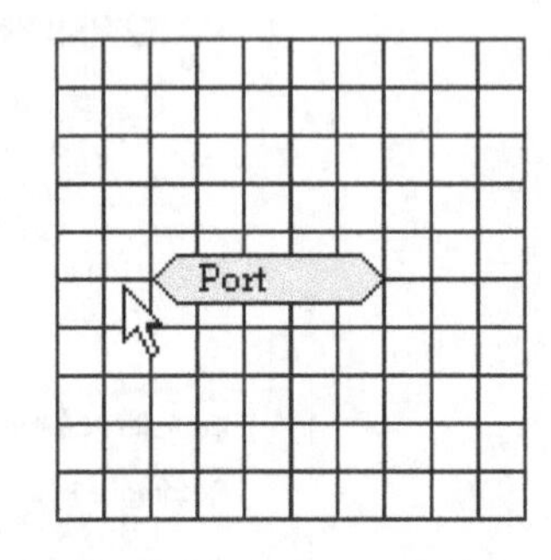

图 6-15 绘制好的 I/O 端口

③ 设置电路 I/O 端口的属性。用鼠标左键双击已经放置好的电路 I/O 端口，会弹出端口属性对话框，如图 6-16 所示。

Name (I/O 端口名称)：设置 I/O 端口名称。具有相同 I/O 端口名称的电路在电气关系上是连接在一起的。在此将端口名称设置为“/WR”。

Style (I/O 端口外形)：设置 I/O 端口的外形。I/O 端口的外形实际上就是 I/O 端口的箭头方向。共有 4 种横向的选择和 4 种纵向的选择，如图 6-17 所示是 4 种横向的端口外形。这里选择 Right 端口外形设置。

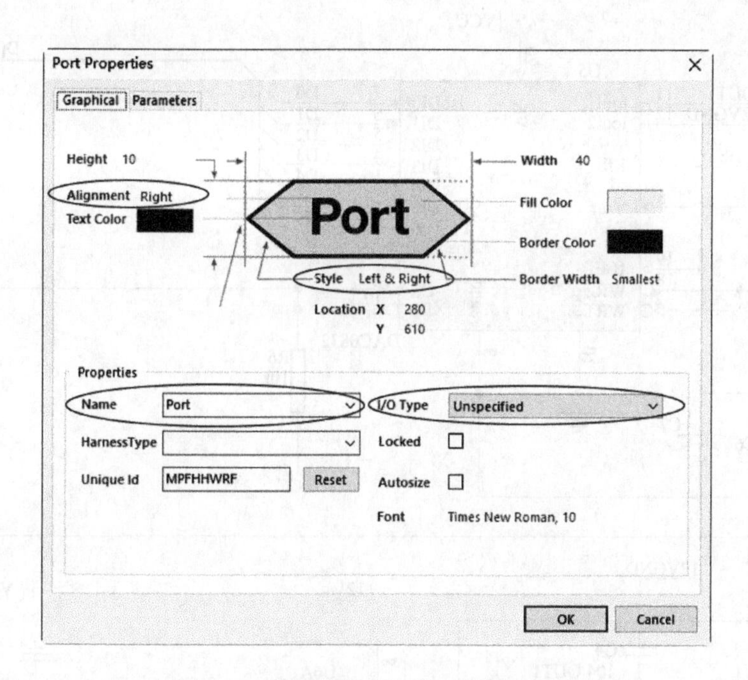

图 6-16　设置电路 I/O 端口的端口属性

I/O Type（I/O 端口的电气特性）：设置端口的电气特性，也就是对端口的输入输出类型进行设定，它会对电气规则测试（ERC）提供一定的依据。例如，当两个同为 Input 类型的 I/O 端口连接一起的时候，电气规则测试就会产生错误报告。I/O Type 有 4 种类型：Unspecified，未指明或不确定；Output，输出端口型；Input，输入端口型；Bidirectional，双向型。这里选择 Output 输出端口型设置。

Alignment Right（I/O 端口的形式）：设置端口形式，用来确定 I/O 端口的名称在端口符号中的位置，不具有电气特性。它有 3 种形式：Center，居中；Left，左对齐；Right，右对齐如图 6-18 所示。这里选择 Center 居中设置。

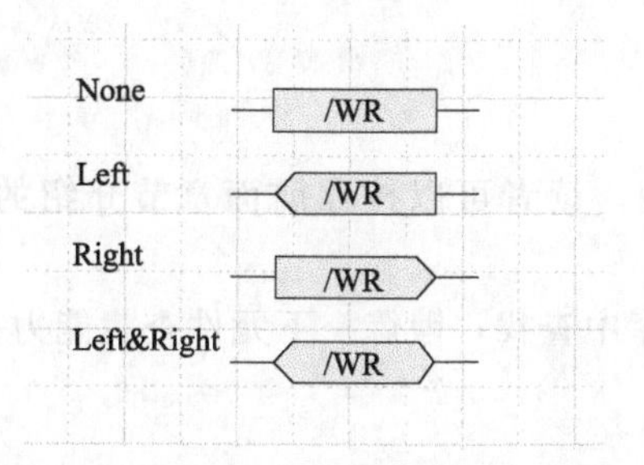

图 6-17　I/O 端口的 4 种横向端口外形

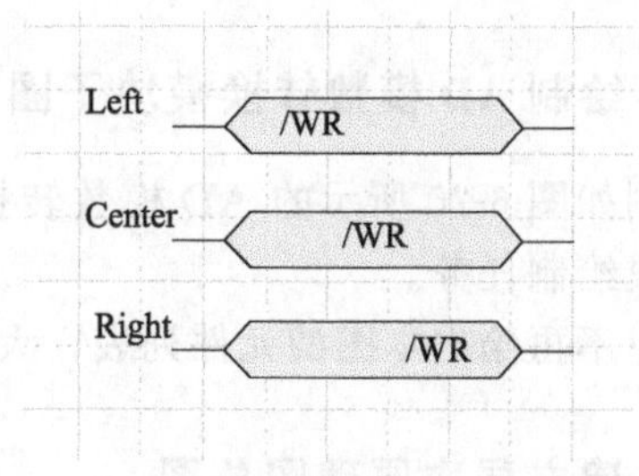

图 6-18　I/O 端口名称的三种位置

④ 设置电路 I/O 端口的属性结束后，单击对话框 OK 按钮即可。这样就完整设置了一个 I/O 端口，名称为“/WR”，端口外形为 Right，电气特性为 Output，端口形式为 Center。

6.4.2　绘制 DA 数模转换模块子图

绘制 DA 数模转换模块子原理图如图 6-19 所示。

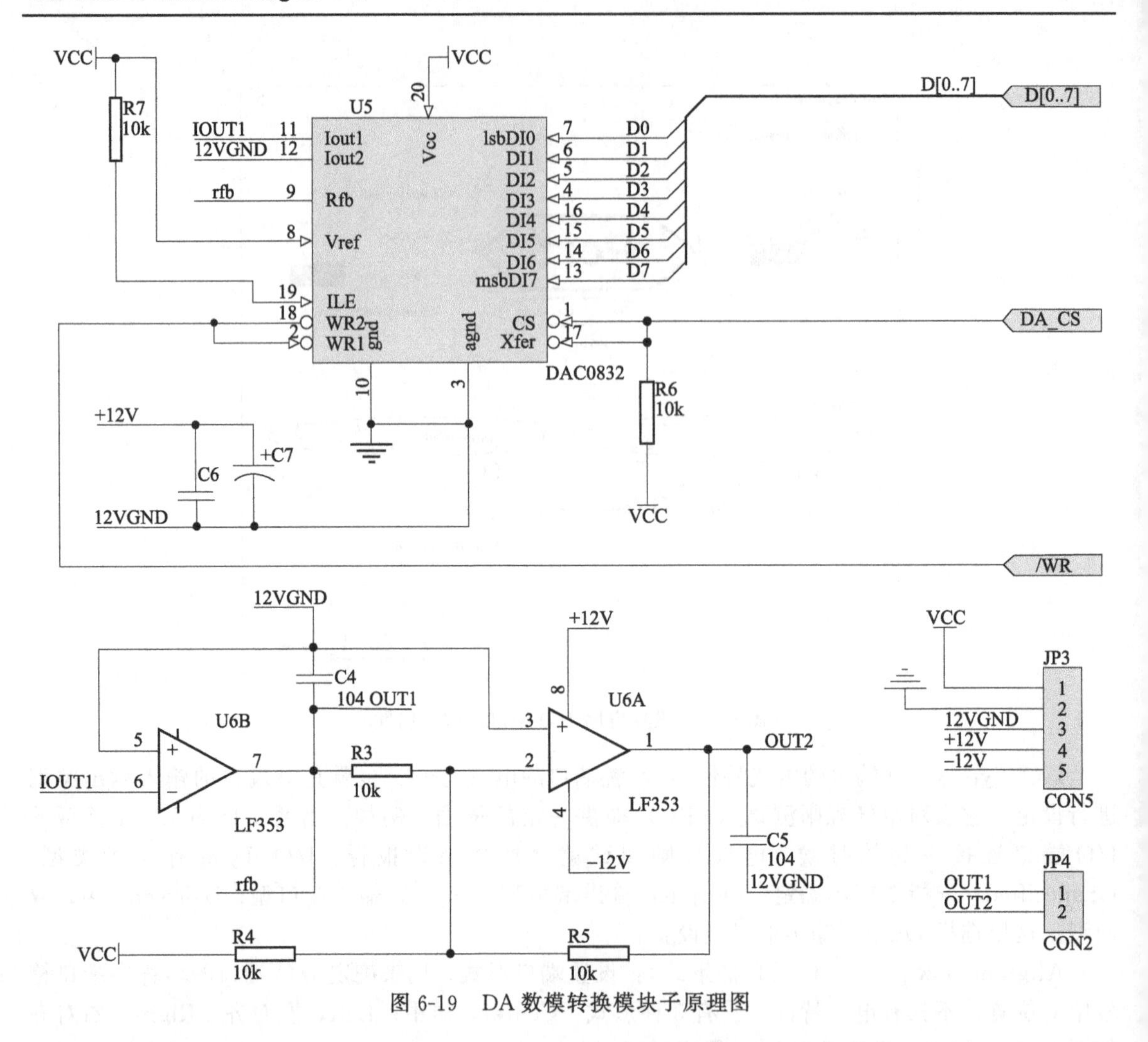

图 6-19　DA 数模转换模块子原理图

【说明】该图和上一章中 5.9 节中实训电路中的 DAC0832 电路部分是相同的，这里不再介绍。

6.4.3　绘制 AD 模数转换模块子图

绘制如图 6-20 所示的 AD 模数转换模块子原理图，读者可以按照前面章节介绍的方法，自行完成绘制任务。

这里不再给出本图的元件列表，大家自己在元件库中查找，锻炼一下元件查找能力。

6.4.4　建立层次原理图总图

建立层次原理图总图的方法通常有两种。第一种是自己先绘制总图中的方块电路，然后放置方块电路的各端口，最后连接各方块电路端口并添加网络标号，从而形成一张总图。该方法通常用于自顶向下的设计。第二种是由软件根据层次原理图子图自动生成方块电路及方块电路端口，然后手工连接各方块电路端口并添加网络标号，形成总图。该方法通常用于自底向上的设计。

1. 手工绘制方块电路及端口的方法

(1) 执行菜单命令【File】→【New】→【Schematic】，新建原理图文件，命名为“层次原理图总图 . SchDoc”。

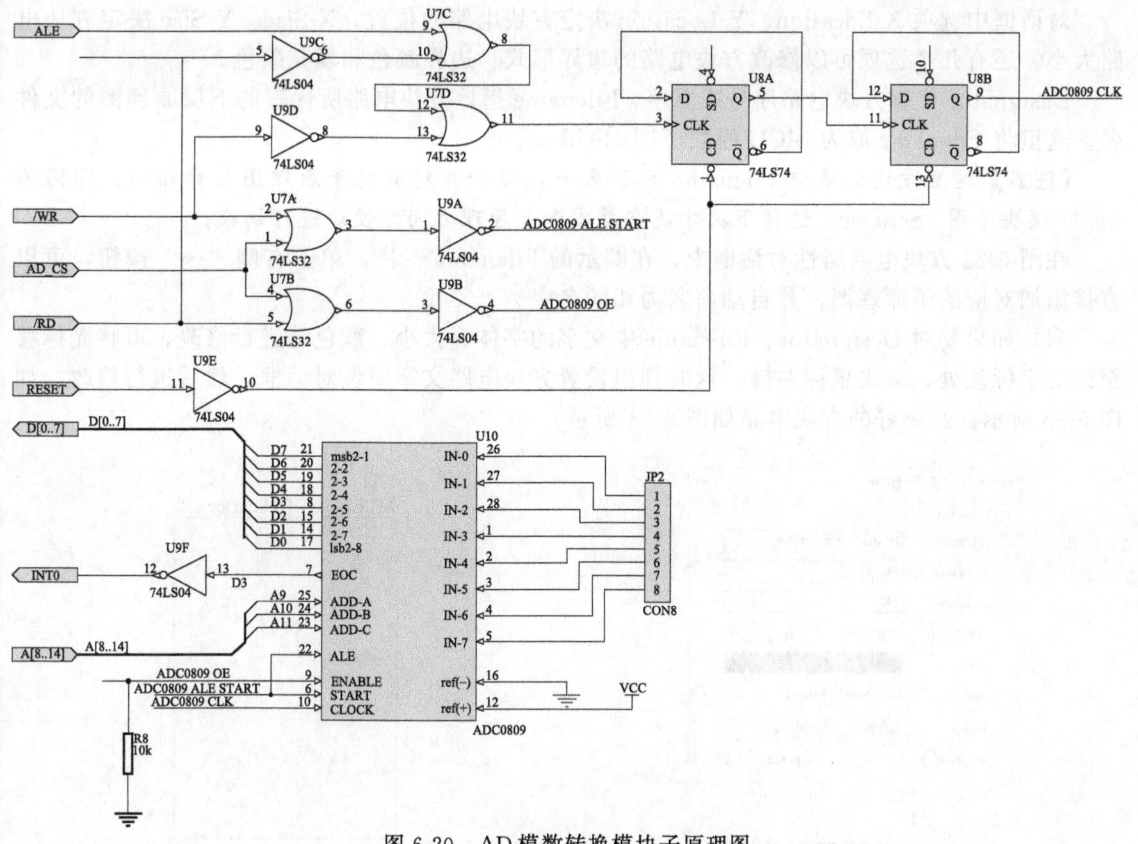

图 6-20 AD模数转换模块子原理图

（2）单击【Wiring Tools】工具栏中的按钮，开始绘制方块电路。这时光标变为十字形状，十字的右下角有一个默认大小的方块电路。先单击鼠标左键，这时方块电路左上角的位置就确定了，接着移动鼠标，则方块电路的大小随光标移动而改变，调整到合适大小，再单击鼠标左键，一个方块电路就放置好了，如图 6-21 所示。

（3）双击刚才放置的方块电路，对其属性进行修改，对话框如图 6-22 所示。

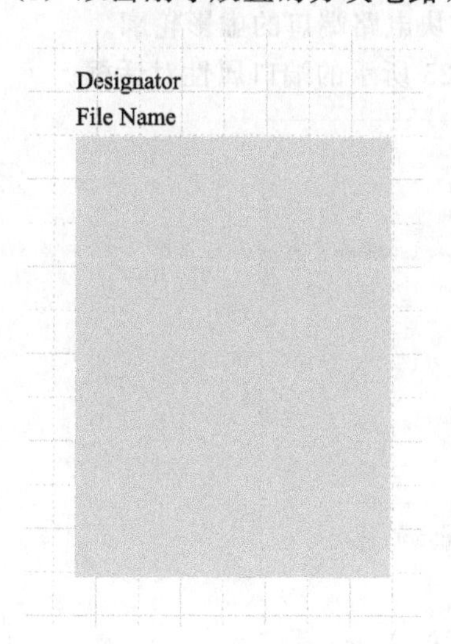

图 6-21 方块电路

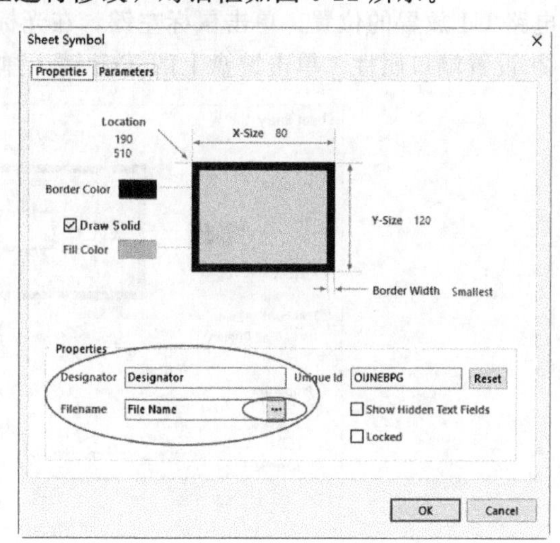

图 6-22 方块电路属性对话框

对话框中选项 X-Location、Y-Location 决定方块电路的位置，X-Size、Y-Size 决定方块电路大小。还有几个选项可以修改方块电路的边界形式、边界颜色和填充颜色。

Designator 代表方块电路序号或名字，Filename 指该方块电路所代表的下层原理图的文件名。这里将 Filename 取为 MCU 模块子图 . SchDoc。

【注意】 这里方块电路中 Filename 的取名一定要和其对应的子原理图名称相同，即同为 MCU 模块子图 . SchDoc，这样下次才能在总图和子原理之间方便地进行切换。

在图 6-22 方块电路属性对话框中，在圈示的 Filename 一栏，单击右侧“…”按钮，可以直接添加对应的子原理图，并自动命名为相同名字。

（4）如果要对 Designator、Filename 中文字的字体、大小、颜色等进行修改，可将光标移至该文字标注处，双击鼠标左键，这时弹出设置方块电路文字属性对话框，然后进行修改，如图 6-23 所示。绘制好的方块电路如图 6-24 所示。

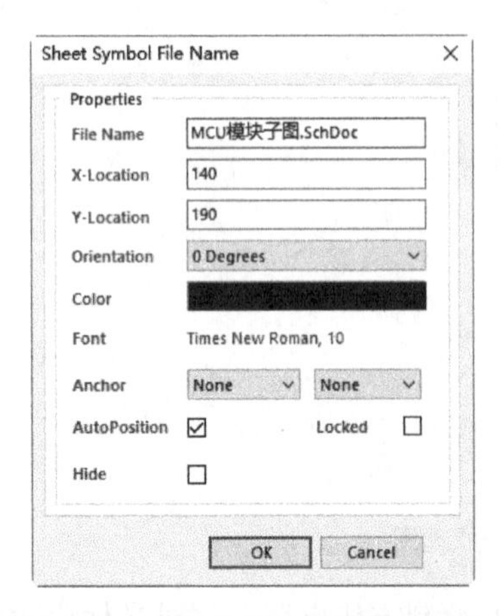

图 6-23 方块电路文字属性对话框

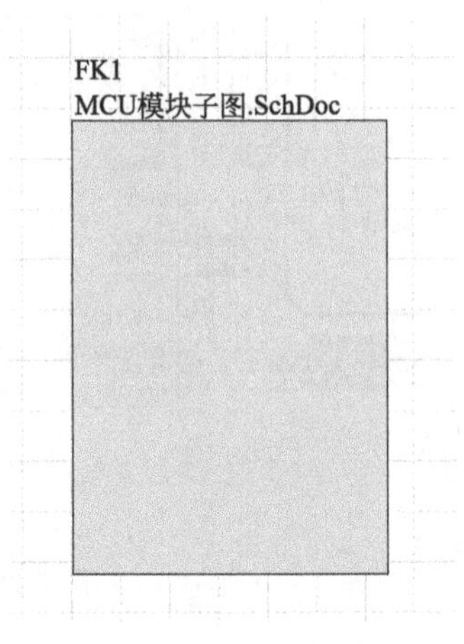

图 6-24 绘制好的方块电路

（5）单击【Wiring Tools】工具栏中的按钮，开始绘制方块电路端口。

① 确定端口放置在哪个方块电路。单击按钮后，出现十字形光标，将光标移到端口的方块电路 U1 放置的位置，单击鼠标左键，在光标下出现方块电路端口的虚影轮廓。

② 设置端口属性。单击键盘上的 Tab 键，弹出如图 6-25 所示的端口属性对话框。

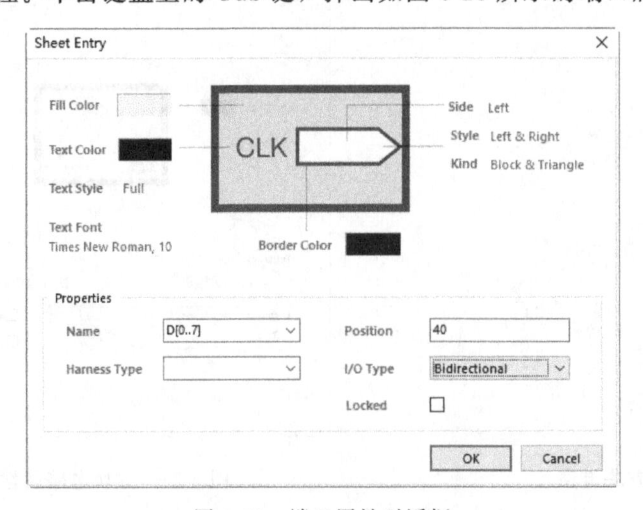

图 6-25 端口属性对话框

【Name】：方块电路端口的名称，一般由字母和数字组成。要注意以下两点：

(a) 如果端口接的是总线，则端口名称后接中括号和数字表示端口组，例如端口组 D [0..7] 表示端口 D0～D7。

(b) 对于单片机的总线和引脚连接，端口名称中不允许出现“.”等，如引脚 P3.2 只能命名为“P32”。

本图中将某一端口命名为 D [0..7]。

【I/O Type】：设置端口的电气特性，即指定端口中信号的流向，有 4 种类型：Unspecified，未指明或不确定；Output；输出端口型；Input，输入端口型；Bidirectional，双向型。本图中我们将端口 D [0..7] 设置为 Bidirectional 双向型。

【Style】：设置端口的外形。I/O 端口的外形实际上就是 I/O 端口的箭头方向，共有 4 种横向的选择和 4 种纵向的选择：None，没有箭头；Right，箭头向右；Left，箭头向左；Left & Right，左右双向；None，没有箭头；Top，箭头向上；Bottom，箭头向下；Top & Bottom，上下双向。

本图中将端口 D [0..7] 外形设置为 Left & Right 左右双向。

【Side】：设置端口在方块电路中的位置。共有左、右、上、下 4 种选择。本图中将端口 D [0..7] 位置设置为 Left 向左。

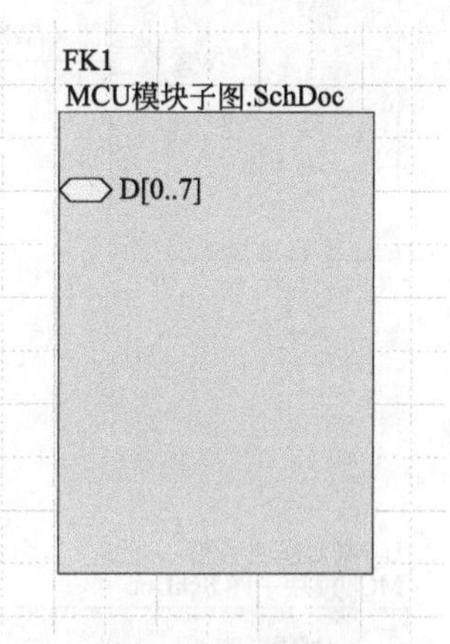

图 6-26　绘制好的方块电路端口块

③ 设置完方块电路端口的属性结束后，单击对话框 OK 按钮即可。这样就完整地设置了一个方块电路端口，名称为“D [0..7]”，电气特性为 Bidirectional，端口外形设置为 Left & Right，端口位置设置为 Left。如图 6-26 所示。

(6) 绘制主原理图中各方块电路及端口（图 6-27）。

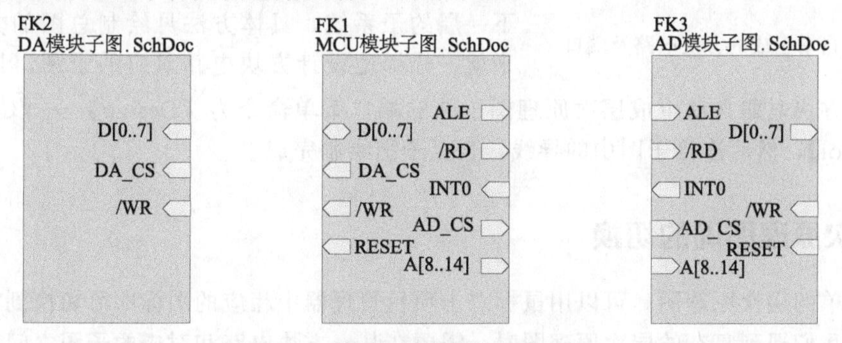

图 6-27　绘制好的各方块电路及端口

(7) 连接方块电路端口并添加网络标号。

放置了方块电路端口，为方块电路之间的连接提供了通道以后，还必须根据电路原理用导线或总线将各端口连接起来。同时，还要为各连接导线添加网络标号。一般网络标号的名称和方块电路端口名称应一致，连接好导线并添加网络标号后绘制完成的层次性原理图总图如图 6-28 所示。

2. 由软件自动生成方块电路及端口的方法

(1) 执行菜单命令【File】→【New】，选择文件类型，单击 Schematic 图标，新建原理图文件，命名为“层次原理图总图 . SchDoc”。

(2) 执行菜单命令【Design】→【Crate Sheet Symbol From Sheet or HDL】，出现选择文件对话框，选中“MCU 模块子图 . SchDoc”，然后单击 OK 确认，这时软件自动产生代表该原理图的方块电路。

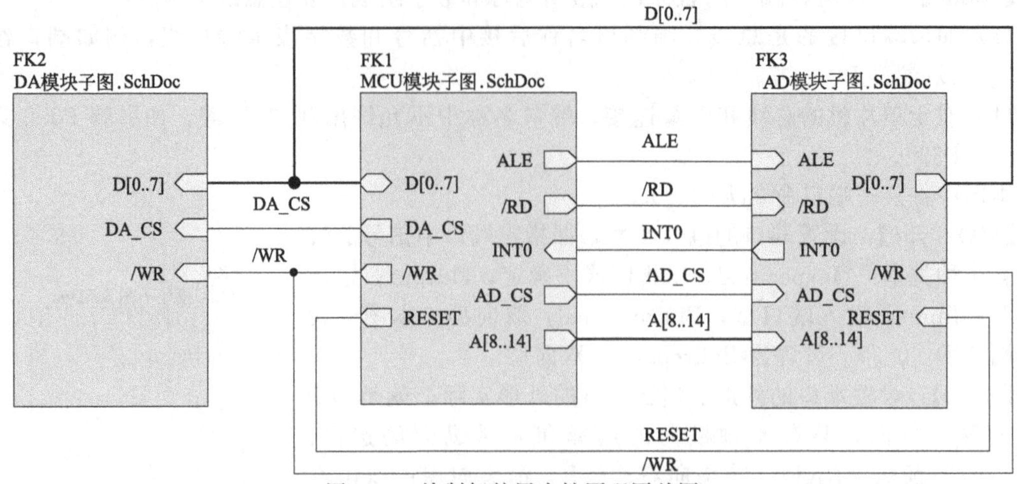

图 6-28　绘制好的层次性原理图总图

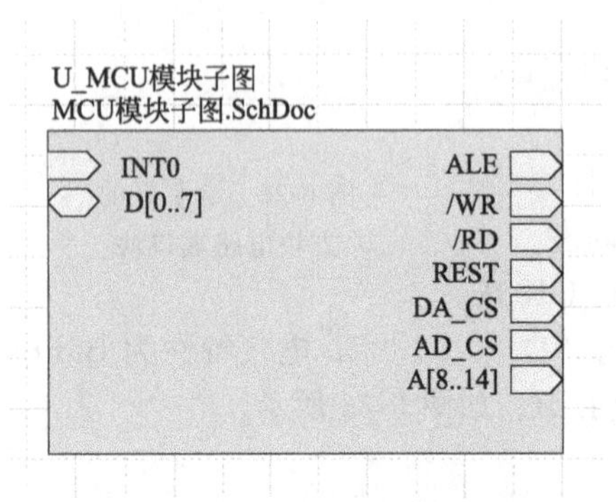

图 6-29　自动生成的方块电路及端口

(3) 将光标拖动的方块电路移至合适位置，单击鼠标左键，就可以将方块电路放置在原理图上，如图 6-29 所示，软件已将层次原理图子图的 I/O 端口相应地转化为方块电路的端口了，这时用户可以对方块电路的大小、名称等属性进行修改。

(4) 连接方块电路端口并添加网络标号。

至此一个完整的层次原理图绘制完成。

如果采用自顶向下的设计方法绘制层次原理图，则应先建立一张总图。在总图中，用方块电路代表它下一层的子系统，具体方法见绘制总图的方法。接下来就一幅幅地设计方块电路对应的子图，具体方法可由软件根据方块电路自动生成层次原理图子图的端口菜单命令为【Design】→【Create Sheet From Symbol】，然后连接子图中的导线，直至子图绘制完成。

6.5 层次原理图间的切换

对于简单的层次原理图，可以用鼠标双击项目管理器中相应的图标即可切换到对应的原理图上，但当我们遇到复杂的层次原理图时，需要在某一方块电路和对应的子图之间直接相互切换，我们可以采用以下方法。

1. 从总图的方块电路切换到对应的子图

(1) 执行菜单命令【Tool】→【Up/Down Hierarchy】，或单击主工具栏⇩⇧按钮。

(2) 执行命令后，鼠标光标变成十字形状。将其移至总图的“MCU 模块子图 . SchDoc”方块电路上，单击或按回车键，就可以切换到它所对应的原理图“MCU 模块子图 . SchDoc”了。

2. 从子图切换到对应的总图的方块电路

(1) 执行菜单命令【Tool】→【Up/Down Hierarchy】，或单击主工具栏⇩⇧按钮。

(2) 光标变成十字形状后，将其移至原理图“MCU 模块子图 . SchDoc”的某一个 I/O 端口上，单击鼠标左键。这时程序会自动切换到总图上，而且光标会停在刚刚单击的 I/O 端口相对应的方块电路端口上。

（3）此时软件仍处于切换命令状态，单击鼠标右键可退出切换命令状态。

6.6　上机实训　单片机系统控制板层次原理图的绘制

1. 上机任务

采用自下而上层次原理图绘制的方法，绘制全国大学生电子设计竞赛——单片机系统控制板的层次原理图绘制，其三个部分电路如图 6-30～图 6-32 所示。

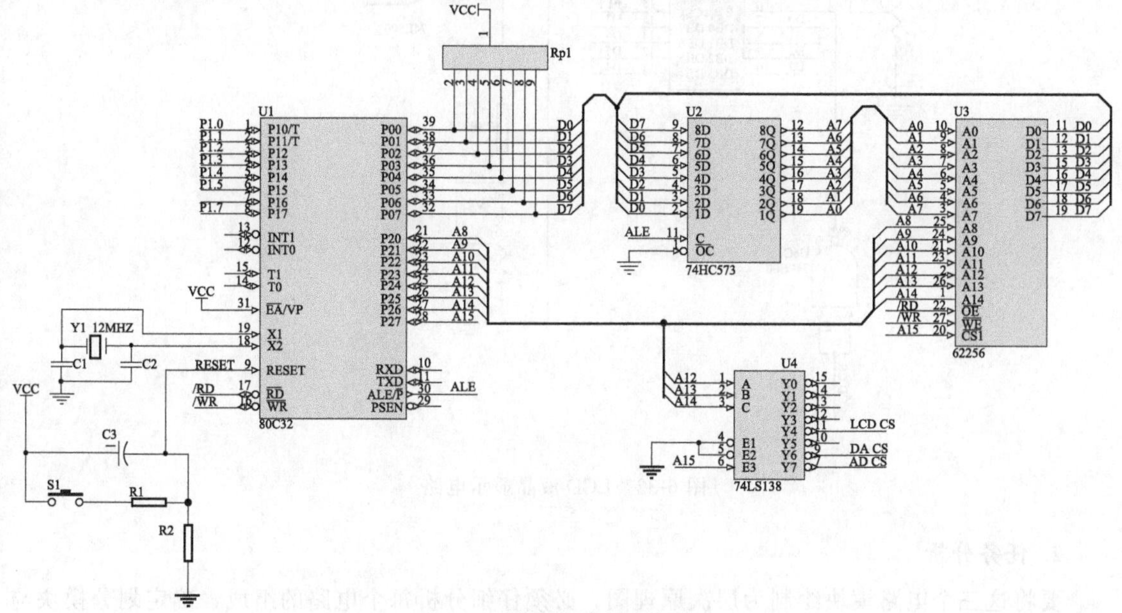

图 6-30　单片机最小系统电路

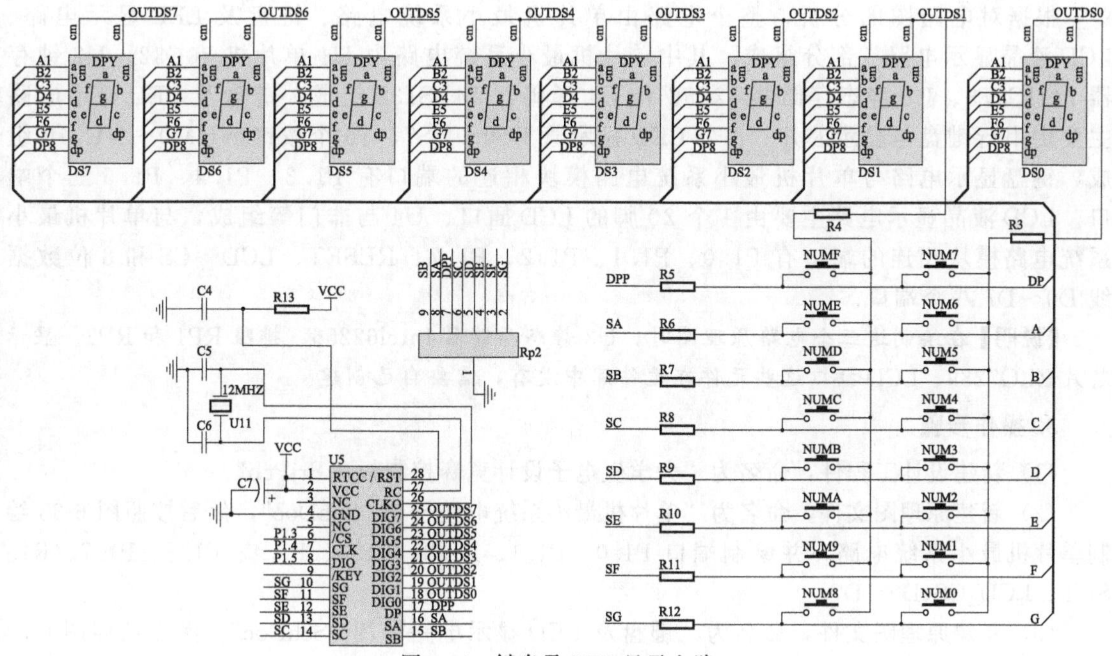

图 6-31　键盘及 LED 显示电路

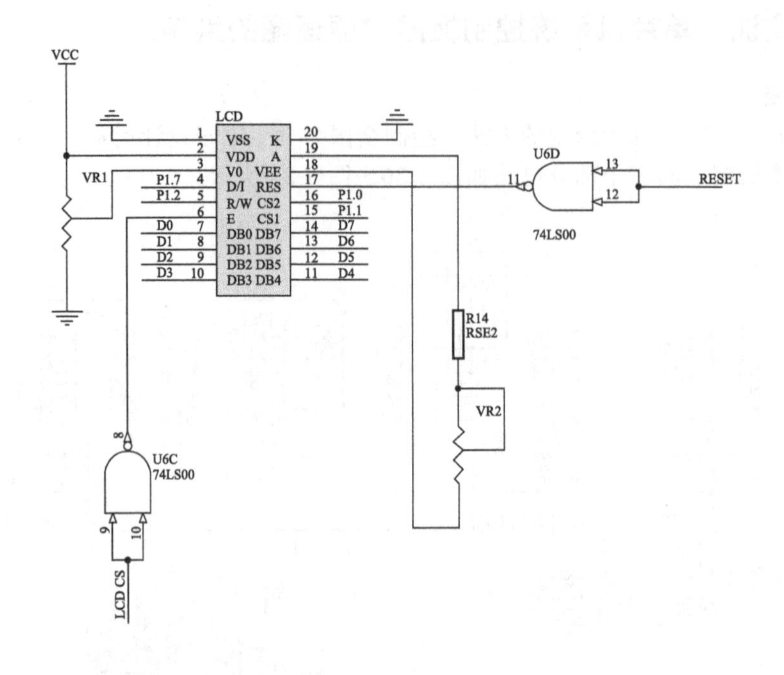

图 6-32　LCD 液晶显示电路

2. 任务分析

要将这三个电路模块绘制为层次原理图，必须仔细分析每个电路的组成，确定划分模块与模块之间的连接端口。

根据对电路图的分析，整个电路由单片机最小系统电路、键盘及 LED 显示电路、LCD 液晶显示电路三部分组成。其中单片机最小系统电路由 U1 单片机 80C32、U2 锁存器 74HC573、U3 静态存储器 62256 和 U4 译码器 74LS138 组成。键盘及 LED 显示电路主要由串行键盘与显示芯片、8 个 LED 显示管 DS0～DS7、16 个按键 NUM0～NUMF 组成，键盘显示电路与单片机最小系统电路模块相连的端口有 P1.3、P1.4、P1.5 三个端口。LCD 液晶显示电路主要由 1 个 20 脚的 LCD 插口、U4 与非门等组成，与单片机最小系统电路模块相连的端口有 P1.0、P1.1、P1.2、P1.7、RESET、LCD _ CS 和 8 位数据线 D0～D7 八个端口。

【说明】在绘制这三个电路原理图时，U3 静态存储器 Intel62256、排阻 RP1 和 RP2、显示芯片 ZLG7289、LCD 插口这些元件在元件库中没有，需要自己创建。

3. 操作步骤

(1) 新建设计工程件，命名为“大学生电子设计竞赛控制板．PrjPcb”。

(2) 新建原理图文件，命名为“单片机最小系统电路子图．SchDoc”，然后按照图 6-33 绘制单片机最小系统电路，并绘制端口 P1.0、P1.1、P1.2、P1.3、P1.4、P1.5、P1.7、RESET、LCD_CS、D0～D7。

(3) 新建原理图文件，命名为“键盘及 LED 显示电路子图．SchDoc”。然后按照图 6-34 绘制键盘及 LED 显示电路，并绘制端口 P1.3、P1.4、P1.5。

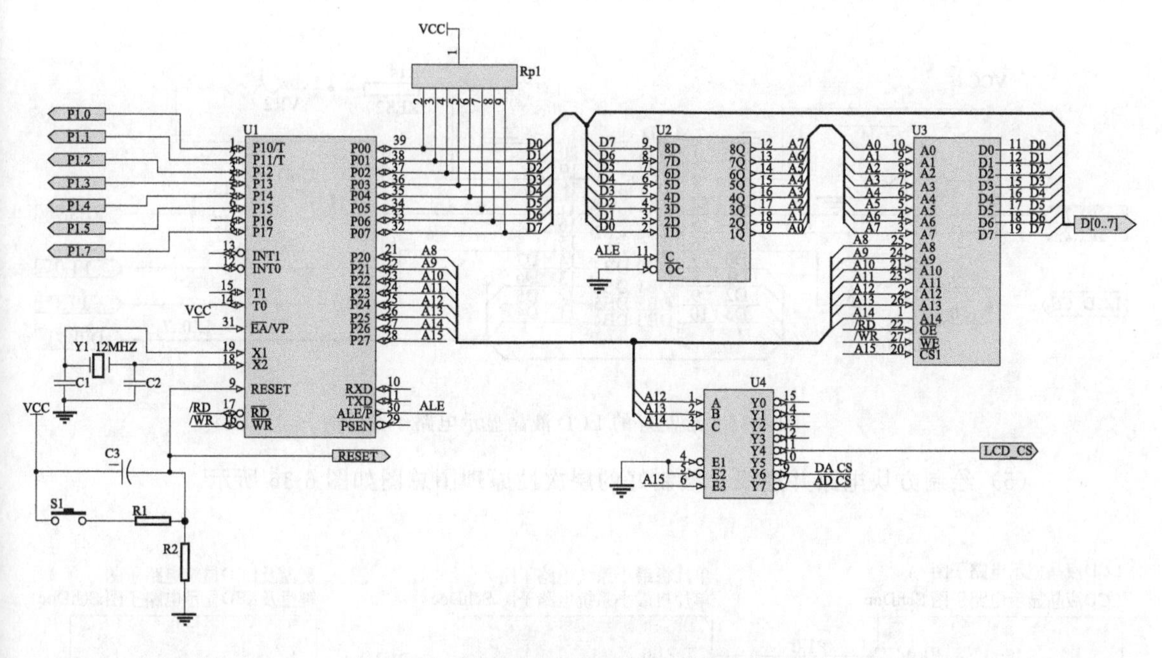

图 6-33　绘制好的单片机最小系统电路子图

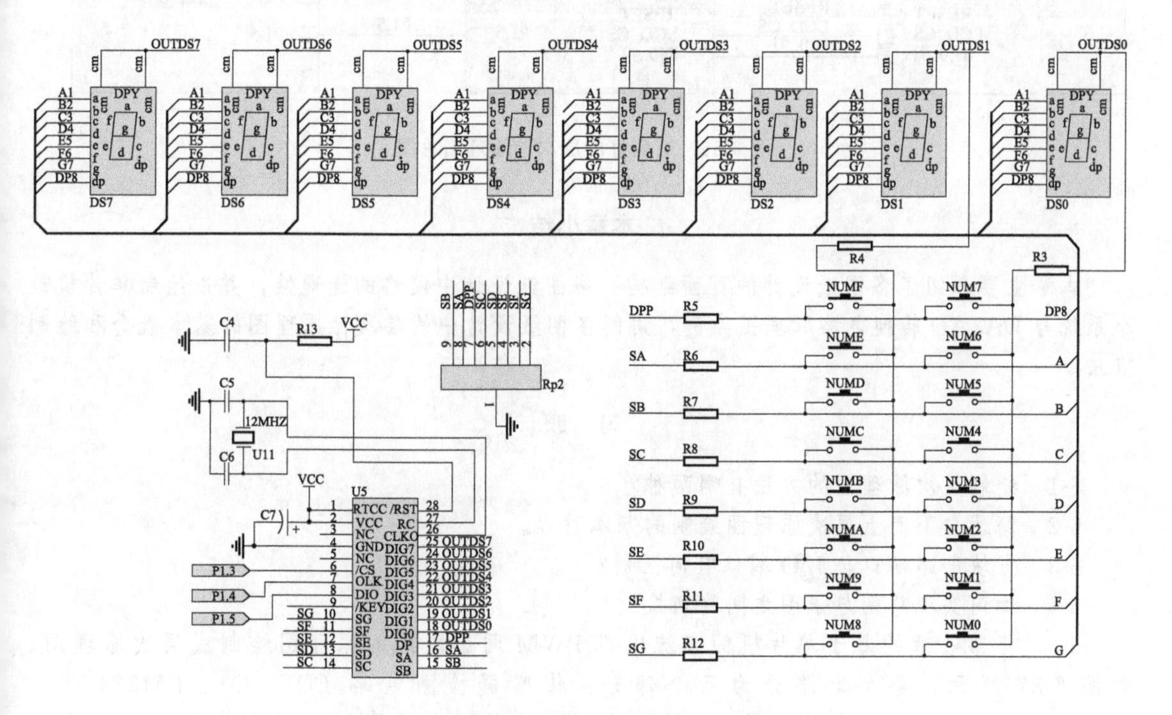

图 6-34　绘制好的键盘及 LED 显示电路子图

(4) 新建原理图文件，命名为“LCD 液晶显示电路子图．SchDoc”。然后按照图 6-35 绘制 LCD 液晶显示电路，并绘制端口 P1.0、P1.1、P1.2、P1.3、P1.4、P1.5、P1.7、RESET、LCD_CS、D0～D7，如图 6-36 所示。

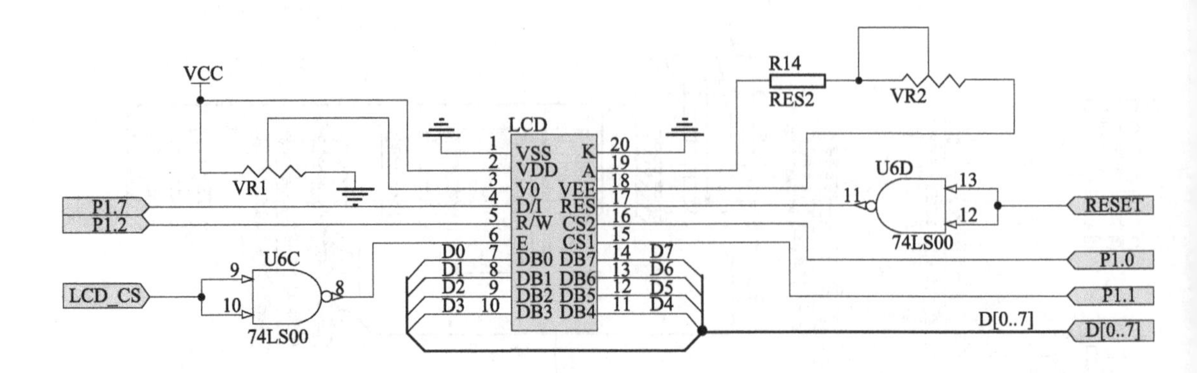

图 6-35　绘制好的 LCD 液晶显示电路子图

(5) 绘制方块电路并连线。绘制好的层次性原理图总图如图 6-36 所示。

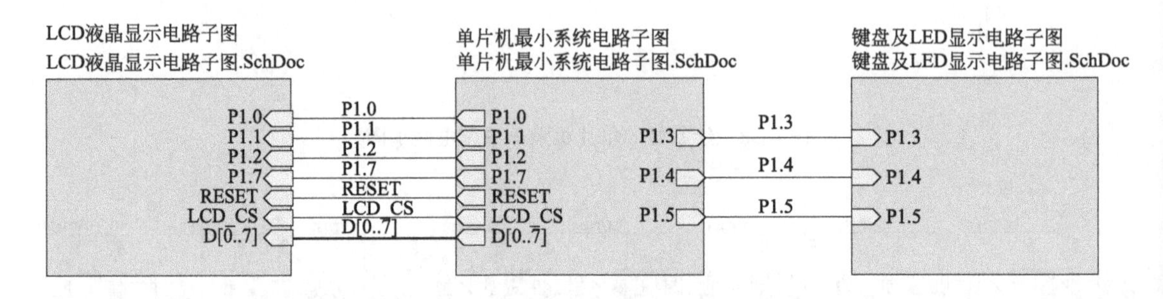

图 6-36　绘制好的层次性原理图总图

本章小结

本章主要介绍了多图纸设计的页面结构、多图纸设计中网络的连通性，并以绘制单片机最小系统与 DA/AD 转换电路原理图为例，讲解多图纸设计中的层次性原理图的基本概念和绘制方法。

习　题

6-1　绘制层次原理图的方法有哪两种？

6-2　简述自下而上层次原理图绘制的基本过程。

6-3　方块电路端口与 I/O 端口有何区别？

6-4　如何实现总图与子图之间的切换？

6-5　将第 5 章的基于单片机的直流电机 PWM 调速电路的原理图绘制成层次原理图。如图 6-37 所示，整个电路分为三个部分：传感器检测电路（D1、Q1、LM324 等）、PWM 信号产生与控制电路（U1、U2、U3 等）、直流电机驱动与控制电路（U4、U5、Q2、Q3 等）。

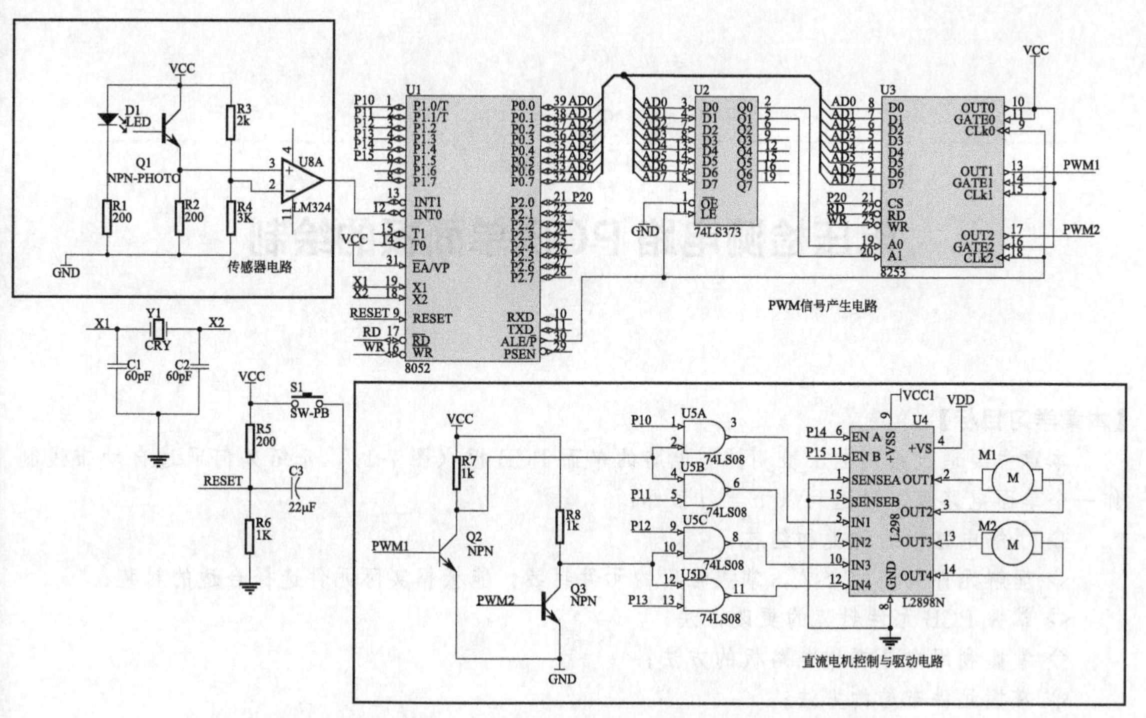

图 6-37　基于单片机的直流电机 PWM 调速电路的层次原理图

第7章

电压检测电路PCB单面板的绘制

【本章学习目标】

本章主要通过绘制电压检测控制电路的单面PCB板（图7-1），介绍如何通过自动布线制作一个单面电路板，以达到以下学习目标：

◇ 了解电路板的种类和结构；

◇ 理解元件封装的含义，掌握常用的元件封装，能根据实际元件选择合适的封装；

◇ 掌握PCB元件封装的更改方法；

◇ 掌握利用向导规划电路板的方法；

◇ 掌握元件布局的方法；

◇ 掌握主要布线规则的设置方法和自动布线的方法。

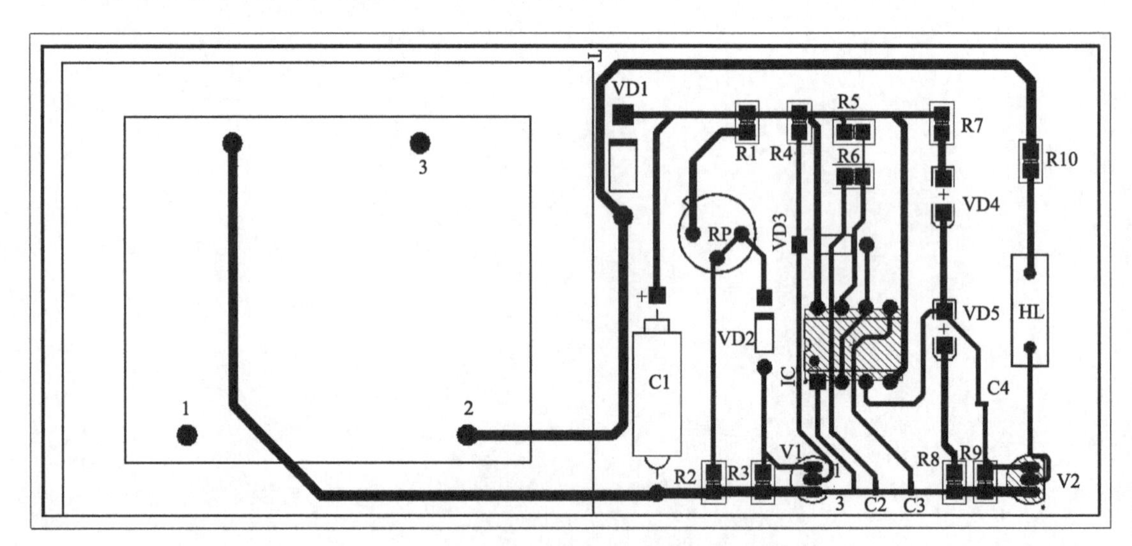

图7-1　电压检测控制电路的单面PCB板

7.1　PCB板设计基础

印制电路板简称PCB（Printed Circuit Board），是电子产品的重要部件之一。电路原理图完成后，还必须设计印制电路板图，最后由厂家根据用户设计的电路板图制作所要求的电路板。

7.1.1　印制电路板分类及组成结构

印制电路板的结构是由绝缘板和附在其上的导电图形（如元件引脚焊盘、铜膜导线），以及一些说明性的文字（如元件轮廓、型号、参数）等构成，如图 7-2 所示。印制电路板的制作材料主要是绝缘材料、金属铜及焊锡等。绝缘材料一般用二氧化硅（SiO_2），金属铜则主要用于印制电路板上的电气导线，一般还会在导线表面再附上一层薄的绝缘层，而焊锡则是附着在过孔和焊盘的表面。根据导电图形的层数的不同，印制电路板可以分为以下几类。

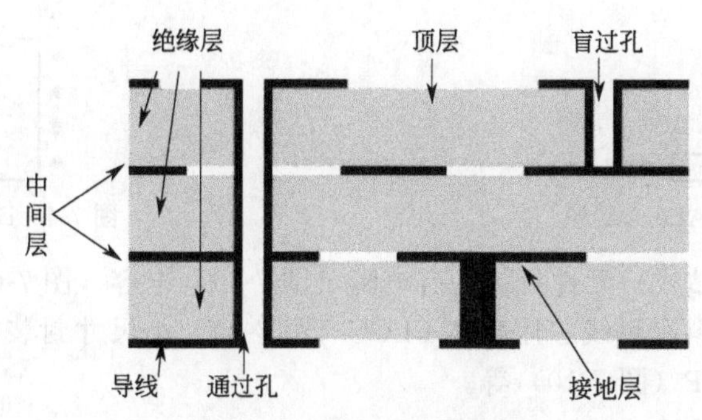

图 7-2　印制电路板结构图

1. 单层板

单层板也称为单面板，一面敷铜，而另一面没有敷铜的电路板。单层板只能在敷铜的一面放置元件和布线，适用于简单的电路板。

2. 双层板

双层板也成为双面板，包括顶层（Top Layer）和底层（Bottom Layer）两层，两面敷铜，中间为绝缘层。双层板两面都可以布线，一般需要由过孔或焊盘连通。双面板可用于比较复杂的电路，但设计工作不比单面板困难，因此被广泛采用，是现在最常用的一种印制电路板。

3. 多层板

包含了多个工作层面。它是在双面板的基础上增加了内部电源层、接地层及多个中间信号层。其缺点是制作成本很高。

4. 过孔

过孔（via）是多层 PCB 的重要组成部分之一，简单地说，PCB 上的每一个孔都可以称之为过孔。从作用上看，过孔可以分成两类：一是用作各层间的电气连接；二是用作器件的固定或定位。如果从工艺上来说，过孔一般又分为三类，即盲孔（blind via）、埋孔（buried via）和通孔（through via）。盲孔位于印刷线路板的顶层和底层表面，具有一定深度，用于表层线路和下面的内层线路的连接，孔的深度与孔径之比通常不超过一定的比率。埋孔是指位于印刷线路板内层的连接孔，它不会延伸到线路板的表面。上述两类孔都位于线路板的内层，层压前利用通孔成型工艺完成，在过孔形成过程中可能还会重叠做好几个内层。第三种称为通孔，这种孔穿过整个线路板，可用于实现内部互连或作为元件的安装定位孔。由于通孔在工艺上更易于实现，成本较低，所以绝大部分印刷电路板均使用它，而不用另外两种过孔。以下所说的过孔，没有特殊说明的，均作为通孔考虑。

5. 焊盘

焊盘是 PCB 的铜盘，有的和通孔配合起到连接作用，而有的是方盘，主要用来焊接元件。

7.1.2　元件封装

元件封装就是表示元件的外观和焊盘形状尺寸的图。

1. 元件封装的分类

元件的封装形式可以分成两大类，即针脚式元件封装和 STM（表面粘贴式）元件封装。

(1) 针脚式元件封装。针脚式封装元件焊接时先要将元件针脚插入焊盘导通孔，然后再焊锡。由于针脚式元件封装的焊盘和过孔贯穿整个电路板，所以其焊盘的属性对话框中，PCB的层属性必须为 MultiLayer（多层）。例如 AXIAL0.4 为电阻封装，如图 7-3 所示。DIP8 为双列直插式集成电路封装，如图 7-4 所示。

图 7-3　AXIAL0.4 封装　　图 7-4　DIP8 封装

(2) STM（表面粘贴式）元件封装。有电阻（图 7-5）、电容（图 7-6）、陶瓷无引线芯片载体 LCCC（图 7-7）、塑料有引线芯片载体 PLCC（图 7-8）、小尺寸封装 SOP（图 7-9）和塑料四边引出扁平封装 PQFP（图 7-10）等。

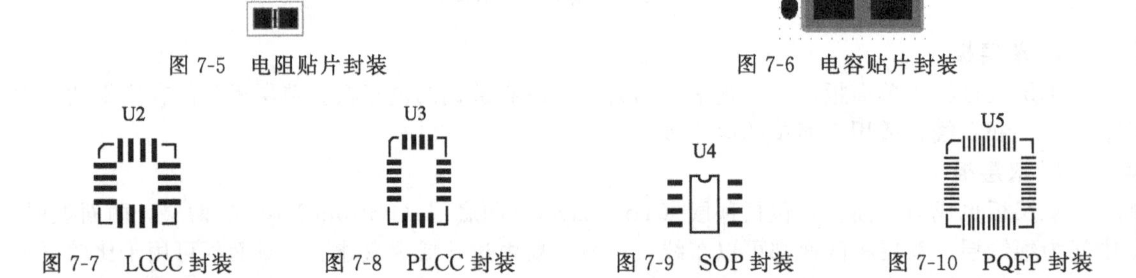

图 7-5　电阻贴片封装　　图 7-6　电容贴片封装

图 7-7　LCCC 封装　　图 7-8　PLCC 封装　　图 7-9　SOP 封装　　图 7-10　PQFP 封装

2. 元件封装的编号

元件封装的编号一般为元件类型＋焊盘距离（焊盘数）＋元件外形尺寸。可以根据元件封装编号来判别元件封装的规格。如 AXIAL0.4 表示此元件封装为轴状的，两焊盘间的距离为 400mil（约等于 10mm）；DIP16 表示双排引脚的元件封装，两排共 16 个引脚；RB.2.4 表示极性电容类元件封装，引脚间距离为 200mil，元件直径为 400mil。这里“.2”和“.4”分别表示 200mil 和 400mil。对于贴片封装而言，封装上的数字也代表了它们的尺寸，例如电阻片封装 0805，代表封装长度 L 为 0.08in，宽度 W 为 0.05in，其中 1in 等于 25.4mm。

3. 常用元件的封装

(1) 分立元件的封装。

① 针脚式电阻。封装系列名为“AXIALxxx”，其中“AXIAL”表示轴状的封装方式，“xxx”为数字，表示该元件两个焊盘间的距离，后缀数越大，其形状越大。其形状如图 7-3 所示。

② 无极性电容。一般情况下常用“RADxxx”作为无极性电容元件封装，如图 7-11 所示。

③ 二极管类元件。该系列封装名为“DIODExxx”，其中“xxx”表示两个焊盘间的距离，如图 7-12 所示。

④ 有极性电容。一般情况下常用“RB x/x”作为有极性的电解电容器封装，“RB”后的两个数字分别表示焊盘之间的距离和圆筒的直径，单位是英寸。如 RB.2/.4 表示此元件封装焊盘间距为 0.2in，圆筒的直径为 0.4in，如图 7-13 所示。

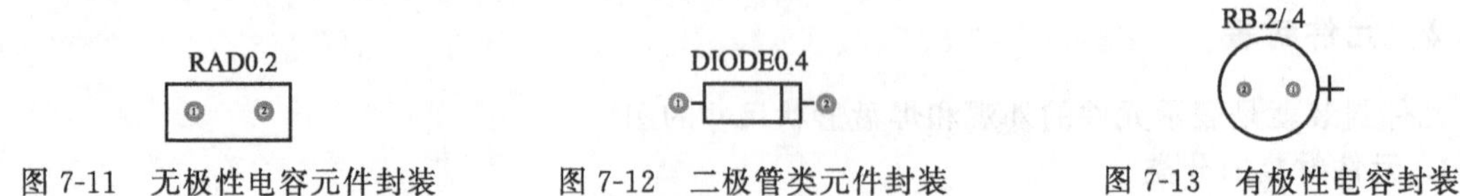

图 7-11　无极性电容元件封装　　图 7-12　二极管类元件封装　　图 7-13　有极性电容封装

【注意】发光二极管的封装为 RB x/x 或者 RADxxx 类型。

⑤ 三极管类元件。该封装系列名称为“TO-xxx”，其中“xxx”表示三极管的类型，“xxx”值越大，代表三极管功率越大，常见的封装属性为 TO-92（普通三极管）、TO-39（大功率三极管）、TO-220AC（大功率达林顿管），如图 7-14 所示。

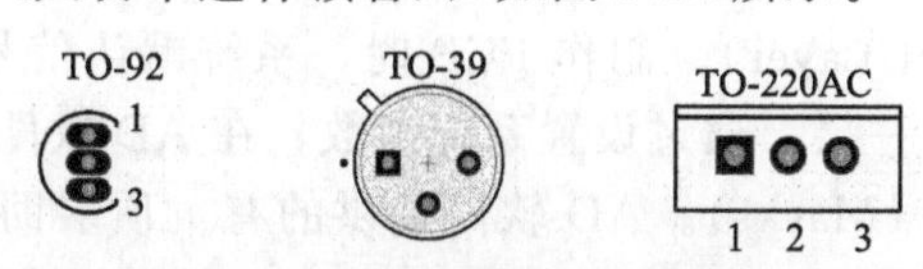

图 7-14　三极管类元件封装

【注意】元件封装是指实际零件焊接到电路板时所指示的外观和焊点的位置，是纯粹的空间概念。因此不同的元件可共用同一零件封装，同种元件也可有不同的零件封装。

(2) 集成元件的封装。双列直插式集成元件封装，封装系列名为“DIP xx”，其中 DIP 为封装类型，“xx”代表元件的引脚数目，例如 DIP8。需要说明的是：同一个元件的封装因制造工艺的不同而有不同的形式，例如与非门元件 74LS00 有 DIP 封装形式，还有 SOP 封装形式，如果采用 DIP 式封装就应该为 DIP14。

此外 Altium Designer 自带的封装库中含有 CFP、DIP、JEDECA、LCC、DFP、ILEAD、SOCKET、PLCC 系列，以及表面贴装电阻、电容等元件封装，此处不再赘述。

【注意】封装的设定是在原理图绘制时就进行的。原理图绘制完成后，在元件属性对话框的 Footprint 栏填入相应的封装名。在绘制电压检测电路的 PCB 时，要了解元件所有的封装，电压检测电路 PCB 图的元件如表 7-1 所示。

表 7-1　电压检测电路 PCB 图的元件列表

Lib Ref (元件样本名)	Footprint (元件封装名)	Designator (元件序号)	Part Type (元件标称值)
Res2	6_0805_M	R1,R2,R3,R4,R5,R6, R7,R8,R9,R10	5.1k,2.7k,10k,5.6k,1k,5.6k, 680,680,3.3k,51
RPot	TO-5	RP	5K
CAP	0603	C2,C3,C4	0.033μF,0.01μF,0.033μF
Cap Pol2	POLAR0.8	C1	100μF
NPN	TO-92	V1	2N9014
Triac	TO-92A	V2	97A6
D Zener	DO-35	VD2	3V
Diode 1N4001	DO-41	VD1	1N4001
Diode 1N4148	DO-35	VD3	1N4148
LED0	3.2×1.6×1.1	VD4,VD5	绿,红
NE555D	DIP8	IC	555
Trans	TRF_4	T	220/7.5
Lamp	RAD-0.3	HL	6.3V

7.1.3　PCB 板的板层

PCB 板的板层是制板材料本身实实在在的铜箔层，是印制电路板的基本元素之一。目前由于电子线路的元件密集安装、抗干扰和布线等特殊要求，一些较新的电子产品中所用的印制板不仅上下两面可供走线，在板的中间还设有能被特殊加工的夹层铜箔，例如，现在的计算机主板所用的印制板材料大多在 4 层以上。这些层因加工相对较难而大多用于设置走线较为简单的电源布线层，并常用大面积填充的办法来布线（如 Fill)。上下位置的表面层与中间各层需要连通的地方用“过孔（Via）”来沟通。要注意的是，一旦选定了所用印制板的层数，务必关闭那些未被使用的层，以免布线出现差错。印制电路板板层可以分为以下几种。

（1）信号层（Signal Layer）。信号板层主要用于放置与信号有关的电气元素。如 Top Layer（顶层）用于放置元件面，Bottom Layer（底层）用于放置焊锡面，Mid Layer（中间层）用于布置信号线。

（2）内部层（Internal Layer）。内部板层主要用于布置电源和接地线。

（3）机械层（Mechanical Layer）。制作 PCB 时，系统默认信号层为两层（Top Layer 和 Bottom Layer），机械层只有一层。通过设置系统参数，在 AD 软件中可以设置 16 个机械层。

（4）助焊膜及阻焊膜层（Masks）。AD 软件提供的有：顶层助焊膜（Top Paste）和底层助焊膜（Bottom Paste），顶层阻焊膜（Top Solder）和底层阻焊膜（Bottom Solder）。

（5）丝印层（Silkscreen）。主要用于绘制元件封装外形轮廓以及元件标识等，有顶层丝印层和底层丝印层。

（6）其他层（Other）。

① Keepout（禁止布线层、边界层）：用于绘制 PCB 板电气边界。

② Multilayer（多层）：主要用于绘制通孔和安装孔。

③ Drill Guide（钻孔引导层）：用来绘制钻孔导引层。

④ Drill Drawing（钻孔绘制层）：用来绘制钻孔图层。

7.1.4 PCB 图的设计流程

PCB 图设计流程就是印刷电路板图的设计步骤，一般可分为图 7-15 所示的八个步骤 。

图 7-15　PCB 图的设计流程

7.2 PCB 设计环境

7.2.1 新建 PCB 文件

（1）创建一个 PCB 文件，执行【File】→【New】→【PCB】菜单命令，系统将新建一个 PCB 文档，如图 7-16 所示。

（a）英文菜单

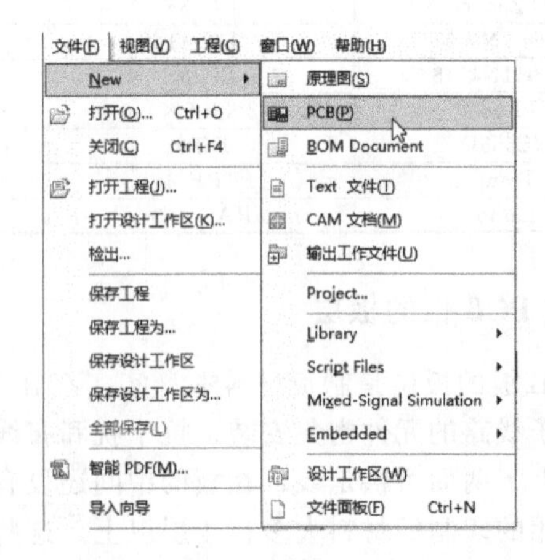

（b）中文菜单

图 7-16　新建 PCB 文档

(2) 右键选择【Save As】，将 PCB 文件名修改为 VOLTDETECT，进入 PCB 编辑器界面，如图 7-17 所示。

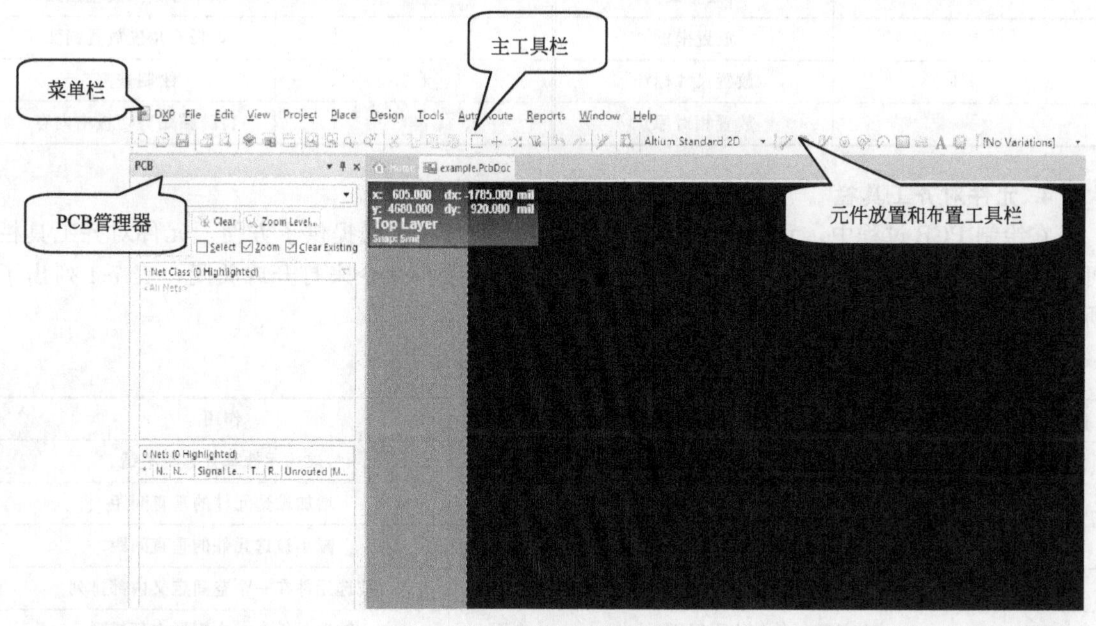

图 7-17　PCB 编辑器界面

7.2.2　PCB 设计界面

1. PCB 管理器

该管理器用于印制电路板中网络（Nets）、元件分类（Components）等的管理。

2. 布线工具栏

在绘制 PCB 过程中，除了元件外还有许多其他实体（如焊盘、过孔、字符串等）的放置。Altium Designer 在工具栏中提供了基本的布线工具，可以通过执行【View】→【Toolbars】→【Wiring】菜单命令，实现工具栏的打开与关闭，工具栏中的每一项都与【Place】菜单下的每一个命令相对应。表 7-2 列出了所有的布线工具符号及作用。

表 7-2　布线工具符号及作用

工具符号	作用	工具符号	作用
	放置交互式走线		以边沿方式放置圆弧
	差分对布线		放置矩形填充
	灵巧交互式布线		放置多边形填充
	放置焊盘		放置元件
	放置过孔	A	放置字符串

3. 绘图工具（Utility tools）

在绘制 PCB 过程中，Altium Designer 在工具栏中提供了基本的绘图工具，可以通过执行【View】→【Toolbars】→【Utilities】菜单命令，实现工具栏的打开与关闭，或单击工具栏上图标选取相应工具，工具栏中的每一项都与【Place】菜单下的每一个命令相对应。表 7-3 列出了所有的绘图工具符号及作用。

表 7-3　绘图工具符号及作用

工具符号	作用	工具符号	作用
	放置线		以中心方式放置圆弧
	放置坐标		以任意角度放置圆弧
	放置尺寸标注		绘制整圆
	放置相对原点		特殊粘贴剪切板中内容

4. 元件对齐工具栏

在绘制 PCB 过程中，元件对齐工具栏为元件的排列和布局提供了方便。元件对齐工具栏可以通过执行【View】→【Toolbars】→【Utilities】菜单命令来打开或关闭，表 7-4 列出了所有的元件对齐工具符号及作用。

表 7-4　元件对齐工具符号及作用

工具符号	作用	工具符号	作用
	被选元件向最左边元件对齐		被选元件垂直等距平铺
	被选元件按元件水平中心线对齐		增加被选元件的垂直间距
	被选元件向最右边元件对齐		减小被选元件的垂直间距
	被选元件水平等距平铺		被选元件在一个空间定义内部排列
	增加被选元件的水平间距		被选元件在一个矩形内部排列
	减小被选元件的水平间距		被选元件移动到栅格
	被选元件与顶部元件对齐		被选元件创建为一个整体
	被选元件按元件垂直中心线对齐		对齐所有元件
	被选元件与底部元件对齐		

5. 查找选取工具栏

在绘制 PCB 过程中，查找选取工具栏允许从一个选择元件以向前或向后的方向到下一个元件。查找选取工具栏可以通过执行【View】→【Toolbars】→【Utilities】菜单命令来打开或关闭。

6. 尺寸标注工具栏

在绘制 PCB 过程中，尺寸标注工具栏为绘制线段长度和位置提供了方便。尺寸标注工具栏可以通过执行【View】→【Toolbars】→【Utilities】菜单命令来打开或关闭，表 7-5 列出了所有的元件尺寸标注工具符号及作用。

【说明】在 AD 软件 PCB 设计中，常用尺寸为英制 mil 和 in，1000mil＝1in＝25.4mm。

表 7-5　元件尺寸标注工具符号及作用

工具符号	作用	工具符号	作用
	线性尺寸标注		角度尺寸标注
	径向尺寸标注		引线尺寸标注
	数据尺寸标注		基线尺寸标注
	中心尺寸标注		直径尺寸
	半径尺寸标注		标准尺寸标注

7.2.3　PCB 环境设置

1. 设置 PCB 环境参数

对于 PCB 制作而言，环境参数的设置非常重要。通过恰当地设置环境参数，设计者可以使系统按照自己的要求工作。因此，参数一旦设定将成为用户个性化的工作环境。

执行【Tools】→【Preference】菜单命令，或者右键【Options】→【Preferences】，弹出系统参数对话框。

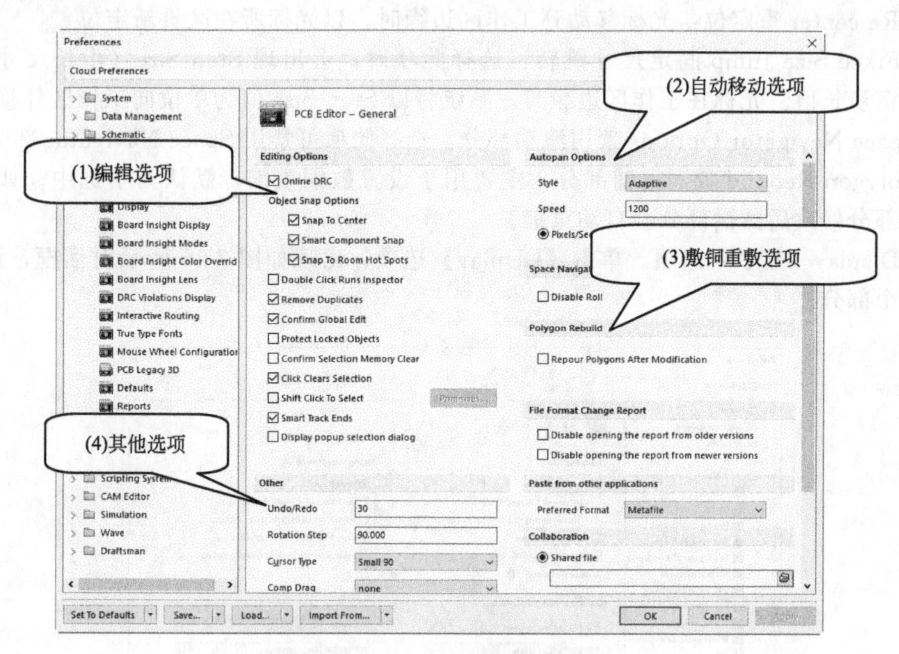

图 7-18　系统参数对话框

参数对话框共有 5 个选项与环境设置有关，即“General（通用）”选项卡以及“Display（显示）”“Interactive Routing（交互布线）”“Defaults（默认）”“Layer Colors（层颜色）”。

(1) General（通用）选项。如图 7-18 所示，选项卡可划分为以下几部分。

① Editing Options 编辑选项部分：前面有“√”的选项为允许，没有的为禁止此选项。

(a) Online DRC 在线设计规则检查：表示允许系统在整个 PCB 设计过程中自动按照设计规则检查。设计规则可以在执行【Design】→【Rules】菜单命令弹出的设计规则对话框中进行设置。此选项系统默认为选中状态。

(b) Double Click Runs Inspector 双击运行检查器：双击设计对象时，可以打开 PCB 检查器面板，而不是设计对象的属性对话框。双击设计对象时，如果要查看设计对象的属性对话框，请禁用此选项。

(c) Remove Duplicates 删除重复元件：表示系统自动删除重复的元件。此选项系统默认为选中状态。

(d) Confirm Global Edit 确认全局编辑：表示进行全局编辑时，系统将给出提示，其中包括将受操作影响的对象数量，待用户确认后才允许进行全局编辑。此选项系统默认选中。

(e) Click Clears Selection 单击清除选择：表示通过单击鼠标左键清除当前选择。

② Other 其他部分：前面有“√”的选项为允许，没有的为禁止此选项。

(a) Rotation Step 旋转值：每次按下空格键时，元件旋转的角度，默认值为 90°。

(b) Undo/Redo 撤销/重做：用于设置撤销/重做的次数。

(c) Cursor Type 光标类型：用于设置光标的形状。

③ Autopen Options 自动移动选项部分：主要用于设置光标自动移动功能。

(a) Style 移动模式：总共有七种模式可供用户选择。系统默认为 Adaptive。

(b) Adaptive 自适应：系统自动选择移动方式。

(c) DisableRdl 禁止：光标移动到工作区边缘时，光标不再向工作区以外的区域移动。

(d) Re-center 重定位：光标移动到工作区边缘时，以光标所在区重新定位。

(e) Fixed Size Jump 固定尺寸跳转：选择此项时，会出现 Step Size（步长尺寸）选项，用户可设定步长值。光标在工作区边缘时，系统将以 Step Size 值为单位向工作区外移动。

④ Space Navigator Options 禁用滚动部分：选择此项可禁用 Space Navigator 部分。

⑤ Polygon Rebuild 敷铜重铺部分：主要用于设置敷铜重铺，默认为不选中。如果选中，则在敷铜部分修改后敷铜部分会自动重铺。

(2) Display（显示）选项。单击【Display】选项，出现如图 7-19 所示对话框，该选项主要包括两个部分。

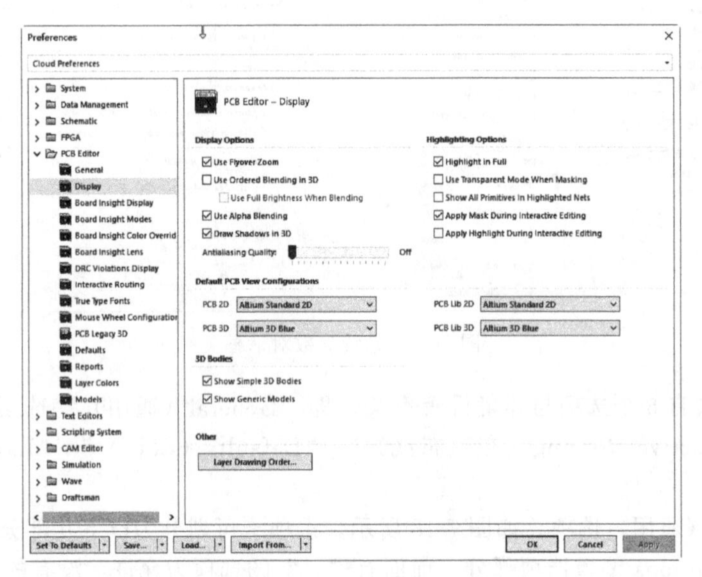

图 7-19 显示选项对话框

① Display Options 显示选项：省略。

② Highlighting Options 高亮选项。

(a) Highlight in Full：用于将选取的元件高亮显示，以区别其他未被选中元件，此选项默认为选中。

(b) Use Transparent Mode When Masking：用于设置当对象被挡住时启动透明模式，可以看到被挡对象，此选项默认为不选中。

(c) Show All Primitives in Highlighted Nets：在高亮网络中显示所有对象。

(d) Apply Mask During Interactive Editing：在交互式编辑中使用遮罩，此选项默认为选中。

(e) Apply Highlight During Interactive Editing：在交互式编辑期间高亮突出显示，此选项默认不选中。

(3) Interactive Routing（交互布线）选项。单击 Interactive Routing 选项，出现如图 7-20 所示对话框，此选项共分为三部分。

① Routing Conflict Restriction 交互式冲突解决选项。在交互式布线时，系统采取的模式一共有七种。

(a) Ignore Obstacles：忽略障碍。

(b) Push Obstacles：清除障碍。

(c) Walkaround Obstacles：绕开（避免）障碍。

(d) Stop At First Obstacle：在第一个障碍处停止。

(e) Hug And Push Obstacles：拥抱和推挤障碍。

(f) AutoRoute On Current Layer：在当前层自动布线。

(g) AutoRoute On Multiple Layers：在多层自动布线。

默认为拥抱和推挤障碍模式。如图 7-20 所示。

图 7-20　交互布线选项对话框

② Interactive Routing Options 交互式布线选项。

(a) Restrict To 90/45：布线时导线 45°和 90°走线。

(b) Follow Mouse Trail：跟随鼠标的轨迹。

(c) Automatically Terminate Routing：自动结束布线。

(d) Automatically Remove Loops：自动删除环路。

(e) Allow Via Pushing：允许在拥抱和推挤模式时推动通孔。

(f) Display Clearance Boundaries：显示安全间距边界。

③ Dragging 拖动选项。

(a) Preserve Angle When Dragging：拖动时保留角度，启用此选项可在拖动时保留角度。

(b) Ignore Obstacles：在拖拽期间，障碍将被忽略以保持角度。

(c) Avoid Obstacles (Snap Grid)：基于捕捉网格，软件会在保留角度时尝试避开障碍物。

(d) Avoid Obstacles：软件将尝试在拖动过程中避开障碍物。

(e) Unselected via/track：取消选择通孔/导线。

(f) Selected via/track：选择通孔/导线。

(g) Component pushing：元件推挤。有三个选项：Ignore（忽略）、Avoid（避开）、Push（推挤）。

④ Interactive Routing Width Sources 交互式布线宽度来源。

(a) Pickup Track Width From Existing Routes：从现有的导线宽度选择。

(b) Track Width Mode：导线宽度模式，共有四种。例如，选择 User Choice 模式时，宽度由“选择宽度”对话框中选定的宽度确定，在布线时按 Shift ＋ W 进行访问。选择 Rule Preferred 模式时，将使用为当前网络定义的设计规则首选宽度。

(c) Via Size Mode：通孔尺寸模式，共有四种。

(d) User Choice：启用此模式时，通孔尺寸由“ 选择通过尺寸”对话框中选定的尺寸确定，在布线时按 Shift＋V 进行访问。

(e) Rule Preferred：此模式使用首选通过大小规则。

(4) Defaults（默认）选项。单击【Defaults】选项，出现如图 7-21 所示对话框。

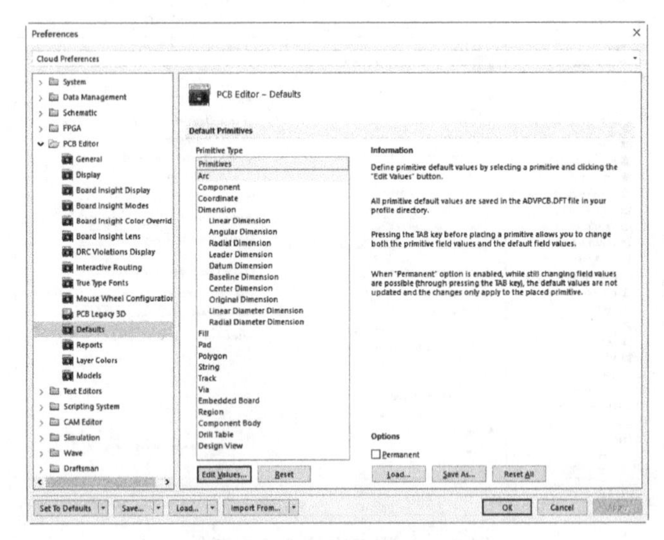

图 7-21　默认选项对话框

选中 Track，单击 Edit Values 按钮，弹出如图 7-22 所示导线属性对话框。通过修改该对话框属性值，可以修改导线的系统默认值。以此类推，也可以修改其他元件的系统默认值。

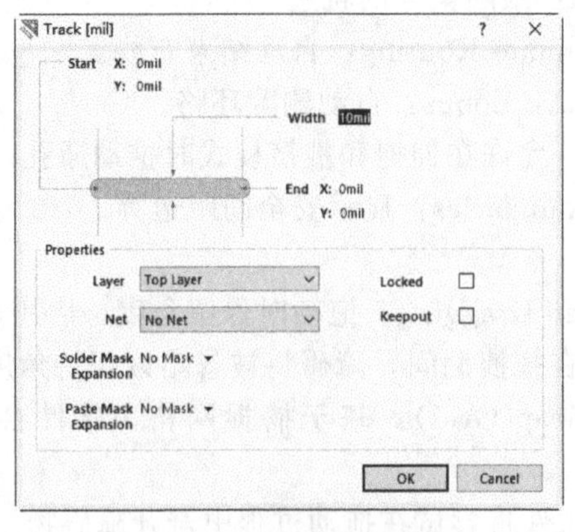

图 7-22　导线属性对话框

（5）Layer Colors（层颜色）选项。单击【Layer Colors】，出现如图 7-23 所示的层颜色选择对话框。一共有三种配色方案，分别是：Default（默认）、DXP2004、Classic（经典）。但是这个对话框只是 2D 版本的颜色配置对话框，可以通过 3D 版本的颜色对话框来配置 PCB 颜色。

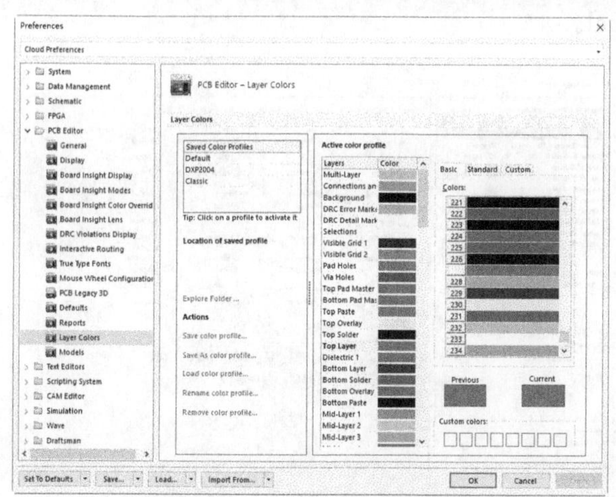

图 7-23　层颜色选择对话框

执行【Design】→【Board Layers & Colors】，出现如图 7-24 所示对话框，其中有“Board Layers And Colors（板层和颜色）”选项卡、“Show/Hide（显示/隐藏）”选项卡、“View Options（视图选项）”选项卡、“Transparency（透明度）”选项卡。

① Board Layers And Colors（板层和颜色）选项卡。单击 Board Layers And Colors，选中板层和颜色选项卡，如图 7-24 所示。通过单击对应层后的颜色块可以设置对应层元件的显示颜色。

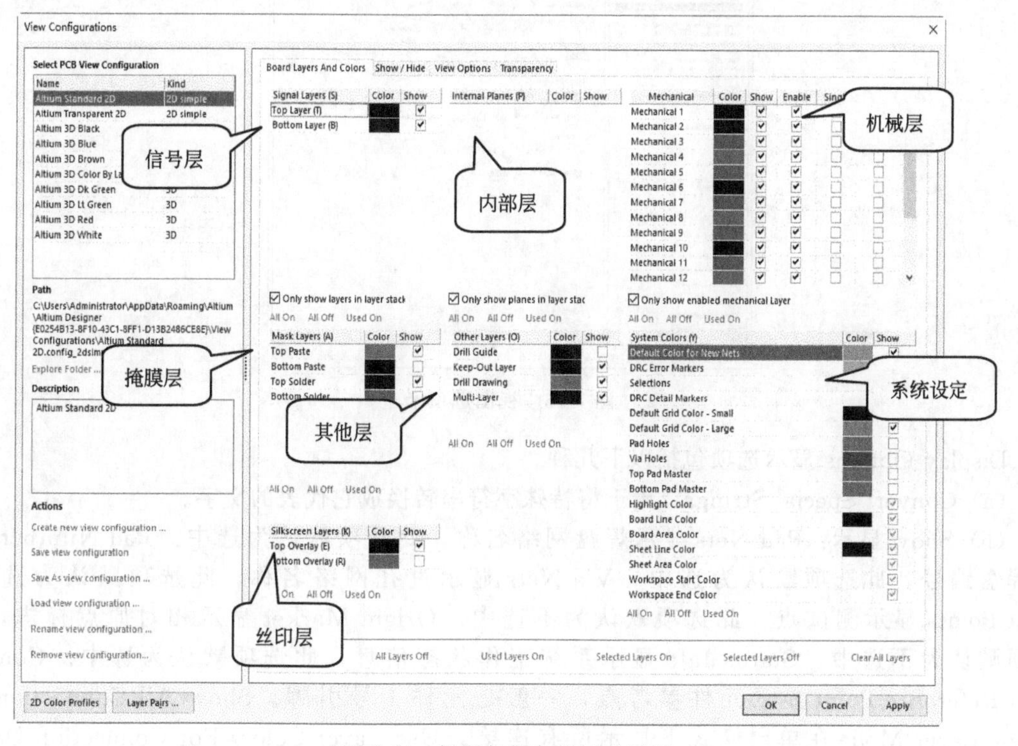

图 7-24　板层与颜色配置对话框

② Show/Hide（显示/隐藏）选项卡。单击【Show/Hide】可以显示 Show/Hide（显示/隐藏）选项卡，如图 7-25 所示。该选项卡主要用于设置各种 PCB 元素的显示模式。每种元素都有三种显示模式，分别为 Final（精细显示模式）、Draft（粗略模式）和 Hidden（隐藏显示模式）。默认设置为 Final。

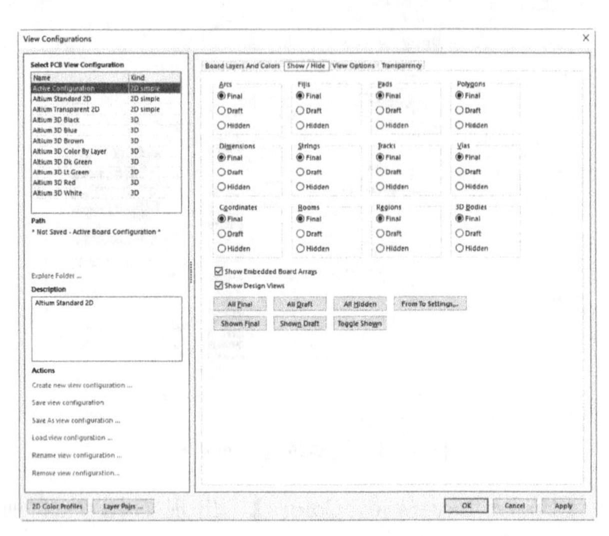

图 7-25　显示/隐藏选项卡

③ View Options（视图）选项卡。单击【View Options】，显示 View Options 视图选项卡，如图 7-26 所示。

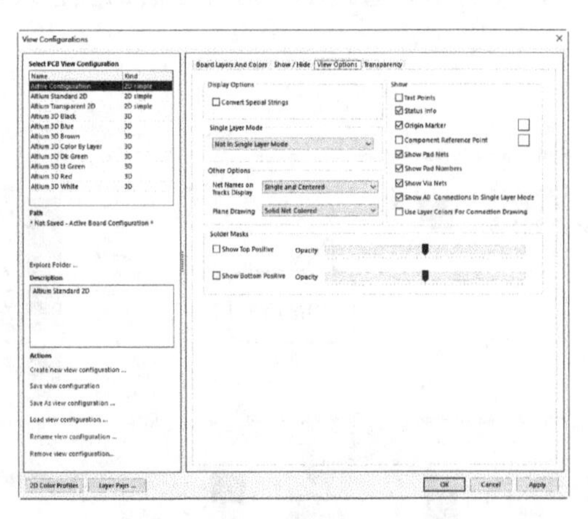

图 7-26　视图选项卡

Display Options 显示选项包括以下几种。

(a) Convert Special Strings：用于将特殊字符串转换成它代表的文字。

(b) Show 显示：Pad Nets 显示焊盘网络名称，此选项默认为选中。Pad Numbers 显示焊盘编号，此选项默认为选中。Via Nets 显示过孔网络名称，此选项默认为选中。Test Points 显示测试点，此选项默认为不选中。Origin Marker 显示相对原点标志，此选项默认为不选中。Status Info 显示系统工作状态信息，此选项默认为选中。Component Reference Point 显示元件参考点，一般是元件 1 号引脚。Show All Connections in Single Layer Mode 在单层模式下显示所有连接。Use Layer Colors For Connection Drawing 绘制连接线时使用层颜色配置。

2. 控制图层的显示

在进行 PCB 设计时，首先要确定自己工作时所需要的工作层，不可能将所有的工作层全部打开显示，所以必须正确设置工作层的显示。单击【Design】→【Board Layers & Colors】菜单命令，弹出如图 7-24 所示对话框。此对话框可分为 2 个部分，即工作层显示部分和系统设置部分。系统设置控制板层上过孔通孔（Via Holes）、焊盘通孔（Pad Holes）、飞线（Connections），以及可视化栅格（Visible Grid）的显示。DRC Error Markers 用于设置系统是否显示自动布线检查错误信息。

① 信号层：Top Layer 顶层，Bottom Layer 底层。

② 掩膜层：Top Solder 顶层阻焊层，Bottom Solder 底层阻焊层，Top Paste 顶层助焊层。Bottom Paste 底层助焊层。

③ 丝印层：Top Overlay 顶层丝印层，一般会将注释印刷在这一层。Bottom Overlay 底层丝印层。

④ 其他层：Keep Out 边界层，Multi Layer 多层、通孔层，Drill Guide 钻孔导引层，Drill Drawing 钻孔图层。

⑤ 系统选项：DRC Errors 设计规则检查错误显示，Connections 显示飞线，Pad Holes 显示焊盘，Via Holes 显示过孔。

3. 设置 PCB 图纸上的栅格及测量单位

在绘制 PCB 时，需要根据工作的需要灵活设置 PCB 图纸上显示的栅格的大小和光标移动栅格大小。在设计窗口中单击鼠标右键，选择菜单【Snap Grid】→【Grid Properties】命令，或者快捷键 Ctrl＋G，弹出如图 7-27 所示对话框。设置选项都在图中予以标出。

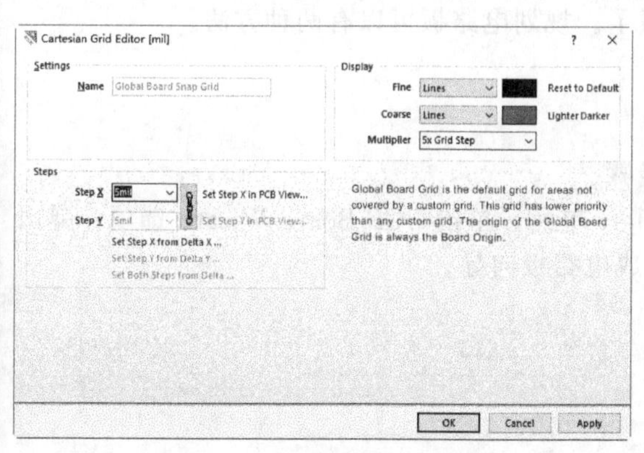

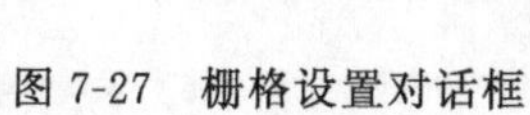
图 7-27　栅格设置对话框

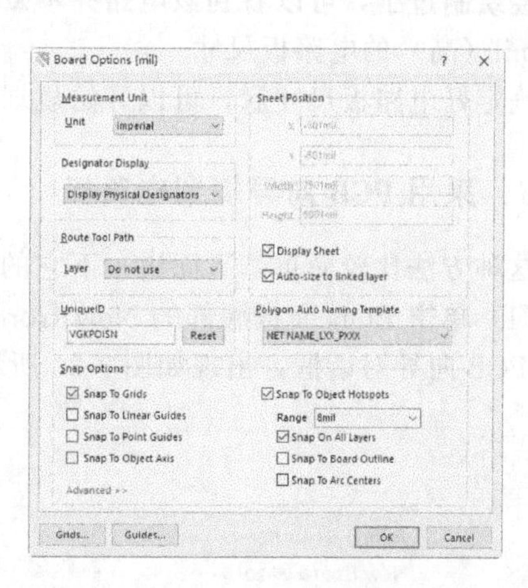

图 7-28　PCB 板尺寸单位选择对话框

在 PCB 环境中所用到的尺寸单位一般是英制（Imperial）的，为了方便使用，可以将单位切换成公制（Metric），如图 7-28 所示 Measurement Unit 下方的选项。

【注意】PCB 图纸的栅格显示类型可选的有 2 种，即 Lines（线状）和 Dots（点状），系统默认为 Lines。可以通过快捷键 Q 来切换尺寸单位。

4. Layer Stack Manager 层堆栈管理

通过选择菜单【Design】→【Layer Stack Manager】命令，可以调出层堆栈管理对话框，如图 7-29 所示。

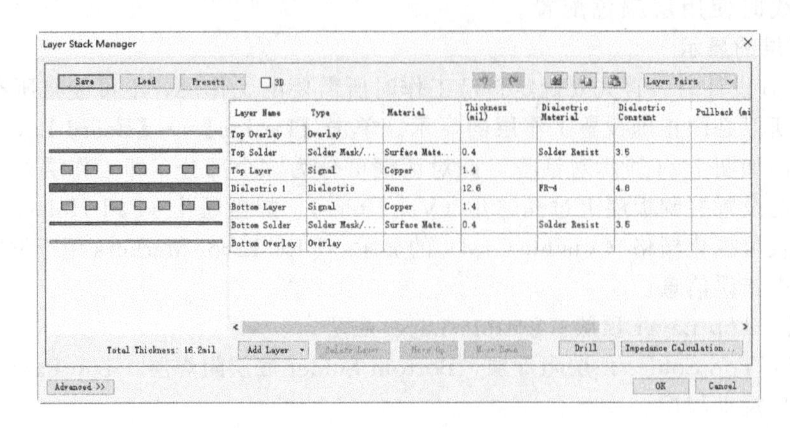

图 7-29　层堆栈管理对话框

本章所绘制电压检测电路比较简单，可以使用单层板或者双层板进行布线。如果设计较为复杂，用户可以通过层堆栈管理对话框来添加更多的层。可以单击 Add Layer，添加新的层。新的层将会添加到绝缘层中间。层电气属性，如铜的厚度和介电性能，被用于信号完整性分析。

7.3　规划电路板

设计者必须根据元件的多少、大小，以及电路板的外壳等限制因素来确定电路板的大小。除有特殊要求外，电路板尺寸要尽量符合国家标准。本章要绘制的电压检测控制电路原理图前面已经绘制过了，可以看到该电路并不复杂，元器件也并不多。这里采用了 4400mil（宽）×1810mil（高）的电路板尺寸。

确定好电路板尺寸后，可以开始规划电路板了。规划电路板可以有两种方法。

7.3.1　采用 PCB 向导规划电路板

这种方法比较简单，下面讲一下它的操作步骤。

(1) 单击 Files 面板底部的 New from template 单元，单击 PCB Board Wizard 选项，弹出新建 PCB 向导对话框，出现如图 7-30 所示的生成电路板向导。

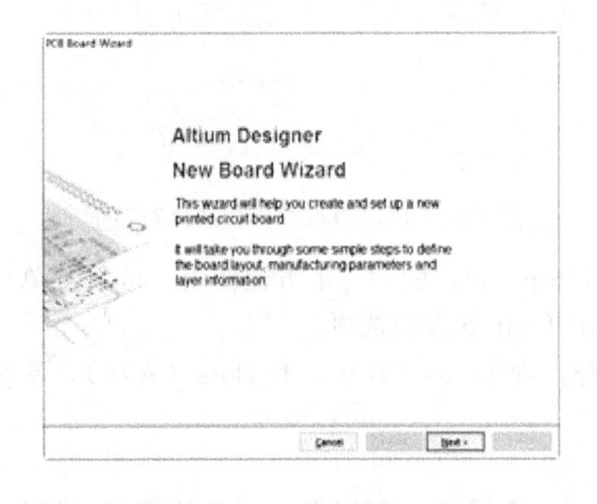

图 7-30　生成电路板向导

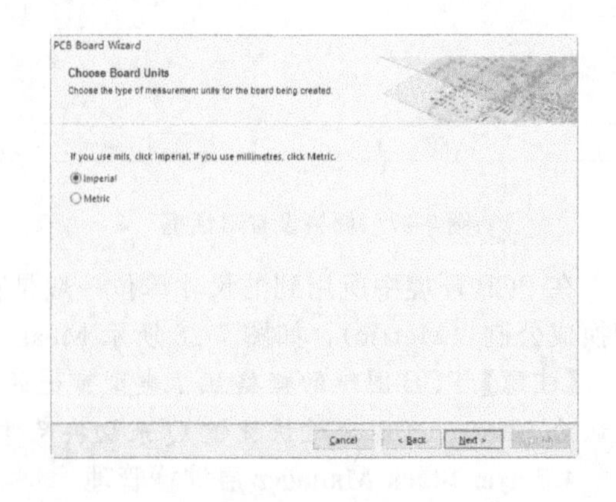

图 7-31　电路板设计单位对话框

（2）单击 Next，进入向导下一步，系统弹出如图 7-31 所示的电路板设计单位对话框，可以选择设计电路板使用的度量单位，是英制还是公制。

（3）单击 Next，进入向导的下一步，系统弹出如图 7-32 所示预定义标准版选择框，可以选择使用的电路板类型。

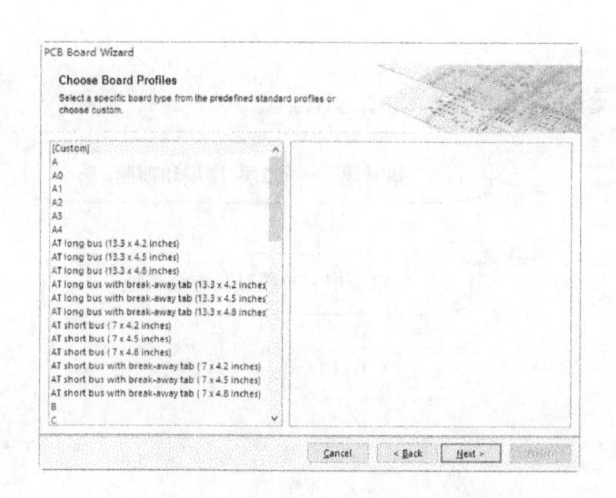

图 7-32　预定义标准版选择框

（4）出现的板卡类型有很多种，读者可以一一去试。这里需要自己按照要求创建一个电路板，所以选中 Custom Made Board（自定义类型）。单击 Next 按钮，出现如图 7-33 所示的设定板卡属性对话框。

Dimension Layer 设置电路板尺寸所在的层，一般选中机械层，系统默认为第 1 机械层，可以根据需要更改成其他机械层。Boundary Track Width 设置电路板边界导线宽度，Dimension Line Width 设置电路板尺寸线宽，Keep Out Distance From Board Edge 设置电路板边界距离电路板实际边界的距离，Title Block and Scale 设置是否生成标题块和比例尺，Legend String 设置是否生成图例和字符，Corner CutOff 设置是否矩形四个角开口，Dimension Lines 设置是否生成尺寸线，Inner CutOff 设置是否电路板中间开口。

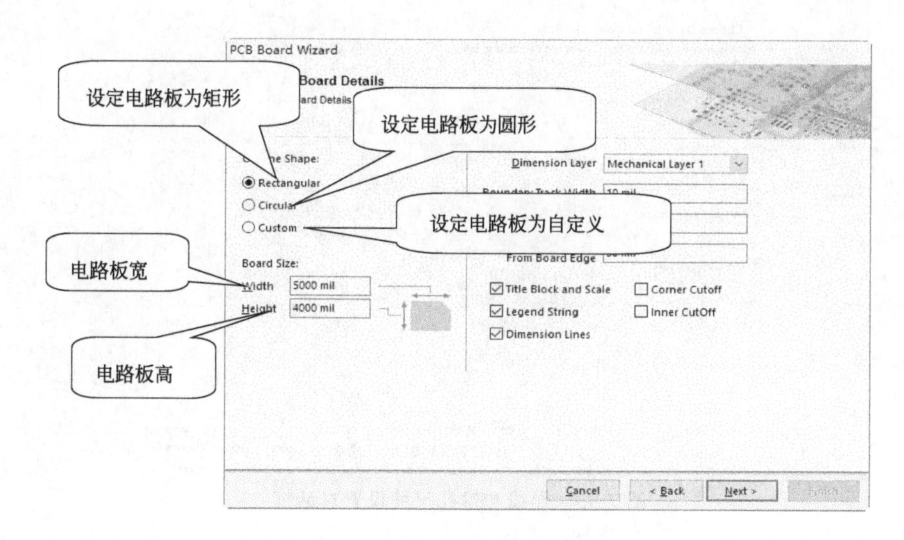

图 7-33　设定板卡属性对话框

（5）在宽和高设置框中分别输入电路板的参数，设置电路板为矩形，单击 Next 按钮，出现如图 7-34 所示电路板工作层选择对话框，一般可以选择默认，也可以选择电源层数为 0。在电路板工作层对话框中，选择电源层数为 0，设置为双层板，设置完毕后，单击 Next，弹出设置过孔类型对话框，选择 Thruhole Vias only，表示过孔穿过所有板层。

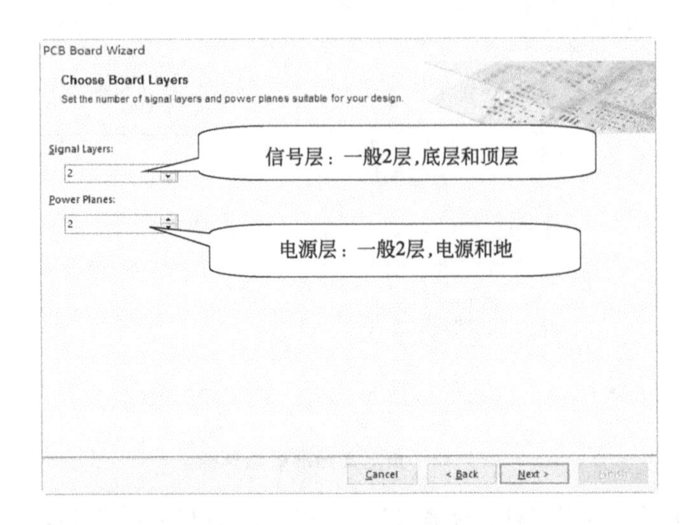

图 7-34　设置电路板工作层对话框

（6）单击 Next 按钮，系统弹出元器件选择对话框。其中 Surface-mount components 表示是以表面粘贴式器件为主，主要适用于 SMT 器件比较多的场合。Through-hole components 表示是以针脚式元器件为主。在对话框靠下的部分有一个选项，用于设置两个焊盘之间能通过的导线数量，在这里选择 Two Track，表示能通过两条导线。

（7）单击 Next 按钮，系统弹出如图 7-35 所示的导线和过孔尺寸设置对话框。Minimum Track Size 最小导线尺寸，Minimum Via Width 最小过孔直径，Minimum Via Hole Size 最小过孔通孔（内孔）直径，Minimum Clearance 最小导线间安全距离。

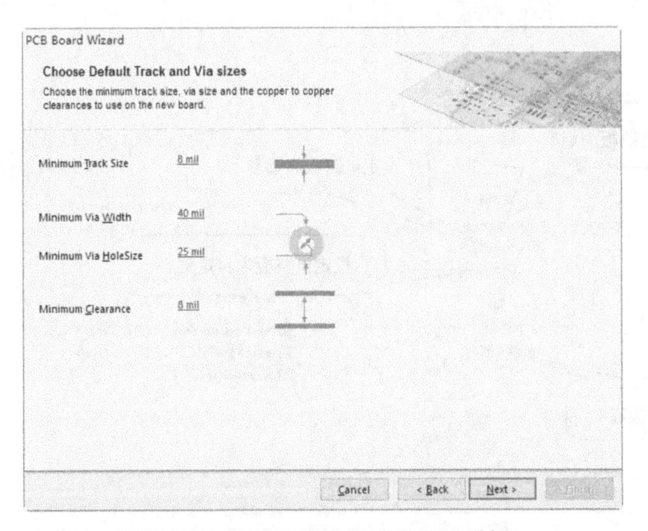

图 7-35　导线和过孔尺寸设置对话框

（8）单击 Next 按钮，系统弹出完成对话框，单击 Finish 按钮完成印制板的生成，如

图7-36所示，该印制板为电路板的框架。我们可以直接在上面放置元件封装，完成带标尺的PCB电路板框架图的制作。

如果在图7-33中将Title Block and Scale、Legend String等5个选项都勾选，则得到无标尺的PCB板框架如图7-37所示。

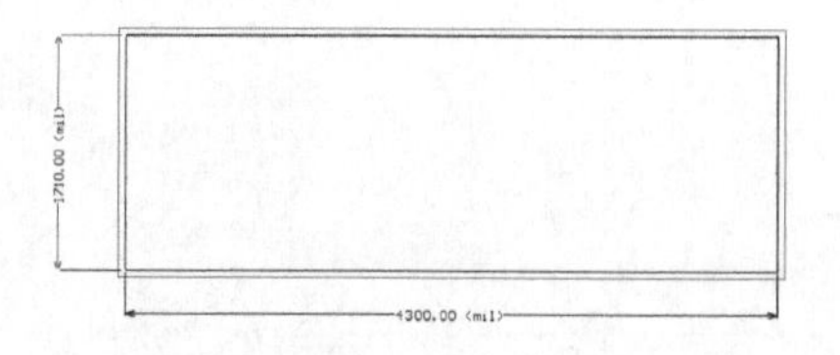

图7-36　带标尺的PCB电路板框架图

图7-37　无标尺的PCB板框架

7.3.2　手工规划电路板

新建好PCB文件后，选择禁止布线层Keep Out Layer（边界层），用⁄工具绘制出一个封闭多边形，一般绘制成矩形，也可以根据需要用画圆工具绘制成圆形。手工规划电路板的具体方法将在第9章中详细介绍。

7.4　导入网络表

通过前面的一系列参数设置和规划电路板，我们可以导入网络表了。在导入网络表前，还需要添加系统的元件封装库。

在制作PCB时，常用的元件封装库可以从Altium Designer官方网站下载。AD软件的元件库一般是在C：\Users\Public\Documents\Altium\AD16\Library文件夹下。

创建PCB文档后，选择【Design】命令，弹出如图7-38所示的菜单，选择【Import Changes From Documents. PrjPcb】命令，导入网络表。

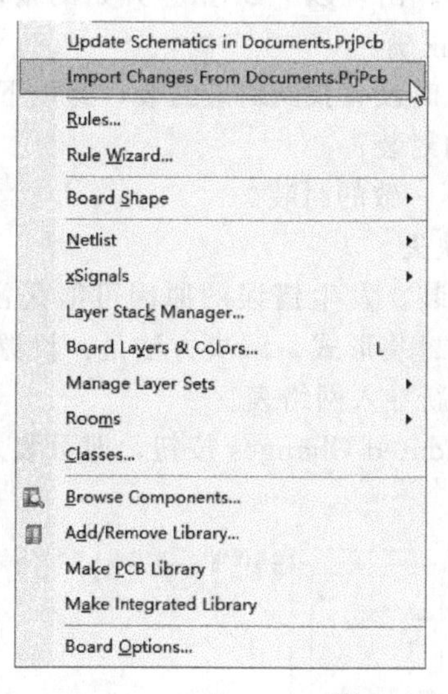

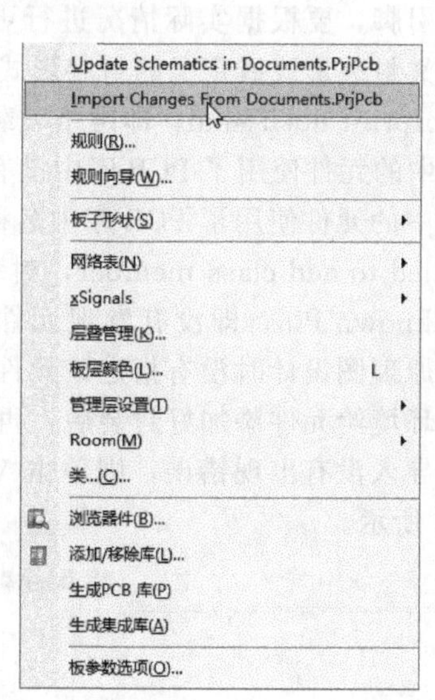

图7-38　Design菜单

网络表导入后，对话框变成如图7-39所示。选择Validate Changes，对话框变成如图7-40所示。

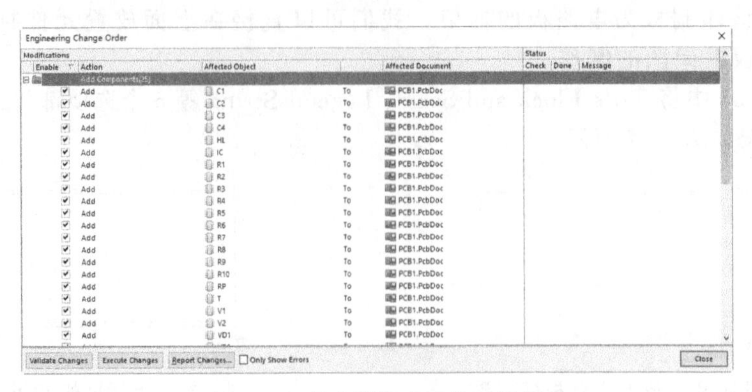

图 7-39　导入网络表后的对话框

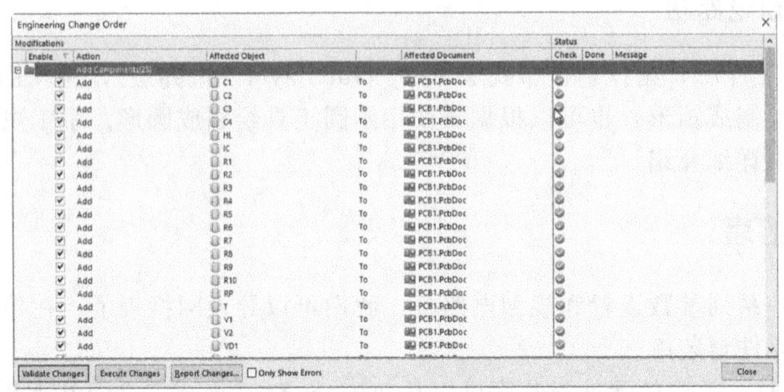

图 7-40　执行 Validate Changes 后的对话框

单击 Execute Changes 按钮，然后单击 Close，生成 PCB 板。网络表导入时，在错误信息提示栏中提示的错误有很多种情况。一般出现以“Warning”开始的警告信息，一般是因为某些元件有悬空的引脚，要根据实际情况进行更改。出现以“Error”开始的错误信息，一般是由于元件没有定义封装形式或定义的封装形式不正确。

错误 1：Footprint not found，即网络表载入时没有找到对应封装，有以下两种可能原因：

(a) 原理图中的元件使用了 PCB 库中没有的封装；

(b) 原理图中的元件使用了 PCB 库中名称不一致的封装。

错误 2：Failed to add class member，封装缺失。

错误 3：Unknown Pin，即没有发现元件封装。发生错误的原因可能是没有正确设置封装，也可能是在原理图设计时没有指定该元件的封装形式。解决方法是：设置正确的封装名，或者回到原理图环境给元件添加好封装后，再重新导入网络表。

如果网络表导入没有出现错误，则单击 Validated Changes 按钮，即可装入网络表与元件封装，如图 7-41 所示。

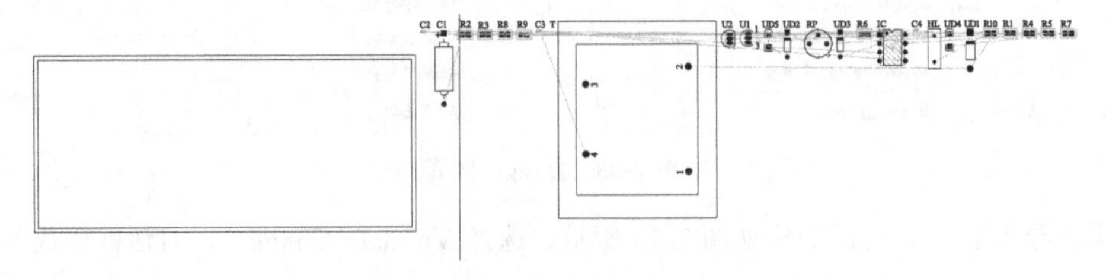

图 7-41　导入网络表后的元件封装

7.5　PCB 布局与布线

Altium Designer 具有强大的自动布局和自动布线功能，从而提高了工作效率。它可以通过设置好的程序算法，将放置在已经规划好的印制电路板电气边界内的元件自动布局，并自动布线。

7.5.1　PCB 自动布局

如果在导入网络表后直接进行布局，系统将采用默认的自动布局设计规则。为了使自动布局结果更符合要求，可以在自动布局前设置一些规则。

1. 设置自动布局规则

(1) 执行【Design】→【Rules】菜单命令，或单击鼠标右键选择【Design】→【Rules】命令，系统将弹出设计规则对话框，如图 7-42 所示。

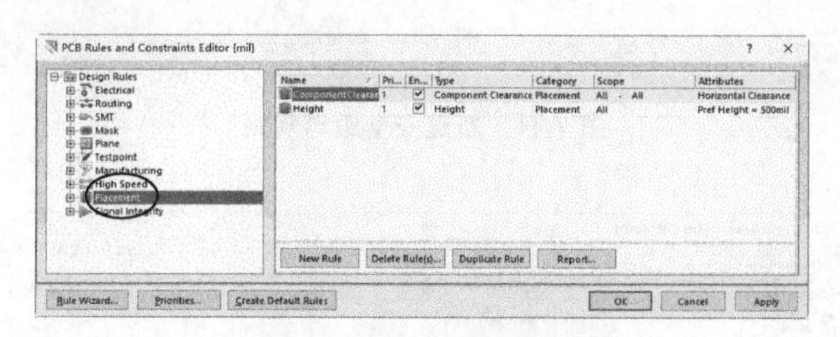

图 7-42　设计规则对话框

(2) 单击 Placement 选项卡，弹出如图 7-43 所示的自动布局设计规则界面。

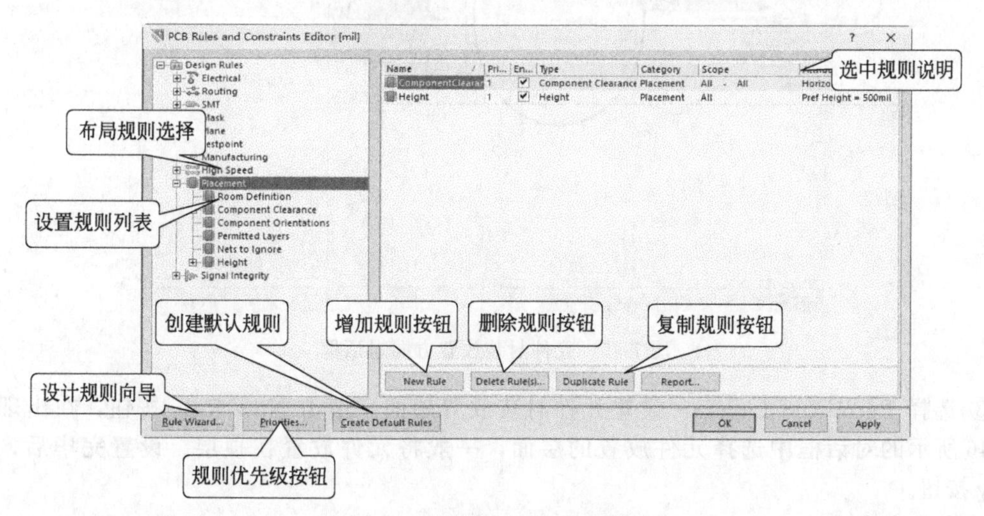

图 7-43　自动布局设计规则界面

在布局规则选择列表框中有 5 类自动布局规则，需要设置的规则有以下几项。

① Component Clearance：设置元件封装之间的安全距离。单击 New Rule 按钮，双击对话框左边的新建规则，对话框变成如图 7-44 所示，将对话框中的 Minimum Horizontal Clearance 和 Minimum Vertical Clearance 下的数字修改，例如 10mil。设置完毕后单击 OK。

② Component Orientations：设置元件封装放置的方向。单击 New Rule 按钮，在出现的如图 7-45 所示对话框右下角的角度选项里，选择元件封装的放置角度。一般选中 0°或 90°。

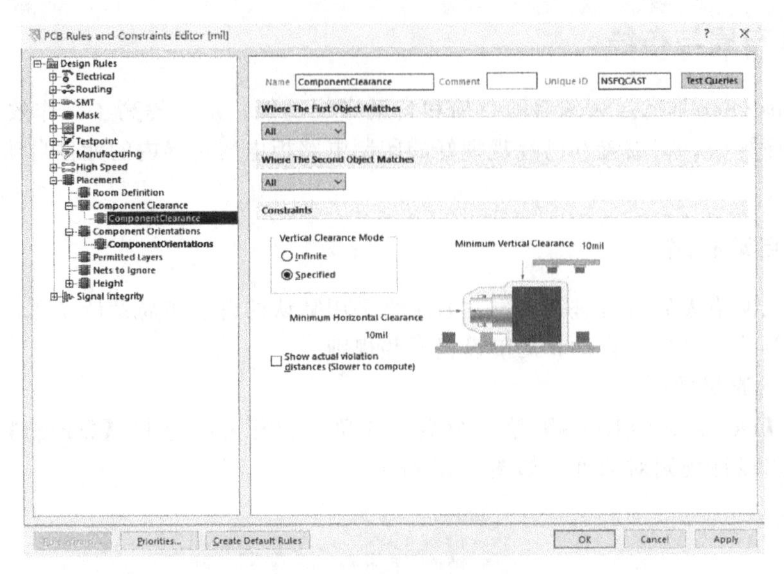

图 7-44　新建安全距离规则

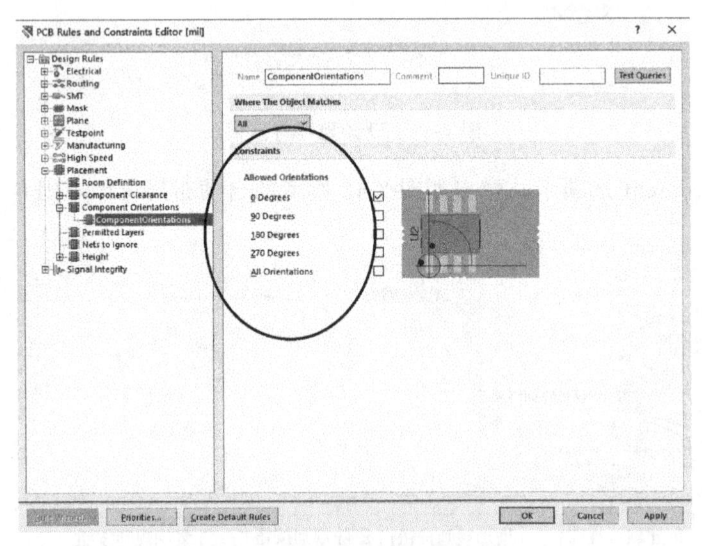

图 7-45　元件封装放置方向对话框

③ 选择 Permitted Layers：设置元件封装放置层面。单击 New Rule 按钮，在出现的如图 7-46 所示的对话框中选择元件放置的层面，一般将元件放置在顶层。设置完毕后，单击 Apply 按钮。

2. 自动布局

在设置自动布局设计规则后，就可以执行自动布局操作了。操作步骤如下：

执行【Tools】→【Component Placement】→【Auto Placer】菜单命令，系统开始自动布局。在布局过程中想中止布局，可执行【Tools】→【Component Placement】→【Stop Auto Placer】菜单命令。自动布局后的结果如图 7-47 所示。

7.5.2　PCB 手动布局

手工布局就是以手工的方式对放置在 PCB 图中的元件封装进行位置调整、排列，使元件处

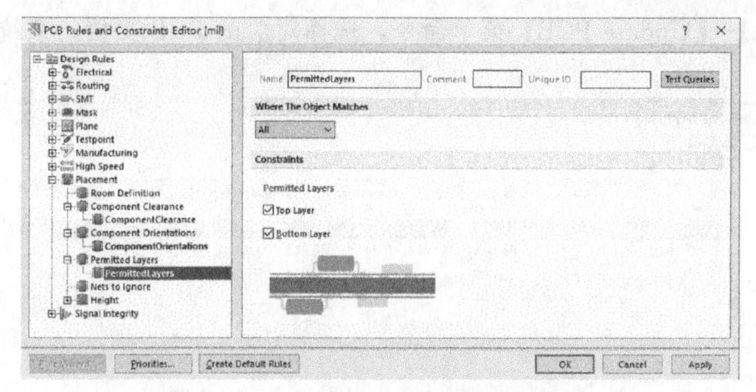

图 7-46　元件封装放置层面设置对话框

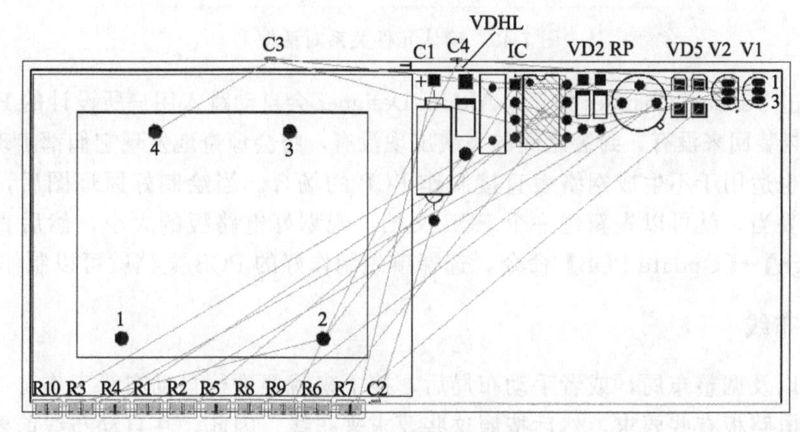

图 7-47　自动布局结果

于合适的位置。手工布局的方式比较适合于由分立元件组成的小规模、低密度的 PCB 图设计。

本例中将网络表导入后，直接通过用鼠标单击元件封装，将其拖到合适的位置。手动调整后的 PCB 布局图如图 7-48 所示。

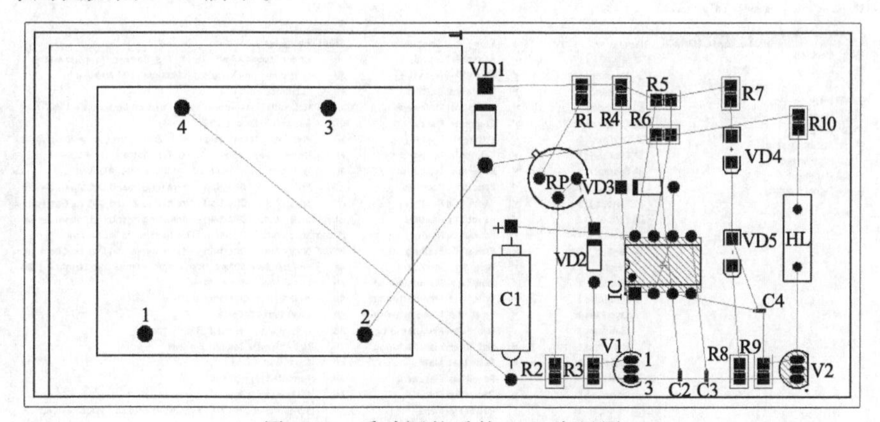

图 7-48　手动调整后的 PCB 布局图

7.5.3　更新 PCB

如果在导入网络表后，发现有些元件封装没有出现在 PCB 板上，或者有些元件之间没有飞线连接。这时可以修改原理图，重新生成网络表，然后重新予以加载。但是，如果是布局过程已经进行了大半的情况下，则可以采用另外一种方法，在不影响先前布局的情况下将遗失的封装捡回来。

执行【Design】→【Update PCB】菜单命令，选择对应的 PCB 文档，系统将弹出如图 7-49 所示对话框。

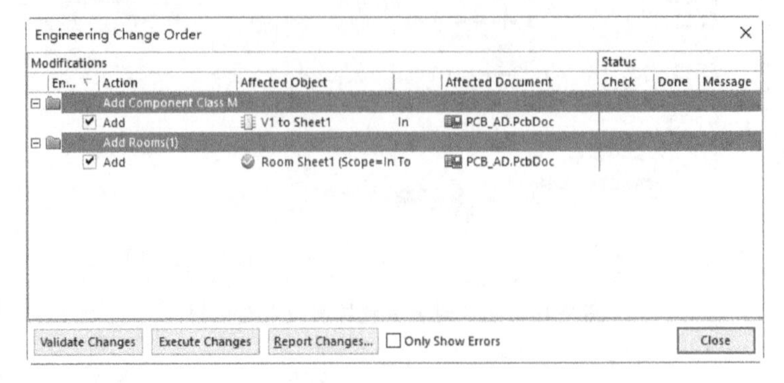

图 7-49　确认元件关系对话框

此时，单击 Validate Changes 按钮，Altium Designer 会自动跳入用户所设计的 PCB 文档，看看遗失的元件封装回来没有，封装之间的飞线出现没有，将会惊奇地发现它们都出现了。

这种方法也适用于不生成网络表直接制作 PCB 的场合。当绘制好原理图后，只要封装等参数一切设置妥当，就可以先新建一个 PCB 文档，规划好电路板的大小，然后直接在原理图上单击【Design】→【Update PCB】命令，选择事先制作好的 PCB 文档就可以制作 PCB 板。

7.5.4　自动布线

自动布局以及调整布局，或者手动布局后，接下来就要进行自动布线工作。一般来说，用户会对设计的电路板有些要求，然后按照这些要求来布线。因此，在自动布线前要先设置自动布线规则。

1. 设置自动布线规则

执行【Design】→【Rules】菜单命令，或者单击鼠标右键选中【Design】→【Rules】命令，

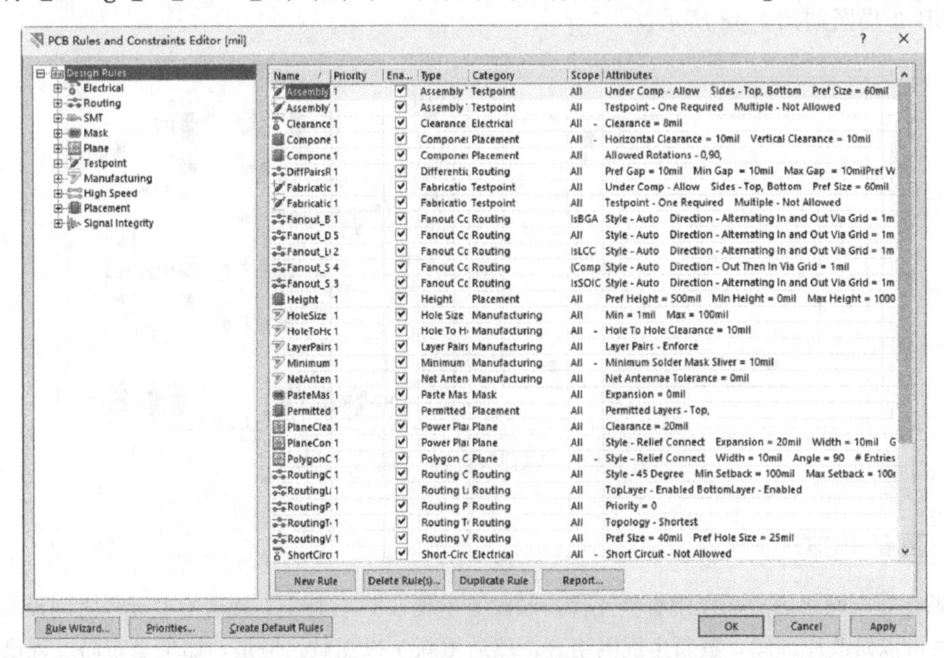

图 7-50　自动布线规则选择界面

系统将弹出如图 7-50 所示的自动布线规则选择界面。

（1）Electrical，即电气规则设置。Clearance 安全间距设置，系统将弹出如图 7-51 所示的安全间距设置对话框。双击左边的规则栏，按适用范围设置。

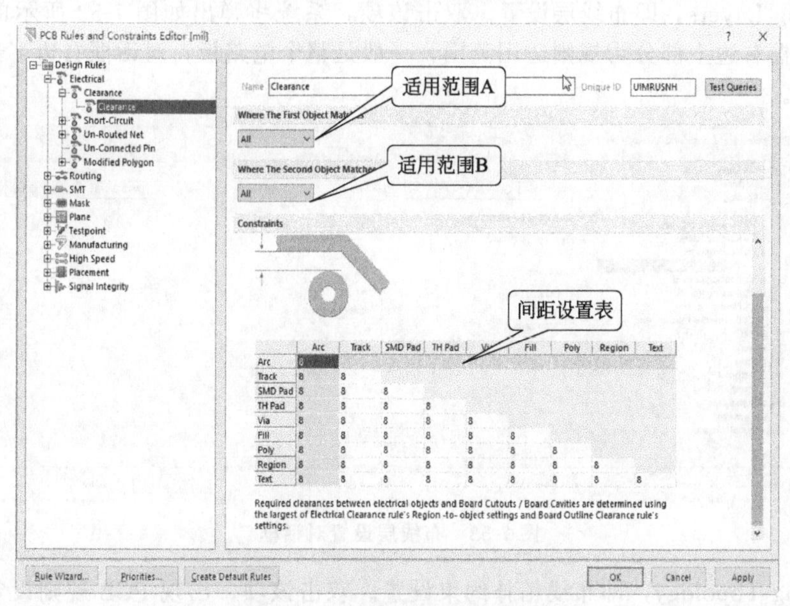

图 7-51　安全间距设置对话框

（2）Routing，即布线规则设置。

① Width，即走线宽度设置。选择左边的 Width 规则，出现如图 7-52 所示的设置走线宽度对话框。如果希望对电路中的某一部分布线时，走线与其他部分不一样，可以单击图 7-50 下方的【Create Default Rules】新建一条规则，然后单击对话框右上部分的规则适用范围，在下拉列表中选择规则适用的网络。

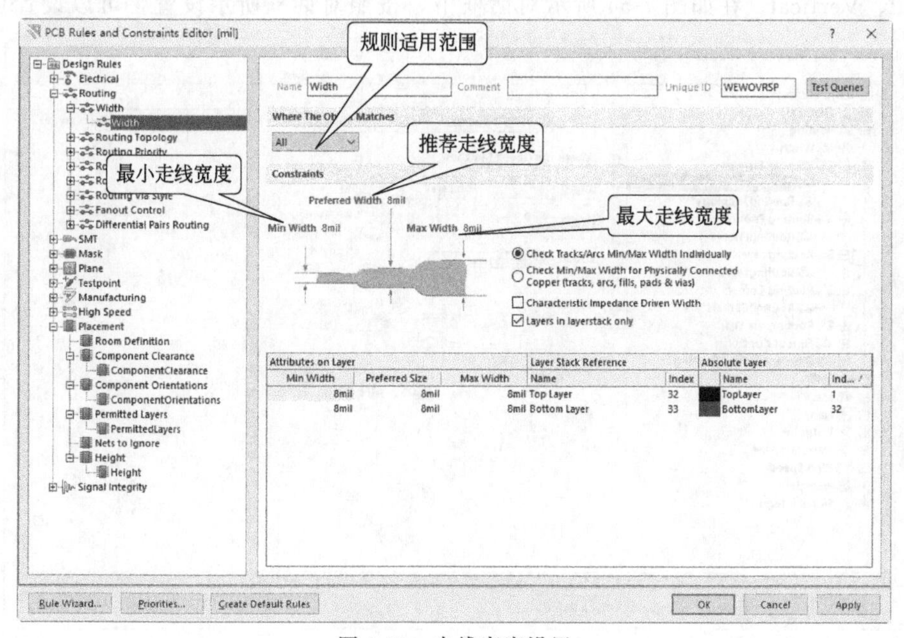

图 7-52　走线宽度设置

② Routing Corners，即走线拐角设置。双击左边的走线拐角规则，系统将弹出走线拐角设置对话框。走线拐角方式有 45°、90°和圆形拐角。一般采用 45°拐角。当选择 45°或圆形拐角方式时，还应设置转角尺寸的最小值和最大值。设置完成后，单击 OK 按钮，返回原来的对话框。

③ Routing Layers，即布线层设置。双击该项，系统将弹出如图 7-53 所示的布线层设置对话框。对话框右边上部分为规则适用范围，一般是整个电路板；对话框右边下部分设置指定的层可以布线。

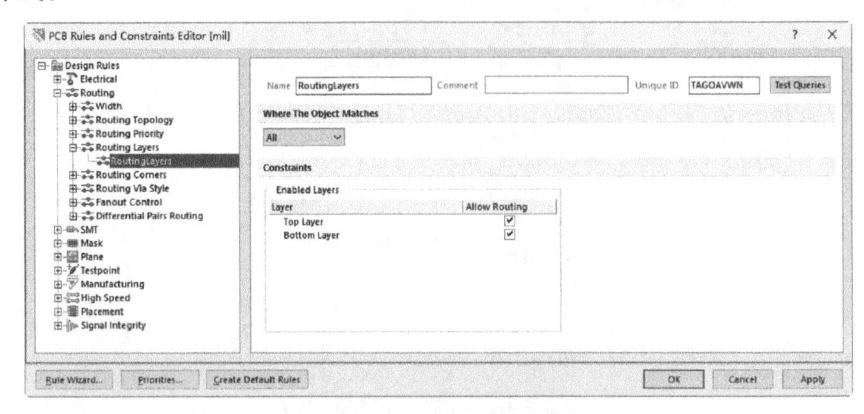

图 7-53　布线层设置对话框

④ Routing Topology，即布线拓扑约束设置。双击该项，出现 PCB 规则设定对话框。布线拓扑约束设置也就是设置走线模式。对话框左边为适用范围，一般情况下是整个电路板；对话框右边的为走线模式，共 7 种：Shortest（最短路径走线）、Horizontal（水平走线）、Vertical（垂直走线）、Daisy-Simple（简单菊花状走线）、Daisy-Mid Driven（由中间往外菊状走线）、Daisy-Balance（平衡菊状走线）、Starburst（放射性走线）。一般情况下，采用默认值，即最短路径走线。

此对话框也可以用来设置顶层和底层的布线方向。常用信号层的走线有 2 种：Horizontal、Vertical。在如图 7-54 所示对话框中，按照对话框所示设置，可以设置顶层为水

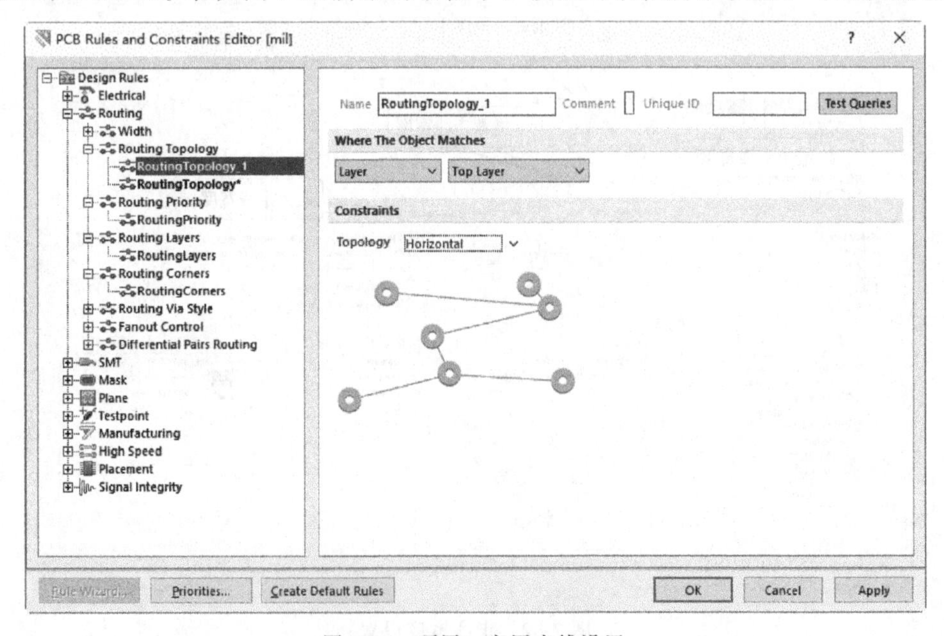

图 7-54　顶层、底层走线设置

平走线。

2. 自动布线

（1）执行【Auto Route】→【All】菜单命令，弹出如图 7-55 所示对话框。单击 Route All 按钮，系统将对整个电路板进行自动布线。

（2）自动布线完成后，系统弹出如图 7-56 所示的布线信息对话框。

（3）单击 OK 按钮，完成自动布线。自动布线完成后，经手工调整的 PCB 如图 7-57 所示，即本章开头的图 7-1。

（4）观看电路板 3D 效果图。执行【View】→【Board in 3D】，或单击主工具栏的工具，可以看到电路板的立体效果图，如图 7-58 所示。

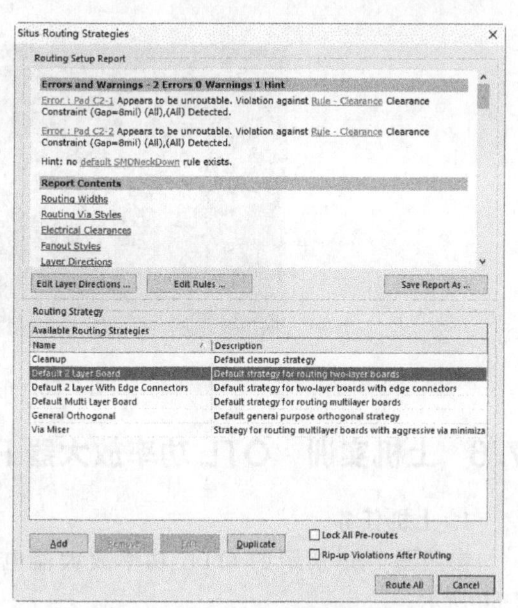

图 7-55　自动布线设置对话框

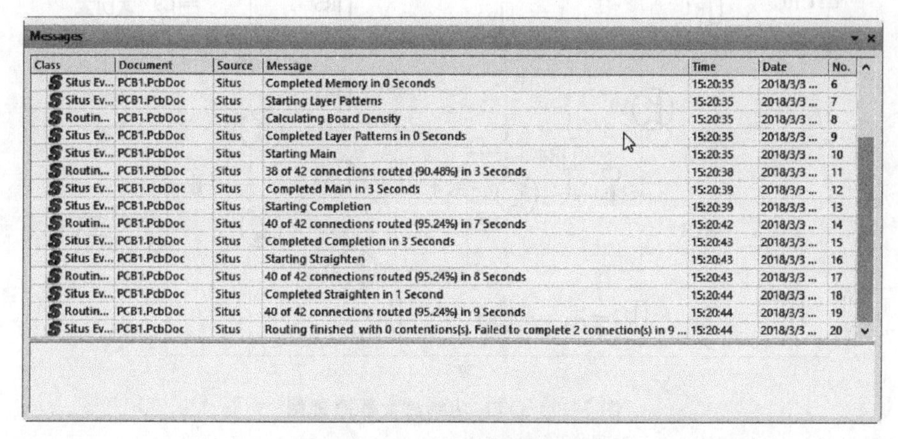

图 7-56　布线信息对话框

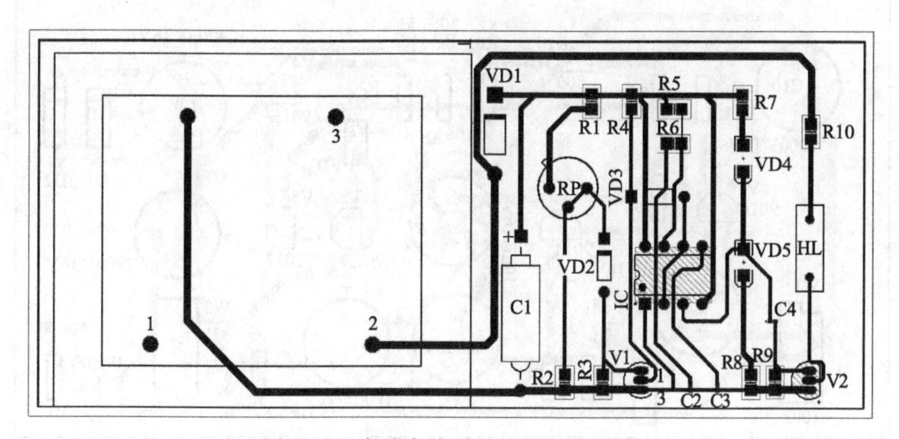

图 7-57　自动布线手工调整后的 PCB

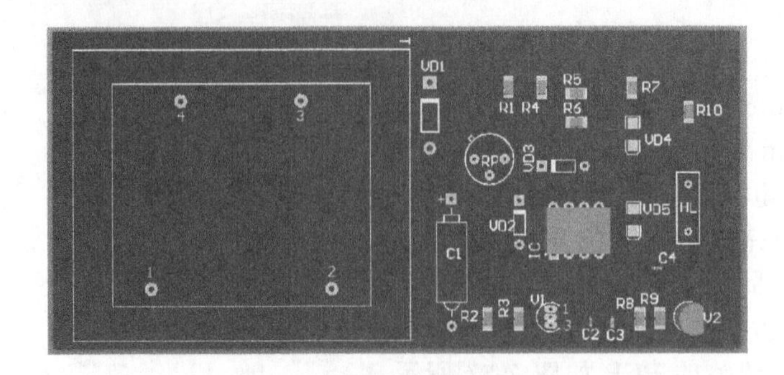

图 7-58　电路板 3D 效果图

7.6　上机实训　OTL 功率放大器 PCB 单面板的绘制

1. 上机任务

参照图 7-59 所示的 OTL 功率放大器电路原理图，绘制其单面 PCB 板图。参考图如图 7-60 所示。

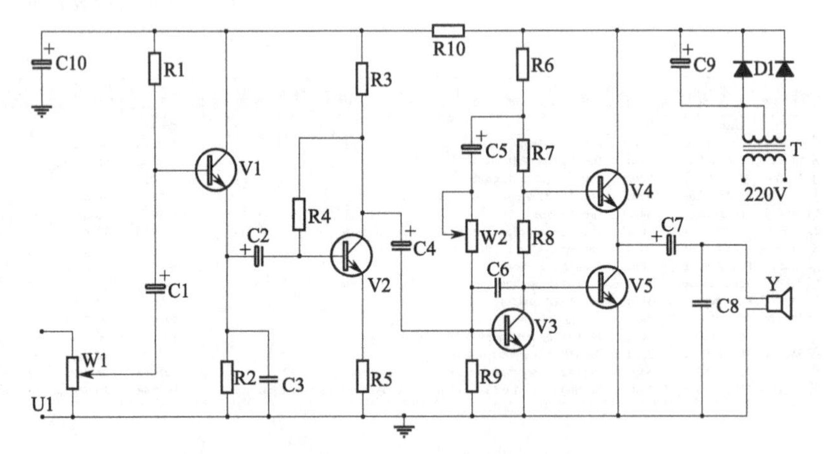

图 7-59　OTL 功率放大器原理图

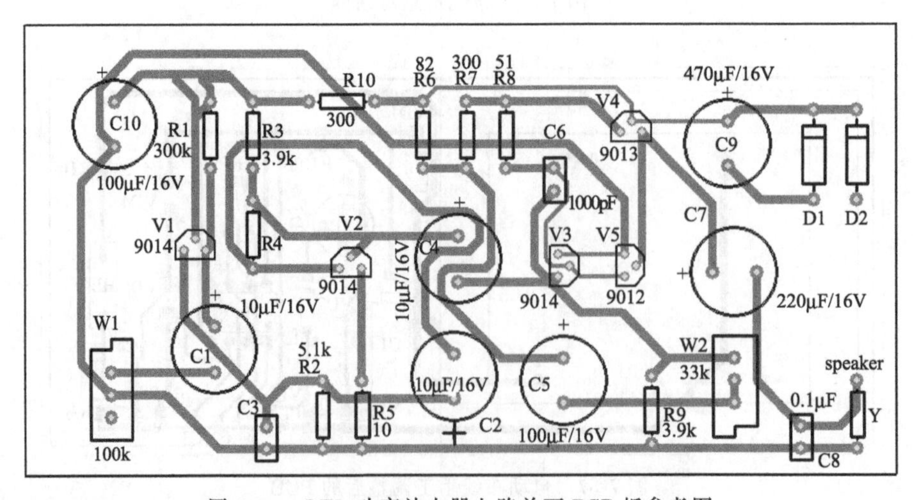

图 7-60　OTL 功率放大器电路单面 PCB 板参考图

2. 任务分析

先要绘制出 OTL 功率放大电路的原理图，根据原理图生成 PCB 板图。

(1) 启动 Altium Designer 16，新建文件“OTL 功率放大器电路 .SchDoc”，进入原理图编辑界面。

(2) 绘制原理图。

(3) 新建文件“OTL 功率放大器电路 .PcbDoc”，进入 PCB 图编辑界面。

(4) 在工作层 Keep Out Layer 下规划电路板，长 4000mil，宽 4000mil。

(5) 导入原理图，调整元件位置。

(6) 自动布线，手工调整。

本章小结

本章主要讲解了印制电路板的设计流程，以及单面 PCB 板的制作。

1. 印制电路板设计流程

绘制电路原理图→创建 PCB 文档→规划电路板→设置参数→生成 PCB→元件布局→布线→优化调整→保存退出。

2. 元件布局

(1) 手工布局。通过对元件排列、移动、旋转、复制、删除等手工操作，实现元件的布局。手工布局适合由分立元件组成的小规模、低密度 PCB 图的设计。

(2) 自动布局。Altium designer 自动进行布局，速度快，但效果不好。

3. 自动布线

通过设置好相应的布线规则后，Altium designer 可以对相应的网络进行全自动布线。自动布线后需要手工调整。

习　题

绘制如图 7-61 所示波形产生电路原理图的 PCB 图，原理图元件见表 7-6，参考 PCB 如图 7-62 所示。

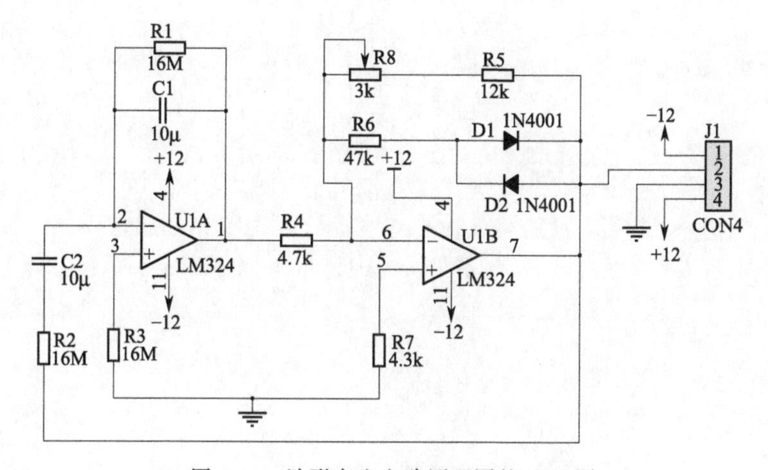

图 7-61　波形产生电路原理图的 PCB 图

表 7-6　原理图元件表

元件规格(型号)	编　号	封　装	说　明
LM324	U1A、U1B	DIP14	低功耗四运放
1N4001	D1、D2	DIODE0.4	二极管

续表

元件规格(型号)	编　号	封　装	说　明
POT2	R8	VR2	电位器
CAP	C1、C2	RB. 2/. 4	电容
RES2	R1～R7	AXIAL0. 3	电阻
CON4	J1	SIP4	连接器

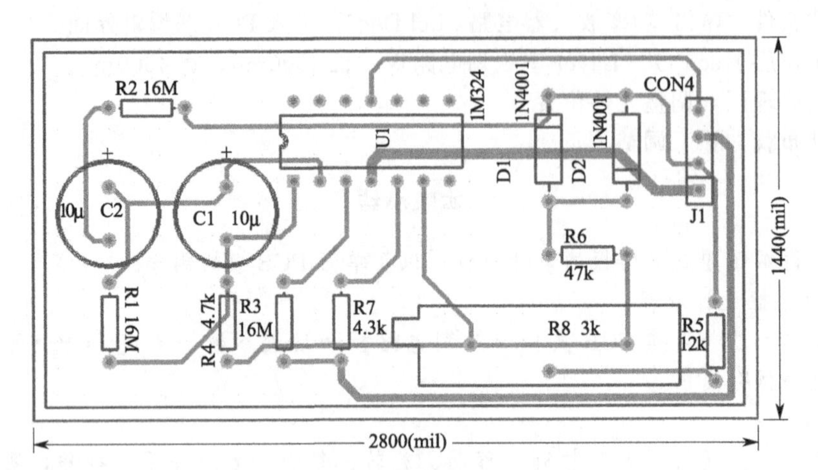

图 7-62　波形产生电路参考 PCB 图

第8章

数码管PCB元件库的制作

【本章学习目标】

本章以创建数码管PCB封装为例，讲述PCB元件库的创建过程，以达到以下学习目标：

◇ 掌握常用元件相应的PCB库元件；

◇ 掌握根据实物元件绘制PCB元件封装，包括对于形状规范的元件采用向导制作和不规范元件的手动绘制；

◇ 掌握自定义的PCB库元件调用。

该项目主要训练学生根据PCB元件实物绘制相应的PCB封装，如图8-1所示为数码管PCB封装图，这在实际电路板设计时会常常遇到这类问题。本章主要介绍PCB元件封装的绘制和编辑方法，重点介绍手工创建和利用向导创建两种方法，主要包括在MultiLayer层绘制焊盘，修改焊盘的尺寸，在Top Overlay层绘制元件外形的边框。

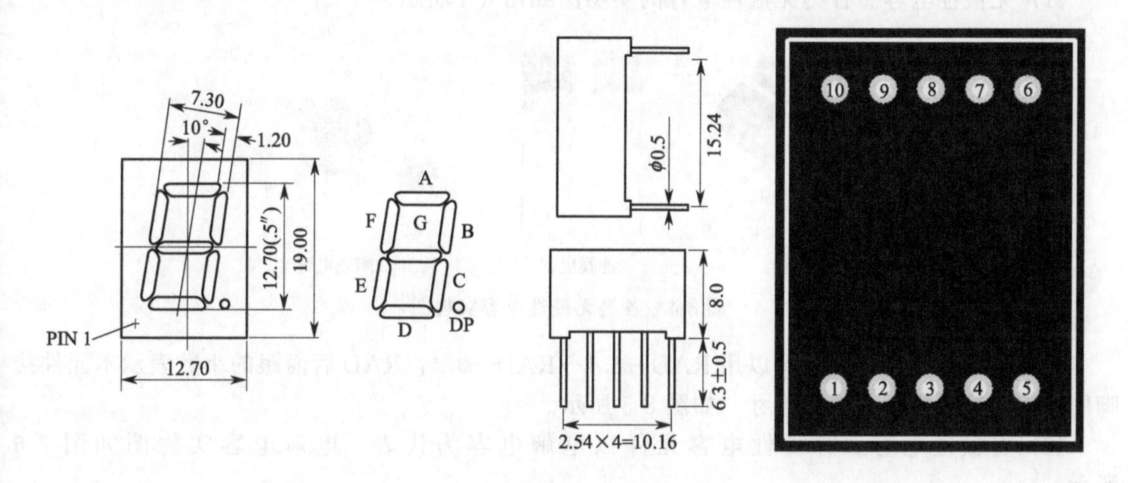

图8-1 数码管PCB封装图

8.1 常用元件及其封装图

不同的元件有不同的封装，相同的元件不同的系列封装也不相同，有时同一元件，不同厂家生产提供的封装也不相同，所以合理选用元件封装是成功制作电路板的前提条件，为了给初学者提供初步的认识，下面提供一些常用元件的图像及其常用封装，为正确设计电路板打下良好基础。

1. 电阻

电阻是电路中最常用的元件，一般以R为符号，根据功率的大小，形状变化较大，如图

8-2 所示。

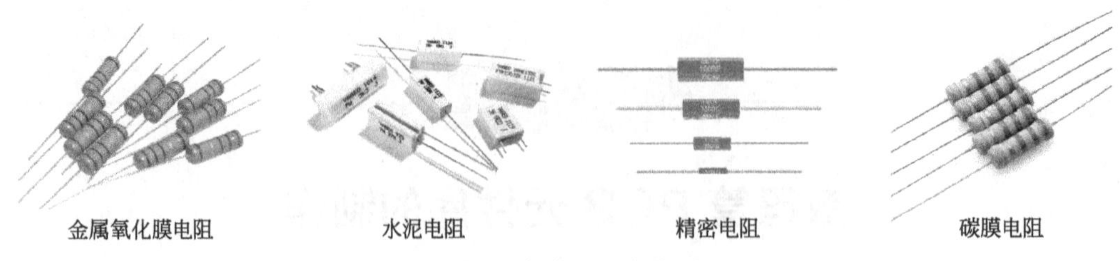

图 8-2　各类电阻实物图

电阻元件的封装可以用 AXIAL—0.3～AXIAL—1.0，AXIAL 在 Altium Designer 软件里表示无极性双轴式元件，后面跟的小数表示本元件接脚的间距，这些间距单位为英寸（mil 为毫英寸，1 英寸＝1000mil)，如图 8-3 所示。

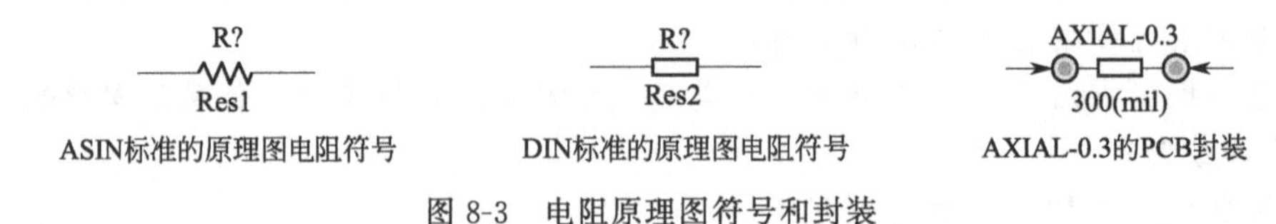

图 8-3　电阻原理图符号和封装

2. 电容

电容是电路中常用的储能元件，一般以 C 为符号，根据材料可以分为无极性电容和有极性电容。

(1) 无极性电容。各类无极性电容的实物图如图 8-4 所示。

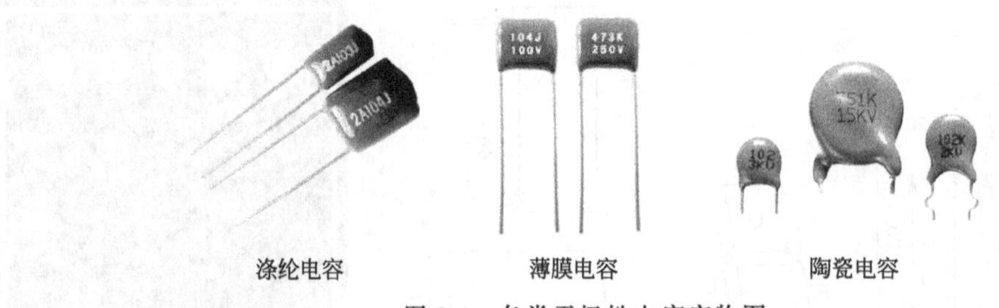

图 8-4　各类无极性电容实物图

无极性电容元件的封装可以用 RAD—0.1～RAD—0.4，RAD 后面跟的小数表示本元件接脚的间距，这些间距单位为英寸，如图 8-5 所示。

(2) 有极性电容。有极性电容元件以电解电容为代表，电解电容实物图如图 8-6 所示。

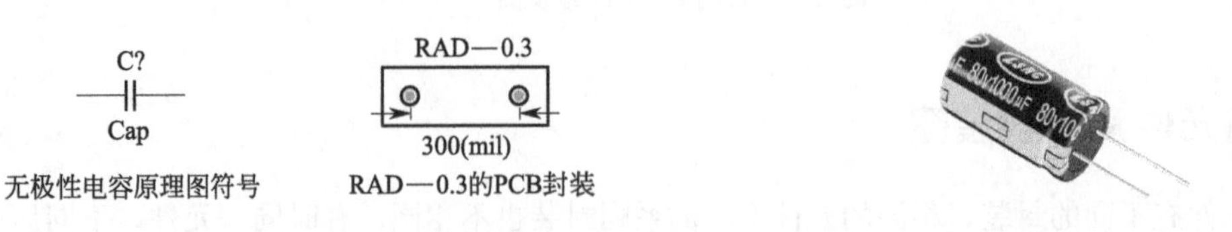

图 8-5　无极性电容原理图符号和封装　　图 8-6　电解电容实物图

有极性电容元件的封装常用 RB5—10.5 和 RB7.6—15，RB 后面跟的小数分别表示本元件接脚的间距和外壳直径间距，这些间距单位为 mm，如图 8-7 所示为有极性电容原理图符号和封装。

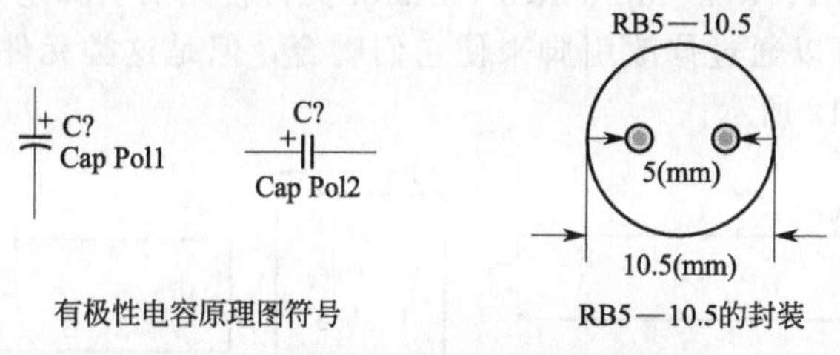

图 8-7　有极性电容原理图符号和封装

3. 电感

电感也是电路中常用的储能元件，一般以 L 为符号，各类电感的实物图如图 8-8 所示。

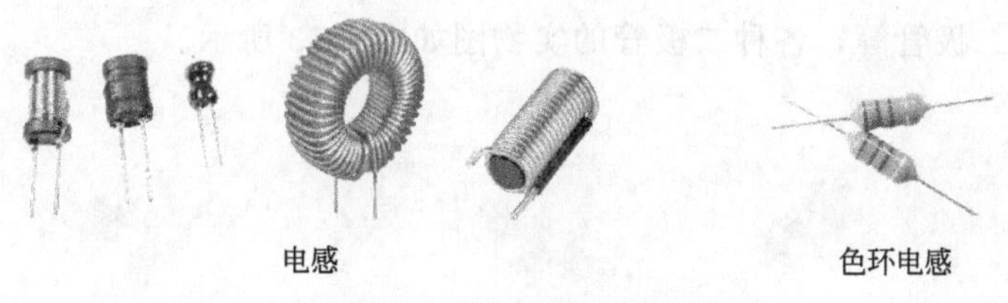

图 8-8　各类电感实物图

电感元件的原理图符号如图 8-9 所示，它的封装可以用电阻的封装或者无极性电容的封装来替代。

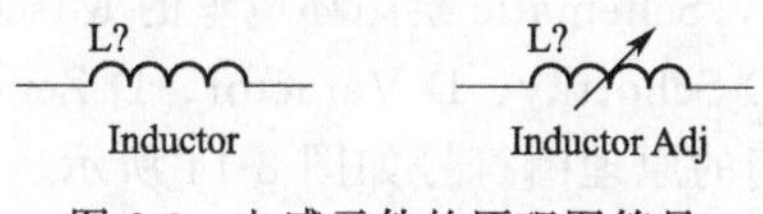

图 8-9　电感元件的原理图符号

4. 可变电阻

可变电阻在电路中的使用很广泛，常见的可变电阻实物如图 8-10 所示。

图 8-10　各类可变电阻实物图

可变电阻在 Altium Designer 软件中 Schematic 绘图环境里的 Miscellaneous Devices. IntLib 库中，有 Res Adj1、Res Adj2、Res Varistor、RPot、RPot SM、Res Tap 等，可变电阻的原理图符号如图 8-11 所示。

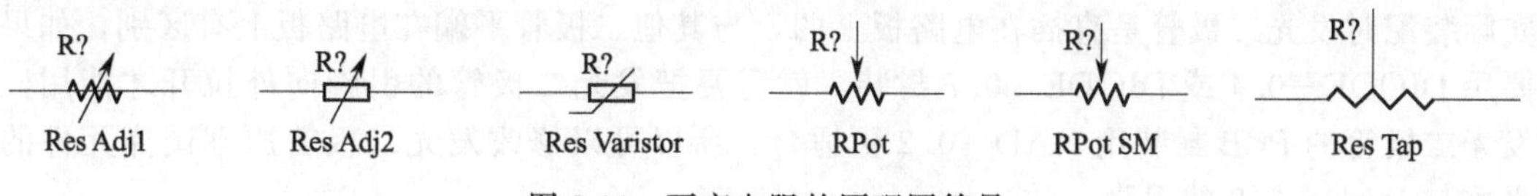

图 8-11　可变电阻的原理图符号

以上类型的可变电阻相应的 PCB 封装为 VR3～VR5，但使用时要注意，在原理图中的 RPot 和 RPot SM、Res Tap 元件中心抽头引脚定义为 3 或 W，与 PCB 封装的引脚不一致，需要修改引脚；而 Res Adj1、Res Adj2、Res Varistor 元件使用的引脚定义为 1、2，对应于 PCB 封装的 1、3 引脚，也可以通过修改引脚来使它们吻合，但是这类元件没有中间抽头的引脚，可变电阻的封装如图 8-12 所示。

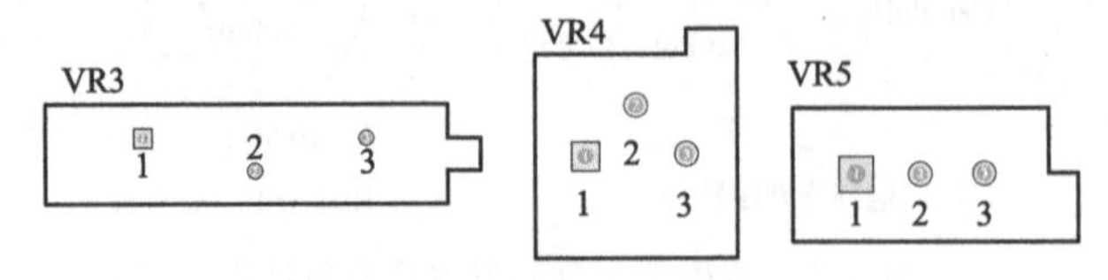

图 8-12　可变电阻的封装

5. 二极管

二极管是模拟电路中的常用器件，一般以 D 或 VD 为符号，按功能分类有整流二极管、稳压二极管、发光二极管等，各种二极管的实物图如图 8-13 所示。

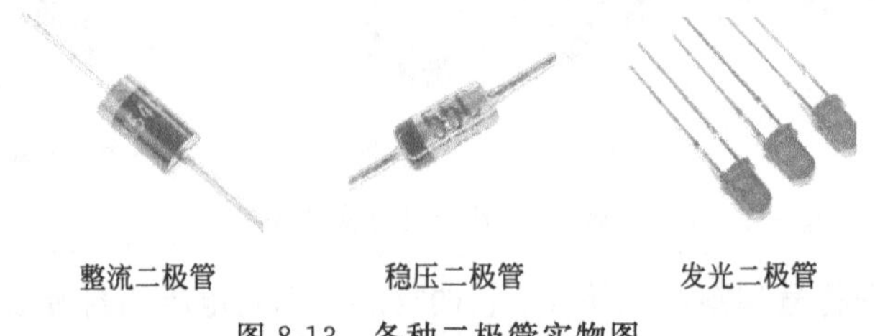

图 8-13　各种二极管实物图

在 Altium Designer 软件中，Schematic 绘图环境里的 Miscellaneous Devices. IntLib 库中，二极管有几十种型号，主要有 D Schottky、D Varactor、D Zener、Diode、D Tunnel、发光二极管（LED）这几种类型，它们的原理图符号如图 8-14 所示。二极管的 PCB 封装主要有 DIODE—0.4、DIODE—0.7 等，封装如图 8-15 所示。因为原理图库中的部分二极管元件引脚和 PCB 封装的引脚不一致，所以需要根据实际使用情况来修改引脚。

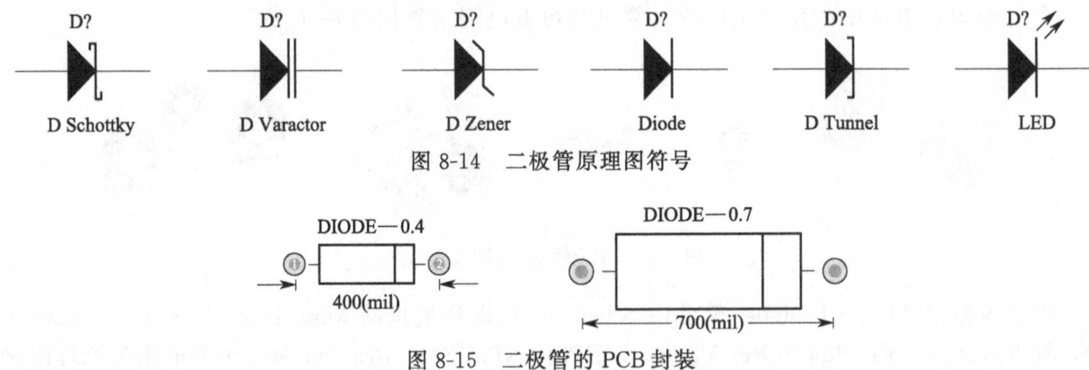

图 8-14　二极管原理图符号

图 8-15　二极管的 PCB 封装

发光二极管的原理图库元件与封装 DIODE—0.4（或 DIODE—0.7）在引脚上是一致的，但实际装配时发光二极管是直插在电路板上的，与其他二极管平躺在电路板上有区别，如果一定要用 DIODE—0.4 或 DIODE—0.7 封装，就需要把发光二极管的引脚向外拉开才能用，其实发光二极管的 PCB 封装用 RAD—0.2 更适合，所以可以修改发光二极管原理图库元件的引脚名称与 RAD—0.2 的引脚一致。

6. 三极管

三极管是模拟电路中的重要器件，它的使用非常广泛，按结构分类有 NPN 和 PNP 两种类型，各种三极管的实物图如图 8-16 所示。

图 8-16　各种三极管实物图

在 Altium Designer Schematic 绘图环境里的 Miscellaneous Devices. IntLib 库中，三极管有 NPN、NPN1、NPN2、NPN3、QNPN、PNP、PNP1、PNP2、PNP3 等多种型号，三极管的原理图符号如图 8-17 所示。不同的三极管对应的 PCB 封装有 TO—18 和 TO—92（普通三极管），TO—220—AB（大功率三极管），TO—254—AA（大功率达林顿管）等。三极管的 PCB 封装如图 8-18 所示，图中的封装引脚排列有的为三角形结构，有的为直线形结构，常用的 9013、9014 三极管引脚排列是直线形的，所以可以采用 TO—92 封装。

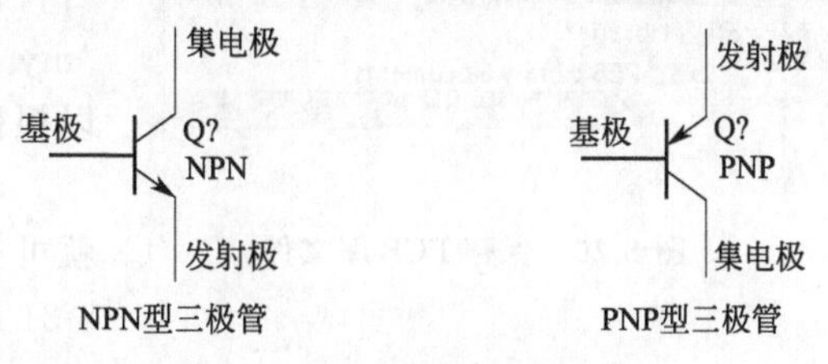

图 8-17　三极管原理图符号

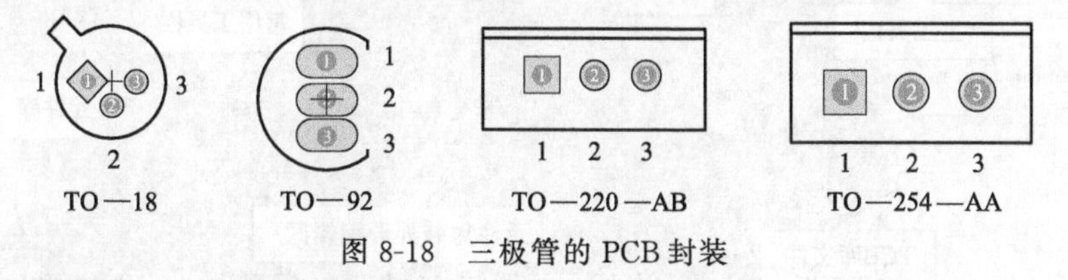

图 8-18　三极管的 PCB 封装

8.2　手工创建 PCB 元件封装

尽管 Altium Designer 中的元件封装库已经相当完善，但设计者还是常常会遇到新元件或非标准元件，而在软件里找不到相应的元件封装，所以就需要用户自己创建新元件的封装外形。

8.2.1　新建 PCB 元件外形封装库

（1）创建一个 PCB 库文件，建议在原有的工程里，或者新建一个工程，执行【File】→

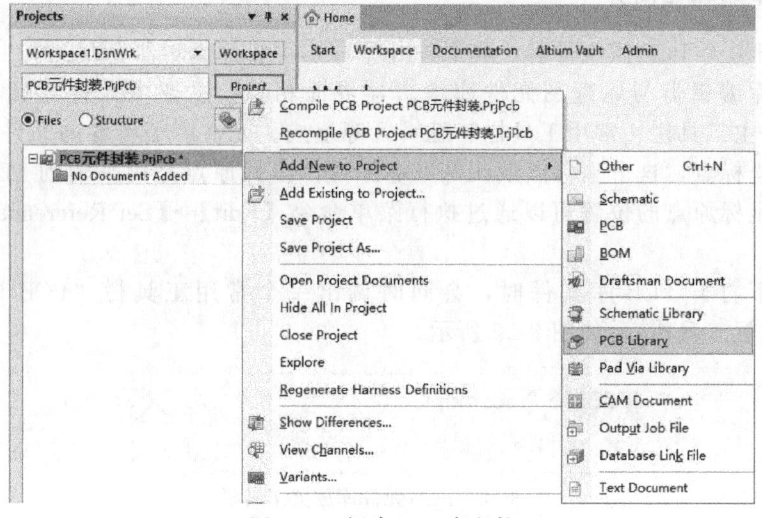

图 8-19　新建 PCB 库文件

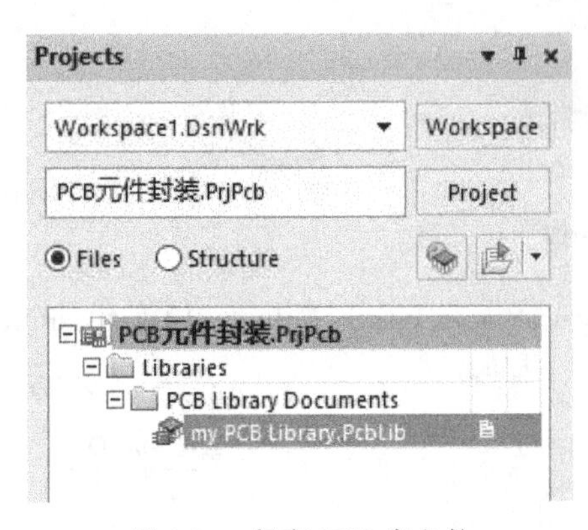

图 8-20 保存 PCB 库文件

【New】→【Library】→【PCB Library】，或者在“Projects”工作面板上先选中当前工程名，再单击 Project 按钮，在弹出的窗口选择【Add New to Project】→【PCB Library】，如图 8-19 所示，这样就创建了一个 PCB 库文件。

(2) 再对创建的库文件进行保存，由于是设计者自行创建的元件封装库，所以在这里把文件命名为“my PCB Library. PcbLib”，如图 8-20 所示，用户也可以根据自己的需要来命名。

(3) 鼠标双击 PCB 库文件名“my PCB Library”，就可打开文件，进入 PCB 元件库编辑器界面，如图 8-21 所示。

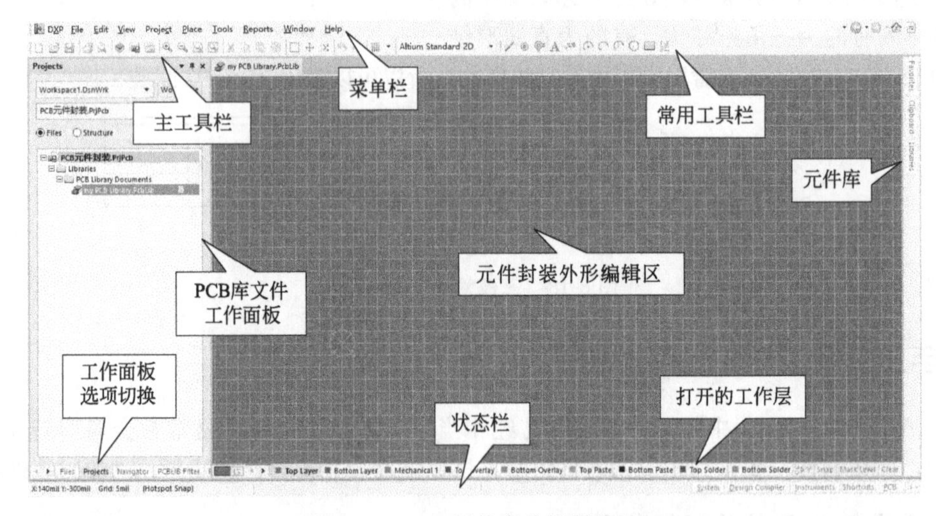

图 8-21 PCB 元件库编辑器界面

8.2.2 元件库编辑器简介

当用户打开某个 PCB 库文件后，屏幕将出现 PCB 元件库编辑器界面。

PCB 元件库编辑器与原理图元件库编辑器界面相似，主要由元件管理器（元件封装库）、菜单栏、主工具栏、常用工具栏、编辑区等组成。元件库编辑器的元件封装外形编辑区内显示一个坐标点，这个坐标点默认是坐标原点。坐标原点是用来辅助 PCB 元件封装创建和编辑的，坐标原点的位置可以通过执行菜单命令【Edit】→【Set Reference】→【Location】来重新设置。

默认情况下打开 PCB 库文件时，会同时调出一个常用工具栏“PCB Lib Placement”（PCB 元件库放置工具栏），如图 8-22 所示。

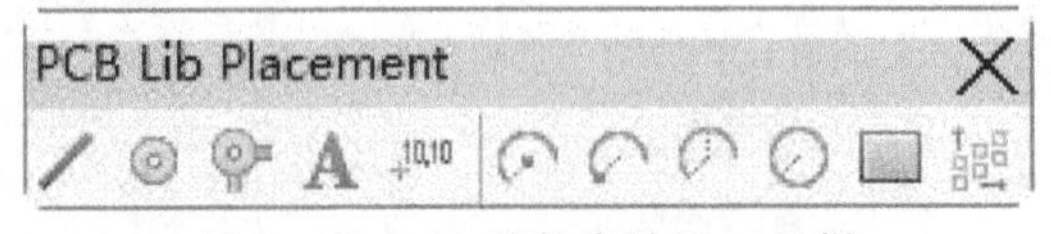

图 8-22 PCB 元件库放置工具栏

元件库放置工具栏中各工具，常用来绘制 PCB 元件库中元件的外形，以及放置相应的引脚，可以通过菜单命令【View】→【Toolbars】→【PCB Lib Placement】，打开或者关闭放置工具栏，放置工具栏中的工具图标及功能、意义如表 8-1 所示。

表 8-1　PCB 元件库放置工具栏中的图标及功能、意义

图标	功能、意义	图标	功能、意义	图标	功能、意义
	放置直线		放置焊盘		放置过孔
A	放置说明字符串		圆心模式绘弧线		圆弧模式绘弧线
	任意角度绘弧线		绘圆形		放置填充区域
10,10	放置坐标显示		阵列式粘贴		

8.2.3　设置绘图环境

目前电子元件的引脚排列以英制单位为主，以公制单位排列引脚的元件很少。例如最常见的 DIP 封装的集成电路，两个引脚的距离是 100mil，相当于公制的 2.54mm，所以要准确、快速地绘制出高质量的 PCB 图，设置栅格、捕获栅格以及焊盘大小，都建议用英制尺寸。

下面列出公英制的长度单位换算关系式：

1foot（英尺）＝12inch（英寸）＝0.3047metre（米）；

1inch（英寸）＝1000mil（毫英寸）＝25.4millimetre（毫米）；

100mil（毫英寸）＝2.54millimetre（毫米）。

【操作技巧】

在 Altium Designer 软件中，执行菜单命令【View】→【Toggle Units】，就可以实现公制单位和英制单位的切换，也可以直接按键盘上的 Q 键快速切换尺寸单位。

在制作 PCB 元件库时，首先要设置绘图环境，定义栅格。在编辑区单击鼠标右键，选择【Library Options】，出现【Board Options】对话框，单击对话框左下角的【Grids...】图标，出现【Grid Manager】对话框。【Grid Manager】对话框还可以通过执行菜单命令【View】→【Grids】→【Grid Manager】打开。

在【Grid Manager】对话框里，深色显示当前默认的栅格设置，双击默认设置行，就会弹出【Cartesian Grid Editor】对话框，在【Cartesian Grid Editor（mm)】对话框里，就可以对可视栅格的尺寸进行设置，这里设置小栅格为 100mil 的单位长度，大栅格的单位长度是小栅格的 2 倍，如图 8-23 所示。

8.2.4　制作 LED 数码管的封装

1. 确定坐标零点

用按钮（Pageup 键）或按钮（pagedown 键）对 PCB 元件编辑区进行缩放，使之便于观察和编辑，再通过【Edit】→【Set Reference】→【Location】，设置编辑绘图区的坐标原点（0，0）。

【操作技巧】执行菜单命令【Edit】→【Jump】→【Reference】，或者通过快捷键 J＋R，就可以使鼠标移到坐标原点（0，0）位置。菜单命令【Edit】→【Set Reference】用于设置坐标原点（0，0)，其中【Pin 1】表示以引脚 1 为坐标原点，【Center】表示以图形中心点为坐标原点，【Location】表示以自己任意确定的位置为坐标原点。

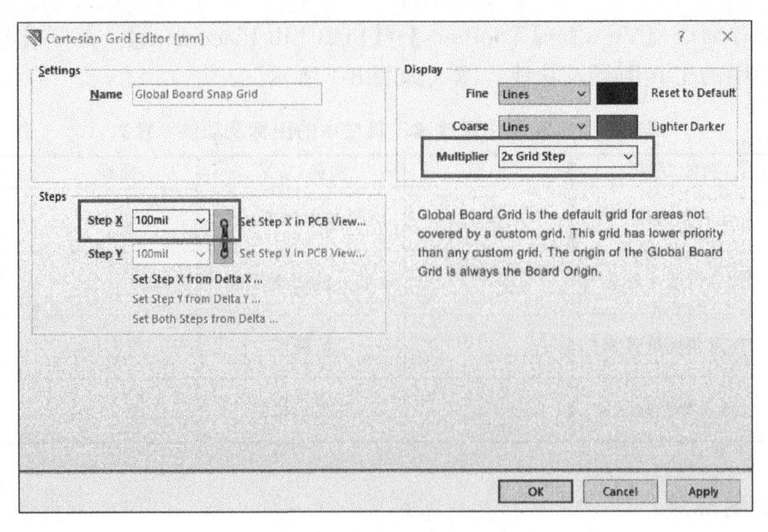

图 8-23　设置栅格的尺寸

2. 绘制元件焊盘

图 8-24 所示为数码管实物的尺寸，数码管横向引脚间距为 2.54mm，即 100mil，纵向引脚间距为 15.24mm，即 600mil，引脚直径为 0.5mm。

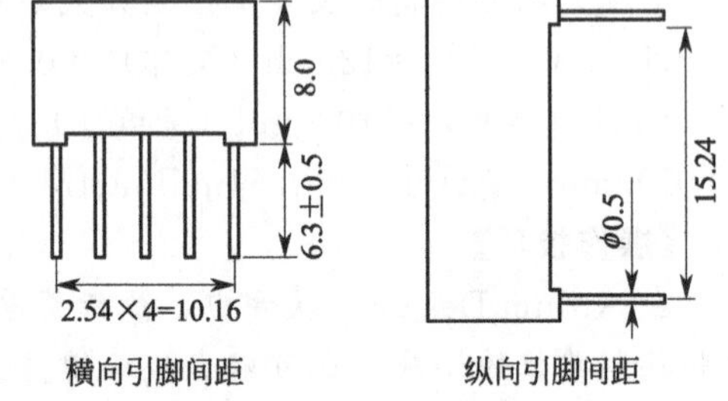

图 8-24　数码管实物尺寸

首先执行菜单命令【Place】→【Pad】，或者单击“PCB Lib Placement”工具栏的图标，在坐标原点（0，0）处放置焊盘，然后在横坐标方向依次间隔 100mil 位置再放置焊盘，共放置 5 个，接着在纵向间隔 600mil 处再依次放置 5 个焊盘。要注意的是，当单击了图标后，不要急于在图上放置焊盘，当焊盘符号还粘在十字光标上时，按下“Tab”键，就会打开焊盘属性对话框。根据数码管引脚的特征，在焊盘属性对话框中将焊盘的 X-Size 和 Y-Size 设置为 60mil，Shape 设置为 Round，将 Hole Size 设置为 0.7mm（略大于引脚直径），将 Designator 设置为相应的引脚号，在这里第一个焊盘的 Designator 设置为 1，如图 8-25 所示。

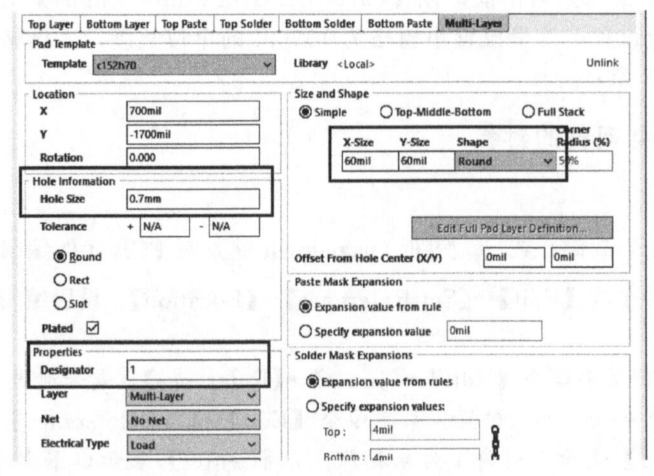

图 8-25　焊盘属性设置

设置第一个焊盘的属性后，放置好焊盘，接着光标上会自动再补充一个焊盘符号，继续放置，每次放置完一个焊盘，光标上就会继续补充下一个焊盘，依次放置 10 个焊盘，单击鼠标右键结束放置。以上操作方法的优点在于：第一次设置好焊盘的属性和编号（Designator）后，后续的焊盘属性就会自动和第一次设置的一样，而编号则会自动排序增加，如此操作就不需要打开每个焊盘的属性对话框，修改它的属性和 Designator。以上的操作方法既便捷又准确，在放置多个相同元件时，建议用户使用这种方法，最终绘制好的数码管引脚封装如图 8-26 所示。

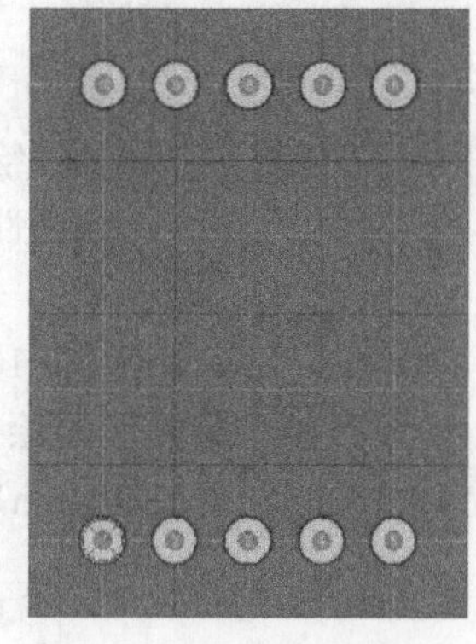

图 8-26　数码管引脚封装

【注意】此处数码管引脚的 Designator 的值，要与第 3 章原理图库符号中的 Number 相一致，否则，调用元件时会出现元件符号丢失。

3. 绘制数码管外形尺寸

一般情况下，系统默认焊盘是放置在 Multi-Layer（多层）上，所以在放置焊盘时不需要去修改它所在的层。但是在绘制数码管外形时，首先需要切换到 Top Overlay（顶层丝印层）上，这是因为元件外形线以及文字、尺寸标注等一般都绘制在 Top Overlay 上，尤其是绘制元件外形线时，不能随意绘制在布线板层上，那样可能会形成实体的铜膜走线，造成短路现象。

在绘制元件封装外形线时，如果外形线的尺寸是简单的整数，可以通过调整可视栅格和捕捉栅格的单位尺寸来绘制外形线，比如外形边框是 5000mil×4000mil，那么可以设置可视栅格为 1000mil，捕捉栅格为 100mil，外形边框就等于 5 格×4 格，这样就很容易能绘制出外形边框。可视栅格的设置方法在前面已经介绍过，捕捉栅格的设置方法和它相似，执行菜单命令【View】→【Grids】→【Set Global Snap Grid...】就可以弹出【Snap Grid】对话框，如图 8-27 所示，在对话框里就可以对捕捉栅格进行设置。

除了执行以上的菜单命令，还可以单击工具栏的  图标，就会出现图 8-28 所示的下拉选项框，单击选项框的第二个选项也可以弹出【Snap Grid】对话框。下拉选项框的第一个选项【Toggle Visible Grid Kind】用于切换可视栅格中小栅格的可见度，单击该选项一次，小栅格不可见；再单击该选项一次，小栅格又出现。另外下拉选项框中还提供了 8 个常用的可视栅格的单位尺寸，只要单击这些尺寸，就可以把可视栅格的单位尺寸快速设置为这个值，从而方便了用户的操作。

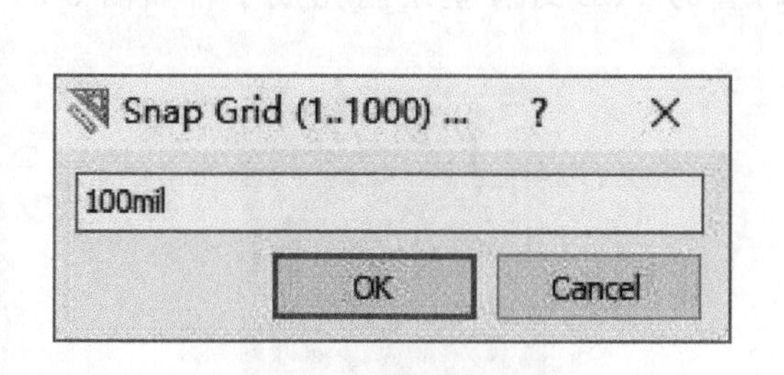

图 8-27　捕捉栅格设置

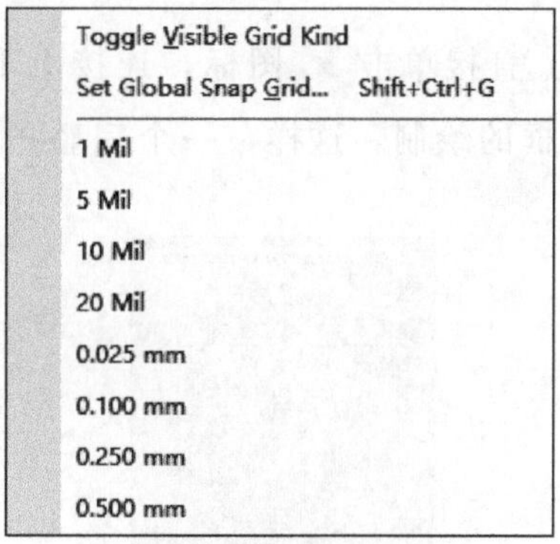

Toggle Visible Grid Kind
Set Global Snap Grid...　Shift+Ctrl+G
1 Mil
5 Mil
10 Mil
20 Mil
0.025 mm
0.100 mm
0.250 mm
0.500 mm

图 8-28　栅格设置选项框

由于数码管的外形框尺寸是 12.7mm×19mm，不是简单的整数尺寸，如果通过修改可视栅格和捕捉栅格的尺寸来绘制，会比较繁琐，容易出错，所以建议采用设置坐标的

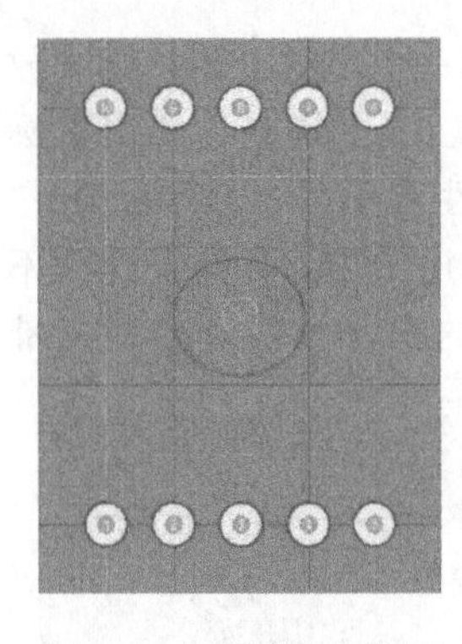

图 8-29　坐标原点设置在中心处

方法来绘制数码管的外形框。

（1）绘图区切换到 Top Overlay（顶层丝印层）上，按下键盘上的“Q”键快速切换尺寸单位，选用公制单位 mm。

（2）重新设置坐标原点（0，0），执行菜单命令【Edit】→【Set Reference】→【Center】，坐标原点就自动设置到 10 个焊盘的中心对称处，如图 8-29 所示。

（3）执行菜单命令【Place】→【Line】，或者直接单击 ╱ 图标，在绘图区任意位置绘制一根任意长度的直线，双击该直线，在弹出的属性对话框中修改直线的起止坐标，起点坐标设置为（－6.35mm，－9.5mm），终点坐标设置为（6.35mm，－9.5mm），线宽设置为 10mil，如图 8-30 所示。

参照以上操作，再绘制一根直线，起点坐标设置为（－6.35mm，9.5mm），终点坐标设置为（6.35mm，9.5mm），这样，数码管的上下边框就准确绘制完成，如图 8-31 所示。

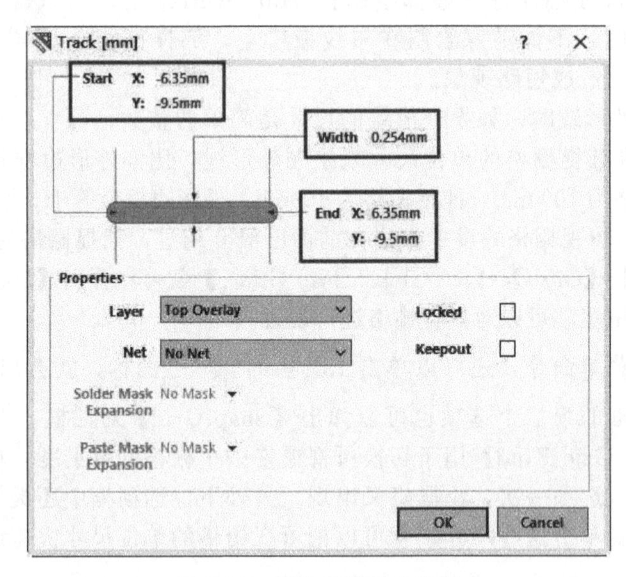

图 8-30　修改直线起止坐标

（4）直接单击 ╱ 图标，连接上下边框的端点（软件会自动捕捉端点），完成数码管左右边框的绘制，这样，一个完整的 LED 数码管的 PCB 封装就绘制完成了，如图 8-32 所示。

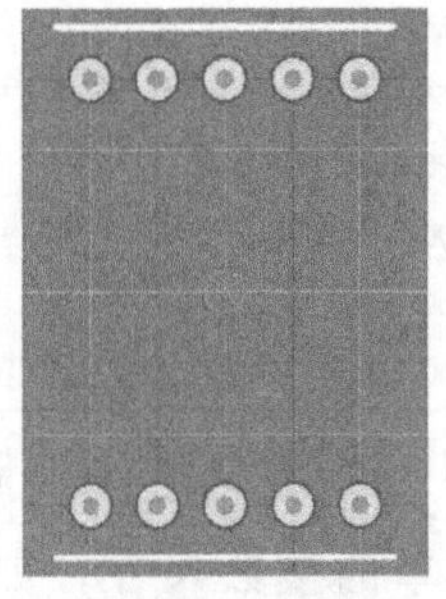

图 8-31　绘制数码管的上下边框

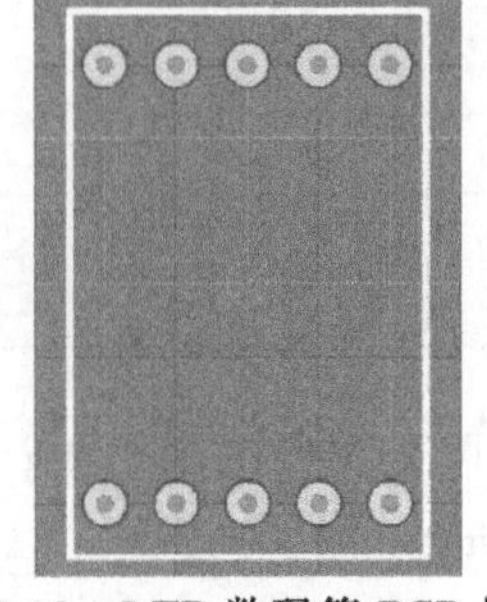

图 8-32　LED 数码管 PCB 封装

8.2.5　元件封装的保存和调用

PCB 库文件就相当于用户自行创建的一个 PCB 封装库，在这个封装库里可以装载很多 PCB 元件的封装，所以需要给这些元件封装命名，以便保存和调用。

在绘图区左侧的工作面板下方，提供了多个可以切换的选项，选择【PCB Library】，当前的工作面板就切换成了【PCB Library】面板，如图 8-33 所示。

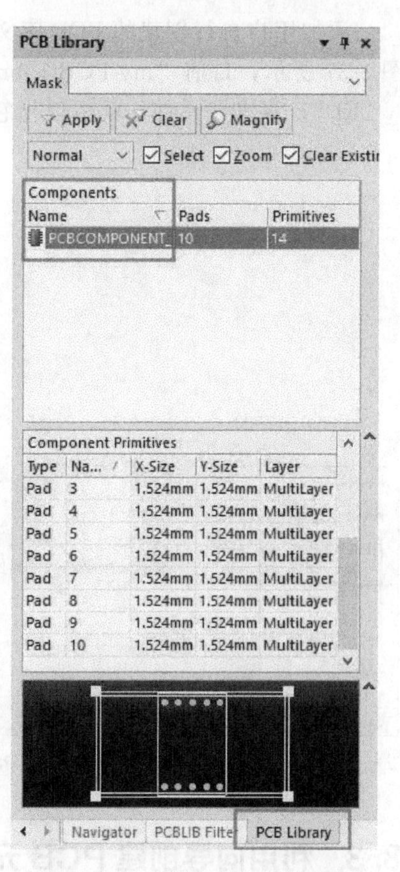

图 8-33　PCB Library 工作面板

在【PCB Library】面板上，可以看见刚才创建的数码管的 PCB 封装，已经默认命名为“PCBCOMPONENT _ 1”，但是这个命名方式不够明确。双击 PCB 元件名“PCBCOMPONENT _ 1”，弹出【PCB Library Component】对话框，在对话框中把元件名字改为“DPY _ 8 _ LED”，如图 8-34 所示。

除了以上的操作方法，还可以右击 PCB 元件名，打开常用菜单项，如图 8-35 所示，选择【Component Properties...】选项，就可以进入【PCB Library Component】对话框对文件重新命名，选择【New Blank Component】选项就可以再新建一个 PCB 元件封装，封装名是系统默认的，当然要新建 PCB 元件封装，也可以通过执行菜单命令【Tools】→【New Blank Component】来实现。

PCB 元件封装命名并保存好以后，还要及时保存 PCB 库文件。用户自己创建的 PCB 库文件就和软件自带的元件库类似，用户可以通过安装该库文件，轻松调用其中的元件封装。下面以数码管的元件封装为例来说明调用方法。

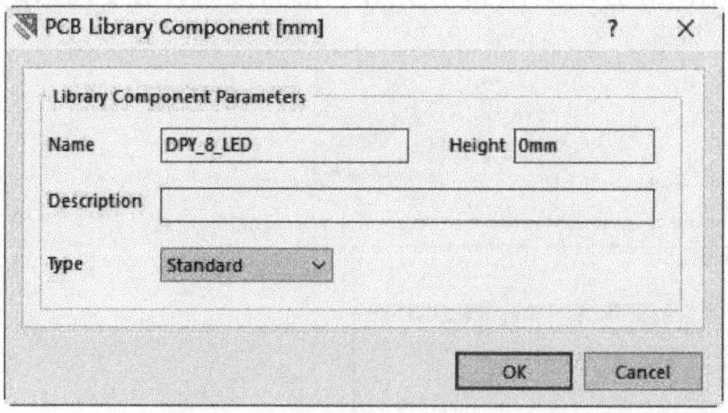

图 8-34　给 PCB 元件封装命名

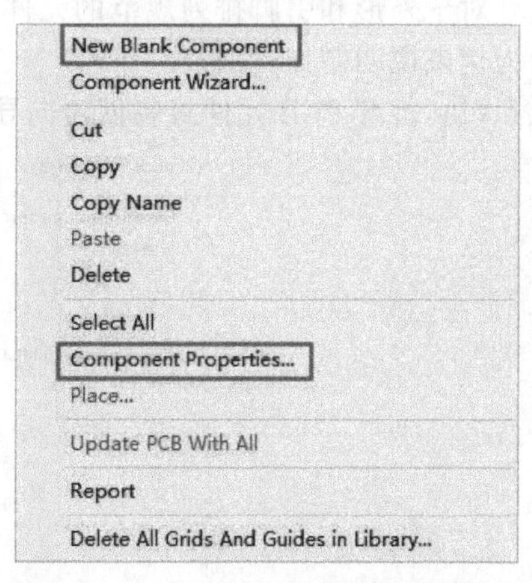

图 8-35　PCB 元件封装库常用操作菜单

任意打开一个 Altium Designer 工程文件，再打开一个 PCB 板图文件，单击 图标打开元件库浏览器，单击元件库编辑图标 Libraries... ，打开【Available Libraries】对话框，在对话框中单击 Add Library... 图标添加库，根据创建的 PCB 库文件所在的路径，找到库文件并且添加该库文件，如图 8-36 所示。

添加用户自行创建的 PCB 库文件后，在元件库浏览器的现有库中就会出现该 PCB 库，如图 8-37 所示，目前“my PCB Library. PcbLib”库文件中，只有一个 PCB 元件封装“DPY _ 8 _ LED”，双击该元件，就可以把它添加到当前的 PCB 板图文件中。

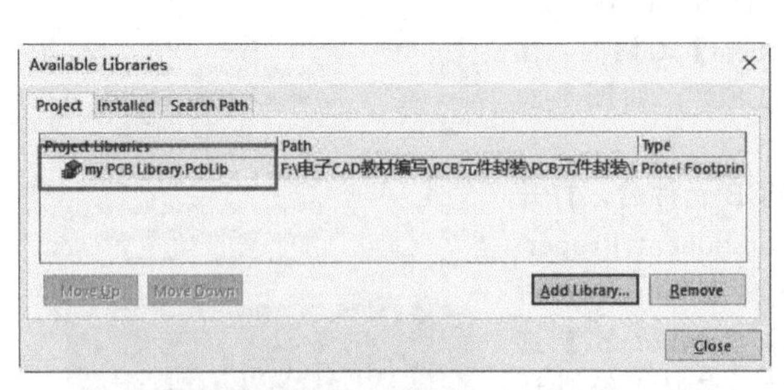

图 8-36 添加用户创建的 PCB 库文件

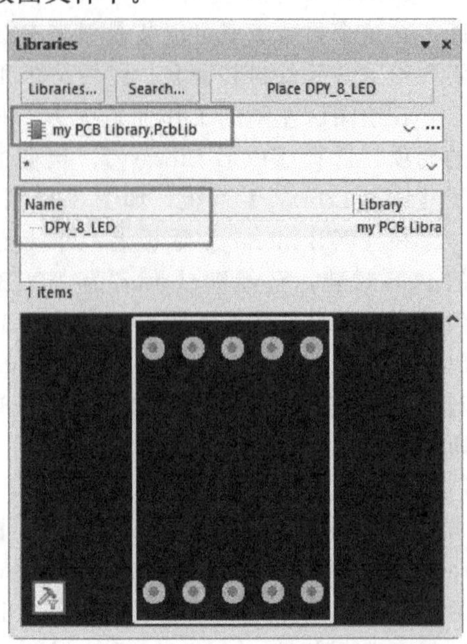

图 8-37 从元件库浏览器中调用 PCB 元件封装

8.3 利用向导创建 PCB 元件封装

8.3.1 利用元件向导创建封装

对于外形和引脚排列规范的元件，可以采用“元件向导”来制作封装，同样以 LED 数码管为例来说明制作方法。

(1) 打开 PCB 元件封装创建向导。利用向导方法制作 PCB 元件外形封装时，在 PCB 库文

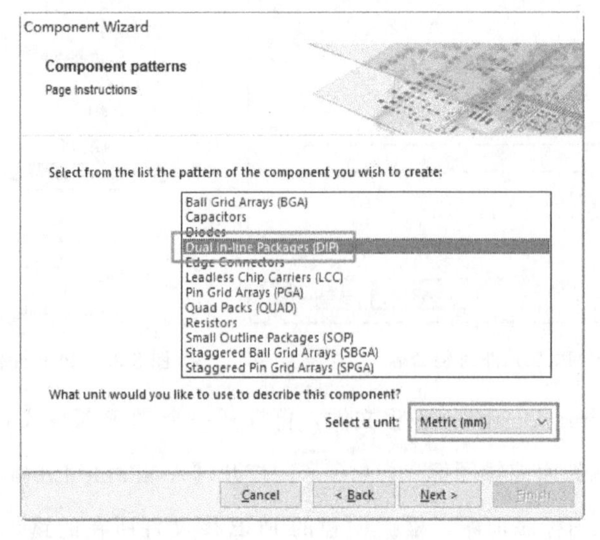

图 8-38 封装类型和尺寸单位选择

件编辑界面，执行菜单命令【Tools】→【Component Wizard...】，就会弹出元件向导欢迎界面。

（2）确定封装类型和尺寸单位。在元件向导欢迎界面单击 Next 按钮，进入封装类型和尺寸单位选择对话框。在对话框中，提供了较多的封装类型，如常见的电阻（Resistors）、电容（Capacitors）、二极管（Diodes）和针插式集成电路（DIP）封装，还有 BGA、LCC、PGA、QUAD、SOP 等专用贴片元件封装。根据数码管的外形和引脚排列选择一种相近的封装“Dual In-Line Packages（DIP）”（双列直插），在尺寸单位上选择 Metric（mm），即焊盘、引脚间距等参数使用公制 mm 为单位，如图 8-38 所示。

（3）设置焊盘参数。单击 Next 按钮，进入焊盘尺寸设置对话框，其中系统给出了默认参数，因为默认参数不符合要求，所以要重新设置。参考 8.2 节中数码管的尺寸要求，焊盘的形状为圆形，X-Size 和 Y-Size 都是 60mil（1.524mm），孔径为 0.7mm。在这里参数设置和 8.2 节中保持一致，如图 8-39 所示。

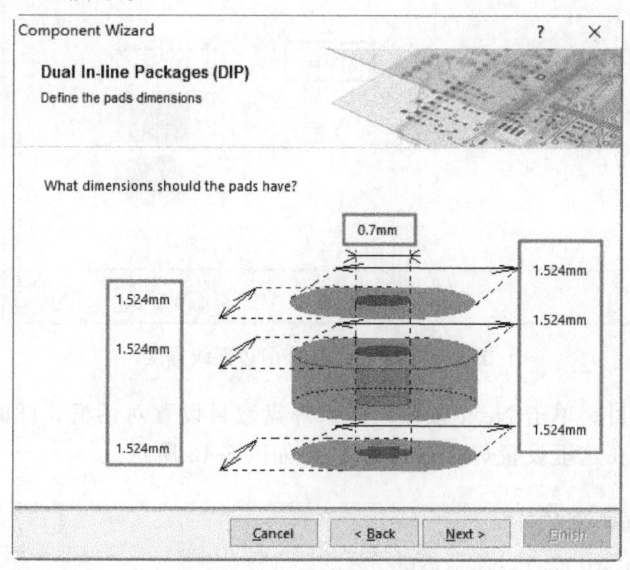

图 8-39　设置焊盘参数

（4）设置焊盘布局。单击 Next 按钮，进入焊盘布局设置对话框，参考 8.2 节中数码管的尺寸要求，设置引脚列间距为 2.54mm，引脚行间距为 15.24mm，如图 8-40 所示。

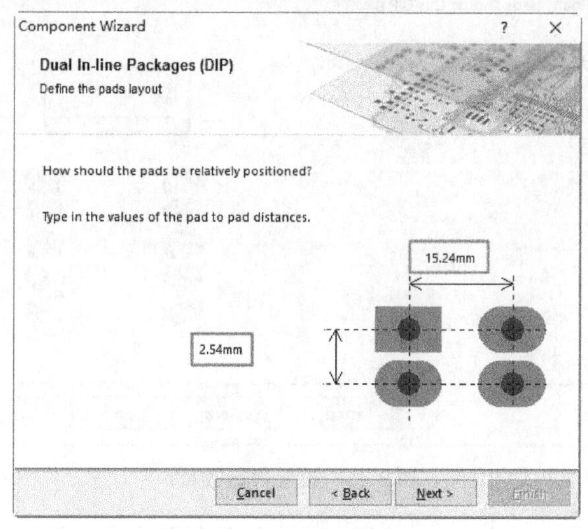

图 8-40　设置焊盘布局

（5）设置元件外围边框线宽度。单击 Next 按钮，进入元件外围边框线宽度设置对话框，元件外围边框是指示元件外形所占的电路板面积，方便绘制电路板时元件布局，外围边框类似元件的俯视外形。在这里参数设置和 8.2 节中保持一致，线宽设为 10mil（0.254mm），如图 8-41 所示。

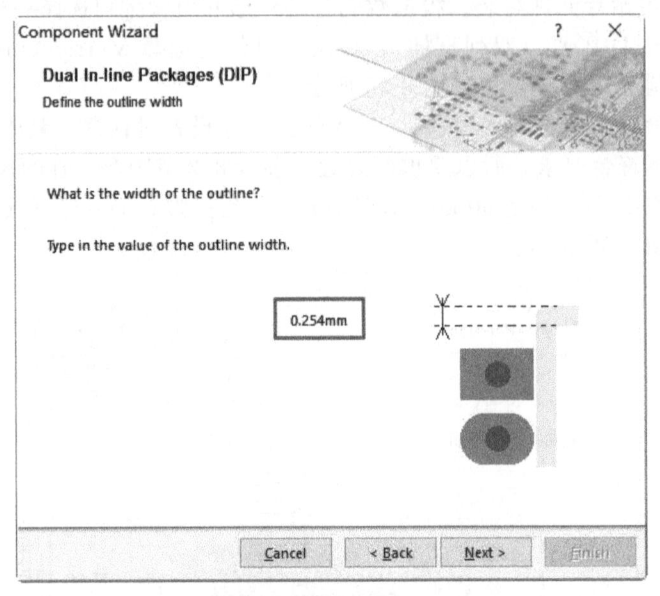

图 8-41　设置元件外围边框线宽度

（6）设置焊盘数目。单击 Next 按钮，进入焊盘数目设置对话框，此时基本可以看出元件封装的形状示意图，在这里设置焊盘数目为 10，如图 8-42 所示。

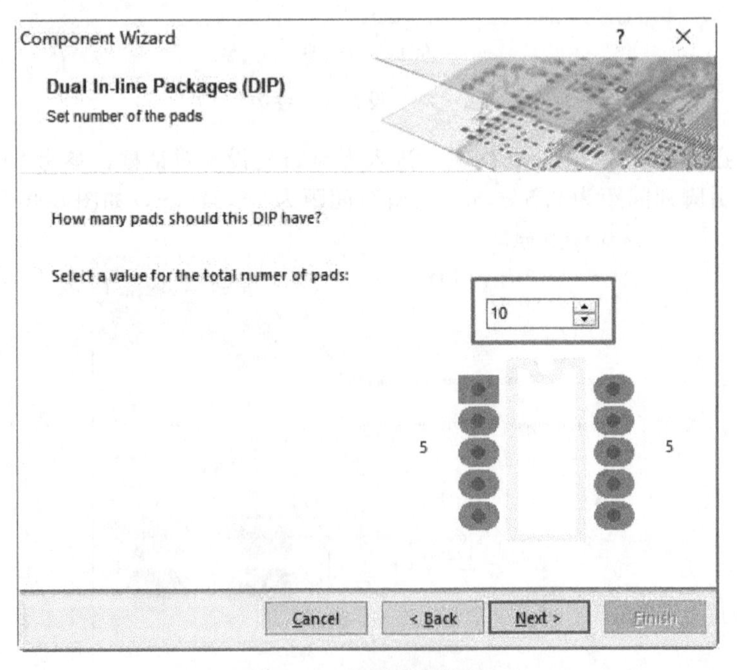

图 8-42　设置焊盘数目

（7）给元件封装命名。单击 Next 按钮，进入元件封装命名对话框，元件名多以字母和数字组成，为了避免和封装库中已有的元件封装重名，在这里把该元件封装命名为 DPY _ 7 _ LED，如图 8-43 所示。

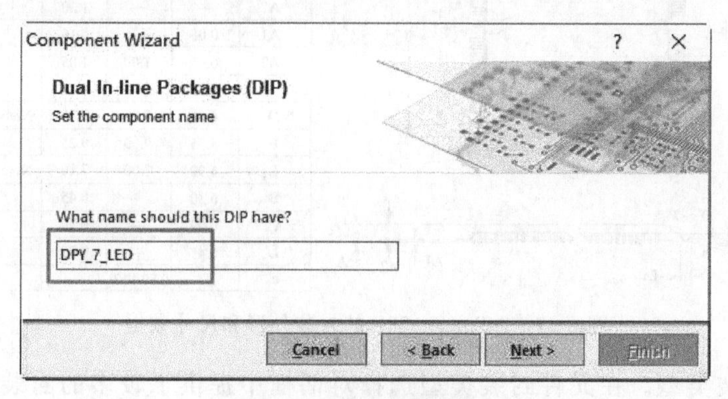

图 8-43　给元件封装命名

(8) 向导创建封装完成。单击 Next 按钮，进入向导创建封装完成对话框，单击 Finish 按钮，将在 PCB 库文件编辑区弹出图 8-44 所示初步完成的数码管元件封装。

(9) 修改初步完成的元件封装。因为通过向导制作的元件封装和实际要求的封装外形还不是完全一致，所以还要对已经初步完成的元件封装做一些修改。

① 旋转数码管封装方向。数码管一般竖直安装，所以要把初步完成的数码管封装逆时针旋转 90°。全部选中该封装后并按住鼠标左键不放，再按下空格键即可旋转数码管封装的方向，如图 8-45 所示。

② 修改元件封装外围边框。由于实际要求数码管的封装边框线是在焊盘的外围，而通过向导创建的封装外围边框线与之不符，所以需要调整。首先删除原外围边框，再手工绘制边框线，线宽为 100mil，修改后的数码管封装如图 8-46 所示。

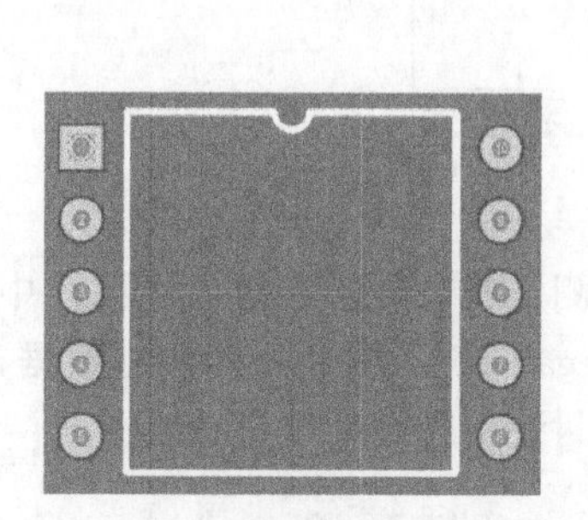

图 8-44　初步完成的数码管元件封装

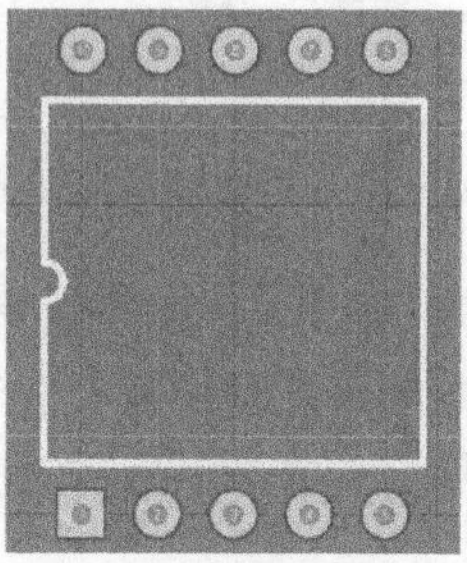

图 8-45　旋转数码管封装方向

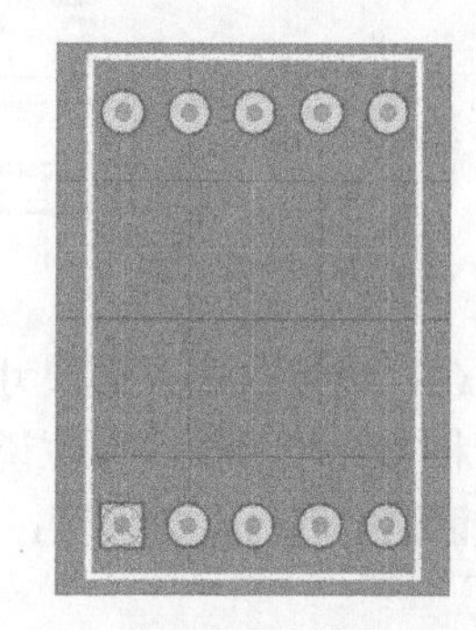

图 8-46　修改后的数码管封装

8.3.2　利用 IPC 封装向导创建封装

“IPC” 是国际电子工业联接协会的简称，IPC 长期致力于标准规范的制定，并制定了数以千计的标准和规范。本书所述 IPC 封装向导是指根据 IPC 发布的算法，直接使用器件本身的尺寸信息，创建 IPC 器件封装，相比于元件封装向导，IPC 封装向导在创建元器件封装时更加标准和精确。本小节以微控制器 ATmega328P 为例来说明制作方法，ATmega328P 的封装外形和尺寸数据如图 8-47 所示。

(1) 打开 IPC 封装向导。在 PCB 库文件编辑界面，执行菜单命令【Tools】→【IPC Compliant Footprint Wizard...】。

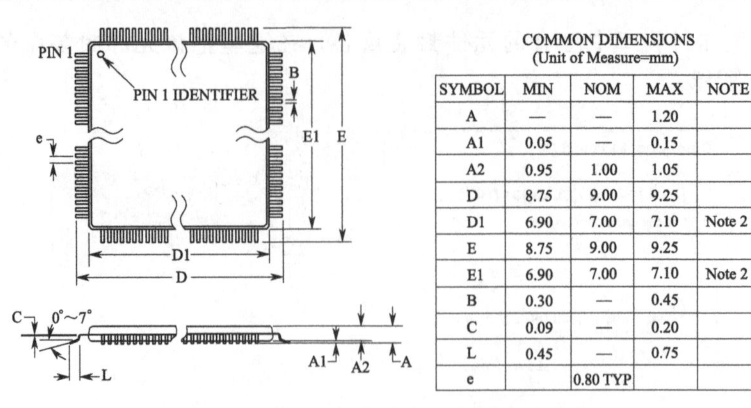

SYMBOL	MIN	NOM	MAX	NOTE
A	—	—	1.20	
A1	0.05	—	0.15	
A2	0.95	1.00	1.05	
D	8.75	9.00	9.25	
D1	6.90	7.00	7.10	Note 2
E	8.75	9.00	9.25	
E1	6.90	7.00	7.10	Note 2
B	0.30	—	0.45	
C	0.09	—	0.20	
L	0.45	—	0.75	
e		0.80 TYP		

图 8-47 ATmega328P 的封装外形和尺寸数据

（2）选择封装类型。在元件封装类型选择对话框中提供了较多的封装类型，由于 ATmega328P 的封装类型是“TQFP”，封装尺寸单位是“mm”，故在对话框中选择与之相近的“FQFP”封装类型，对话框右侧同时展示了“FQFP”系列封装的图形，如图 8-48 所示，单击 Next 按钮，进入封装外形尺寸设置对话框。

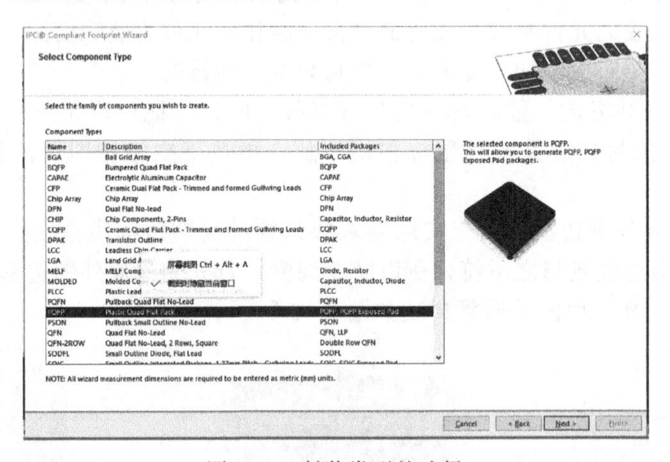

图 8-48 封装类型的选择

（3）设置封装外形尺寸。在封装外形尺寸设置对话框中，左侧是封装外形参数设置区，中间是相关封装参数的标注说明区，右侧是封装预览区。根据 ATmega328P 的封装外形尺寸数据，在对话框中进行参数设置，如图 8-49 所示。单击 Next 按钮，进入封装引脚尺寸设置对话框。

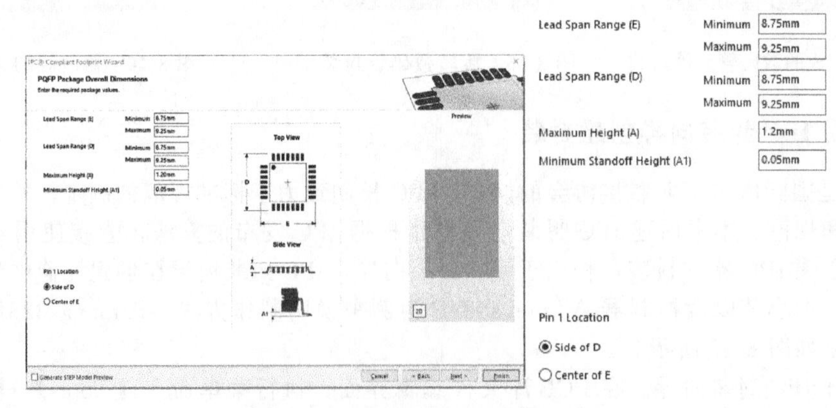

图 8-49 封装外形尺寸参数设置

(4) 设置封装引脚尺寸。在封装引脚尺寸设置对话框中，参照封装外形尺寸参数设置的方法，对 ATmega328P 的封装引脚尺寸进行参数设置，ATmega328P 的引脚数是 4×8=32。封装引脚尺寸设置如图 8-50 所示。

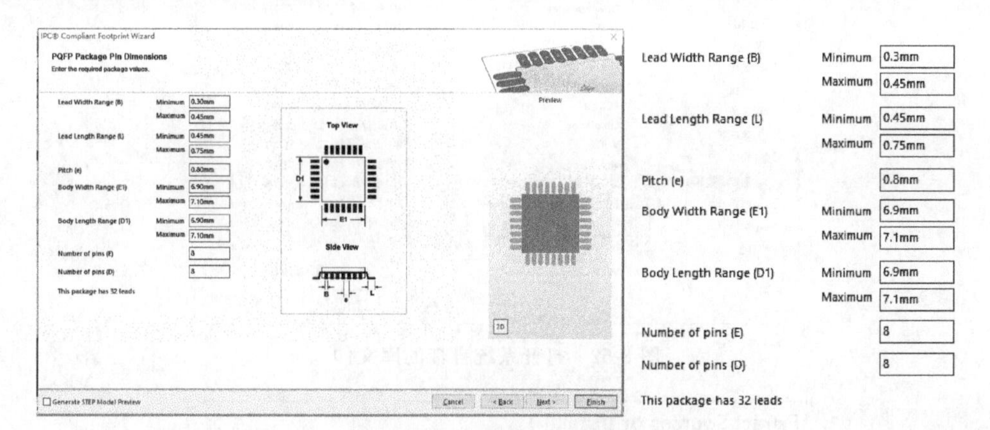

图 8-50 封装引脚尺寸设置

(5) 设置封装的其他参数。完成了封装引脚尺寸设置后，IPC 封装向导会引导使用者进行封装中其他多项参数的设置，包括封装散热焊盘尺寸、封装 Heel Spacing 值、封装焊剂值、元器件公差、IPC 公差、封装焊盘尺寸、丝印尺寸、封装外框、装配和元件体信息、封装名称和描述、元件封装保存路径。在以上参数设置时，如果不使用系统默认值或计算值，可以将“Use default values”等前面的钩号去掉，更改相关数据即可。

(6) 完成封装创建。完成了 IPC 封装所有参数的设置后，单击 Finish 按钮即可，通过 IPC 封装向导创建的 ATmega328P 的封装如图 8-51 所示。

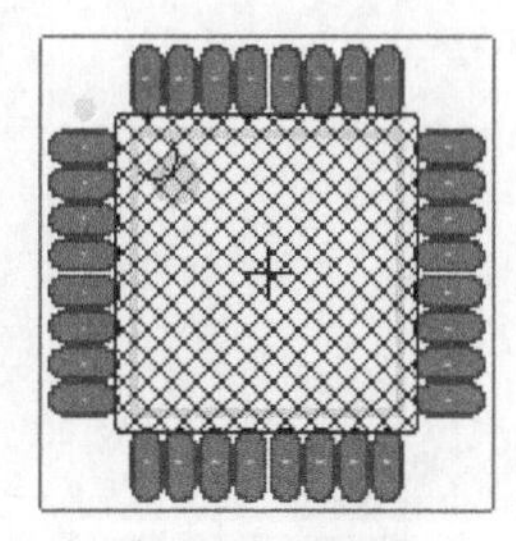

图 8-51 创建的 ATmega328P 封装

8.4 PCB 元件封装的编辑

在 Altium Designer 软件中，Schematic 绘图环境里调用元件时，这个元件就已经配置了一个 PCB 元件封装，但是有些元件封装与实际的封装不一致，这样在通过原理图生成 PCB 板图时就会产生错误。为了解决这个问题，需要对该元件封装进行编辑修改，在编辑时，如果重新制作一个封装，那么必定要花费较多的功夫，而库中现有的封装和实际的元件封装又很相似，如果就在现有封装的基础上进行编辑修改，这样明显会容易得多。要注意的是，如果直接在元件封装库中对封装进行修改，修改后必须要保存才能使用，这样会破坏 Altium Designer 原有的元件库，导致下次要调用未编辑前的该元件封装时，无法调用成功，所以建议用户在自己创建的元件封装库里操作，在这里仍以数码管的 PCB 封装制作为例来说明。

(1) 在 PCB 库文件中新建一个元件封装，并且命名为“DPY_LED”。

(2) 根据软件安装的路径，找到 Altium Designer 自带的库文件，打开“Miscellaneous Devices”库文件，如图 8-52 所示。

(3) 单击打开文件，就会弹出如图 8-53 所示提取源文件对话框，选择【Extract Sources】，就会把“Miscellaneous Devices”库文件中所有的封装都提取出来。

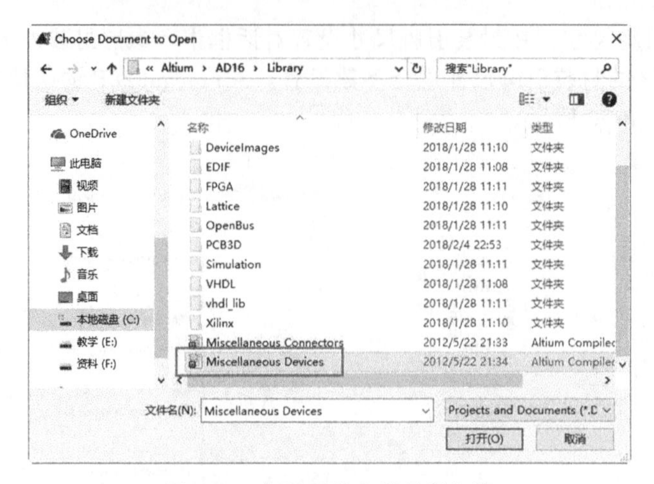

图 8-52　打开系统自带的库文件

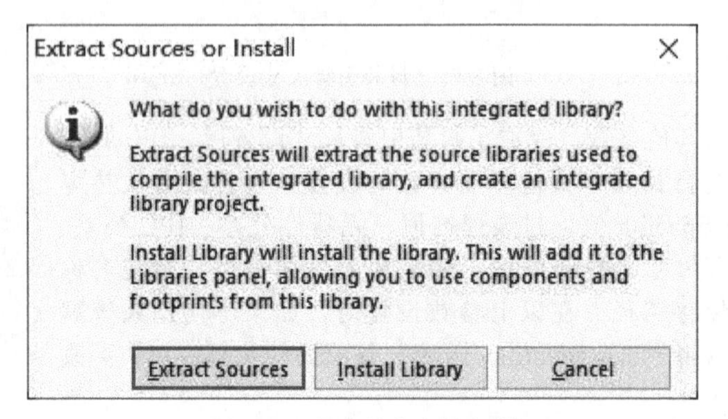

图 8-53　提取封装库源文件

（4）在“Miscellaneous Devices”库的封装中，寻找一个与数码管实际封装相似的元件封装，这里选择“DIP-P8”，如图 8-54 所示。

（5）复制封装“DIP-P8”并粘贴到新建的元件封装“DPY_LED”的编辑界面里，这样就不会破坏“Miscellaneous Devices”库原有的封装。然后对封装“DIP-P8”进行编辑和修改，此时“DIP-P8”的每个焊盘、线条都是可以编辑的，在已有封装的基础上修改编辑要比一步一步绘制容易得多，修改完成后就制作出了数码管的 PCB 元件封装。

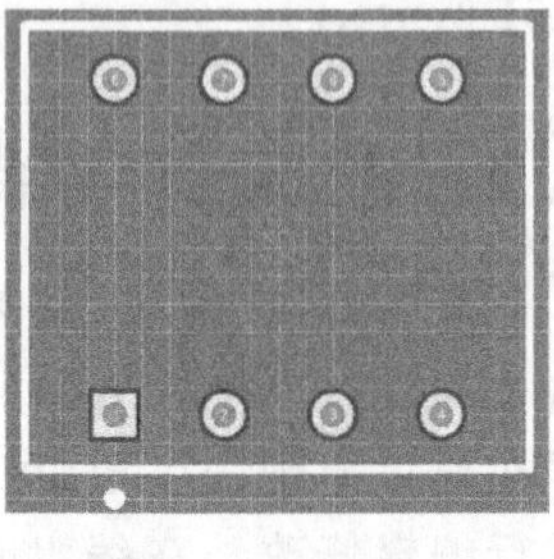

图 8-54　封装 DIP-P8

8.5　集成库的创建和管理

在 Altium Designer 中，元件库能够以独立的文档存在，调用元器件时可以只使用原理图元件库、PCB 封装库和 3D 模型库，但 Altium Designer 也支持“集成库”的创建和使用，集成库对工程设计并非必需的，但采用集成库中的元件进行原理图设计，可以不需要再为每一个元件添加各自的模型，可以大大提高设计效率。本小节以第 4 章和第 8 章中创建的数码管元件及封装为例，说明集成库的创建和管理。

8.5.1　集成库的创建

如果要在已有工程中创建集成库，就在工程的原理图文件（.SchDoc）的菜单栏上，执行

【Design】→【Make Integrated Library】，编译通过后就会生成与工程同名的集成库文件（. IntLib），文件存放在当前工程的 Libraries \ Compiled Libraries 文件夹中。生成的集成库自动添加到当前工程安装库的列表中，以便调用。

如果要创建新的集成库，则执行菜单【File】→【New】→【Project...】→【Integrated Library】，即可创建一个集成库包文件（. LibPkg），在文件名上右击选择【Save Project】或【Save Project As...】，保存集成库包文件到指定位置。

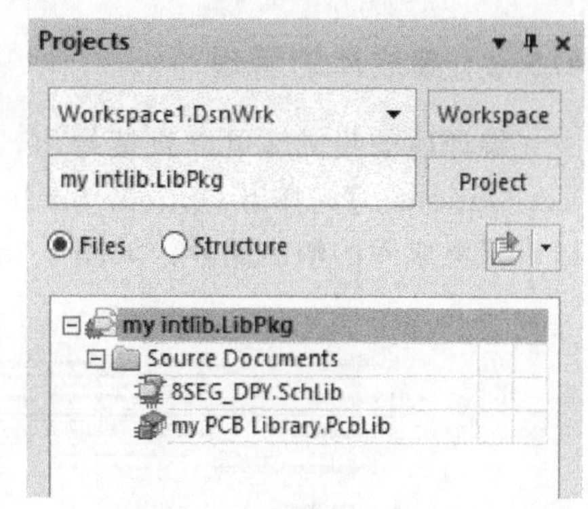

图 8-55　集成库包项目

集成库包类似一个“Project”项目，各种类型的库文件都可以添加到集成库包中，添加方法有两种：①执行【Add Existing to Project...】；②将 Projects 面板中显示的各种库文件直接拖放至集成库包项目中，如图 8-55 所示，将分别存放数码管原理图元件及 PCB 封装的两个库文件添加到集成库包“my intLib. LibPkg”中。

原理图元件库（. SchLib）和 PCB 封装库（. PcbLib）中的元件符号是各自独立的，在创建集成库时首先要把它们关联起来。以数码管为例，在原理图元件库“8SEG _ DPY. SchLib”中，双击数码管元件符号名“DPY _ 8 _ LED”，弹出“Library Component Properties”对话框，在对话框的“Models”模块中单击【Add New Model】，在弹出的对话框中选择“Model Type”为“Footprint”，单击 OK 后弹出“PCB Model”对话框，继续浏览并添加 PCB 封装库“my PCB Library. PcbLib”中的元件“DPY _ 8 _ LED”，添加结果如图 8-56 所示。

创建了集成库包工程文件，并关联了元器件的原理图元件及 PCB 封装，就可以对集成库工程编译，执行菜单【Project】→【Compile Integrated Library...】，或在集成库包文件名上右击选择【Compile Integrated Library...】命令，就将生成一个与集成库包同名的编译集成库文件(. IntLib)，编译后的集成库和软件自带的集成库相同，操作方法也一致，集成库中的元器件既有原理图元件符号，又有封装符号，如图 8-57 所示。

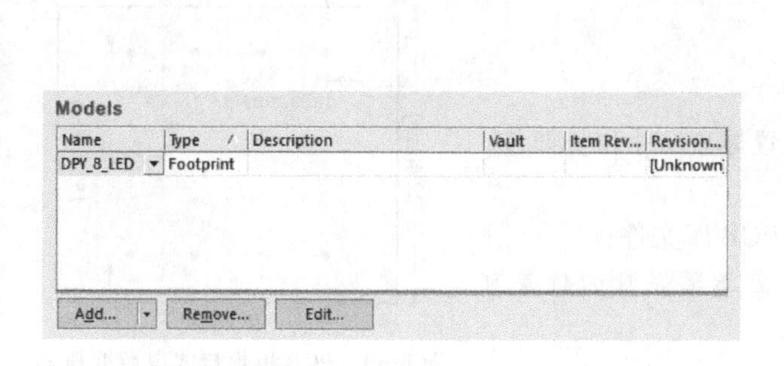

图 8-56　原理图元件库符号和封装元件库符号关联

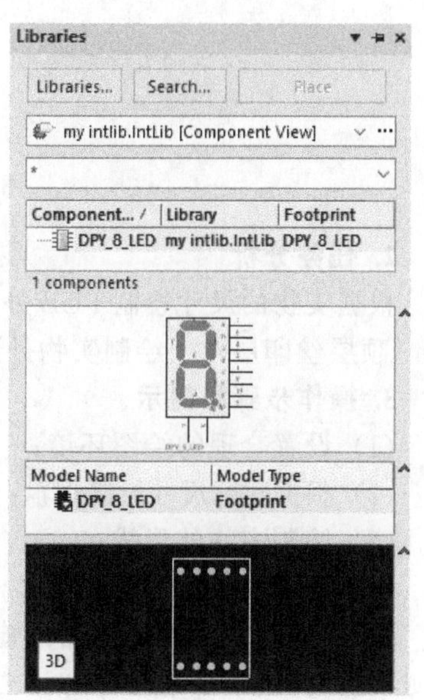

图 8-57　编译完成的集成库

8.5.2 集成库的管理

编译后的集成库可以直接导出，在集成库包工程编辑窗口，执行菜单【Project】→【Project Options...】，弹出 Options for Integrated Library my intlib. LibPkg 对话框，在对话框中可以设置集成库的输出路径，如图 8-58 所示。

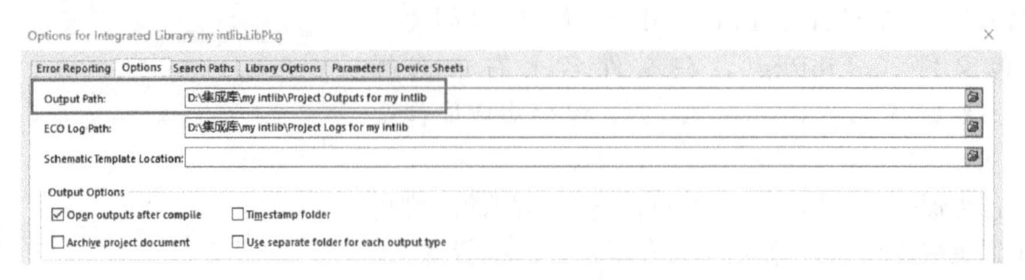

图 8-58　设置集成库的输出路径

由于元器件在集成库中不能编辑，所以如需修改集成库中的元件符号或封装，方法是双击集成库文件（. IntLib），就会打开同名的集成库包文件（. LibPkg），在集成库包文件中只显示原理图元件库（. SchLib）和 PCB 封装库（. PcbLib）文件，可以在这两个库中编辑元器件符号，编辑修改后需再次编译集成。

8.6 上机实训　制作变压器 PCB 元件封装

1. 上机任务

制作如图 8-59 所示的北京某电子有限公司的“银天使”S 系列 PCB 板焊接式电源变压器。

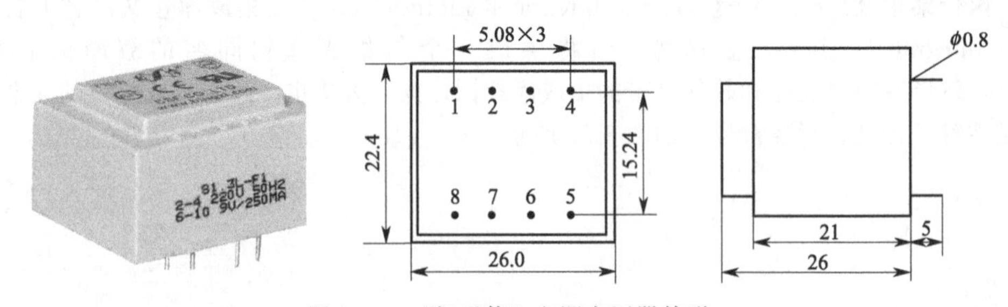

图 8-59　“银天使”电源变压器外形

2. 任务分析

根据实物的尺寸绘制 PCB 外形封装图，在 Multi-Layer（多层）设置焊盘，在 Top Overlay（顶层丝印层）上绘制实物外形线。

3. 操作步骤和提示

（1）设置合理的绘图环境；

（2）根据实际尺寸绘制焊盘，并设置焊盘尺寸和引脚名；

（3）绘制实物外形线；

（4）给 PCB 元件封装命名，保存 PCB 库文件。

【操作技巧】 绘制变压器焊盘时，变压器焊盘的位置可以通过快捷键 J+L 来进行坐标定位。

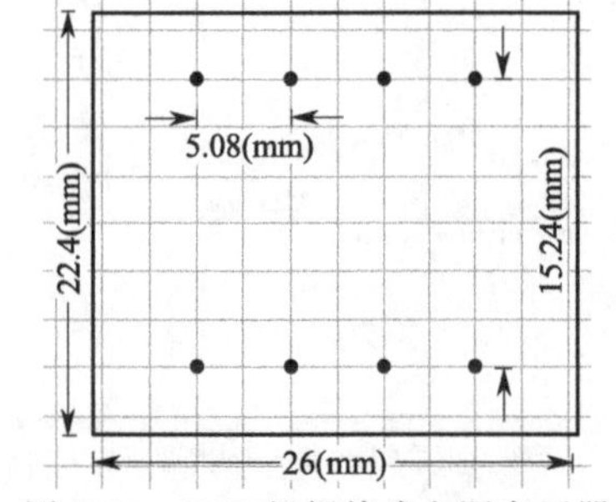

图 8-60　PCB 板焊接式电源变压器 PCB 元件封装参考效果图

4. 完成效果

“银天使”S 系列印刷线路板焊接式电源变压器的 PCB

元件封装参考效果图如图 8-60 所示。

本章小结

本章主要讲解了 PCB 元件外形封装库的创建、LED 数码管 PCB 元件封装的绘制过程、元件封装的保存和调用、集成库的创建和管理等内容，其中重点介绍了焊盘的设置和元件封装外形线框的绘制方法。本章是对前面章节 PCB 板制作内容的补充。

习　题

8-1　常用的元件封装有哪些？使用时需要注意些什么？

8-2　绘制元件封装时需要注意哪些事项？

8-3　制作一个单片机实验板常用的 TVDJ06 端子类型轻触开关，器件参数如图 8-61 所示。

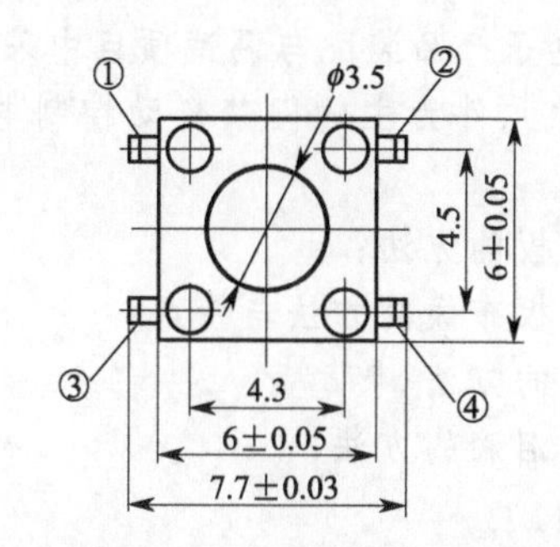

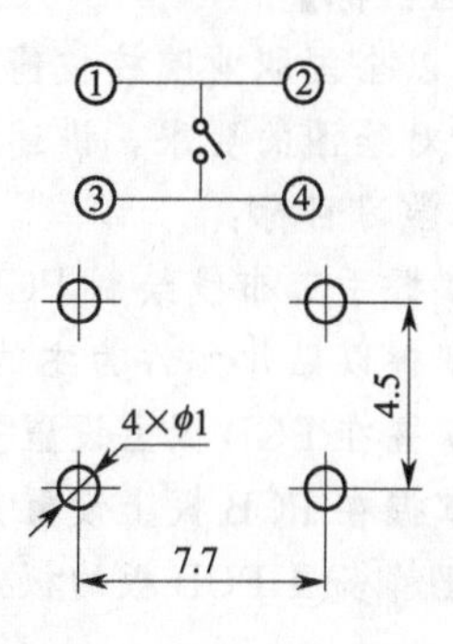

图 8-61　TVDJ06 端子类型轻触开关

8-4　通过向导制作一个 iCreate 公司生产的 U 盘主控芯片 i5128-LG 的封装，封装类型是 QFP，器件参数如图 8-62 所示。

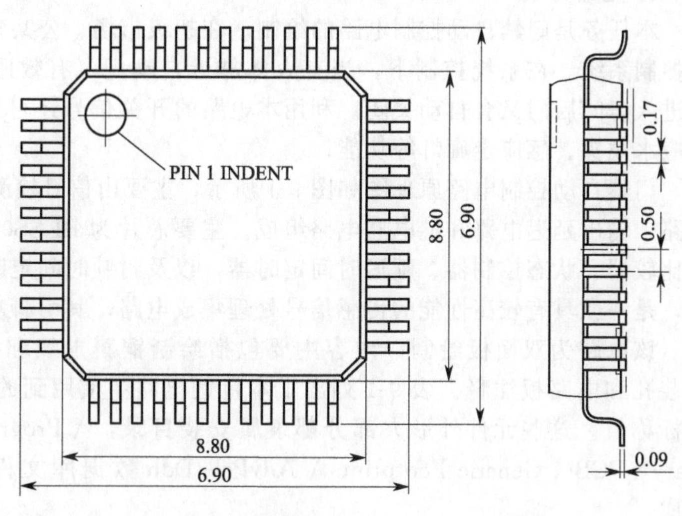

图 8-62　i5128-LG 芯片图

第 9 章

门禁自动控制电路 PCB 双面板的绘制

【本章学习目标】

本章以全国职业院校技能大赛电子产品装配与调试项目中采用的亚龙公司训练板为例，结合比赛中对绘图的要求，讲述以贴片元件为主的门禁自动控制电路 PCB 双面板绘制过程，以达到以下学习目标：

◇ 掌握手工布线绘制 PCB 双面板的方法；

◇ 掌握以贴片元件为主的 PCB 板布线的方法与特点；

◇ 掌握在 PCB 板上设置安装孔的方法；

◇ 掌握在 PCB 板上设置敷铜和泪滴的方法；

◇ 理解多层 PCB 板的板层设置。

9.1 电路与任务分析

1. 电路分析

本任务是门禁自动控制电路的绘制。在超级市场、公共建筑、银行等入口，经常使用自动门控制系统。在系统控制下，当有人体靠近自动门（有效距离可达 8m），门便会自动打开，人进入房间后门又会自动关闭。利用本电路的开关信号还可以实现红外探测、红外感应开关、感应水龙头、感应走廊灯等功能。

门禁自动控制电路原理图如图 9-1 所示，主要由信号检测电路、信号放大电路、触发封锁电路、输出延迟电路和继电器电路组成。主要芯片为 BI SS0001，该芯片是由运算放大器、电压比较器、状态控制器、延迟时间定时器，以及封锁时间定时器等构成的数模混合专用集成电路，是一款具有较高性能的传感信号处理集成电路，其引脚功能可上网查询。

该电路为双面板绘制，内容主要包括绘制铜膜走线和导孔，设置敷铜、补泪滴、添加安装孔和电路板注释。表 9-1 列出了本范例电路中使用到的各元件封装名称、元件序号和元件标称值。这些元件外形大部分都隶属安装目录：\ Program files \ Design explorer 99 \ Library \ PCB \ Generic Footprints \ AdvPcb. Ddb 数据库文件内的 PCB Footprint. Lib 元件外形库。

【说明】 本项目的元件可以采用第一章中 1.3 节介绍的导入 Protel 99SE 版本 DDB 文件的方法，将 AdvPcb. Ddb 数据库文件内的 PCB Footprint. Lib 元件库导入，作为 PCB 绘图时的元件封装库，也可以采用 AD16 软件中的 Miscellaneous Devices. IntLib 元件库，项目中的大部分元件封装都能找到。

2. 任务分析

该项目主要训练学生掌握 PCB 双面板图（图 9-2）的手工绘制，主要内容包括手动布线、

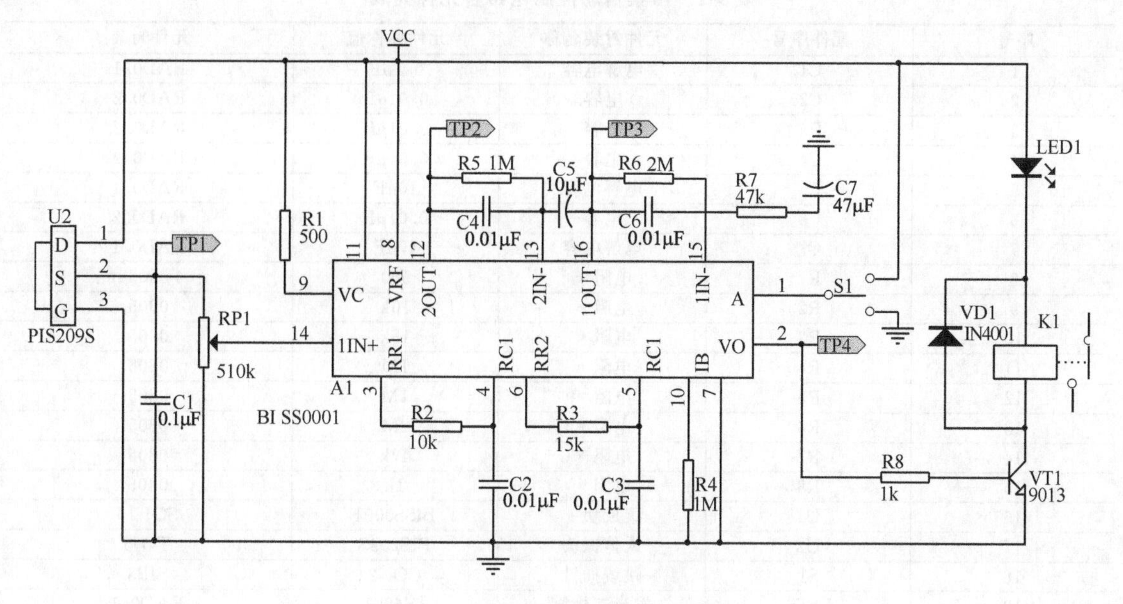

图 9-1　门禁自动控制电路原理图

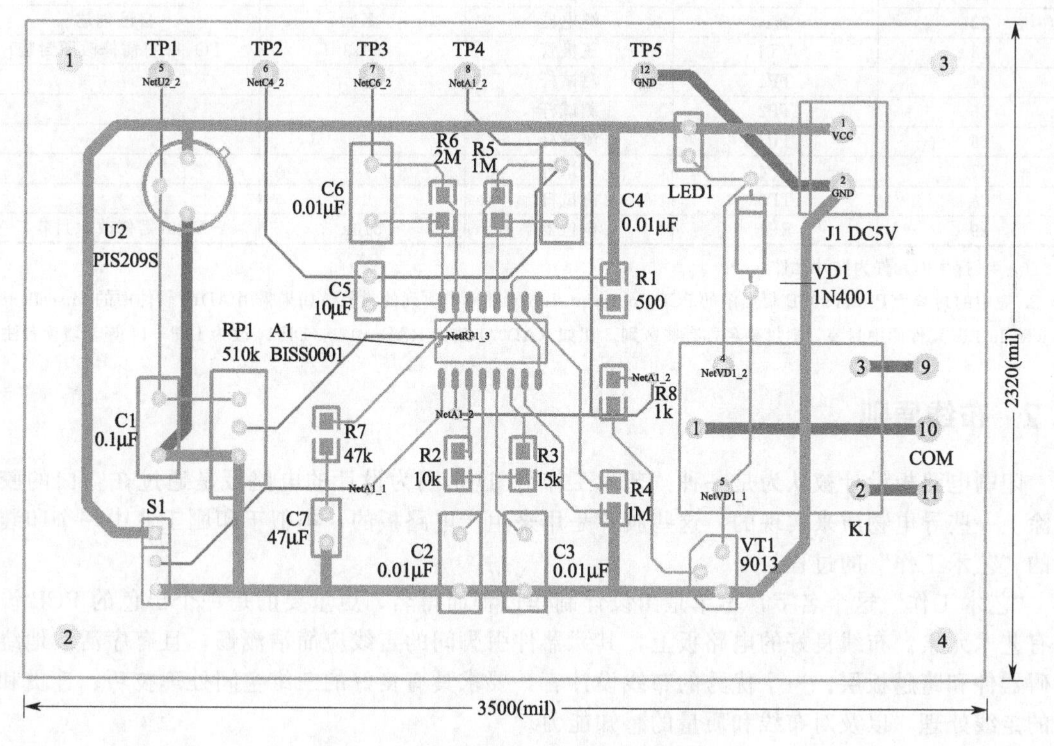

图 9-2　门禁自动控制电路 PCB 双面板图

修改走线、放置引线端点、添加标注和说明文字、放置安装孔，以及绘制完成后对该图布线结果检查等方法。本章还将介绍 PCB 图绘制完后的打印方法，并简单提及多层板绘制时的 PCB 板层管理与设置，同时复习和巩固第 8 章 PCB 单面板绘制的知识点，如元件库调用、设计规则设置等。

表 9-1 门禁自动控制电路各元件列表

序号	元件序号	元件封装名称	元件标称值	元件封装
1	C1	电解电容	0.1μF	RAD0.1
2	C2	电容	0.01μF	RAD0.2
3	C3	电容	0.01μF	RAD0.2
4	C4	电容	0.01μF	RAD0.2
5	C5	电解电容	10μF	RAD0.1
6	C6	电容	0.01μF	RAD0.2
7	C7	电解电容	47μF	RAD0.1
8	R1	电阻 *	500	0805
9	R2	电阻 *	10k	0805
10	R3	电阻 *	15k	0805
11	R4	电阻 *	1M	0805
12	R5	电阻 *	1M	0805
13	R6	电阻 *	2M	0805
14	R7	电阻 *	47k	0805
15	R8	电阻 *	1k	0805
16	U1	集成块 *	BISS0001	SOJ-16
17	U2	人体探头	PIS209S	TO-5
18	S1	跳线插针	CON2	SIP3
19	LED1	发光二极管	IN4001	RAD0.1
20	J1	扣线插座	DC5V	自己创建
21	VD1	二极管	VD1	DIODE0.4
22	K1	继电器	K1	自己创建
23	VT1	三极管	9013	TO-92A(需修改原封装)
24	TP1	测试杆		
25	TP2	测试杆		
26	TP3	测试杆		
27	TP4	测试杆		
28	TP5	测试杆		
29	RP1	电位器	510k	VR5(需修改原封装)

注：1. 打 * 的元件为贴片元件

2. 表中的封装为 Protel 99SE 版本中的 PCB Footprint. Lib 元件库中所列的封装。如果采用 AD16 软件中的 Miscellaneous Devices. IntLib 元件库中封装，则封装名称有些区别。比如 RAD0.1 改为 RAD—0.1，DIP14 改为 DIP—14 等，请读者注意。

9.2 布线原则

印刷电路板设计被认为是一种“艺术工作”，这是因为设计的电路板是通过在空白的胶片上涂上一些导电物质来实现的，这些胶片是用来生产电路板的，类似于印刷工业中一个印装杂志的“艺术工作”的过程。

“艺术工作”这个名字，不单是由设计制作过程而得名，更重要的是一个出色的 PCB 设计具有艺术元素。布线良好的电路板上，其元器件引脚间的走线应简洁流畅，且有序活泼地绕过障碍器件和跨越板层。一个优秀的布线设计者，要求具有良好的三维空间处理技巧、连贯和系统的走线处理，以及对布线和质量的感知能力。

布线主要目的是根据电路板的设计要求创建好网络的实体连通性。布线是印刷电路板设计过程中的关键环节，不良的布线可能会严重降低电路系统的抗干扰性能，甚至影响其正常工作。因此，布线对设计者要求较高，除了能熟练使用软件，还需要牢记一些布线规则。

1. 元器件的布局要求

有人说 PCB 设计 90%是元器件的布局，10%是布线。也许读者对两者的百分比持不同意见，但良好的布局无疑是 PCB 设计的关键。设计者应该在布线前调整好元器件布局，在元器件稠密的地方，可以不断调整布局，有时候可以运用软件中的自动布线工具，然后比较不同布局下的布线效果，从而得到最佳的元器件布局。另外，布局时要考虑以下电子工艺方面的要求。

① 板面元器件分布应尽可能均匀（热均匀和空间均匀）。

② 元器件应尽可能同一方向排列，以便减少焊接不良的现象。

③ PLCC、SOIC、QFP 等大器件周围要留有一定的维修、测试空间。

④ 功率元器件不宜集中，要分开排布在 PCB 边缘或通风、散热良好的位置，并远离其他元器件，保证散热通道通畅。

⑤ 贵重元器件不要放在 PCB 边缘、角落，或靠近插件、贴装孔、槽、拼板切割、豁口等高应力集中区，以减少开裂或裂纹。

⑥ 元器件布局应考虑对周围零件热辐射的影响，对热敏感的部件、元器件（含半导体器件）应远离热源或将其隔离。

⑦ 电容器（液态介质）最好远离热源。

⑧ 小信号放大器外围元器件尽量采用温漂小的器件。

⑨ 发热元件应尽可能置于产品上方，条件允许时应置于气流通道上。

2. PCB 板的布线要求

（1）安全间距原则。要保证两网络走线最小间距能承受所加电压的峰值，防止电路板出现打火击穿，甚至发生火灾，特别是高压线应圆滑，不能有尖锐倒角。元器件间的最小间距应大于 0.5mm，避免温度补偿不够。

（2）安全载流原则。导线宽度应能够承载电流的峰值，并留有一定的余量。导线的载流能力取决于以下原因：线宽、线厚（铜膜厚度）、允许温升等，表 9-2 给出了铜膜导线的最大允许工作电流。

表 9-2　铜膜导线的最大允许工作电流（导线厚 50μm，允许温升为 10℃）

导线宽度/mil	导线电流/A	导线宽度/mil	导线电流/A
10	1	50	2.6
15	1.2	75	3.5
20	1.3	100	4.2
25	1.7	200	7.0
30	1.9	250	8.3

相关的计算公式为：$I=KT^{0.44}A^{0.75}$

式中，K 为修正系数，一般覆铜线在内层时取 0.024，在外层时选 0.048；T 为最大温升，单位为℃；A 为覆铜线截面积，单位为 mil；I 为允许的最大电流，单位为 A。

（3）导线精简原则。在满足安全原则的前提下，导线要精简，尽可能短，尽量少拐弯，特别是场效应管栅极、晶体管基极、时钟信号等小信号导线。当然为了达到阻抗匹配而需要进行特殊延长的例外，如蛇形走线。

（4）电磁抗干扰原则。电磁抗干扰原则涉及内容较多，主要包含以下几点。

① 导线拐角。导线转折点内角不能小于 90°，一般选择 135°或圆角。因为小于 135°的转角，会使导线总长度增加，不利于减小导线的寄生电阻和寄生电感，特别在高频电路中，尖角的拐弯会影响电气性能。导线与焊盘、过孔的连接处要圆滑，避免出现小尖角。因为由于工艺原因，在导线的小尖角处，导线的有效宽度减小，电阻会增大。

② 布线方向。在双面板、多面板中，上下两层信号线的走线方向要尽量垂直或者斜交叉，

尽量避免平行走线，减小寄生耦合。对于数字、模拟混合系统来说，模拟信号走线和数字信号走线尽量位于不同层面或同一层面的不同区域，而且走线方向垂直，以减小互相间的信号耦合。

③ 就近接地和隔离原则。为提高抗干扰能力，小信号线和模拟信号线应尽量靠近地线，远离大电流和电源线；数字信号容易干扰小信号，也容易被大电流信号干扰，布线时必须认真处理好数据总线的走线，必要时可以加电磁屏蔽罩或屏蔽板。时钟信号引脚最容易产生电磁辐射，所以走线时，应尽量靠近地线，并设法减小回路长度，尽量避免在时钟电路下方走线；在单片机电路板的数据总线间，可以添加信号地线，来实现彼此的隔离；数字电路、模拟电路，以及大电流电路的电源线、地线必须分开走线，最后再接到系统电源线或地线上，形成单点接地形式。

④ 美观、经济原则。电路板设计者要充分利用电路板空间，均匀分布走线密度，力求走线美观精简。对于经济原则要求设计者对组装工艺有一定了解，如 5mil 走线比 8mil 走线难腐蚀，所以加工价格贵，过孔越小价格也越贵。

9.3 手工规划电路板与元件布局

在第 7 章已经介绍了采用 PCB 向导规划电路板，本章主要介绍手工规划电路板与元件布局。

1. 选择布线模式

布线即在 PCB 板图中通过连接网络线和放置过孔等操作完成零件的连接过程。按照布线实现的模式，还可以划分为交互式布线（Interactive Routing）和自动布线（Auto Routing）两种模式。交互式布线工具允许设计者通过手工控制的方式，在设计规则的约束下完成电路的连接设计，以一种更直观的方式，提供最大限度的布线效率和灵活性。

根据第 7 章方法首先创建新的 PCB 文件，进入 PCB 编辑界面，选用放置工具栏的布线工具绘制电路板布线框。

（1）交互式布线模式。Altium Designer 内建的交互式布线工具，包括交互式单路信号布线工具、交互式差分信号布线工具和交互式多路信号布线工具。结合电路设计中网络信号特性，遵循方便布线的原则，设计者可以选择适当的交互式布线工具完成线路的连接，最常使用的为交互式单路信号布线工具。下面举例说明利用交互式布线工具，完成在 PCB 文件的底部信号布线层的布线。

① 单击键盘字符键 L，通过快捷命令键打开 View Configurations 对话窗口，在 Board Layers And Colors 区域内，设置 Bottom Layer 的 Show 属性为选中，Top Layer 的 Show 属性为无效。

② 返回 PCB 编辑界面，选择菜单【Place】→【Interactive Routing】命令，或使用组合快捷键 P+T，还可以单击工具栏图标，启动交互式单路信号布线功能，随之光标将变为十字准线模式。

③ 将光标移到封装 A 的焊盘上，单击或按下 Enter 键，开始首段网络布线。

④ 移动光标到封装 B 上相同网络名的焊盘，完成一段布线。

（2）自动布线模式。

① 选择菜单【Auto Route】→【All..】命令，在弹出的对话框上单击 Route All 命令按键。

② 在 Messages 消息窗口中，将显示自动布线执行的阶段和布线完成状态。

③ 完成布线后，选择菜单【File】→【Save】命令，保存。

2. 设置相对原点并绘制 PCB 布线框

(1) 单击菜单【Edit】→【Origin】→【Set】命令，在 PCB 工作区域的任意一个栅格上设置相对原点。

(2) 单击左键在板层区域选择 KeepOut Layer 禁止布线层，如图 9-3 所示。

TopLayer / BottomLayer / Mechanical1 / TopOverlay / KeepOutLayer / MultiLayer

图 9-3　选择禁止布线层

(3) 单击菜单【Place】→【KeepOut】→【Track】禁止布线命令，在禁止布线层上从刚才设置的相对原点（0，0），开始绘制顶点为（3500，0）、（3500，2320）、（0，2320）、（0，0）的矩形板框，用于布局和布线，如图 9-4 所示。

图 9-4　绘制电路板板框

【操作技巧】 在画线时同时按住 J+O 的快捷键，可以跳转到相对原点的位置；按住 J+L 的快捷键输入相应坐标点，可以跳转到所要画线的位置。

3. 导入设计

(1) 打开“门禁自动控制电路 . SchDoc”文件，使之处于当前的工作窗口中，同时应保证“门禁自动控制电路 . PcbDoc”文件也处于打开状态。

(2) 执行【Design】→【Update PCB Document 门禁自动控制电路. PcbDoc】，更新 PCB 文件命令，系统将对原理图和 PCB 图的网络报表进行比较，并弹出 Engineering Change Order 工程更改顺序对话框，如图 9-5 所示。

(3) 单击 Validate Changes 变更检查按钮，系统将扫描所有的改变，查看能否在 PCB 上执行所有的改变，如图 9-6 所示。随后在每一项所对应的 Check 检测栏中显示结果，“√”表示改变是合法的；“×”表示改变不可执行，需要回到以前的步骤中修改，然后重新更新。

(4) 进行合法性校验后，单击 Execute Changes 执行更改按钮，系统将完成网络表的导入，同时，在每一项的 Done 完成栏中显示“√”标记，提示导入成功，如图 9-7 所示。

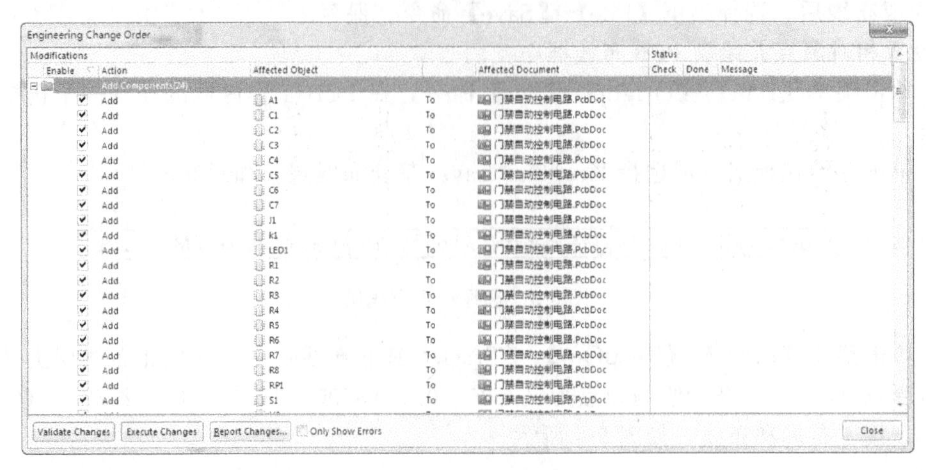

图 9-5　导入网络报表

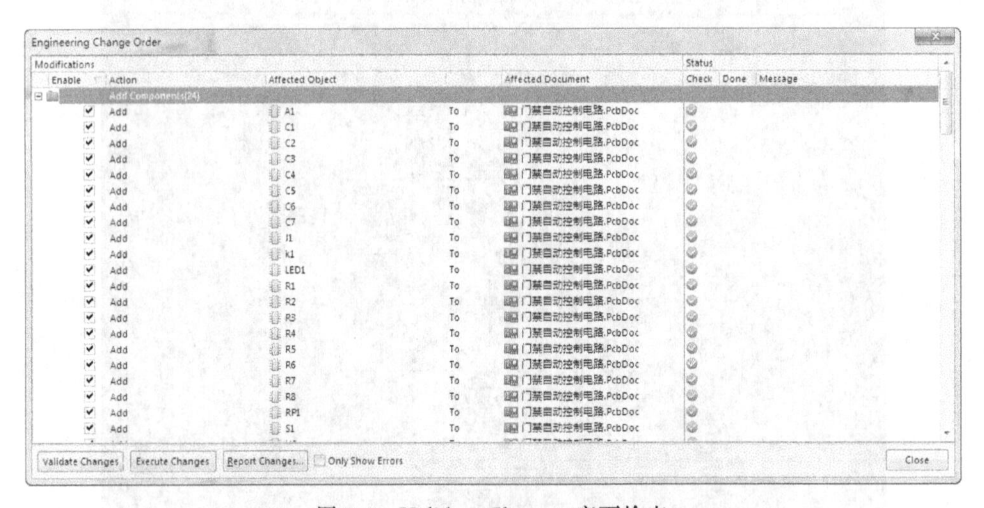

图 9-6　Validate Changes 变更检查

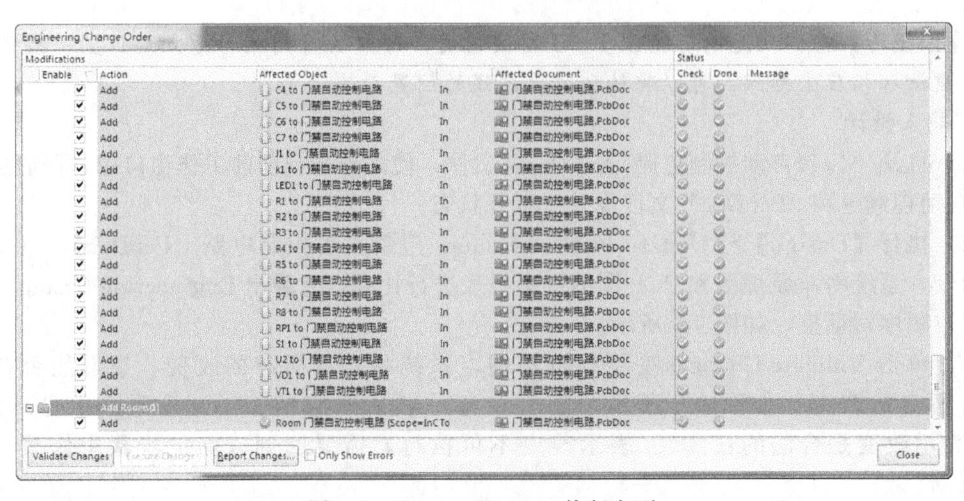

图 9-7　Execute Changes 执行变更

（5）单击关闭按钮，关闭该对话框。这时可以看到在 PCB 图布线框的右侧，出现了导入的所有元器件的封装模型。如图 9-8 所示。

图 9-8　导入的元器件封装模型

【注意】导入设计后，原理图中的元器件并不直接导入设计者绘制的布线框中，而是位于布线框的外面。通过之后的自动布局操作，系统再自动将元器件放置在布线框内。当然设计者也可以手工拖动元器件到布线框内。

4. 手工元件布局

导入元器件封装后，采用手动布局方法把元件放在电路板中合适的位置，如图 9-9 所示。手工布局时一般优先考虑电路中的核心元件和体积较大的元件，如本例中的传感器信号处理芯片 BISS0001 和继电器。

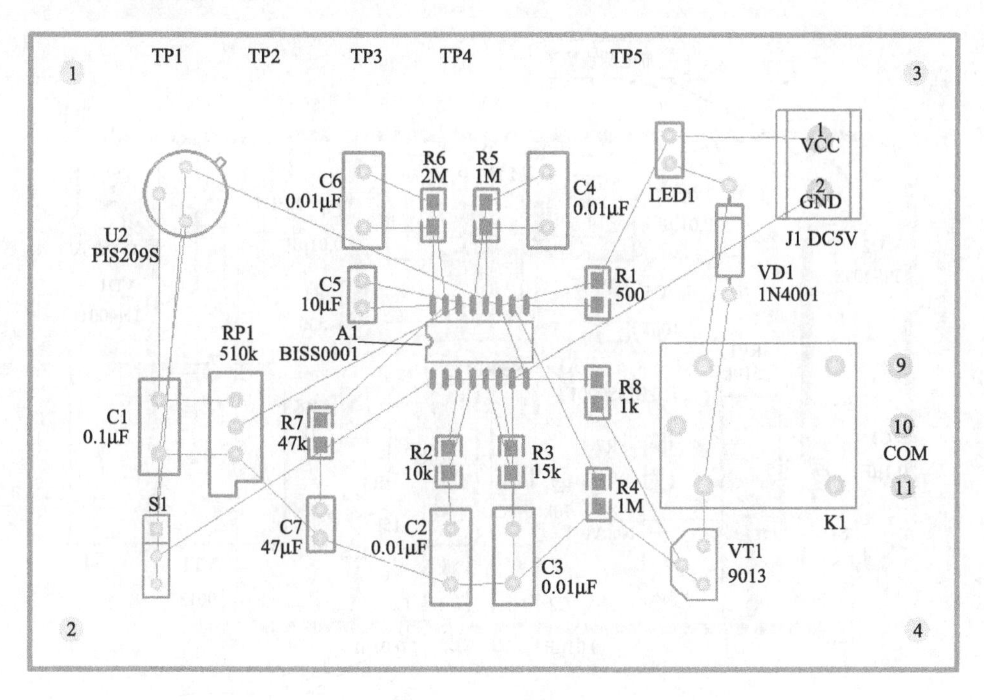

图 9-9　手工元件布局

PCB 板中连接各元件引脚之间的细线称为网络线或“飞线”，表示封装元件焊盘之间的电气连接关系，飞线之间的焊盘在布线时将由铜箔导线连通，它和原理图中引脚之间的连线、网络表中的连接网络相对应，如图 9-9 所示。

9.4 手工布线

9.4.1 手工初步布线

本电路板为双面板，可以在顶层和底层两个导电层布线。底层和顶层的走线方向最好互相垂直，这样一方面方便了布线，另一方面减少了平行导线间的串扰耦合。

(1) 首先，借用网络线，以传感器信号处理芯片 BISS0001 为中心，对与 BISS0001 相连的元件进行信号线的手工布线，如图 9-10 所示。

【说明】首先对与 BISS0001 相连的元件进行布线，是因为电路中 BISS0001 周边元件最多，相应的导线也最多，所以布线最复杂，因此我们先对其布线。这样可以给以后的布线带来很大的方便。

(2) 其次，借用网络线，在底层和顶层手工布置地线和电源线，如图 9-11 所示。

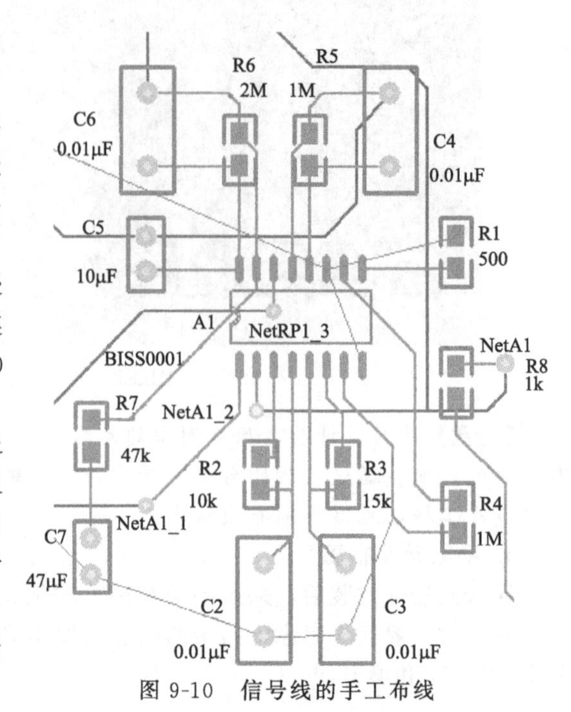

图 9-10 信号线的手工布线

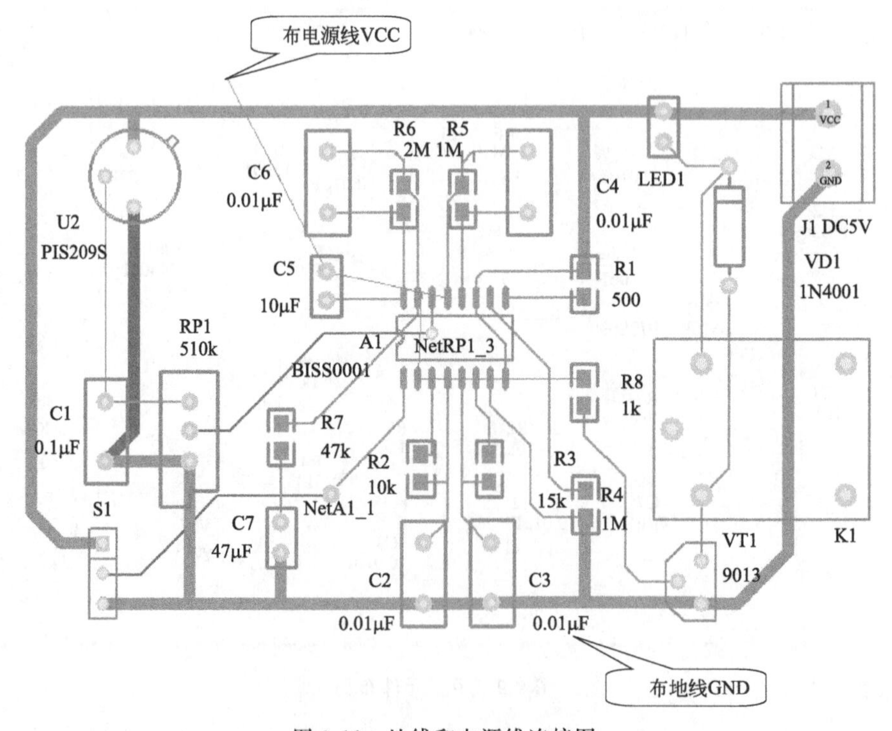

图 9-11 地线和电源线连接图

【说明】 在对地线和电源线手动布线时，应在元件布局时就考虑使地线和电源线尽量简短、尽量走直线，并把它们布在电路板的周边。另外，对一些要求高的电路，还要根据工艺要求实现一点共地或多点共地，减小信号干扰等。此外，地线和电源线一般应加宽。

(3) 然后，对少数还未布线的元件进行手工布线。

(4) 最后，对电路板的测试点 TP1、TP2、TP3、TP4、TP5 和继电器的外接点进行手工布线，完整的 PCB 图如图 9-2 所示。

【操作技巧】 PCB 工具提供了六种不同走线形式，可以使用 Shift＋Space 组合键来进行切换。这六种走线形式为：45°角走线、平滑圆弧走线、90°角走线、小圆弧弯角走线、任意角度走线、大圆弧弯角走线，如图 9-12 所示。

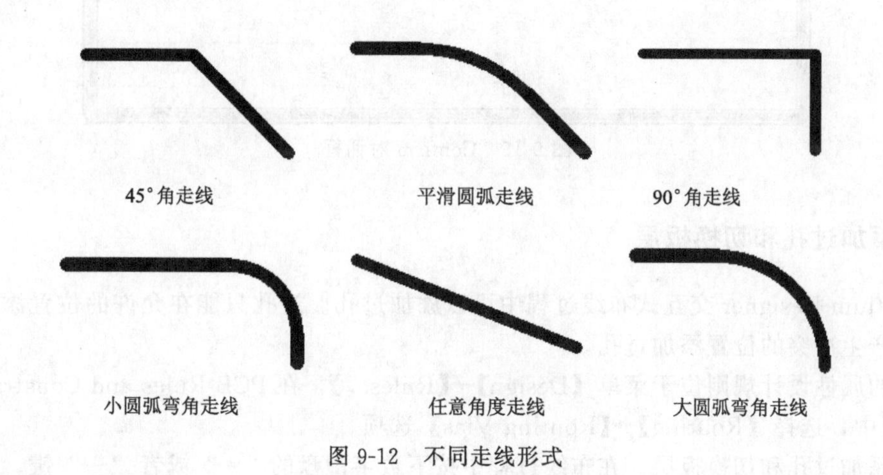

图 9-12　不同走线形式

9.4.2　删除或拆除排线

当布线完毕后，如果对于某条走线结果不十分满意，可以执行【Edit】→【Delete】菜单命令，出现十字形光标，将其对准要删除的导线，单击鼠标左键就可删除该导线，如图 9-13 所示，导线删除后焊点之间会恢复到预拉线的形式。

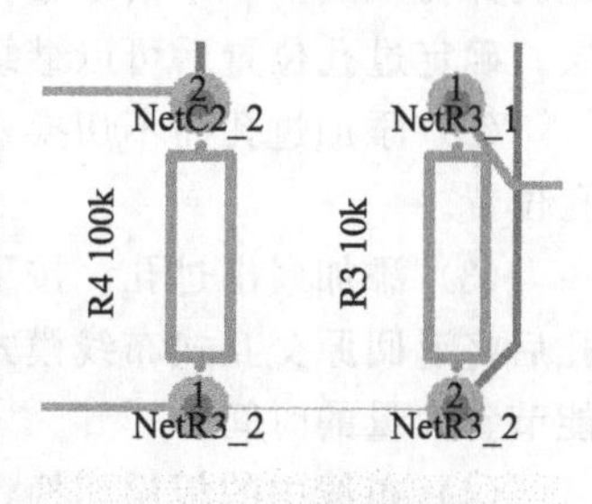

图 9-13　删除原导线

如果对于某些走线结果不十分满意，可以先将它们拆线后再重新布线。拆线命令在【Tool】→【Un-Route】功能选项的各级选项中，如图 9-14 所示，各级子菜单命令含义如下。

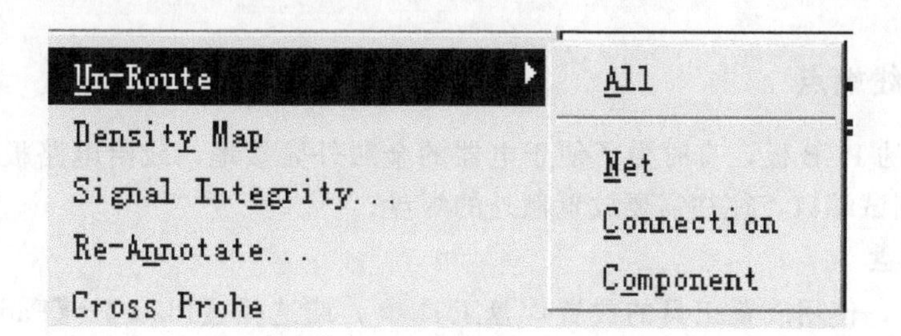

图 9-14　拆除布线命令菜单

【All】拆除掉电路板文件中所有的网络走线；

【Net】单击某条网络走线会将整条网络走线都拆除；

【Connection】单击某条网络走线段落会将该走线段落拆除；

【Component】单击某个元件外形会将与该元件外形所有相连的网络走线都拆除掉。

【注意】如果待拆除的网络走线中有进入锁定状态的走线（导线属性中选择了 Locked），将会出现如图 9-15 所示 Confirm 对话框，要求确认是否要将锁定的网络走线也一并拆除，单击 Yes 按钮将会拆除锁定的走线，单击 No 按钮将保持锁定的走线不拆除。

图 9-15　Confirm 对话框

9.4.3　添加过孔和切换板层

在 Altium Designer 交互式布线过程中可以添加过孔。过孔只能在允许的位置添加，软件会阻止在产生冲突的位置添加过孔。

过孔的属性设计规则位于菜单【Design】→【Rules..】，在 PCB Rules and Constraints Editor 对话框中，选择【Routing】→【Routing Vias】选项。

(1) 添加过孔和切换板层。在布线过程中按下数字键盘的“*”或者“+”键，添加一个过孔并切换到下一个信号层；按下数字键盘的“−”键，添加一个过孔并切换到上一个信号层；确定过孔位置后可以继续布线。

(2) 添加过孔而不切换板层。按“2”键，添加过孔但仍保持在当前布线层，然后确定过孔位置。

(3) 添加扇出过孔。按下数字键盘的“/”键，为当前走线添加过孔。用这种方法添加过孔后将返回原交互式布线模式，可以马上进行下一处网络布线。本功能在需要放置大量过孔时能节省大量的时间。

(4) 布线中的板层切换。当在多层板上的焊盘或过孔布线时，可以通过快捷键 L 把当前线路切换到另一个信号层中。本功能在当前板层布线无法布通，而需要进行布线层切换时，可以起到很好的作用。

9.4.4　加入引线端点

完成布线后的 PCB 板，有时为了便于电器的金属外壳接地，或给电路板提供电源，以及输入/输出信号测试端口，往往需要放置额外的焊盘。

1. 放置新焊盘

在 PCB 板上，使用放置工具的放置焊盘工具 ◉，或选择【Place】→【Pad】功能选项，在设定位置放置焊盘。

2. 修改焊盘网络属性和尺寸

为了连接到网络，双击新放置的焊盘，弹出修改焊盘网络属性对话框，如图 9-16 所示。

在焊盘的【Properties】→【Net】选项中，选择准备连接的网络名称为 VCC，并修改焊盘的尺寸参数，如图 9-17 所示。X-Size（焊盘宽度）和 Y-Size（焊盘高度）设置为 100mil，Hole Size（焊盘钻孔尺寸）为 40mil，单击 OK 按钮，可以看见新放置的焊盘已经有飞线连接到 VCC 网络上了，如图 9-18 所示。

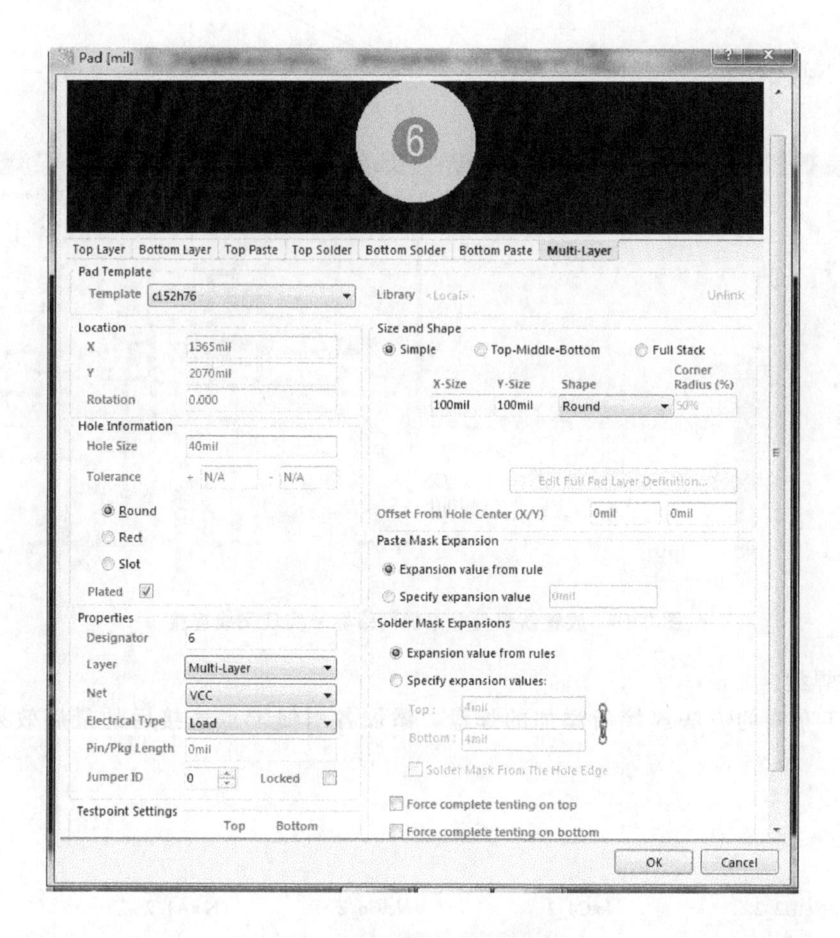

图 9-16　修改焊盘网络属性

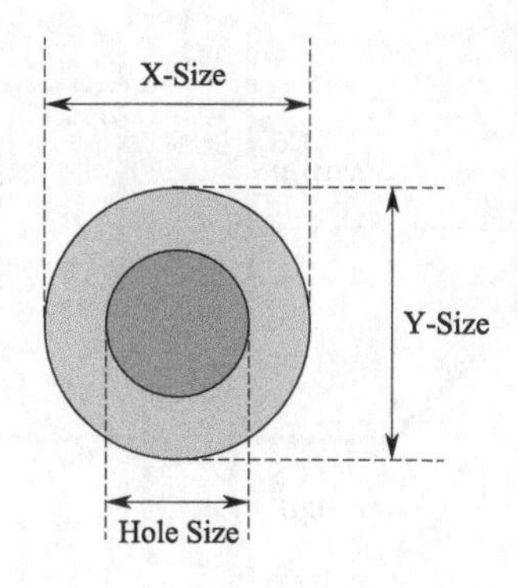

图 9-17　修改焊盘尺寸参数

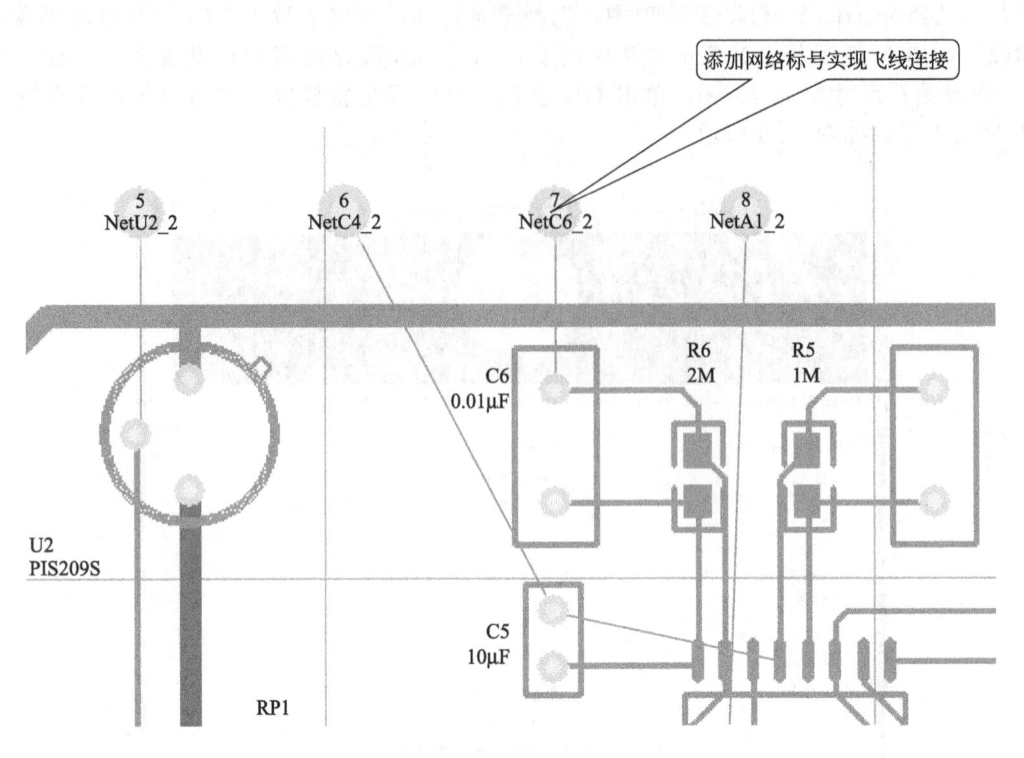

图 9-18　放置新焊盘并添加网络标号实现飞线连接

3. 连接焊盘

通过手工布线的方法连接新添加的焊盘，添加各引线端点连接后的最后效果如图 9-19 所示。

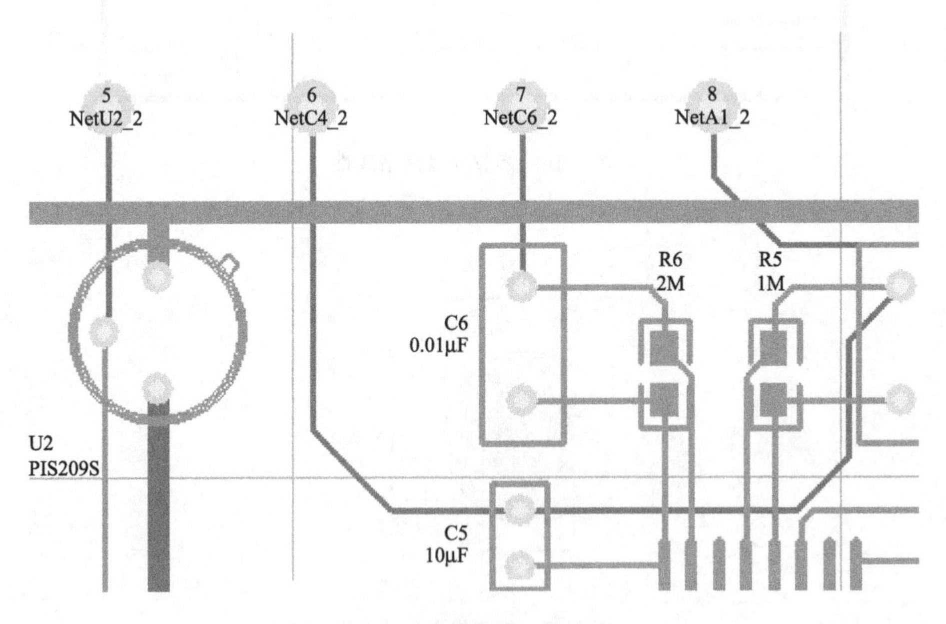

图 9-19　连接好的焊盘

9.5　添加标注和说明文字

在电路板设计中，常常要使用一些说明文字适当标出电路板的功能等信息。一般来讲，此类信息放置在 PCB 的第 4 个机构层（Mechanical4）上，或者标在丝印层（Silksreen）的 Top Overlay 层上，丝印成电路板的说明文字；如果标在信号层上，信息字符会成铜膜走线，此时要注意是否和其他铜膜走线短路。

放置电路板的说明字符时，可以使用工具栏的 T 按钮，或选择【Place】→【String】功能选项，此时鼠标的箭头光标旁会多出一个十字附加的字符串，单击字符串放置的位置，电路板文件编辑区内就会出现一个字符串。如果在放置字符串操作前按 Tab 键，会出现字符串的对话框，如图 9-20 所示。

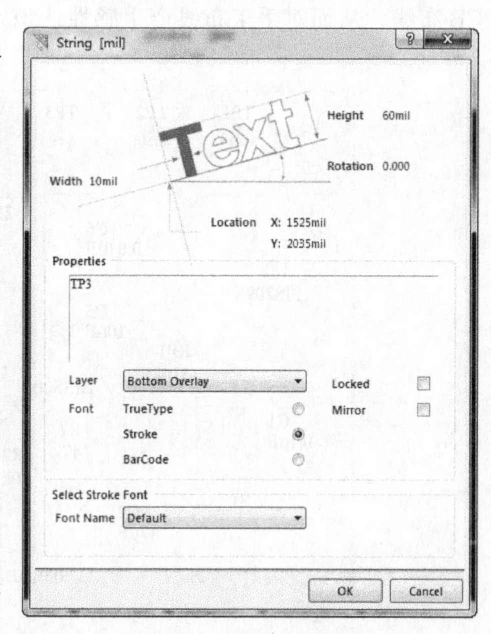

图 9-20　String 对话框

String 对话框可以设置显示在电路板上的说明字符串，但只能一行，在此处输入要标注的文字，如 GND、VCC 等。其余的属性为 Height（高度）、Width（宽度）、Font（文字字体）、Layer（文字所在板层）、Rotation（字符旋转角度）、X-Location（字符横轴坐标）、Y-Location（字符纵轴坐标）、Mirror（镜像）、Locked（锁定）、Selection（选择）。

在相应的焊盘旁，输入对应的文字标注，如图 9-21 所示。

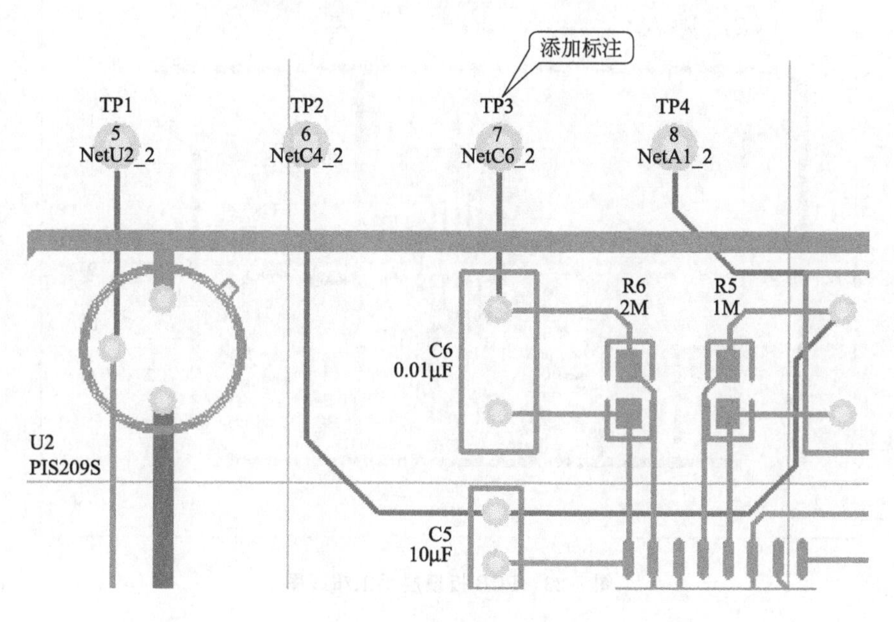

图 9-21　文字标注焊盘

9.6 手工布线训练参考图

为了训练学生的手工布线能力，可以指导学生按照图 9-22～图 9-24 三张图纸来手工完成 PCB 布线，从而对手工布线产生感性认识，起到入门锻炼的作用。

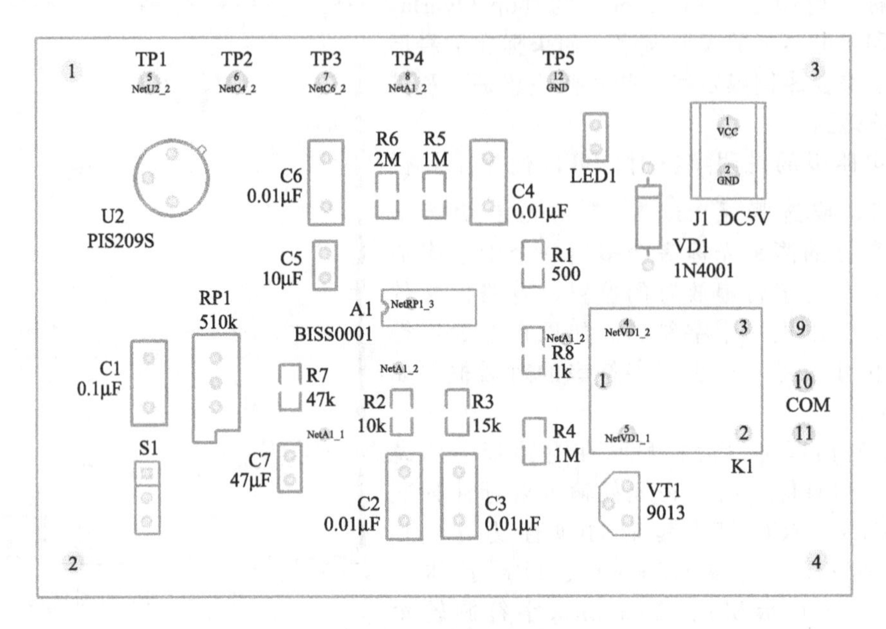

图 9-22　元件布局图

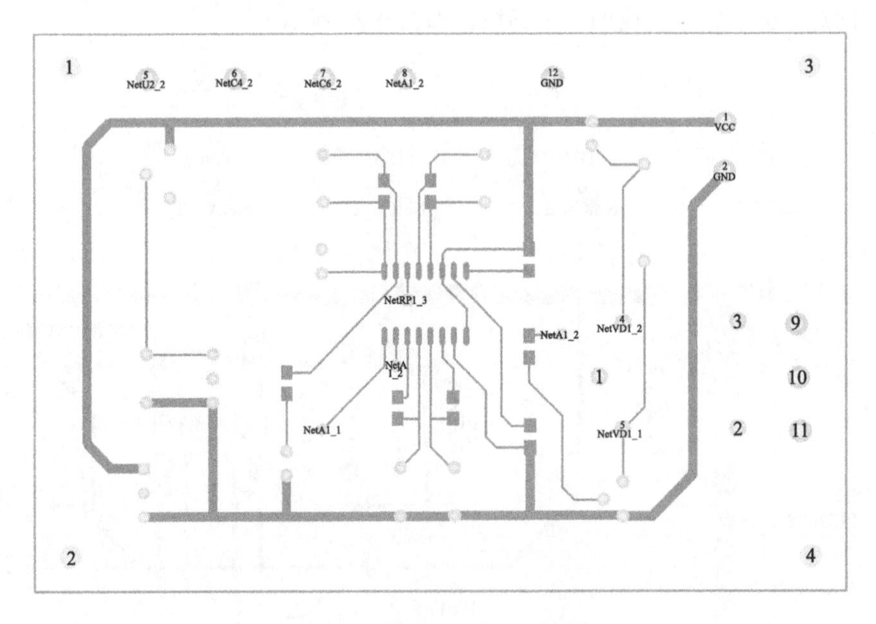

图 9-23　PCB 板顶层手工布线图

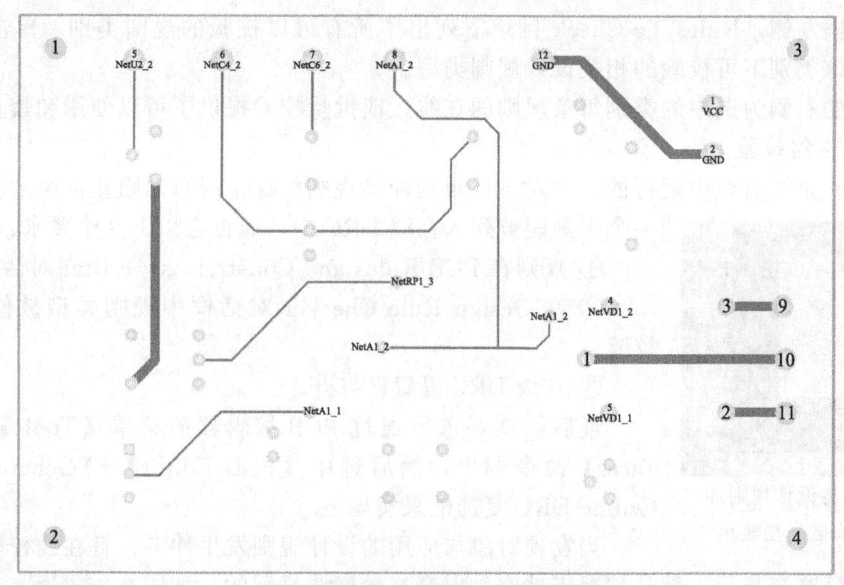

图 9-24　PCB 板底层手工布线图

9.7　设计规则校验（DRC）

在电路板制作中，设计规则检查是一件重要的操作项目。PCB 的 DRC（Design Rule Check）可以验证这份电路板是否符合设计规则的要求，它可以检查出布线方面的错误（如线距太近，是否还有没布完的网络走线，走线宽度是否有问题等）。设计规则校验具有自动校验某项设计的逻辑性和物理完整性的强大功能。

PCB 工具提供两种 DRC 模式：一种是在线模式（Online-mode DRC），该模式在 PCB 绘图时，自动启动在线模式 DRC 排除违反设计规则的编辑操作；另一种是批处理模式。

1. 配置 DRC

校验的配置在 Design Rule Checker 对话框中完成，该对话框从 PCB 编辑器的菜单【Tools】→【Design Rule Check】命令调出，如图 9-25 所示。

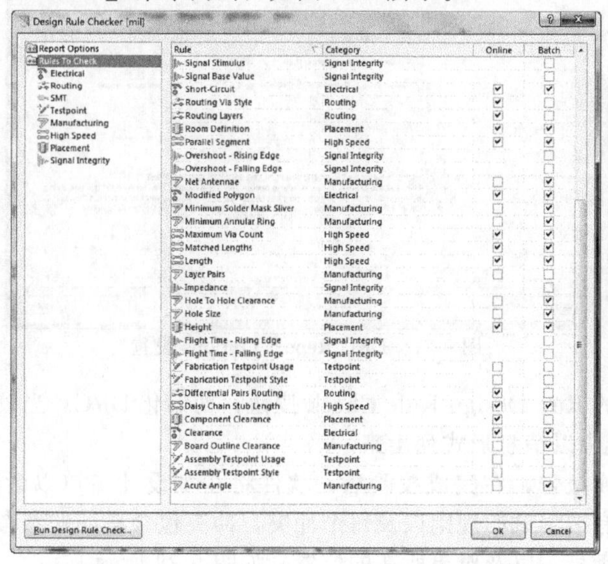

图 9-25　Design Rule Checker 对话框中的校验配置

在对话框左侧，Rules To Check 目录下列出了所有可以校验的规则类别。单击一个类别可列出所有该类别下可校验的相关设计规则类型。

对话框的右侧为选中的类别每条规则的在线，或批量校验提供了可以使用和禁止的选项。

2. 使用在线校验

在线校验是在后台中运行的，它对设计规则冲突规则做标记或自动阻止冲突的发生。要使一个规则能被列入在线 DRC 中，需符合以下 3 个要求：

① 规则在 PCB Rules and Constraints Editor 对话框中使用；

② 在 Design Rule Checker 对话框中规则类型被使用于在线校验；

③ 在线 DRC 设置已打开。

最后一项要求可通过 PCB 编辑器的菜单【Tools】→【Preferences】命令调出，然后选中【PCB Editor】→【General】页面的 Online DRC 复选框来实现。

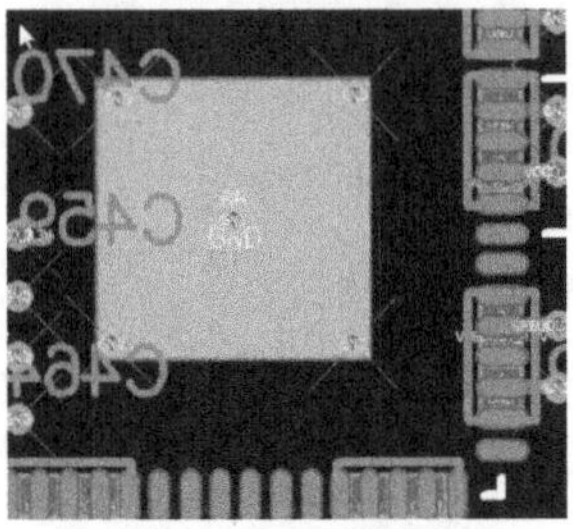

图 9-26 与设计规则冲突的对象被高亮显示

当发现对象与应用的设计规则发生冲突，且在线校验时，它们将会在工作区高亮显示。默认情况下冲突是以高亮轮廓线显示的，如图 9-26 所示。

3. 使用批量 DRC

在线 DRC 仅能检测新的错误，即在开启在线 DRC 后新增的错误。批量 DRC 允许用户在板卡设计过程中手动运行。因此，一个优秀的设计者不仅要知道在线 DRC 的价值，更要懂得在板卡设计开始及结束时运行批量 DRC。

当建立批量 DRC 时，可在 Design Rule Checker 对话框左侧的 DRC Report Options 项上单击，定义不同的附加选项，如图 9-27 所示。报告的生成也包括在这些选项里。

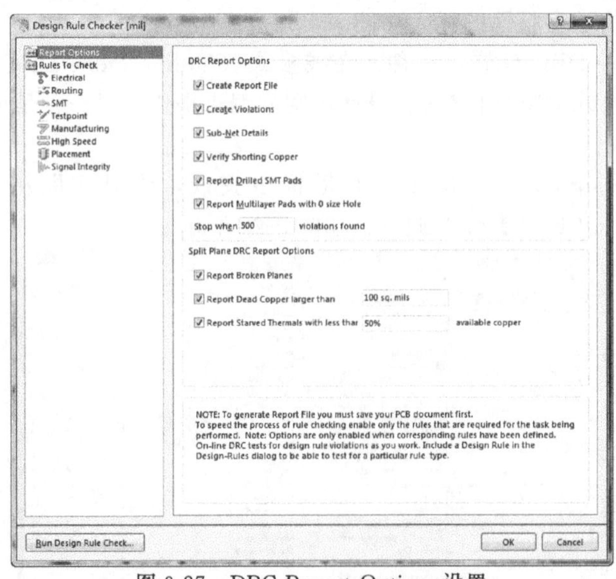

图 9-27 DRC Report Options 设置

单击对话框底部的 Run Design Rule Check 按钮，初始化 DRC。当校验完成后，所有的冲突将在 Messages 面板中以消息形式列出来。

如果选择的是生成报告，在完成校验后，软件将在主设计窗口以活动文档的形式打开报告。报告中列出了所有被测试的规则以及每个冲突，冲突包含详细的参考信息，包括板层、网络、元器件标号、焊盘号，以及对象所在的位置，如图 9-28 所示。

如果 Create Violations 复选框被选中，安全间距、长度以及线宽错误，都将在 PCB 文件中高亮显示。

Messages

Class	Document	Source	Message	Time	Date	N...
[Clea...	QN7.820.110...	Adva...	Clearance Constraint: (6.92mil < 10mil) Between Track (5584.534mil,19...	12:32:59	2018/4/22	1
[Clea...	QN7.820.110...	Adva...	Clearance Constraint: (6.451mil < 10mil) Between Track (5584.534mil,1...	12:32:59	2018/4/22	2
[Clea...	QN7.820.110...	Adva...	Clearance Constraint: (6.405mil < 10mil) Between Track (5584.534mil,1...	12:32:59	2018/4/22	3
[Clea...	QN7.820.110...	Adva...	Clearance Constraint: (7.803mil < 10mil) Between Track (5545.164mil,1...	12:32:59	2018/4/22	4
[Clea...	QN7.820.110...	Adva...	Clearance Constraint: (7.803mil < 10mil) Between Track (5545.164mil,1...	12:32:59	2018/4/22	5
[Clea...	QN7.820.110...	Advanced PCB	ce Constraint: (7.419mil < 10mil) Between Track (5209.368mil,2...	12:32:59	2018/4/22	6
[Clea...	QN7.820.110...	Adva...	Clearance Constraint: (7.748mil < 10mil) Between Track (1795.415mil,2...	12:32:59	2018/4/22	7
[Clea...	QN7.820.110...	Adva...	Clearance Constraint: (7.748mil < 10mil) Between Track (1795.415mil,2...	12:32:59	2018/4/22	8
[Clea...	QN7.820.110...	Adva...	Clearance Constraint: (7.748mil < 10mil) Between Track (1770.215mil,2...	12:32:59	2018/4/22	9
[Clea...	QN7.820.110...	Adva...	Clearance Constraint: (7.748mil < 10mil) Between Track (1770.215mil,2...	12:32:59	2018/4/22	10
[Clea...	QN7.820.110...	Adva...	Clearance Constraint: (7.748mil < 10mil) Between Track (1795.415mil,3...	12:32:59	2018/4/22	11
[Clea...	QN7.820.110...	Adva...	Clearance Constraint: (7.748mil < 10mil) Between Track (1795.415mil,3...	12:32:59	2018/4/22	12
[Clea...	QN7.820.110...	Adva...	Clearance Constraint: (7.748mil < 10mil) Between Track (1770.215mil,3...	12:32:59	2018/4/22	13
[Clea...	QN7.820.110...	Adva...	Clearance Constraint: (7.748mil < 10mil) Between Track (1770.215mil,3...	12:32:59	2018/4/22	14
[Clea...	QN7.820.110...	Adva...	Clearance Constraint: (7.748mil < 10mil) Between Track (1795.415mil,3...	12:32:59	2018/4/22	15
[Clea...	QN7.820.110...	Adva...	Clearance Constraint: (7.748mil < 10mil) Between Track (1795.415mil,3...	12:32:59	2018/4/22	16
[Clea...	QN7.820.110...	Adva...	Clearance Constraint: (7.748mil < 10mil) Between Track (1770.215mil,3...	12:32:59	2018/4/22	17
[Clea...	QN7.820.110...	Adva...	Clearance Constraint: (7.748mil < 10mil) Between Track (1770.215mil,3...	12:32:59	2018/4/22	18
[Clea...	QN7.820.110...	Adva...	Clearance Constraint: (7.748mil < 10mil) Between Track (1593.431mil,3...	12:32:59	2018/4/22	19
[Clea...	QN7.820.110...	Adva...	Clearance Constraint: (7.748mil < 10mil) Between Track (1593.431mil,3...	12:32:59	2018/4/22	20
[Clea...	QN7.820.110...	Adva...	Clearance Constraint: (7.748mil < 10mil) Between Track (1593.431mil,3...	12:32:59	2018/4/22	21
[Clea...	QN7.820.110...	Adva...	Clearance Constraint: (7.748mil < 10mil) Between Track (1593.431mil,3...	12:32:59	2018/4/22	22

图 9-28　报告显示所有冲突项

9.8　添加安装孔

大部分场合电路板设计好后，都需要使用螺钉将其固定在产品上，所以电路板上需要标出安装孔的位置，以便于后期钻孔操作。

AD 软件绘制 PCB 没有专门的安装孔绘制工具和选项，不过可以利用圆形走线、过孔和焊盘。

（1）使用圆形走线可以在电路板的机构层或禁止板层绘制圆圈，但比较麻烦，圆圈的半径大小比较难控制。

（2）使用焊盘来绘制安装孔。只要根据钻孔孔径，将焊盘的 X-Size、Y-Size 和 Hole Size 属性都设置为安装孔的尺寸，这就简单多了。另外，对于焊盘应将其 Pad 属性对话框中 Hole information 选项内的 Plated 取消选取，以避免安装孔的电镀，节约 PCB 制板成本。如图 9-29 所示。

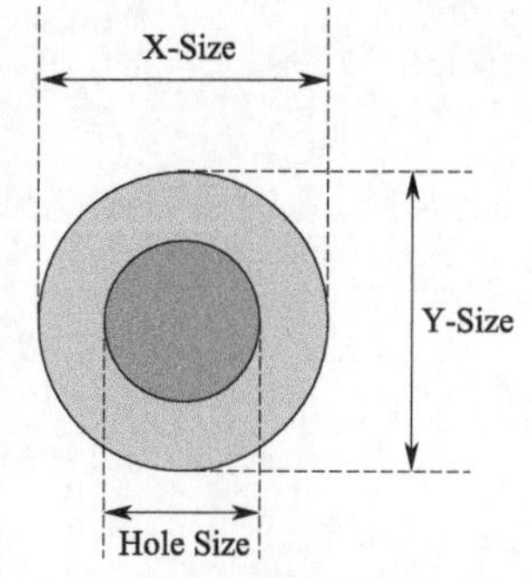

图 9-29　用焊盘来绘制安装孔

（3）使用过孔来绘制安装孔，一般可以与接地网络 GND 连接。将过孔的 Diameter 与 Hole Size 复选框都设置为安装孔的尺寸，另外将 Net 网络标号选为 GND。

9.9　敷铜和补泪滴

9.9.1　敷铜

网格状填充区又称为敷铜，就是将电路板的空白部分（没有铜膜走线、焊盘或导孔的部分）布满铜膜。添加敷铜不仅仅是为了好看，最主要的目的是提高电路板的抗干扰能力，起到屏蔽外界干扰的效果，通常将敷铜与地线相连。

1. 添加敷铜

进行敷铜时，可以使用工具栏的 或者选择【Place】→【Polygon Pour】选项，出现如图 9-30 所示的敷铜设置对话框，具体内容如表 9-3 所示。

(1) Fill Mode 填充模式栏用于选择敷铜的连接方式，共有 3 种填充方式。分别是实心填充（铜区）、影线化填充（导线/弧）、无填充（只有边框），一般选择影线化填充（导线/弧）。选择影线化填充后，对话框中间将显示影线化填充的具体参数设置，包括走线的线宽、网格间距、围绕焊盘的形状、敷铜走线模式等，一般保持默认即可。

(2) Properties 属性栏可以设置敷铜所在的层、最小图元长度以及是否锁定图元等。

(3) Net Options 网络选项栏的连接网络下拉列表，用于设置敷铜所要连接到的网络，一般选择接地网络（GND）或者不连接到任何网络（No Net）。Pour Over Same Net Polygons Only 下拉列表用于设置敷铜覆盖同网络对象的方式。敷铜移除复选框用于设置是否删除没有焊盘连接的铜箔。

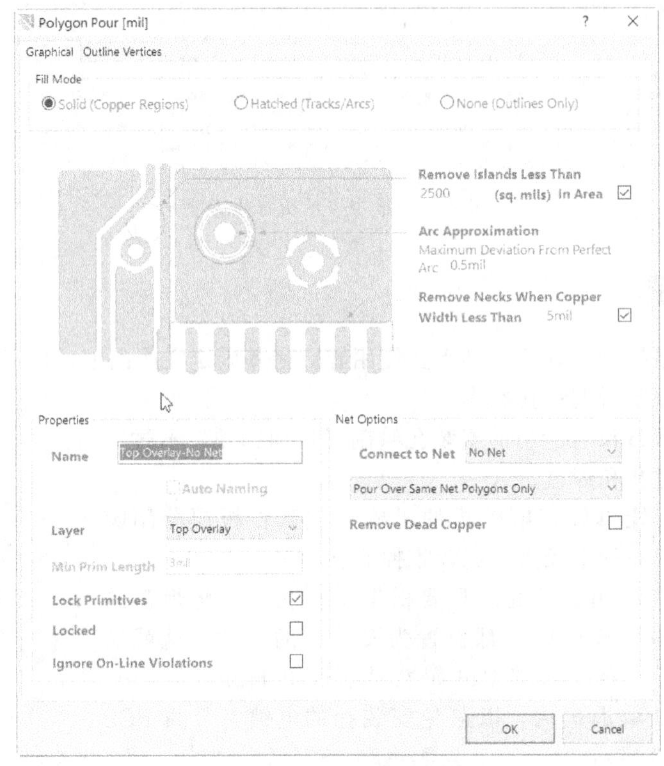

图 9-30　敷铜设置对话框

表 9-3　敷铜属性设置选项

菜单项	描述
Fill Mode	填充模式 ①Solid(Copper Regions)：实心填充(铜区) ②Hatched(Tracks/Arcs)：影线化填充(导线/弧) ③None(Outlines Only)：无填充(只有边框)
Net Options	网络选项 ①Connect to Net：设置敷铜走线与网络的关系，默认为 no net，敷铜走线不与任何网络连接，一般为了降低铜膜走线间的噪声干扰，通常把敷铜走线与地线(GND)网络相连 ②Pour Over Same Net Polygons Only：遇到敷铜走线连接该网络时，就直接覆盖过去 ③Remove Dead Copper：如果有死铜时，将其删除
Properties	属性 ①Layer：设置敷铜的板层 ②Lock Primitives：如果选取，则整个敷铜走线视为整体，无法修改个别敷铜走线；如果取消选取，则个别敷铜走线视为独立对象，但容易与其他网络走线造成短路 ③Min Print Length：最小图元长度

续表

菜单项	描述
Hatch Mode	设置敷铜走线模式 ①90-Degree：表示敷铜走线以 90°角水平垂直交叉走线 ②45-Degree：表示敷铜走线以 45°角斜角交叉走线 ③Vertical Hatch：表示敷铜走线以垂直走线 ④Horizontal Hatch：表示敷铜走线以水平走线
Surround Pads With	①Octagons：表示以八边形走线形式围绕焊点 ②Arcs：表示以圆弧走线形式围绕焊点
Grid Size	设置敷铜走线的格点间距
Track Width	设置敷铜走线的线宽。如果设置的值比 grid size 小，将显示网格状敷铜；如果设置的值比 grid size 大，将显示铺满铜的状态
Remove Islands less Than	孤岛小于设定值，则移除
Arc Approximation	弧近似
Remove Necks When Copper Width Less Than	当铜宽度小于设定值，则移除颈部

单击确定按钮后，光标将变成十字形状，连续单击鼠标左键确定多边形顶点，然后右击，系统将在所指定多边形区域内放置敷铜，敷铜效果如图 9-31 所示。

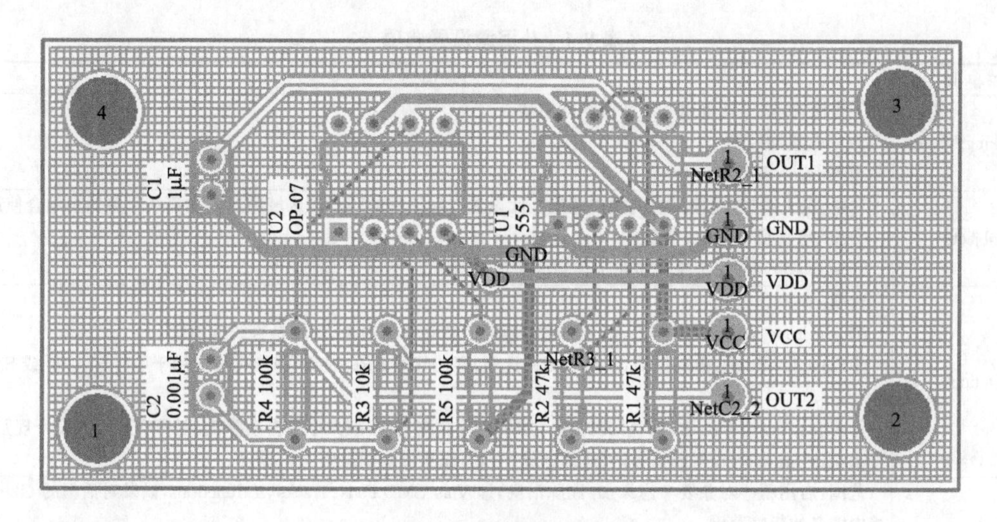

图 9-31　敷铜效果图

2. 删除敷铜

如果需要删除敷铜，可以执行菜单命令【Edit】→【Delete】，也可以执行快捷键 E+D（依次按键盘上的 E 键和 D 键），然后用鼠标单击没有元件的敷铜部分，敷铜即可删除。

如果需要对敷铜设置进行修改，可以用鼠标双击敷铜没有元件的部分，弹出敷铜设置对话框，重新设置之后点 OK 按钮确认，弹出是否重新敷铜对话框，单击 Yes 按钮，就可以修改敷铜。

9.9.2　添加矩形填充

矩形填充可以用来连接焊点，具有导线的功能。放置矩形填充的主要目的是使电路板具有良好的接地、屏蔽干扰及增加通过的电流，电路板中的矩形填充主要都是地线。

使用工具栏的□或者选择【Place】→【Fill】选项，光标将变成十字形状，单击鼠标左键，确定矩形的左上角位置，然后单击左键，确定矩形的右上角位置，放置矩形填充。

若要修改矩形填充的属性，可在放置矩形填充时单击 Tab 键，或者鼠标双击矩形填充进行修改。

9.9.3 补泪滴

补泪滴是在铜膜走线与焊盘（或导孔）交接的位置，特别将铜线走线逐步加宽，如图 9-32 所示。补泪滴设置选项如表 9-4 所示。

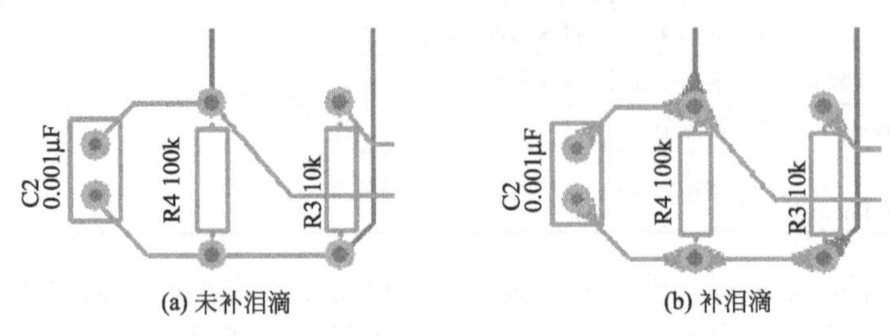

(a) 未补泪滴　　(b) 补泪滴

图 9-32　补泪滴

表 9-4　补泪滴设置选项

菜单项	描述
Working Mode	工作模式：该工具可用于添加或删除泪滴 ①Add：添加泪滴 ②Remove：删除泪滴
Objects	对象：定义添加/删除泪滴的粗略范围。此设置与对话框的"范围"区域中启用的那些对象类型结合使用 ①All：考虑所有对象(全部) ②Selected only：只考虑当前在工作空间中选择的对象(仅限于"选定")
Options	选项： ①Teardrops style：泪滴样式，用于创建泪滴的区域对象的边缘，可以是直线或曲线 ②Force teardrops：强制泪滴，如果启用此选项，即使导致 DRC 违规，泪滴也将应用于所有通孔和/或 SMD 焊盘 ③Adjust teardrops size：调整泪珠大小，如果启用此选项，泪滴大小会自动降低，以符合适用的设计规则 ④Generate report：生成报告，创建列出成功和不成功泪滴网站的文本报告
Scope	范围：启用哪些对象要考虑添加/删除泪滴，即 Vias、SMD Pads、Tracks、T-Junctions，以及对话框的 Objects 区域中定义的粗略范围 ①Vias：过孔(以及圆形通孔焊盘)，指定泪滴的长度和宽度，作为通孔/通孔焊盘直径(d)的百分比。默认值分别是 30%和 70%。单击蓝色百分比值，可根据需要更改这些值 ②SMD Pads：SMD 垫片(和非圆形通孔垫片)，将泪滴的长度和宽度指定为所连轨道宽度(w)的百分比。默认值分别为 100%和 200%。单击蓝色百分比值，可以根据需要更改这些值 ③Tracks：导线，指定泪滴的长度作为附加导线宽度(w)的百分比。默认是 100%。单击蓝色百分比值，根据需要进行更改 ④T-Junctions：T 型接头，将泪滴的长度和宽度指定为主轨道宽度(w)(图像中的水平轨道)的百分比。默认值分别是 300%和 100%。单击蓝色百分比值，可以根据需要更改这些值

焊盘和导孔在钻孔后，会因钻针的压力与铜膜走线之间断线，所以通过加宽铜膜走线来避免这个问题。焊盘、导孔与铜膜走线的连接面要求比较平滑，避免残留化学剂而腐蚀铜膜走线。

使用补泪滴，首先使用【Edit】→【Select】→【Net】功能选项，选择需要补泪滴的网络走线，然后按 Esc 退出。接着选择【Tools】→【Teardrops】功能选项，打开 Teardrops 选项卡，如图 9-33 所示。

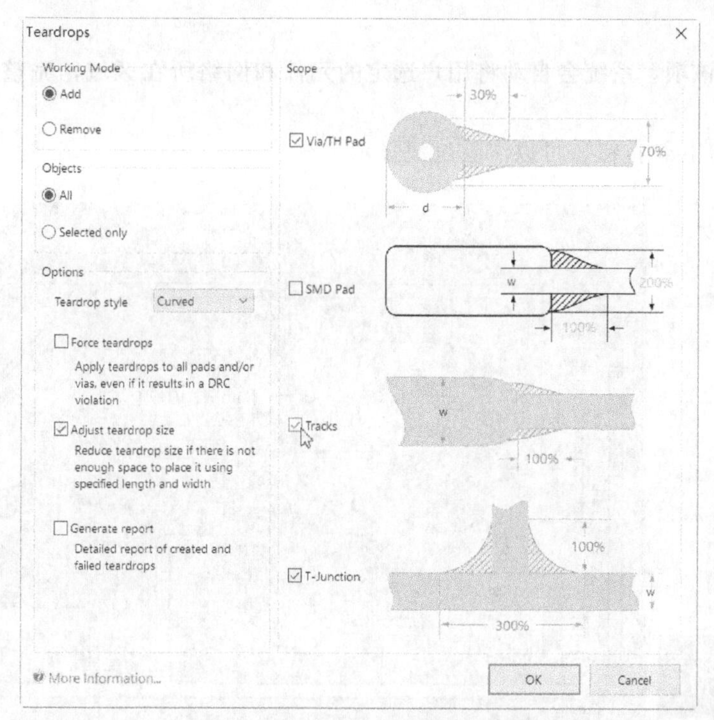

图 9-33　Teardrops 补泪滴选项设置

9.10　PCB 元件的过滤

在进行 PCB 设计时，设计者经常希望能够查看并且编辑某些对象，但是在复杂的 PCB 图中，要将某个元件区分出来往往比较困难。AD 软件提供了元器件的过滤功能，过滤后选定的元件被清晰地显示在工作窗口中，这样就可以单独对它进行操作，而图中其他元件则变为半透明状态，变成不可操作状态。

1. 使用 PCB 编辑器过滤元件

单击主设计窗口右下角的标签栏中的 PCB 标签，弹出菜单选择 PCB 条目，打开 PCB 面板；或者执行主菜单【View】→【Workspace Panels】→【PCB】，打开 PCB 面板。

如图 9-34 所示，在 PCB 编辑器中的第一栏，选择过滤对象的类别为网络标号 Nets，然后选择显示方式为遮挡 Mask，然后再选择网络标号 VCC，则网络标号是 VCC 的所有导线都将高亮显示在 PCB 图中，如图 9-35 所示。

Normal：所有元件和网络显示颜色不变，但是将选中的对象放大显示在图纸中心附近。

Mask：高亮显示选中的对象，其他元件和网络以遮挡方式显示（灰色），且其他元件锁定不可操作。

Dim：高亮显示选中的对象，其他元件和网络变暗显示，但其他元件可以操作。

Select：勾选该项，在高亮显示的同时选中用户选定的

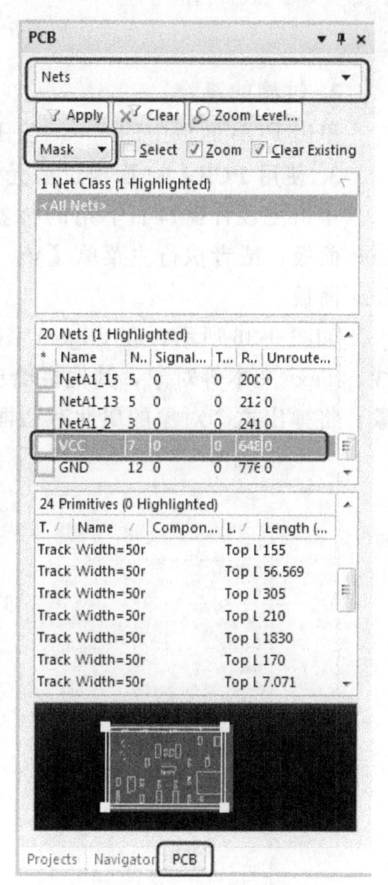

图 9-34　PCB 编辑器

元件和网络。

Zoom：勾选该项，系统会自动将用户选定的元件和网络所在区域，完整、充满地显示在可视区域内。

Clear：单击 Clear 按钮，可以清除过滤显示。

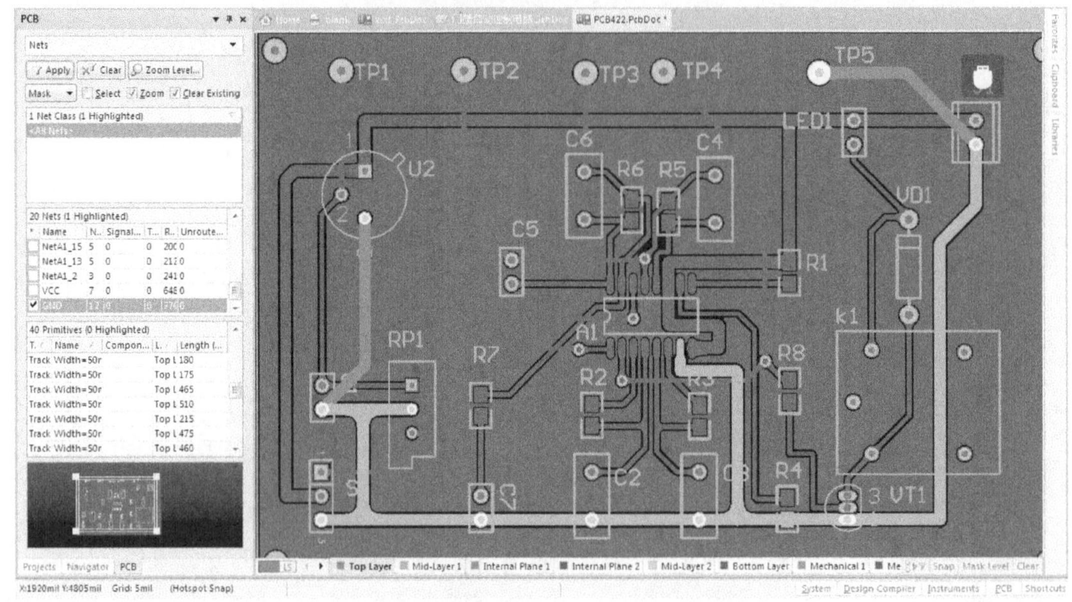

图 9-35　选择网络标号 VCC 过滤的结果

2. 过滤的清除

单击 PCB 面板中的 Clear 按钮，可以清除过滤显示。

3. 使用 PCB List 面板过滤元件

单击主设计窗口右下角的标签栏中的 PCB 标签，弹出菜单中选择 PCB 条目，打开 PCB List 面板；或者执行主菜单【View】→【Workspace Panels】→【PCB】→【PCB List】，打开 PCB List 面板。

如图 9-36 所示，在 Object Kind 对象栏里，有 Net 网络标号、Compoent 元件、Track 导线、Text 文本等对象，其他栏给出了这些对象的各种属性。双击面板中用户所需要的某条对象，将弹出这个对象的属性对话框，可以进行属性的修改。

PCB List

View non-masked objects Include all types of objects

Object Kind	String Type	Layer	Net	Component	X1 (mil)	Y1 (mil)	X2 (mil)	Y2 (mil)	Width (mil)
Net		-	-	Free	-	-			
Net		-	-	Free	-	-			
Net		-	-	Free	-	-			
Net		-	-	Free	-	-			
Net		-	-	Free	-	-			
Net		-	-	Free	-	-			
Component		Top Layer	-	Free	3575	4035			
Component		Top Layer	-	Free	2335	3880			
Component		Top Layer	-	Free	3495	3515			
Component		Top Layer	-	Free	3955	3515			
Component		Top Layer	-	Free	4025	4560			
Component		Top Layer	-	Free	3155	4405			

650 Objects (1 Selected)

图 9-36　PCB List 面板

9.11　PCB 打印输出

把完成的 PCB 文件打印出来也是整个设计过程中的一项工作，用纸张打印 PCB 文件，可以用于校验和存档。同时也可以把 PCB 文件内容打印到投影片，然后再贴到感光电路板上，进行曝光、显影、蚀刻和焊接，便于自己动手制作出实用的电路板。PCB 打印输出与原理图的打印输出基本相似，但 PCB 打印存在板层的概念，PCB 打印可以将各板层一起打印，也可以分层打印。

1. 页面设置

PCB 文件在打印之前要进行页面设置，操作方式与 Word 文档中的页面设置方法类似。在主菜单栏执行【File】→【Page Setup】页面设置命令，弹出 Composite Properties 复合页面属性设置对话框，如图 9-37 所示。

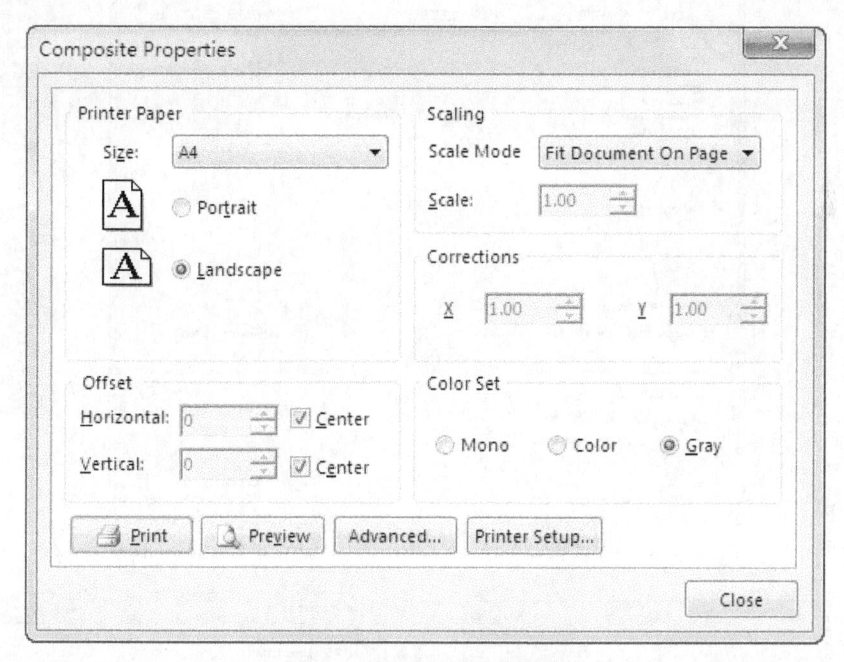

图 9-37　复合页面属性设置

（1）在 Printer Paper 打印纸栏：设置打印纸的尺寸和打印方向，Portrait 为纵向，Landscape 为横向。

（2）在 Scaling 缩放比例栏：用于设定内容与打印纸的匹配方法。系统提供 Fit Document On Page 适合文档页面和 Select Print 选择打印两种模式，前者将打印内容缩放到适合纸张尺寸的大小，后者由用户设定打印缩放的比例。选择后者时，则 Scale 缩放框和 Corrections 修正框都将变为可用。

（3）Offset 页边偏置栏：勾选居中时，打印图纸位于纸张的中心。取消居中时，可以在水平 X 和垂直 Y 中改变页边距。

2. 打印输出属性

（1）在上图中单击 Advanced 高级按钮，将弹出 PCB Printout Properties 打印输出属性对话框，在其中可以设置需要打印的工作层和打印方式，如图 9-38 所示。

（2）双击 Multilayer Composite Print 多层复合打印标签，进入 Printout Properties 输出属性对话框，如图 9-39 所示。其中列出了将要打印的层，系统默认列出包含所有图元的层。

（3）在 Printout Properties 对话框中，选中某个层再单击 Remove 按钮，可以删除不需要打印的层。单击 Add 按钮，弹出 Layer Properties 层属性对话框，可以增添需要打印的层，在对话框中还显示各个图元的三种打印方案，Full 全部、Draft 草图、Hide 隐藏，如图 9-40 所示。

① Full：表示打印该类图元的全部图形画面；

② Draft：表示打印该类图元的外形轮廓；

③ hide：表示隐藏该类图元不打印。

（4）设置好以上内容后，单击 OK 按钮回到 PCB Printout Properties 对话框。再单击 Preferences 按钮，进入 PCB 打印设置框，在这里设定黑白打印和彩色打印时各个图层的打印灰度和色彩。单击 OK 回到 PCB 工作区画面。

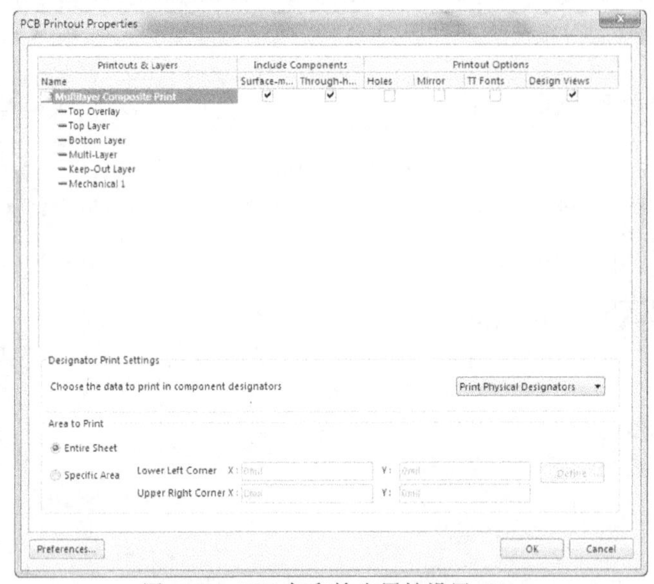

图 9-38　PCB 打印输出属性设置（1）

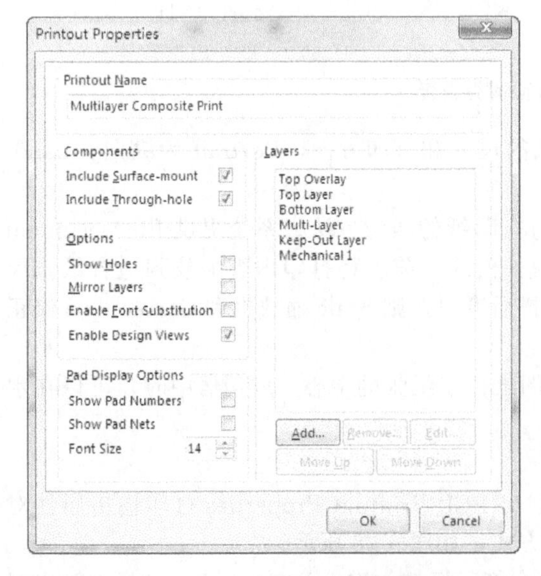

图 9-39　PCB 打印输出属性设置（2）

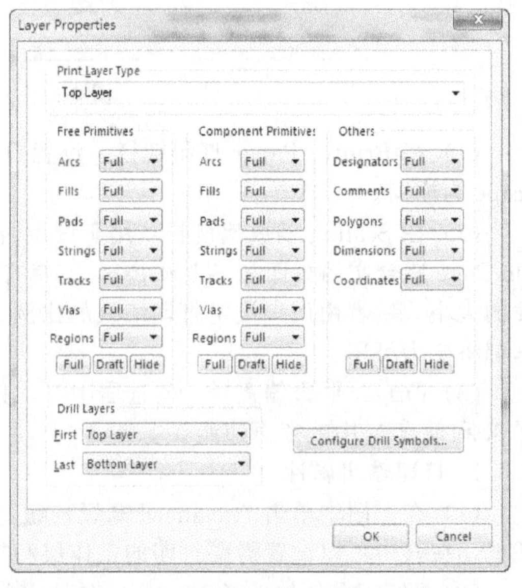

图 9-40　各个图元的三种打印方案

3. 打印

单击主工具栏的打印图标，或者在主菜单中执行【File】→【Print】命令，即可打印 PCB 图纸。

9.12　上机实训　制作直流电机 PWM 调速电路 PCB 双面板

1. 上机任务

制作如图 9-41 所示的基于单片机的直流电机 PWM 调速电路 PCB 双面板效果图（本 PCB 板对应的原理图见第 5 章的图 5-1）。电路板面积选取 4200mil×2500mil。

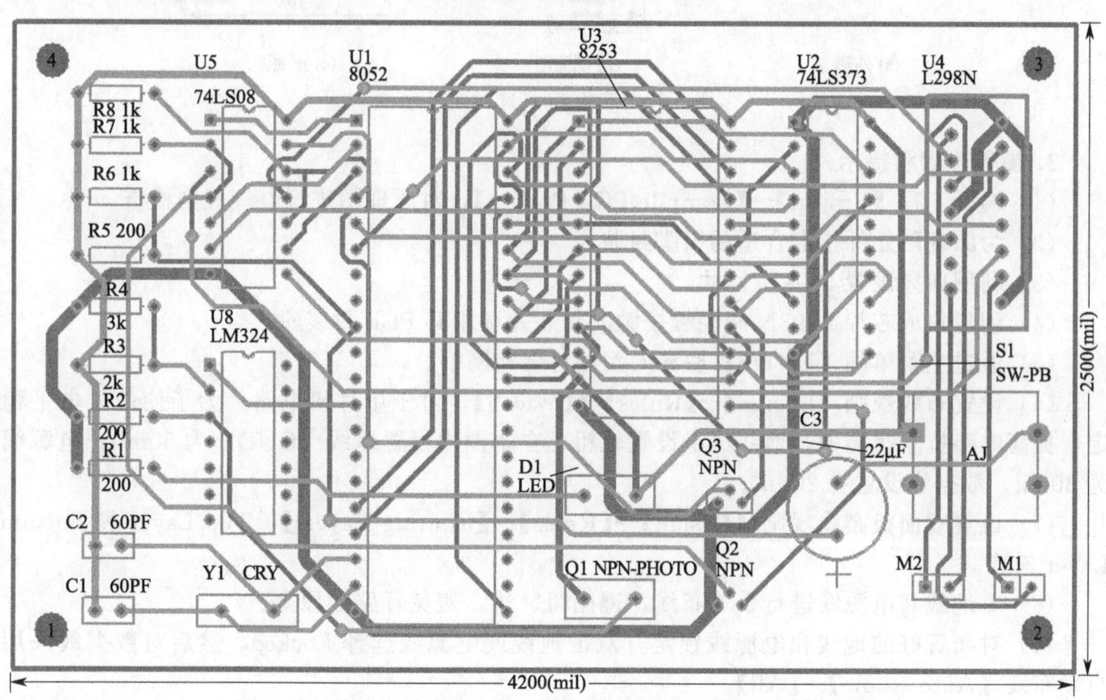

图 9-41　单片机的直流电机 PWM 调速电路 PCB 双面板效果图

2. 任务分析

直流电机 PWM 调速电路 PCB 各元件名称、序号及封装名见表 9-5。

表 9-5　直流电机 PWM 调速电路 PCB 各元件名称、序号及封装名

Lib Ref(元件名称)	Designator(元件序号)	Footprint(元件封装名)	备注
发光二极管	D1	RAD-0.2	
电阻	R1～R8	AXIAL-0.3	
电容	C1、C2	RAD-0.1	
光电三极管	Q1	RAD-0.2	
三极管	Q2、Q3	T0-92	
集成芯片	U1	DIP-40	
集成芯片	U2	DIP-20	
集成芯片	U3	DIP-24	
集成芯片	U4	L298N	原理图元件须自己创建 元件封装须自己创建
集成芯片	U5、U7、U8	DIP-14	
接插件	J1、J2	HDR1×2	
轻触开关	S1	ANJIAN	元件封装须自己创建

集成芯片 L298N 封装尺寸，如图 9-42 所示，图中尺寸单位为 mil。

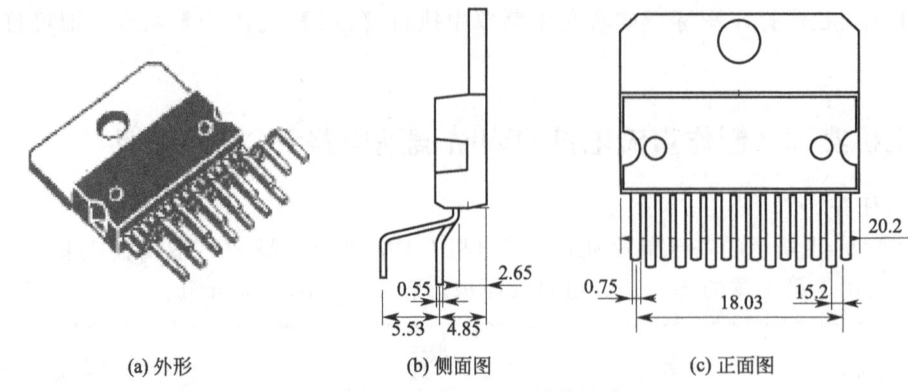

(a) 外形　(b) 侧面图　(c) 正面图

图 9-42　芯片 L298N 封装尺寸

3. 操作步骤和提示

(1) 编译工程【Project】→【Compile PCB Project】，对原理图进行电气规则检查。

(2) 为原理图元件指定合适的引脚封装。

(3) 利用向导设置 PCB 板尺寸。

(4) 创建集成芯片 L298N 和轻触按键的封装并调用其 PCB 封装库。

(5) 通过主菜单的【Design】栏导入元件封装和网络。

(6) 设置布线规则【Design】→【Rules】→【Width】，对于单片机电路，为了使信号电平稳定，提高电路抗干扰能力，地线尽量设置较粗，在本图中设置地线（GND）为 50mil，电源线为 30mil，数据线设置在 20mil。

(7) 设置双面板布线规则【Design】→【Rules】→【Routing Layers】，Top Layer 和 Bottom Layer 勾选。

(8) 对地线和电源线进行手工布线，遵循粗、短、避免环路的原则。

(9) 对布置好的地线和电源线锁定，双击地线或电源线选择 Locked，然后对数据线采用自动布线【Auto Route】→【All】。

(10) 绘制安装孔，选用焊盘，在 Properties 中设置 X-Size、Y-Size、Hole Size 均为 200mil，在 Advanced 中取消 Plated（电镀）项。

(11) 补泪滴。

(12) 对地线进行敷铜。

4. 完成效果

基于单片机的直流电机 PWM 调速电路 PCB 双面板参考效果图，如图 9-41 所示（图中没有补泪滴，没有对地敷铜）。

9.13 职业院校技能大赛电子 CAD 绘图部分考核试卷

使用电子 CAD 软件绘制电路原理图和 PCB 图（本大项分 2 项，第 1 项 7 分，第 2 项 8 分，共 15 分）。

说明：选手在 D 盘根目录上以工位号为名建立文件夹（x x 为选手工位号，只去后两位），选手竞赛所得的所有文件均存在该文件夹中。各文件的主文件名包括以下各项。

工程库文件：x x. prjPcb；

原理图文件：Sch x x. schDoc；

原理图元件库文件：SchLib x x. schlib；

PCB 图文件：Pcb x x. pcbdoc；

原件分装库文件：PLib x x. pcblib。

如果选手保存文件的路径不对或没有填写工位号，则不给分。

1. 绘制电路原理图（本项目分 2 小项，第①项 2 分，第②项 5 分，共 7 分）。

要求：在考试附图（图略）的基础上，选手根据已经连接的创新实训模块与接线，使用电子 CAD 软件，绘制正确的电路原理图。

① 在 A4 图纸右下角绘制附表所示的标题栏，并填写表中内容文字（题号填写本项目书项目号）。

附表　标题栏

50	100	30	70	50	70
选手姓名		性别		出生日期	
工位号		题号		竞赛日期	
比赛名称		备注：			
赛场地点					

（行高：4×20=80）

评价参考：能绘制表格（得 1 分），填写表格中文字（得 1 分）。

② 绘制电路图（5 分）。

评价参考：能正确绘制电路图的得 5 分，缺一个元器件扣 0.25 分（不再扣该元器件的连线分），缺一连线扣 0.25 分。最多扣 5 分。

2. 绘制 PCB 图（本项目共分 4 小项，第①项 3 分，第②项 1 分，第③项 2 分，第④项 2 分，共 8 分）。

要求：在考试附图（图略）的基础上，选手根据已经连接的创新实训模块与接线，使用电子 CAD 软件，正确绘制 PCB 图。

① 采用创新模块中元器件的封装。所有的电阻封装脚距为 500mil，创新模块中电位器实际尺寸是 25mm×25mm。

评价参考：漏或错误的元器件，每个扣 0.25 分。应特别注意的是电源扣线座、电位器和输出端的绘制。

② 电路板尺寸：50mm×40mm。

评价参考：按电路板尺寸要求的得 1 分，否则不得分。

③ 所有元器件均放置在 Top Layer。电源线和地线宽为 40mil，其他线宽为 10mil，均放在 Bottom Layer。

评价参考：符合要求的得 2 分，线宽不符合要求，每种扣 0.25 分，最多扣 1 分。元器件位置放置不符合要求扣 1 分。

④ 完成布线，并对布线进行优化调整。

评价参考：基本合理布线的得 2 分，一种线条不规范的扣 0.25 分，最多扣 1 分。

本章小结

本章综合前面所学知识点和技能，讲解门禁自动控制电路 PCB 双面板电路的绘制全过程。

重点讲述贴片元件为主的PCB板手工绘制方法，还有补泪滴和敷铜、PCB元件的过滤、DRC检查、以及PCB图打印等内容的讲解。

习　题

9-1　双面板布线时，为何要设置顶层和底层走线交叉，避免平行？

9-2　敷铜对于PCB板有什么效果？泪滴对PCB起什么作用？

9-3　声光控楼道灯电路原理图如图9-43所示，其电路元件布局可参考图9-44。

(1) 元件封装要求如表9-6所示。

(2) PCB板为3400mil×2300mil。

(3) 信号线线宽20mil，地线、电源线宽均为50mil。

请按照要求制作PCB图。

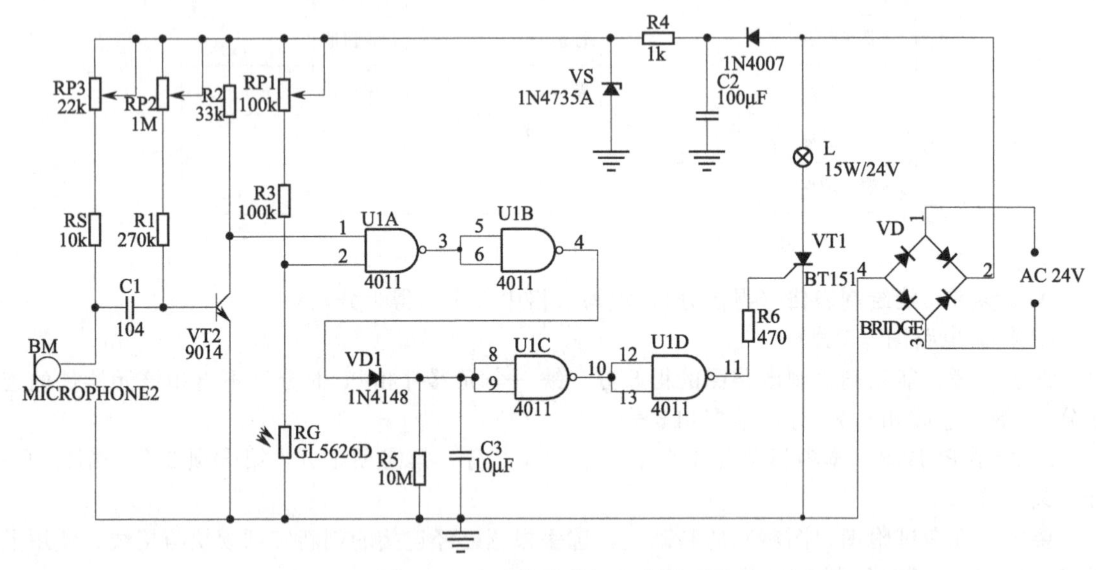

图9-43　声光控楼道灯电路原理图

表9-6　声光控楼道灯电路各元件封装要求

序号	标称	名称	规格	元件封装
1	C1	电容	104	6_0805_M
2	C2	电解电容	100μF	自己创建
3	C3	电解电容	10μF	RAD-0.1
4	R1	电阻	270k	6_0805_M
5	R2	电阻	33k	6_0805_M
6	R3	电阻	100k	6_0805_M
7	R4	电阻	100	AXIAL-0.4
8	R5	电阻	10M	6_0805_M
9	R6	电阻	470	6_0805_M
10	RS	电阻	10k	6_0805_M
11	RG	光敏电阻	GL5626L	AXIAL-0.3
12	MC	驻极体话筒	CZN-15D	自己创建
13	RP1	电位器	22k	VR5
14	RP2	电位器	1M	VR5
15	RP3	电位器	100k	VR5
16	VS	稳压二极管	1N4735A	DIODE-0.4

续表

序号	标称	名称	规格	元件封装
17	VD	整流桥堆	2DW	自己创建
18	VT1	三极管	9014	TO-92
19	VT2	晶闸管	BT151	TO-220-AB
20	U1	集成块	CD4011	SO14
21	VD1	二极管	1N4148	6_0805_M
22	VD2	二极管	1N4007	DIODE-0.4
23	L	灯	AC 24V	自己创建
24	J	扣线插座	CON2	自己创建

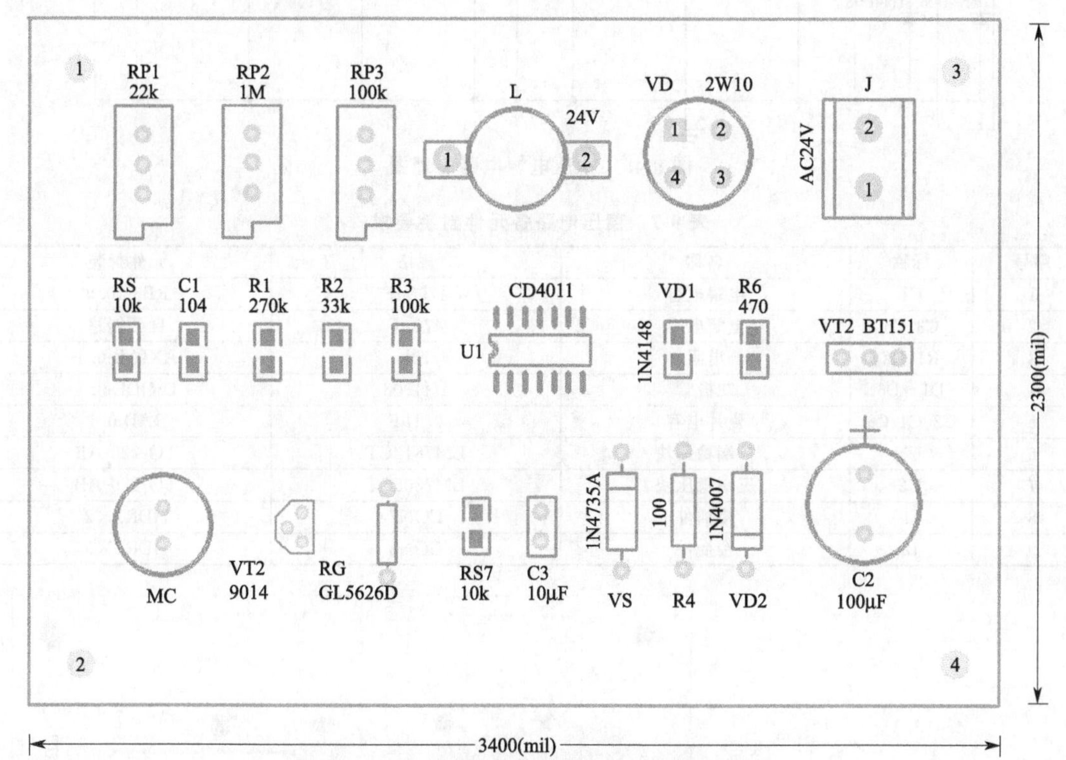

图 9-44　声光控楼道灯电路元件布局图（参考）

9-4　根据图 9-45 所示的稳压电源电路原理图以及如下要求，制作其 PCB 图。

（1）元件封装要求如表 9-7 所示。

（2）PCB 板为 80mm×60mm，在 PCB 板四角设置一个 $\phi3.5$mm 的安装孔，孔到各边距离为 5mm。

（3）信号线线宽 20mil，地线宽 50mil。

（4）LM7812CT 和 LM7805CT 装有散热片，散热片的尺寸如图 9-46 所示。在 PCB 板上表明散热片的安装位置和安装散热片的安装孔。

（5）只显示各元件标号，在 J1 处标注“ACINPUT”，在 J2 处标注“DCOUTPUT”。

（6）J1、J2 的焊盘改为边长为 80mil 的正方形（孔径默认）。LM7812CT 和 LM7805CT 的焊盘改为长 120mil、宽 80mil 的椭圆，孔径为 40mil。

（7）在 PCB 板没有布线的地方敷铜，与地相连。其参考图样如图 9-47 所示（图中没有对地敷铜）。

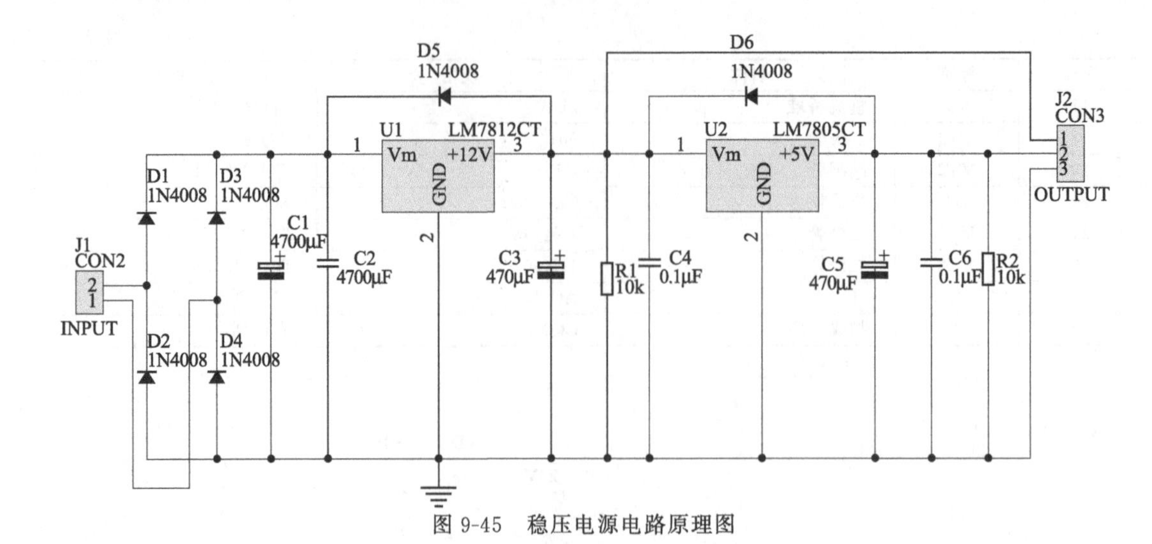

图 9-45　稳压电源电路原理图

表 9-7　稳压电路各元件封装要求

序号	标称	名称	规格	元件封装
1	C1	电解电容	4700μF	RB5-10.5
2	C3、C5	电解电容	470μF	自己创建
3	R1、R2	电阻	10k	AXIAL-0.4
4	D1～D6	二极管	1N4008	DIODE-0.4
5	C2、C4、C6	瓷片电容	0.1μF	RAD-0.1
6	U1	三端稳压块	LM7812CT	TO-220-AB
7	U2	三端稳压块	LM7805CT	TO-220-AB
8	J1	接插件	CON2	HDR1×2
9	J2	接插件	CON3	HDR1×3

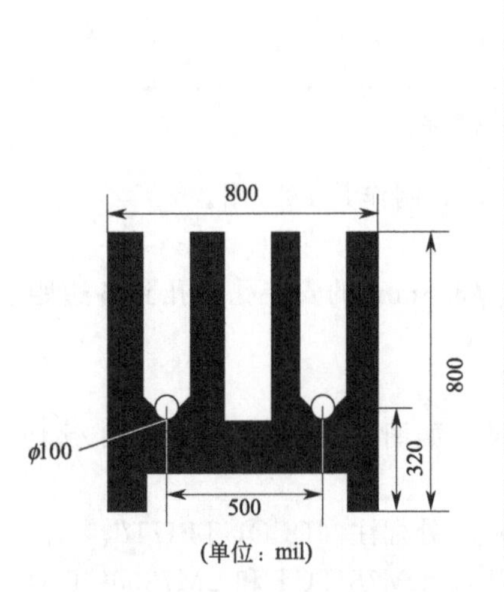

图 9-46　三端稳压块散热片图

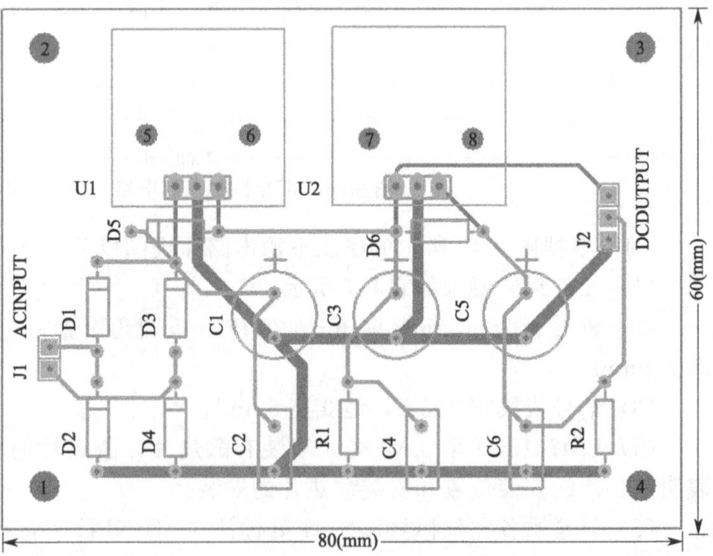

图 9-47　稳压电源 PCB 板参考图样

第10章

IPC标准介绍

【本章学习目标】

本章主要通过对IPC设计标准的介绍，让大家对于IPC的标准有一个基本的认识和了解，熟悉PCB的设计要求，旨在让学生达到以下目的：

◇ 了解IPC的基本情况；

◇ 了解IPC标准的具体内容；

◇ 熟悉IPC标准在PCB设计中的应用。

10.1 IPC概述

10.1.1 IPC的发展历史

IPC——国际电子工业联接协会（www.IPC.org.cn）是一家全球性电子行业协会。IPC总部位于美国伊利诺伊州班诺克本。它致力于提升4800多家会员企业的竞争优势，并帮助它们取得商业上的成功。会员企业遍布在包括电子设计、印制电路板、电子组装、OEM和测试等电子行业产业链的各个环节。该协会作为会员驱动型组织，提供的服务主要有：行业标准、培训认证、市场研究和环境保护，并且通过开展各种类型的工业项目，来满足这个全球产值达2万亿美元的行业需求。此外，IPC在我国青岛、上海、深圳、北京、苏州、成都、台北以及美国新墨西哥州的陶斯、美国弗吉尼亚州的惠灵顿、瑞典的斯德哥尔摩、俄罗斯的莫斯科、印度的班加罗尔、比利时的布鲁塞尔等地都设有办事机构。

1. IPC历史与背景

IPC成立于1957年，最初的名字全称是Institute of Printed Circuits（印制电路协会）。随着越来越多的电子组装企业加入，IPC将名字改为“电子电路互连与封装行业协会”。到20世纪90年代，大部分业内人士都不能记住这个复杂的名称，同时也有部分人士不理解新名字的含义。

然而，很多会员公司强烈表示希望能够继续保留最初的名称：IPC。经过研究发现，几乎很难找到一种表述能够准确地描述IPC这个海纳了OEM厂商、电路板制造商、电子制造服务商及其供应商在内的庞大组织。为了避免更改成更不恰当的名字或是将任何一个会员公司所涉及的领域排除在外，IPC董事会决定将协会名称正式确立为“IPC”。1999年，原电子电路互连与封装行业协会正式更名为IPC。协会新的名字附带有身份的说明：国际电子工业联接协会。

董事会之所以把“国际电子工业联接协会”作为协会名称的补充，是因为它非常恰当地描述了IPC以促进电子行业相互合作以及推进行业内技术交流为己任的理念，同时也突出了印制电路板行业对于整个社会发展的重要性。

2. IPC 使命和目标

(1) 使命。作为一个全球性的行业组织，致力于提升会员企业的竞争力，以及帮助企业获取商业上的成功。为了实现这些目标，IPC 将致力于更先进的管理方式、更先进的技术，制定业内相关的标准，推动环境保护事业，以及与之相关的政府关系。IPC 倡导所有的会员企业积极地参与这些事务，并与国内以及国际上所有相关的协会通力合作。

(2) 目标。

① 标准：IPC 将是全球最受尊敬和最具领导力的组织，提供相关标准和质量监督，为电子行业提供支持。

② 教育：IPC 将成为全球领先的电子行业教育和知识提供者。

③ 倡导：IPC 将是行业最具影响力的商业环境法规提倡者，帮助会员提高全球竞争力。

④ 解决方案：IPC 将与电子行业联合，寻找解决行业企业发展的方案。

10.1.2 IPC 标准内容概要

IPC 标准几乎与电子产品开发周期的每个阶段相关联，其主要内容如图 10-1 所示。

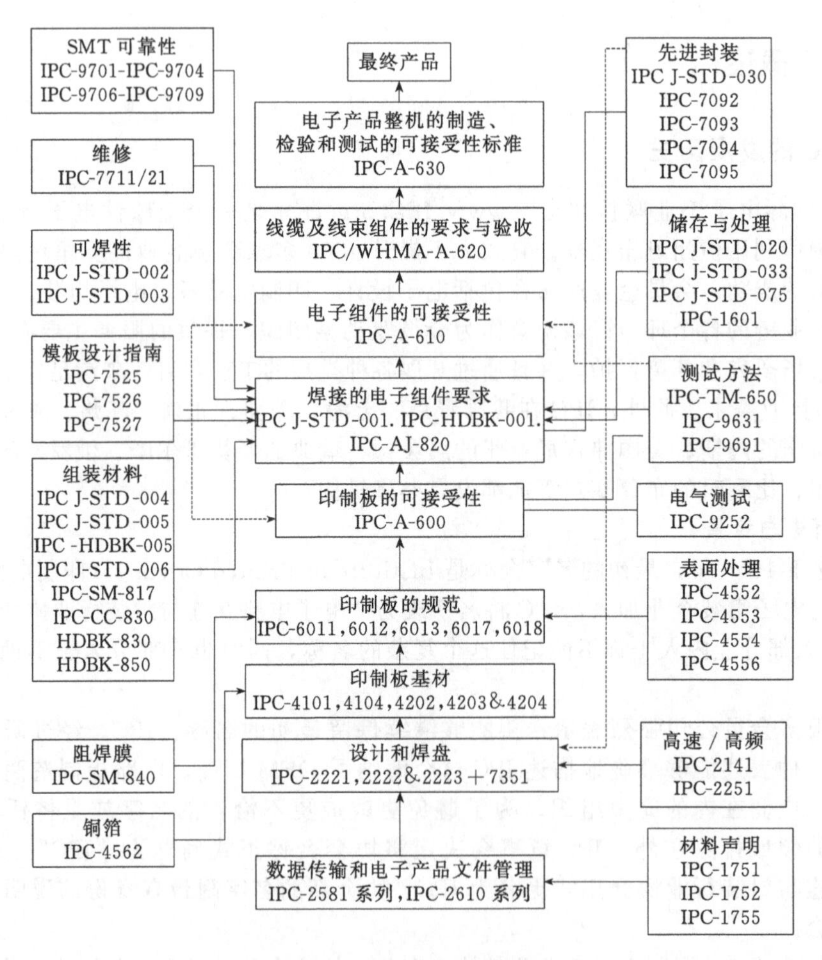

图 10-1 IPC 标准内容概要

10.1.3 IPC 通用设计规范

(1) IPC-2221 通用设计规范的架构（图 10-2）。本规范是为有机刚性印制板设计提供详细的资料，建立设计指南，介绍在专用互连结构分标准中安装、贴装无源和有源器件的详细设计需求。本规范不是成品板的性能规范，也不是电子组装件的验收规范。电子组装件的验收要求见 IPC/EIA-J-STD-001 和 IPC-A-610 两个标准。这些元器件可以是通孔、表面贴装、精细间距、超精细间距的阵列封装或无封装的裸芯片。

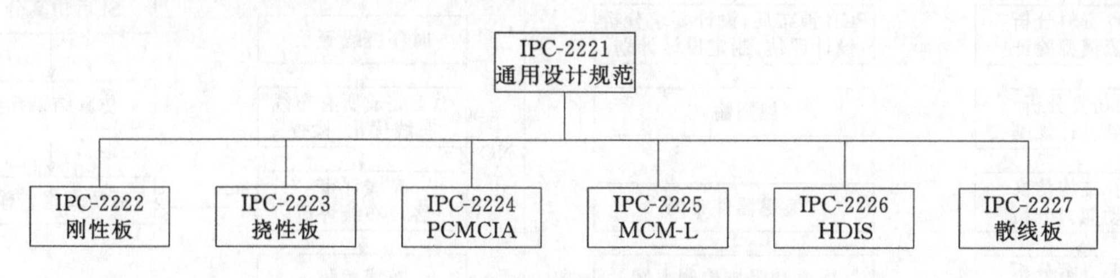

图 10-2 IPC-2221 通用设计规范的架构

(2) IPC 标准文件的构成。

IPC 标准是一个通用的物理设计规则，它由各种更详细、具体化的专用印制板技术分册作补充说明，例如：

IPC-2222：刚性有机印制板结构设计；

IPC-2223：挠性印制板结构设计；

IPC-2224：有机 PC 卡用印制板结构设计；

IPC-2225：有机 MCM-L 印制板结构设计；

IPC-2226：高密度互连（HDI）结构设计；

IPC-2227：埋入无源器件印制板的设计。

以上所列是部分分册，这些分册不是本标准的固有部分。

10.1.4 PCB 设计开发流程

硬件设计开发流程为：需求分析→总体设计→专题分析→详细设计→逻辑详设→原理图→PCB→检视→粘合逻辑→投板→生产试制→回板调试→单元测试→专业实验→系统联调→小批量试制→硬件稳定→维护。

下面将围绕硬件开发流程中的 PCB 环节并融合 IPC 标准相关内容进行详细的介绍。

常规 PCB 设计包括建库、调网表、布局、布线、文件输出等几个步骤，但常规 PCB 设计流程已经远远不能满足日益复杂的高速 PCB 设计要求。

由于 SI 仿真、PI 仿真、EMC 设计、单板工艺等都需要紧密结合到设计流程中，同时为了实现品质控制，要在各节点增加评审环节能更好地解决快速设计带来的问题，所以实际的 PCB 设计流程要复杂得多。图 10-3 所示是 PCB 设计公司较典型的 PCB 设计流程。

Altium Designer 从设计方案制定阶段开始，一直贯穿了元器件库管理——原理图设计——混合电路信号仿真——设计文档版本管理——PCB 板图设计——板图后信号完整性分析——3D 视图、空间数据检验——CAM 制造数据校验、输出——材料清单管理——设计装配报告。Altium Designer 软件开发采用客户/服务器架构，构架了一个完整的设计数据交换平台 DXP。

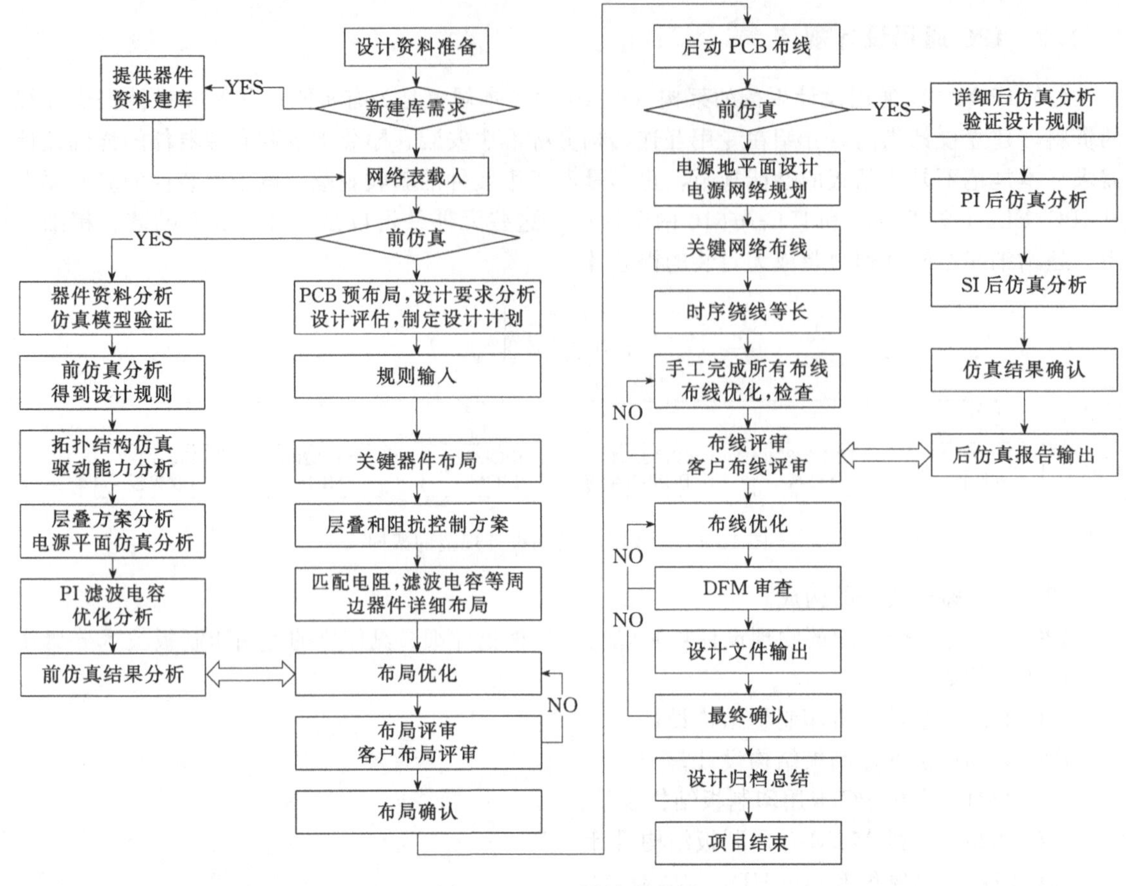

图 10-3　PCB 设计流程图

10.2　PCB 设计要求

10.2.1　封装库规则

1. 密度等级要求（Density Level）

同一个元器件，布局在不同元器件密度的设计或不同的工艺要求和可靠性要求，对应的封装设计允许条件也不同，以达到设计的最优化处理，为此，PCB 设计软件提供三种密度等级，以匹配不同的用户要求（表 10-1）。

表 10-1　密度等级要求

密度等级	密度等级 A 最大(Most)	密度等级 B 标称(Nominal)	密度等级 C 最小(Least)
设计要求	最大的焊盘伸出 适用于低元件密度应用中,典型的像暴露在高冲击或震动环境中的产品,其焊接结构是最坚固的,并且在需要的情况下很容易进行返修	中等的焊盘伸出 适用于中等元件密度的产品,提供坚固的焊接结构	最小的焊盘伸出 适用于焊盘图形具有最小的焊接结构要求的微型元器件,可实现最高的元件组装密度

2. 可生产性水平（Classification of Products）

按照设计的特性、公差、测量、组装、成品的测试及制造工艺的验证等方面的要求，PCB 设计生产分为 A、B、C 三个水平，以反映在定位、材料、工艺等方面逐渐增加的复杂程度，同时制作成本也随之提高。

可生产性水平 A：一般设计可生产性，首选；

可生产性水平 B：中级设计可生产性，常用；

可生产性水平 C：高难设计可生产性，减少。

可生产性水平并不代表设计需求，而是表示设计和生产组装之间困难程度的一种方法。当其中一个特性使用某一水平时，并不要求其他特性必须使用同一水平。通过精度、性能指标、导电图形密度、设备、安装，以及测试要求来确定可生产性水平的同时，选择宜基于满足最低需要。

3. 单位及精度（Unit accuracy）

元器件建库规则要求所有单位使用公制单位 mm，除单独声明外，采用四舍五入的方式保留小数点后两位有效数字。部分参数或系数设置允许使用多位有效数字。

4. 尺寸标注（Dimensioning）

元器件尺寸标注如图 10-4 所示。

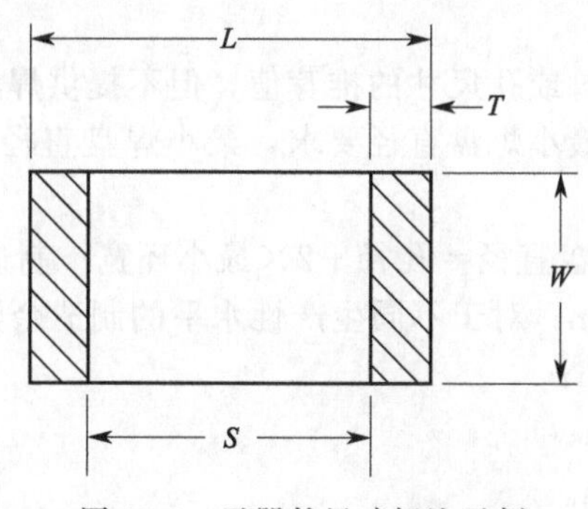

图 10-4 元器件尺寸标注示例

5. 元器件公差（Component Tolerance）

元器件标注公差范围（L、S、W、T）是通过从元器件标注的最大尺寸减去最小尺寸得出的。此处尺寸定义如下：

L：引脚前端间距；

S：引脚后端间距；

W：引脚宽度；

T：引脚焊脚长度。

6. 引脚与孔径（Pin and Hole Size）

常见的元器件引脚形状为圆形或矩形，引脚截面的最大长度如图 10-5 所示。

圆形引脚

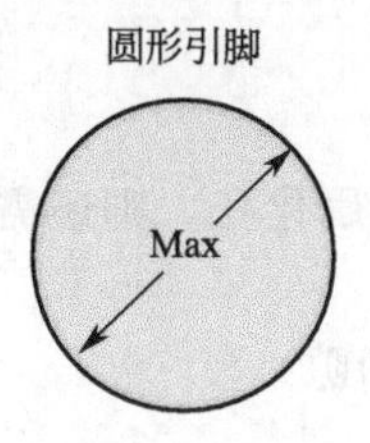

长方形引脚

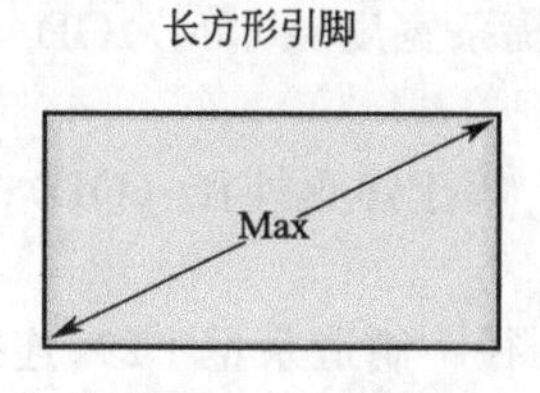

正方形引脚

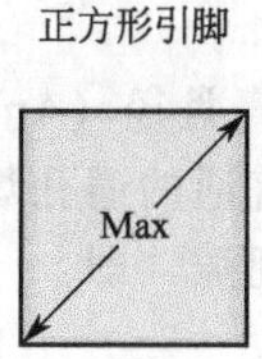

图 10-5 元器件引脚截面的长度最大值

孔径如图 10-6 所示，孔径尺寸的算法为：在引线直径的基础预留空间供引脚插入以及渗锡，以更好地安装及牢固焊接，对于不同的可生产性水平，要求对应值也不同，规定如下：

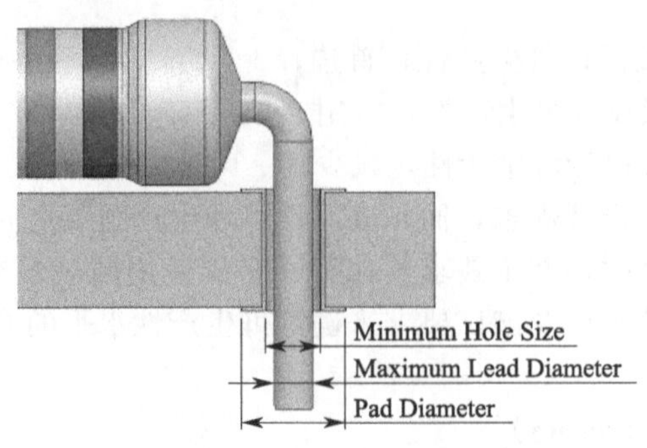

图 10-6 孔径示意图

可生产性水平 A：0.25mm；

可生产性水平 B：0.20mm；

可生产性水平 C：0.15mm。

7. 盘径（Disk Size）

元器件制造商通常提供引脚或孔尺寸的推荐值，但不提供焊盘尺寸，焊盘直径一般按孔径的 1.5 倍设计，同时也应满足最小焊盘直径要求，最小焊盘直径与最小环宽和制造公差相关，公式如下：

最小焊盘直径＝孔径＋2×最小环宽＋制造余量

其中，最小环宽为 0.05mm；对于不同生产性水平的制造余量规定如下：

可生产性水平 A：0.40mm；

可生产性水平 B：0.25mm；

可生产性水平 C：0.20mm。

8. 热风焊盘（Heat insulation Pads）

热风焊盘的作用是为了使导体层隔热，隔热仅对焊接大面积的导体层（接地层，电源层、导热层）才需要，隔热是为了在焊接过程中提供热阻以减少焊接停留时间，实现更好的焊接效果。

热风焊盘内径（ID）、焊盘外径（OD）的设计则与孔径相关，不同的可生产性水平对应超出孔径的值也不同。

可生产性水平 A：焊盘内径＝孔径＋0.60mm，焊盘外径＝孔径＋1.00mm；

可生产性水平 B：焊盘内径＝孔径＋0.40mm，焊盘外径＝孔径＋0.70mm；

可生产性水平 C：焊盘内径＝孔径＋0.30mm，焊盘外径＝孔径＋0.50mm。

通常用最小焊盘直径的 60%，除以需要的辐条数量（常规都使用 4 条），可以确定每个辐条的宽度，即：

辐条宽度＝0.60×OD/4

9. 隔离盘径（Anti Pad）

对于普通的通孔焊盘隔离盘径，等于焊盘外径（OD）；对于非金属化孔，则还需要涉及连接盘到层间隙，即：

隔离直径＝孔径＋制造余量＋2×连接盘到层间隙

对于不同生产性水平的连接盘到层间隙规定如下：

可生产性水平 A：0.51mm；

可生产性水平 B：0.25mm；

可生产性水平 C：0.13mm。

10.2.2　布局规则

1. 布局设计原则

① 先放置与结构关系密切的元件，如接插件、开关、电源插座等。

② 优先摆放电路功能块的核心元件及体积较大的元器件，再以核心元件为中心摆放周围电路元器件。

③ 功率大的元件摆放在有利于散热的位置，如采用风扇散热，放在空气的主流通道上；若采用传导散热，应放在靠近机箱导槽的位置。

④ 质量较大的元器件应避免放在板的中心，应靠近板在机箱中的固定边放置。

⑤ 有高频连线的元件尽可能靠近，以减少高频信号的分布参数和电磁干扰。

⑥ 输入、输出元件尽量远离。

⑦ 带高电压的元器件应尽量放在调试时手不易触及的地方。

⑧ 热敏元件应远离发热元件。

⑨ 可调元件的布局应便于调节，如跳线、可变电容、电位器等。

⑩ 考虑信号流向，合理安排布局，使信号流向尽可能保持一致。

⑪ 布局应均匀、整齐、紧凑。

⑫ 表贴元件布局时应注意焊盘方向尽量一致，以利于装焊，减少桥连的可能。

⑬ 去耦电容应在电源输入端就近放置。

2. 布局对设计的工艺要求

PCB 机械结构如图 10-7 所示，当开始一个新的 PCB 设计时，按照设计的流程必须考虑以下工艺要求。

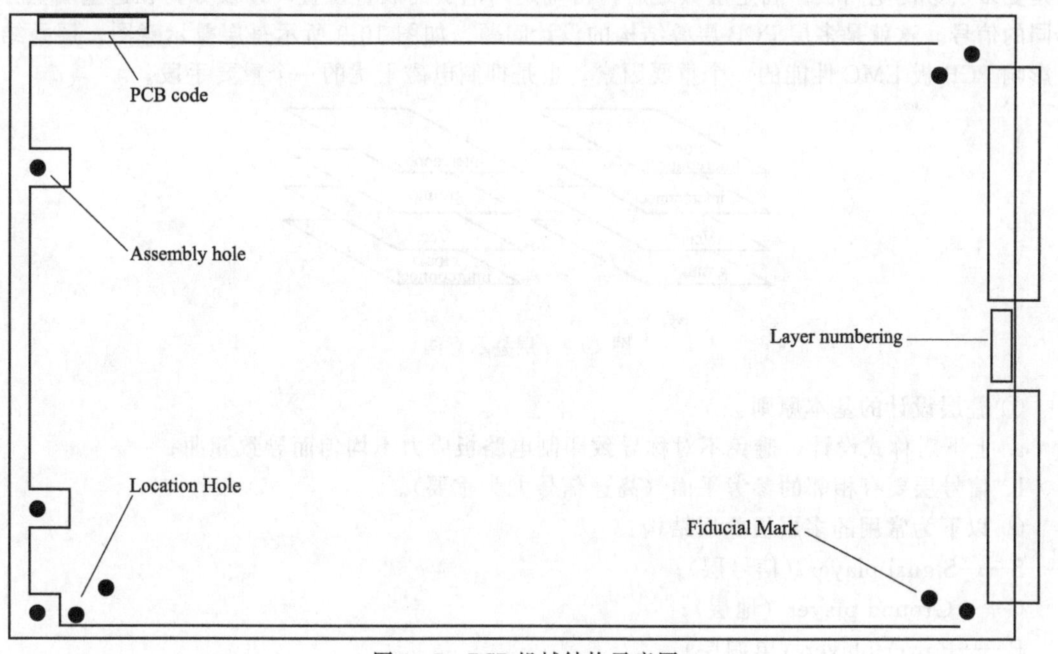

图 10-7　PCB 机械结构示意图

（1）外形结构的绘制。

① PCB 的尺寸应严格遵守结构的要求（多层 PCB 外形尺寸一般不超过 513.08mm×454.5mm）。

② PCB 的板边框通常用 0.15mm 的线绘制。

③ 机械定位孔直径为 3.00mm，机械定位孔圆心与板边缘距离不小于 5.00mm。

④ 器件布局时，布线区距离板边缘应大于 5.00mm。

（2）SMT 的光学定位点。为了满足 SMC 的自动化生产处理的需要，必须在 PCB 的表层和底层上添加光学定位点，如图 10-8 所示。

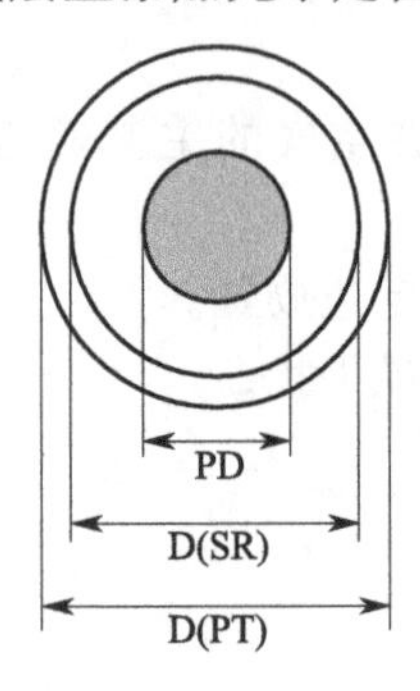

定点尺寸		Standard Boards	High Dense Bowrds
Fiducial Diameter	PD	1.60	1.0
Solder Resist window	D(SR)	3.20	2.20
Copper free area	D(PT)	3.40	2.40

图 10-8　光学定位点尺寸示意图

① 光学定位点的设计要求：表贴焊盘最小直径（PD）为 1.0mm，阻焊直径为 2.20mm。

② 放置要求。

a. 距离板边缘和机械定位孔的距离≥5.00mm。

b. 光学定位点 PCB 板 AB 面每面至少有 3 个，并成对角放置，禁止被遮挡掩盖。

（3）层叠设计。在设计多层 PCB 电路板之前，设计者需要首先根据电路的规模、电路板的尺寸和电磁兼容（EMC）的要求，确定所采用的电路板结构，也就是决定采用 4 层、6 层，还是更多层数的电路板。确定层数之后，再确定内电层的放置位置，以及如何在这些层上分布不同的信号。这就是多层 PCB 层叠结构的设计问题。如图 10-9 所示是层叠示意图，层叠结构是影响 PCB 板 EMC 性能的一个重要因素，也是抑制电磁干扰的一个重要手段。

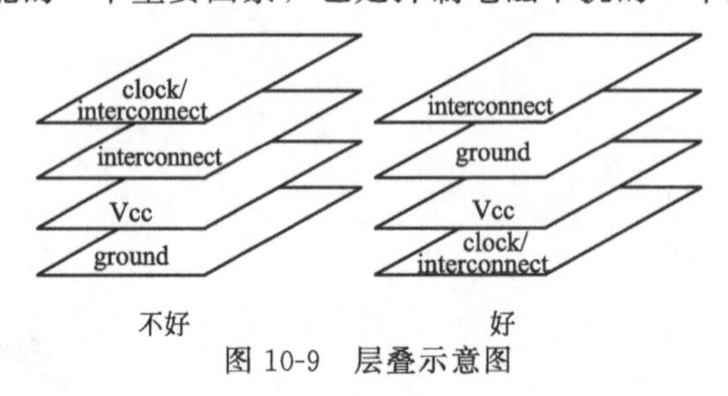

图 10-9　层叠示意图

① 叠层设计的基本原则：

a. 上下对称式设计，避免不对称导致印制电路板应力不均匀而导致翘曲；

b. 信号层要有相邻的参考平面（高速信号尤为重要）。

② 以下为常用的多层板叠层结构：

S——Signal player（信号层）；

G——Ground player（地层）；

P——Power player（电源层）。

表 10-2 为常用的叠层设计参考数据。

表 10-2　常用叠层设计参考数据

层数	电源层	地层	信号层	1	2	3	4	5	6	7	8	9	10
4	1	1	2	S1	G1	P1	S2						

续表

层数	电源层	地层	信号层	1	2	3	4	5	6	7	8	9	10
6	1	1	4	S1	G1	S2	S3	P1	S4				
8	1	2	5	S1	G1	S2	S3	P1	S4	G2	S5		
9	2	2	4	S1	G1	S2	P1	G2	S3	P2	S4		
10	2	2	6	S1	G1	S2	S3	P1	G2	S4	S5	P2	S6

（4）PCB元件布局放置的要求。

① 元件放置的方向性（orientation）。

a. 元器件放置方向考虑布线、装配、焊接和维修的要求后，还应尽量统一。在PCB板上的元件尽量要求有统一的方向，有正负极性的元件也要有统一的方向。

b. 对于波峰焊工艺，元件的放置方向要求如图10-10所示，由于波峰焊的阴影效应，因此元件方向与焊接方向成90°。

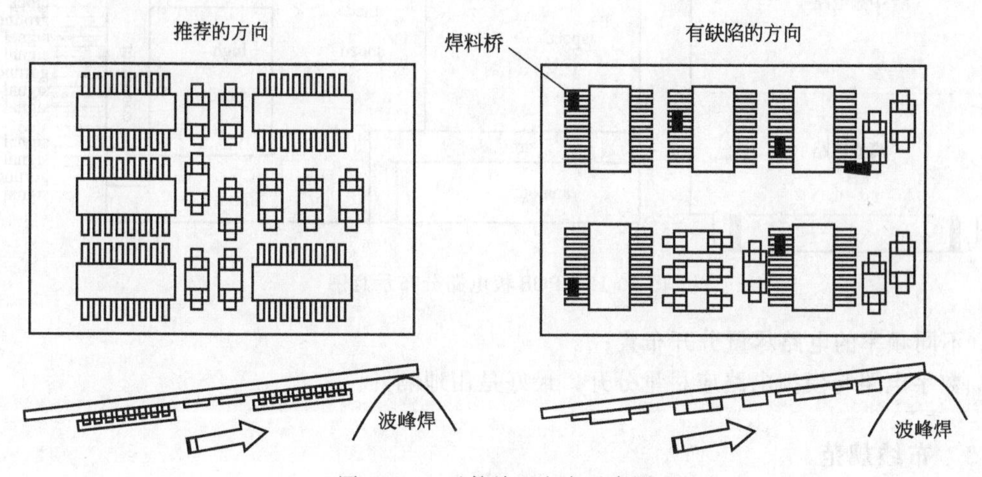

图10-10　元件放置方向示意图

② 散热设计。板卡散热如图10-11所示，考虑实际工作环境及本身发热等，元器件放置应考虑散热方面的因素。

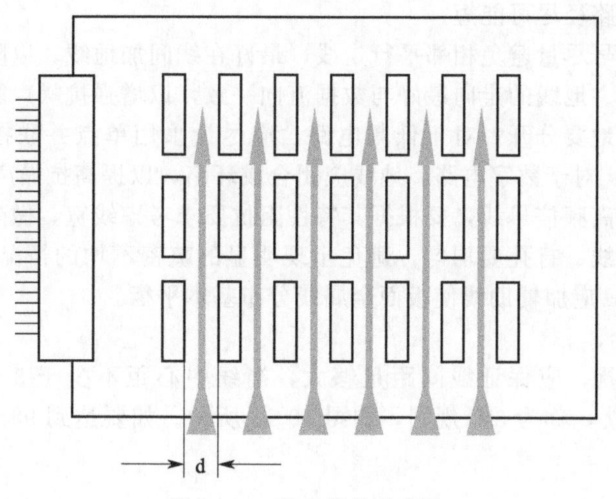

图10-11　板卡散热示意图

a. 元件的排列应有利于散热，在必要的情况下应使用风扇和散热器。对于小尺寸高热量的元件加散热器尤为重要。

b. 大功率 MOSFET 等元件的下面，可以通过敷铜来散热，而且在这些元件的周围尽量不要放热敏感元件。如果功率特别大，热量特别高，可以加散热片进行散热。

3. 电路的布局

PCB 板电路分布如图 10-12 所示。

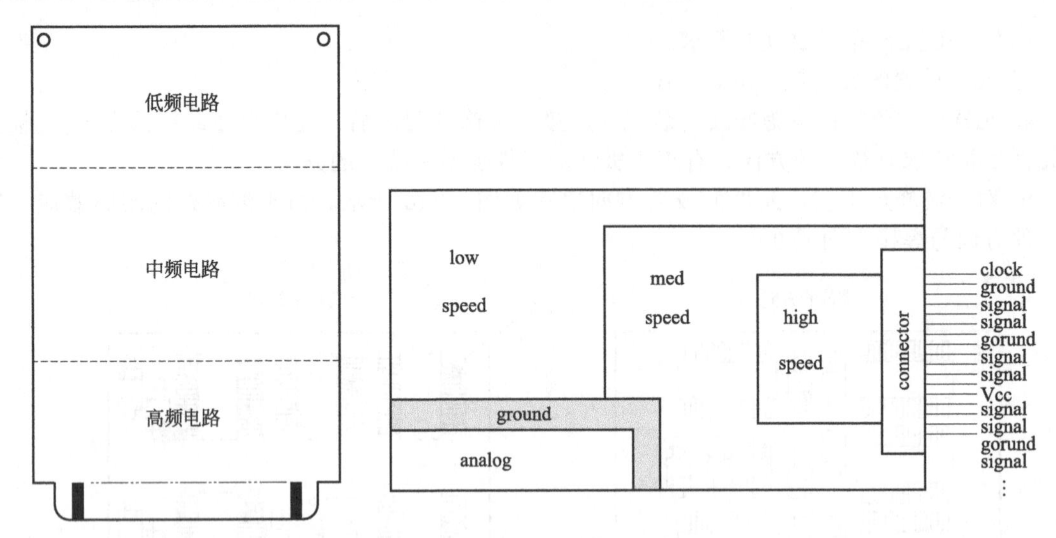

图 10-12　PCB 板电路分布示意图

a. 不同频率的电路尽量分开布置；

b. 数字电路与模拟电路应尽量分开，最好是用地隔开。

10.2.3　布线规范

1. 布线设计原则

① 线应避免锐角、直角，采用 45°走线。

② 相邻层信号线为正交方向。

③ 高频信号走线路径尽可能短。

④ 输入、输出信号尽量避免相邻平行走线，最好在线间加地线，以防反馈耦合。

⑤ 双面板电源线、地线的走向最好与数据流向一致，以增强抗噪声能力。

⑥ 数字地、模拟地要分开，对于低频电路，应尽量采用单点并联接地；对于高频电路，宜采用多点串联接地；对于数字电路，地线应闭合成环路，以提高抗噪声能力。

⑦ 对于时钟线和高频信号线，要根据其特性阻抗要求考虑线宽，做到阻抗匹配。

⑧ 整块线路板布线、打孔要均匀，避免出现明显的疏密不均的情况。当印制板的外层信号有大片空白区域时，应加辅助线使板面金属线分布基本平衡。

2. 3*W* 规则

为了减少线间窜扰，应保证线间距足够大，当线中心距不少于 3 倍线宽时，则可保持 70％的电场不互相干扰，称为 3*W* 规则，如图 10-13 所示。如要达到 98％的电场不互相干扰，可使用 10*W* 规则。

3. 20*H* 规则

由于电源层与地层之间的电场是变化的，因此在板的边缘会向外辐射电磁干扰，称为边缘效应。可以将电源层内缩，使得电场只在接地层的范围内传导。以一个 *H*（电源和地之间的厚度）为单位，若内缩 $20H$ 则可以将 70％的电场限制在接地边沿内，如图 10-14 所示；内缩 $100H$ 则可以将 98％的电场限制在内。

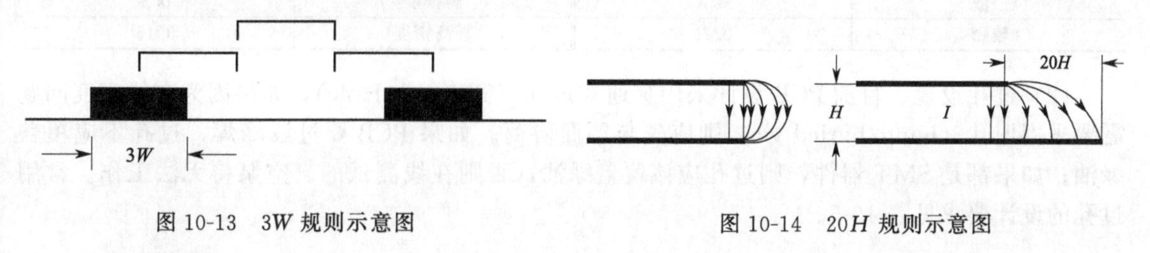

图 10-13　3W 规则示意图　　　图 10-14　20H 规则示意图

4. 阻抗控制

（1）传输线类型。多层板设计要求阻抗和电容控制互连布线。一般称之为“微带线”或“埋入式微带线”技术，尤其适合阻抗和电容需要。图 10-15 给出了传输线结构的四种类型。

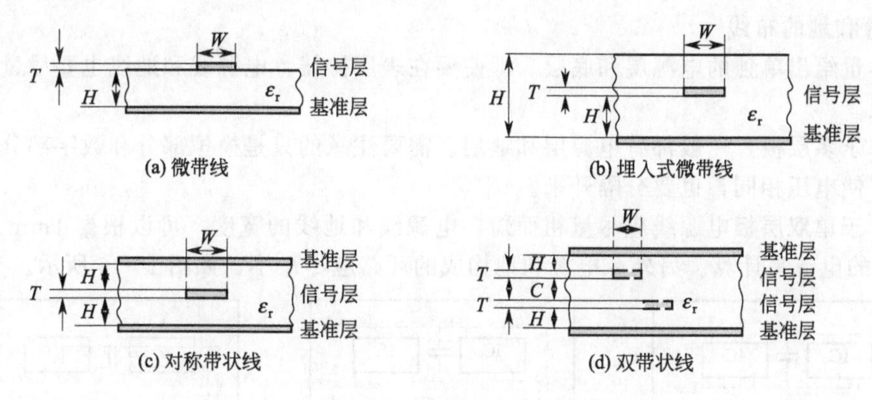

图 10-15　传输线结构的类型

① 微带线：矩形线路或导线位于两种不同电介质（通常为空气和聚四氟乙烯）的界面，主电流回路（通常为整体铜片）在高介电常数材料一边。导线的三个边与低介电常数（$\varepsilon_r=1$）材料相接，另一边与高介电常数材料（$\varepsilon_r>1$）相接。

② 埋入式微带线：类似于微带线，只是导线完全埋入高介电常数材料中。

③ 对称带状线：矩形线路或导线完全被同一绝缘介质包围，对称地分布于两基准面之间。

④ 双（不对称）带状线：它类似于带状线，只不过在两个基准之间有两个信号层，两个信号层的电路通常相互垂直，使得层间平行性和串扰性降至最低。

（2）常用信号类型和阻抗值见表 10-3。

表 10-3　常用信号类型和阻抗值

信号类型	阻抗值	常用信号	信号类型	阻抗值	常用信号
差分	100Ω	串行差分总线	其他	120Ω、90Ω 等	CAN 总线、USB 总线
单端	50Ω	单端信号线			

5. 对布线设计的工艺要求

（1）最小线宽与最小线距。对于一般数字电路，最小线宽和线间距受生产工艺条件限制。PCB 线太细易断路，布线太密易短路，线太宽则无法布通，PCB 线宽、线间距要求如表 10-4 所示。布线完成后，必须进行 DRC 检查。

表 10-4　PCB 线宽、线间距工艺要求

布线密度	最小线宽、间距/mm	布线密度	最小线宽、间距/mm
一般	0.3	高密度	0.2
较密	0.25	甚高密度	0.15

(2) 过孔设置。目前 PCB 设计采用贯通式过孔（Through Hole），如果因为布线密度问题需要采用埋孔（blind/buried via）则应先与厂商协商。如果 PCB 要过波峰焊，过孔不应覆盖绿油；如果都是 SMT 器件，则过孔应该覆盖绿油，否则在线测试的真空泵将无法工作。常用过孔的设计要求见表 10-5。

表 10-5　常用过孔设计要求

孔类型	外径/mm	内径/mm	孔类型	外径/mm	内径/mm
VIA1	0.45	0.2	VIA3	1.0	0.5
VIA2	0.6	0.3	常用	0.6	0.3

6. 电源和地的布线

(1) 尽量给出单独的电源层和底层。即使要在表层拉线，电源线和地线也要尽量短，而且要求足够粗。

(2) 对于多层板，一般都有电源层和地层。需要注意的只是模拟部分和数字部分的地和电源，两者即使电压相同，也要分隔开来。

(3) 对于单双层板电源线应尽量粗而短，电源线和地线的宽度，可以根据 1mm 的线宽最大对应 1A 的电流来计算。另外，电源和地构成的环路应尽量小，如图 10-16 所示。

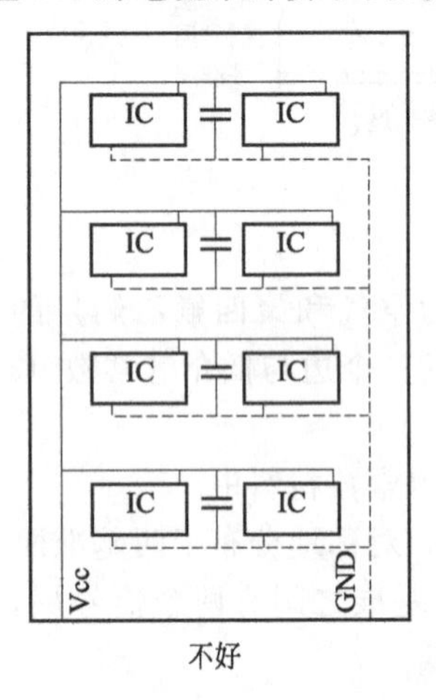

不好

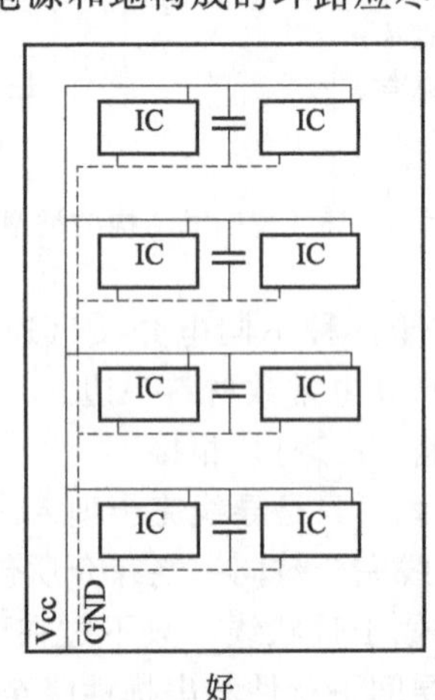

好

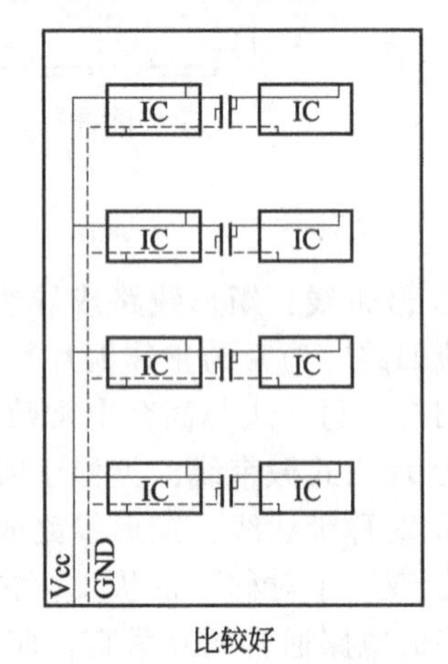

比较好

图 10-16　电源和地的布线要求

(4) 为了防止电源线较长时，电源线上的耦合杂信号直接进入负载器件，应在进入每个器件之前，先对电源去耦。为了防止它们彼此间相互干扰，对每个负载的电源还应独立去耦，并做到先滤波再进入负载，电源滤波走线如图 10-17 所示。

7. 时钟布线

(1) 时钟线是对 EMC 影响最大的因素之一，因此在时钟线布线时应少打过孔，尽量避免和其他信号线并行走线，且应远离一般信号线，避免对信号线的干扰。同时应避开 PCB 板上的电源部分，以防止电源和时钟互相干扰。

(2) 当一块电路板上用到多个不同频率的时钟时，两根不同频率的时钟线不可并行走线。

(3) 时钟线还应尽量避免靠近输出接口，防止高频时钟耦合到输出的电缆线上，并沿线发射出去。

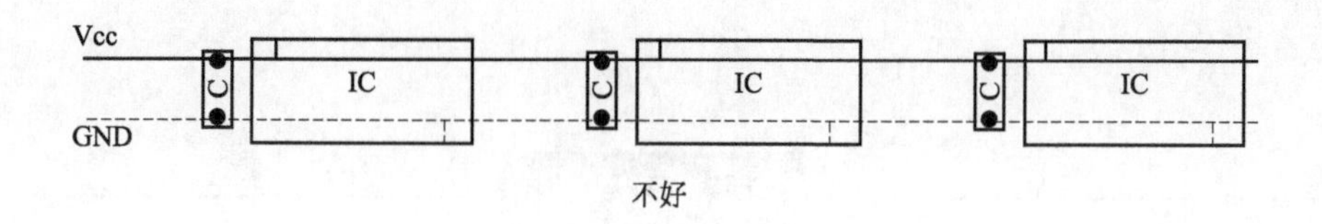

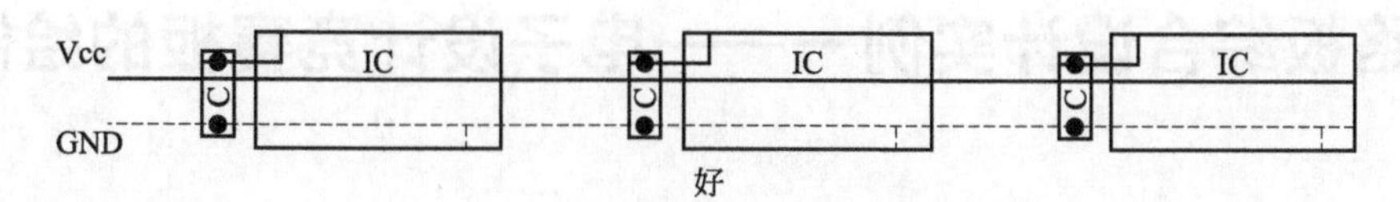

图 10-17　电源滤波走线示意图

8. 铜箔要求

为了保证透锡良好，保证焊接的可靠性，在大面积铜箔上元件的焊盘，要求用隔热带与焊盘相连，即采取十字连接方式，如图 10-18 所示。

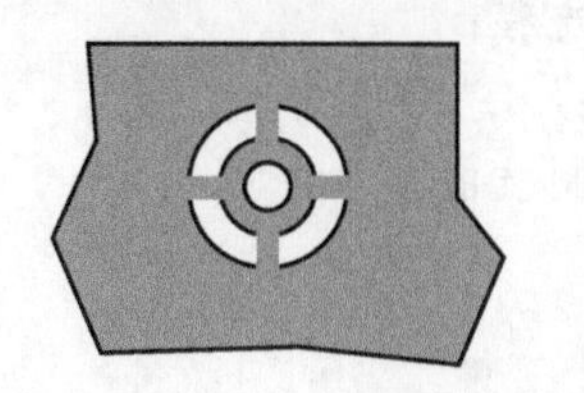

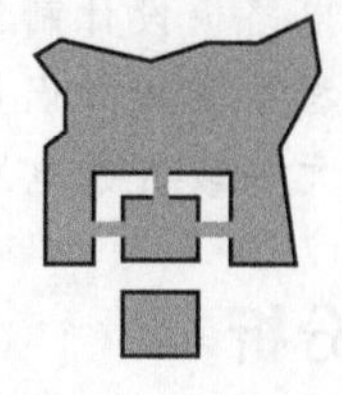

图 10-18　十字连接方式

10.2.4　字符大小和方向

PCB 板上所有使用的字符，应尽可能满足表 10-6 中的要求。若印制板空间不足，可适当缩小字符的大小和线宽。丝印线、字符不要压住焊盘，避免焊接时焊接不良。

表 10-6　PCB 板字符大小及方向

类型	字高/mm	线宽/mm	位置方向
一般密度	1.52	0.25	向上、向左
高密度	1.27	0.2	向上、向左
甚高密度	1.14	0.15	向上、向左

10.2.5　文件输出

在“间距检查”和“DRC 检查”通过后，PCB 设计可以进行文件输出，即输出 GERBER 格式的文档，每一层输出一个 GERBER 文件。

本章小结

主要通过对 IPC 相关内容的介绍，使得同学们对 IPC 有一个基本的认识。同时以 PCB 设计流程为思路，通过常规设计规范和要求的介绍以引发大家去思考，最终能够结合实践，做到学以致用。

习　题

10-1. IPC 标准有哪些？

10-2. 简述 PCB 的设计流程。

第11章

电路板综合设计实例一——电子设计竞赛板的绘制

【本章学习目标】

本章以全国大学生电子设计竞赛单片机系统控制板这个工程实例，系统地讲解印制电路板的整体制作过程。通过学习本章内容，将达到以下目标：

◇ 学生将清晰理解电路板设计制作的完整流程；

◇ 掌握整个绘制流程中关键知识点和技能；

◇ 掌握采用直插式元件较复杂电路板的绘制技能。

11.1 电路与任务分析

1. 电路分析

电子设计竞赛控制板实物如图11-1所示，其由两块电路板组成：一块是单片机系统控制板（右边），该板包括了单片机最小系统电路、键盘及LED显示电路、LCD液晶显示电路三部分，这块板是本章综合设计所要制作的；另一块是DA/AD板（左边），该板包括了DA数模转换电路和AD模数转换电路两部分，这块电路板的制作本章不做介绍。

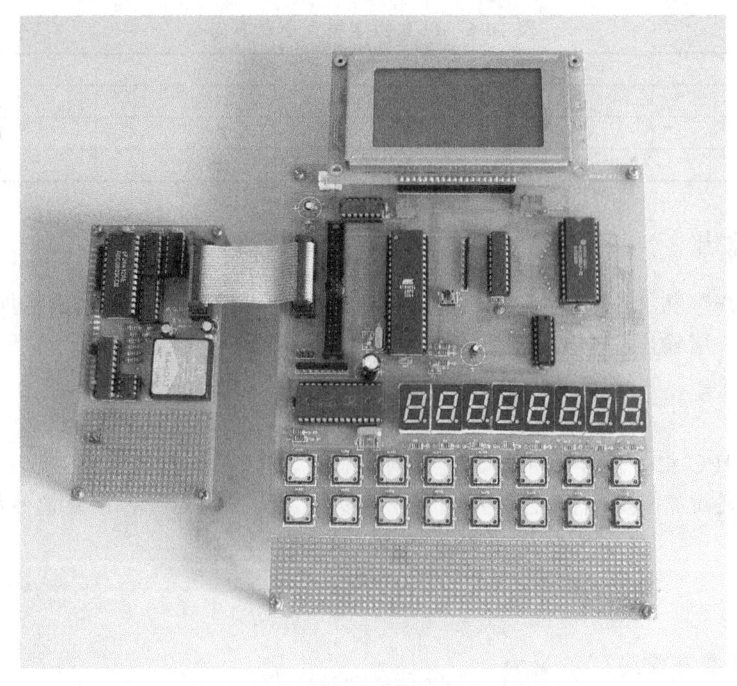

图11-1 电子设计竞赛控制板实物图

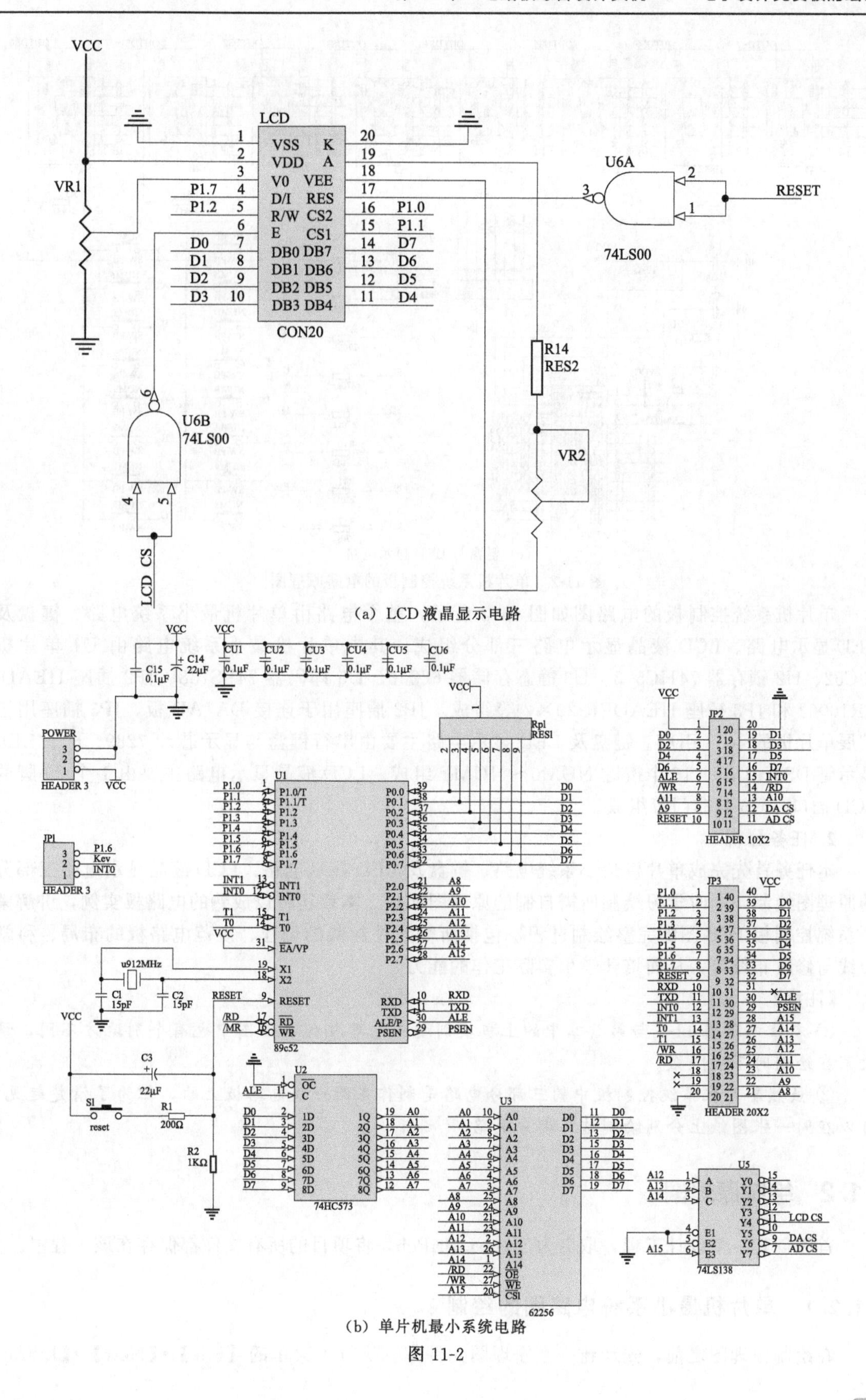

（a）LCD 液晶显示电路

（b）单片机最小系统电路

图 11-2

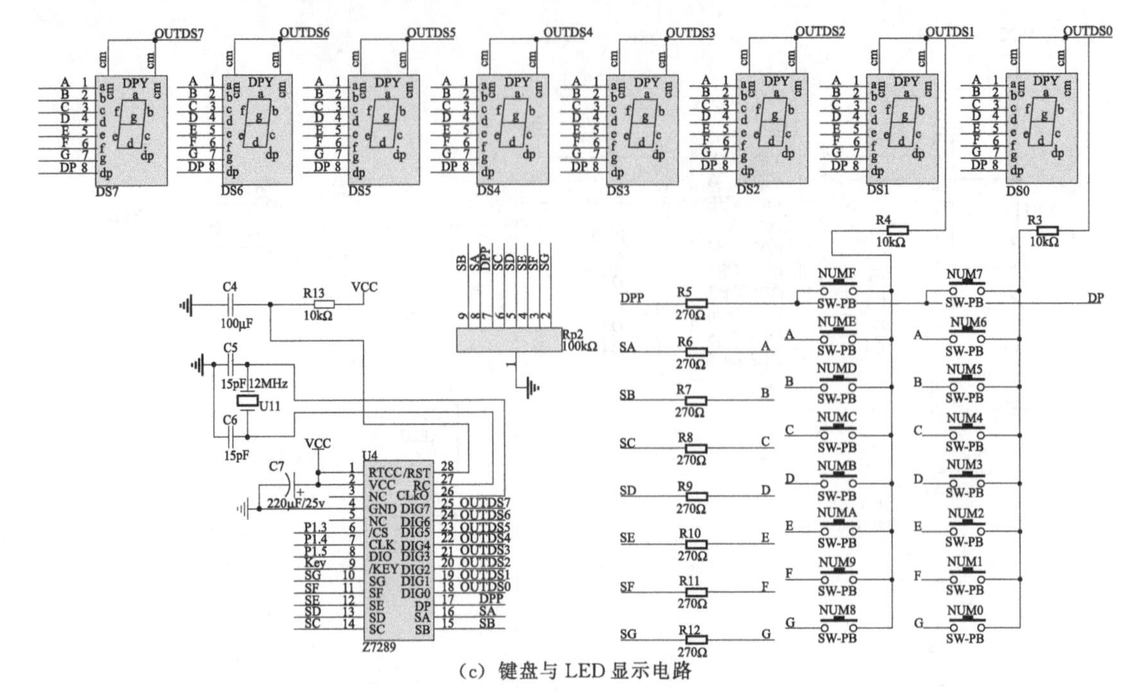

(c) 键盘与 LED 显示电路

图 11-2 单片机系统控制板的电路原理图

单片机系统控制板的电路图如图 11-2 所示，整个电路由单片机最小系统电路、键盘及 LED 显示电路、LCD 液晶显示电路三部分组成。其中单片机最小系统电路由 U1 单片机 89C52、U2 锁存器 74HC573、U3 静态存储器 62256、U5 译码器 74LS138、JP2 插座 HEADER10×2 和 JP3 插座 HEADER 20×2 等组成。JP2 插座用于连接 DA/AD 板，JP3 插座用于扩展单片机的 40 个引脚。键盘及 LED 显示电路主要由串行键盘与显示芯片 7289、8 个 LED 显示管 DS0～DS7、16 个按键 NUM0～NUMF 组成。LCD 液晶显示电路主要由 1 个 20 脚的 LCD 插口、U6 与非门等组成。

2. 任务分析

本任务首先完成单片机最小系统电路、键盘及 LED 显示电路、LCD 液晶显示电路三部分的原理图绘制，同时学习绘制所需自制的原理图元件。本章还将以成熟的电路板实例，讲解整个系统控制板 PCB 图的完整绘制过程，包括所需元件封装的创建、规范电路板的布局、科学布线与修改布线等，从而培养学生实际工作的能力。

【注意】

① 本章电路图 11-2 与第 5 章中的上机实训题中电路相似，但图中也有个别地方不同，请大家在绘图时不要照搬。

② 虽然单片机系统控制板中的三部分电路是制作在同一块电路板上的，但为了清楚起见，可以在同一张图纸上分别绘制这三部分电路。

11.2 绘制原理图

首先创建一个设计工程，取名为 jingsai.PrjPcb，将项目的所有文件都保存在该工程中。

11.2.1 单片机最小系统电路图的绘制

在绘制原理图之前，先新建一个原理图元件库。执行主菜单的【File】→【New】→【Library】→【Schematic Library】，新建一个 SchLib1. SchLib 项目文件，取名为 jingsai. SchLib，用于存放自制的元件。

1. 制作原理图元件

单片机最小系统电路如图 11-2(b) 所示，该电路中大部分原理图元件均可在元件库中找到，但插座 JP2、JP3、排阻 RP1、存储器 U3 必须自制。其自制原理图元件如图 11-3 所示，自制元件在元件库中的取名（元件样本名）如表 11-1 所示。

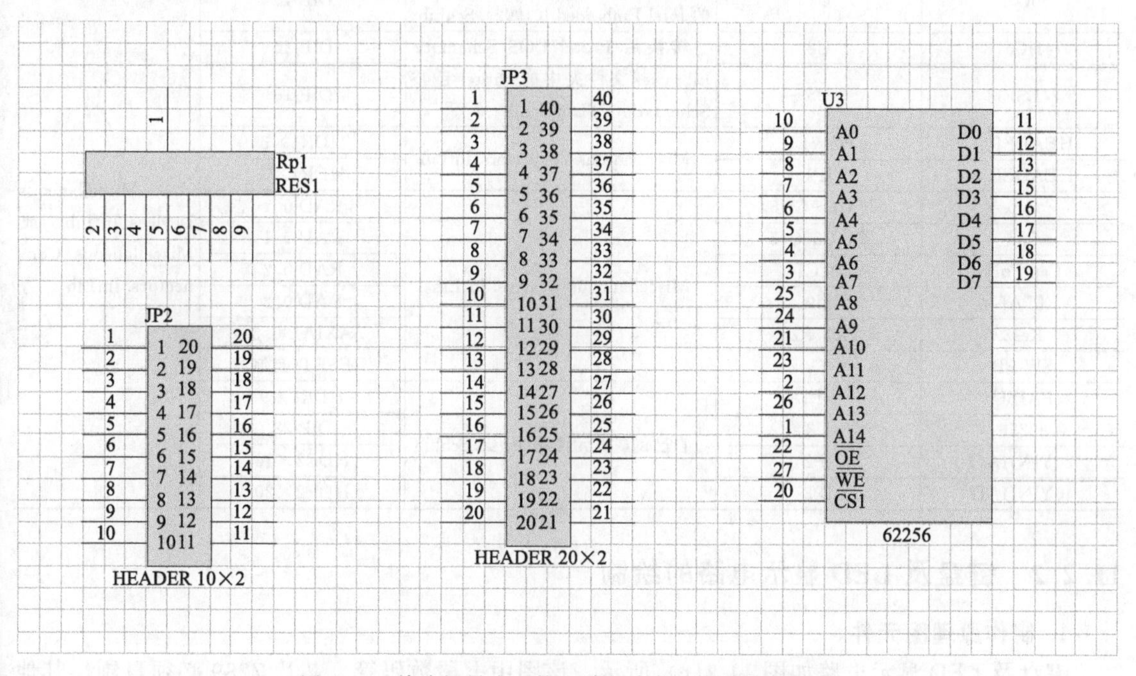

图 11-3　单片机最小系统电路图中的自制原理图元件

表 11-1　单片机最小系统电路图中自制原理图元件在元件库中的取名

元件序号	JP2	JP3	RP1	U3
元件样本名	20YINJIAO	20JIEKOU	PAIZU	62256

【说明】*插座 JP2、JP3 虽然在库中也有 HEADER10×2、HEADER20×2 元件，但是引脚排列不同，所以还是需要自己创建。*

2. 单片机最小系统电路原理图的绘制

(1) 新建原理图文件。执行主菜单的【File】→【New】→【Schematic】，新建一个 Sheet1. SchDoc 项目文件，取名为 jingsai. SchDoc。可以把整个图纸大小设置为 A2，建议将单片机最小系统电路图位于整个图纸的左下角。

(2) 添加元件库。参考第 1 章，由于在绘图时有些元件在 AD 软件的元件库里没有，但是在 Protel 99SE 的元件库中有，所以需要把 99SE 的有些元件库转换为 AD project 项目文档，并添加进来。

转换 Protel DOS Schematic Libraries. ddb、Intel Databooks. ddb 为 AD 软件的元件库，并放到某个文件夹中。然后添加转换后的 Protel DOS Schematic Libraries、Intel Databooks 文件夹中的相应元件库，以及自己创建的元件库 jingsai. SchLib。

(3) 绘制原理图，单片机最小系统电路如图 11-2(b) 所示。

该图在绘制过程中大量采用了网络标号，省略了复杂的连线，使电路图更加简洁清晰。图中 POWER 插座用于＋5V 电源输入，JP1 插座用于选择键盘，以及 LED 显示电路中 ZLG7289 按键控制是采用 P1. 6 口，还是外部中断 INT0。CU1～CU6 为各芯片的抗干扰电容。表 11-2 给出了单片机最小系统电路图的元器件列表。

表 11-2　单片机最小系统电路图中元器件列表

<table>
<tr><th>样本名</th><th>序号</th><th>元件库</th><th>封装名</th><th>封装库</th></tr>
<tr><td>80C52</td><td>U1</td><td>转换后 Intel Databooks 文件夹中的 Intel Embedded I(1992). SchLib</td><td>DIP-40</td><td rowspan="15">Miscellaneous Devices. IntLib 或 Miscellaneous Connectors. IntLib</td></tr>
<tr><td>74HC573</td><td>U2</td><td rowspan="2">转换后 Protel DOS Schematic Libraries 文件夹中的 Protel DOS Schematic TTL. SchLib</td><td>DIP-20</td></tr>
<tr><td>74LS138</td><td>U5</td><td>DIP-16</td></tr>
<tr><td>HEADER 3</td><td>POWER</td><td rowspan="2">Miscellaneous Connectors. IntLib</td><td>HDR1×3</td></tr>
<tr><td>HEADER 3</td><td>JP1</td><td>HDR1×3</td></tr>
<tr><td>Cap</td><td>CU1～CU6</td><td rowspan="6">Miscellaneous Devices. IntLib</td><td>RAD-0. 1</td></tr>
<tr><td>Cap</td><td>C1、C2、C15</td><td>RAD-0. 1</td></tr>
<tr><td>Cap Pol1</td><td>C3、C14</td><td>RAD-0. 2</td></tr>
<tr><td>XTAL</td><td>U9</td><td>RAD-0. 2</td></tr>
<tr><td>Res2</td><td>R1、R2</td><td>AXIAL-0. 3</td></tr>
<tr><td>SW-PB</td><td>S1</td><td>RESET(自制)</td></tr>
<tr><td>PAIZU</td><td>RP1</td><td rowspan="4">自己创建的元件库 jingsai. SchLib</td><td>HDR1×9</td></tr>
<tr><td>62256</td><td>U3</td><td>DIP-28</td></tr>
<tr><td>20YINJIAO</td><td>JP2</td><td>HDR2×10</td></tr>
<tr><td>40YINJIAO</td><td>JP3</td><td>HDR2×20</td></tr>
</table>

11. 2. 2　键盘及 LED 显示电路的绘制

1. 制作原理图元件

键盘及 LED 显示电路如图 11-2(c) 所示，该图中七段数码管、芯片 7289 必须自制，其他原理图元件均可在元件库中找到。其自制原理图元件如图 11-4 所示，还是在上次新建的元件库 jingsai. Lib 中添加自制元件，自制元件在元件库中的取名：LED 显示管 DS0～DS7（元件样本名 SHUMAGUAN)、U4（元件样本名 Z7289)、RP2（PAIZU)。

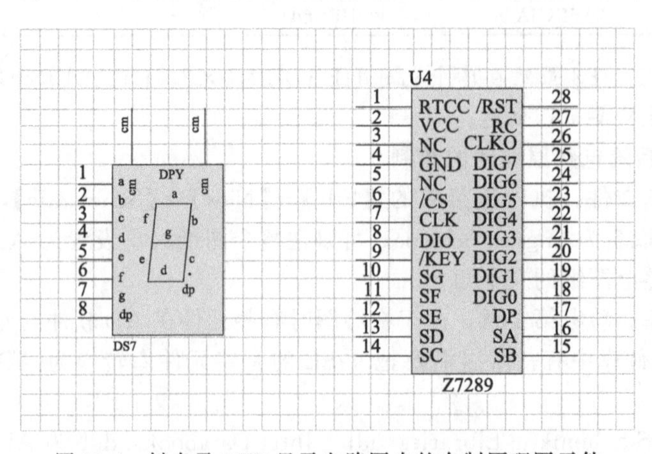

图 11-4　键盘及 LED 显示电路图中的自制原理图元件

2. 原理图的绘制

键盘及 LED 显示电路主要由串行键盘与显示芯片 7289、8 个 LED 显示管 DS0～DS7、16 个按键 NUM0～NUMF 组成。表 11-3 给出了该电路的元器件列表。

表 11-3　键盘及 LED 显示电路图中元器件列表

<table>
<tr><th>样本名</th><th>序号</th><th>元件库</th><th>封装名</th><th>封装库</th></tr>
<tr><td>Z7289</td><td>U4</td><td rowspan="3">自己创建的元件库 jingsai. SchLib</td><td>DIP-28</td><td rowspan="8">Miscellaneous Devices. IntLib 或 Miscellaneous Connectors. IntLib</td></tr>
<tr><td>SHUMAGUAN</td><td>DS0～DS7</td><td>SMG(自制)</td></tr>
<tr><td>PAIZU</td><td>RP2</td><td>HDR1×9</td></tr>
<tr><td>Res2</td><td>R3～R13</td><td rowspan="5">Miscellaneous Devices. IntLib</td><td>AXIAL-0. 3</td></tr>
<tr><td>SW-PB</td><td>NUM0～NUMF</td><td>ANJIAN(自制)</td></tr>
<tr><td>Cap</td><td>C4、C5、C6</td><td>RAD-0. 1</td></tr>
<tr><td>Cap Pol1</td><td>C7</td><td>RAD-0. 2</td></tr>
<tr><td>XTAL</td><td>U11</td><td>RAD-0. 2</td></tr>
</table>

【说明】自制的元件封装位于自己创建的封装库内。

11. 2. 3　LCD 液晶显示电路的绘制

1. 制作原理图元件

LCD 液晶显示电路如图 11-2(a) 所示。该图中的元件 LCD 是一个 20 脚的插口，用于插接 LCD 液晶显示屏，该 LCD 元件必须自制，其他原理图元件均可在元件库中找到。其自制原理图元件如图 11-5 所示，取名为：LCD（元件样本名 LCD）。

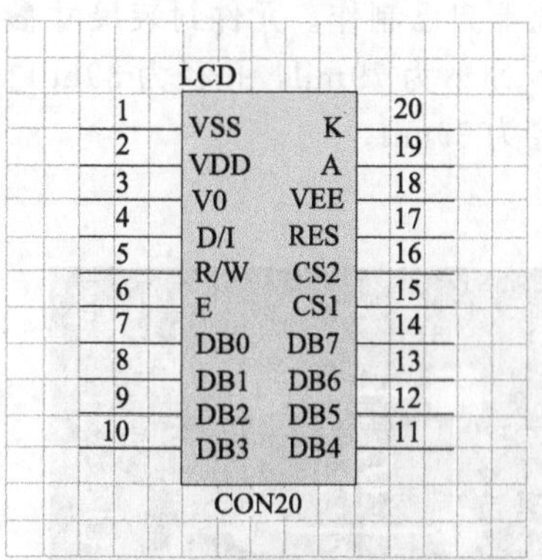

图 11-5　LCD 液晶显示电路图中的自制原理图元件

2. 原理图的绘制

LCD 液晶显示电路主要由 1 个 20 脚的 LCD 插口、U4 与非门、两个电位器 VR1 和 VR2 等组成，该电路的元器件列表如表 11-4 所示。

表 11-4　LCD 液晶显示电路图中元器件列表

<table>
<tr><th>样本名</th><th>序号</th><th>元件库</th><th>封装名</th><th>封装库</th></tr>
<tr><td>LCD</td><td>LCD</td><td>自己创建的元件库 jingsai. SchLib</td><td>HDR2×10</td><td rowspan="4">Miscellaneous Devices. IntLib 或 Miscellaneous Connectors. IntLib</td></tr>
<tr><td>74LS00</td><td>U6</td><td>Protel DOS Schematic TTL. SchLib</td><td>DIP-14</td></tr>
<tr><td>Res Tap</td><td>VR1、VR2</td><td rowspan="2">Miscellaneous Devices. IntLib</td><td>HDR1×3</td></tr>
<tr><td>Res2</td><td>R14</td><td>AXIAL-0. 3</td></tr>
</table>

11. 2. 4　进行电气检测（ERC）

在分别完成以上三部分电路图的绘制之后，还要进行 ERC 电气检测，以便在生成 PCB 板前及时发现错误，并修改错误，避免给今后在 PCB 板绘制中带来不必要的麻烦。另外，以上三部分电路虽然是分别绘制的，但它们应该绘制在同一张图纸上，所以进行电气检测 ERC 时，不是对每部分电路单独检测，而是对电子设计竞赛单片机系统控制板的整个电路原理图进行 ERC 检测。

11. 3　PCB 板的制作

1. 自制 PCB 引脚封装

首先新建一个 PCB 元件外形封装库。执行主菜单的【File】→【New】→【Library】→【PCB Library】，新建一个 PcbLib. PcbLib 项目文件，取名为 jingsai. PcbLib，用于存放自制的封装。在该库中分别创建复位按钮 S1、七段数码管 DS0～DS7、按键 NUM0～NUMF 三种元件的封装。

（1）单片机最小系统电路图中复位按钮 S1 封装的制作。单片机最小系统电路中的大部分元件的封装，均可在集成库 Miscellaneous Devices. IntLib 或 Miscellaneous Connectors. IntLib 中找到，如表 11-2 所示，但复位按钮 S1 较为特殊，需要自己制作。先利用游标卡尺仔细测量复位按钮四个引脚之间的距离，以及引脚的粗细。元件封装尺寸参数如图 11-6 所示，另外，确定焊盘参数 X_Size 为 80mil，Y_Size 为 65mil，孔径为 39mil。

（2）七段数码管 DS0～DS7、按键 NUM0～NUMF 封装的制作。键盘及 LED 显示电路中的大部分元件的封装，均可在集成库 Miscellaneous Devices. IntLib 或 Miscellaneous Connectors. IntLib 中找到，如表 11-3 所示，但七段数码管 DS0～DS7、按键 NUM0～NUMF 的封装需要自己制作。元件封装尺寸参数如图 11-7、图 11-8 所示，按键焊盘参数 X_Size 为 98mil，Y_Size 为 79mil，孔径为 39mil。七段数码管焊盘参数 X_Size 为 59mil，Y_Size 为 79mil，孔径为 39mil。

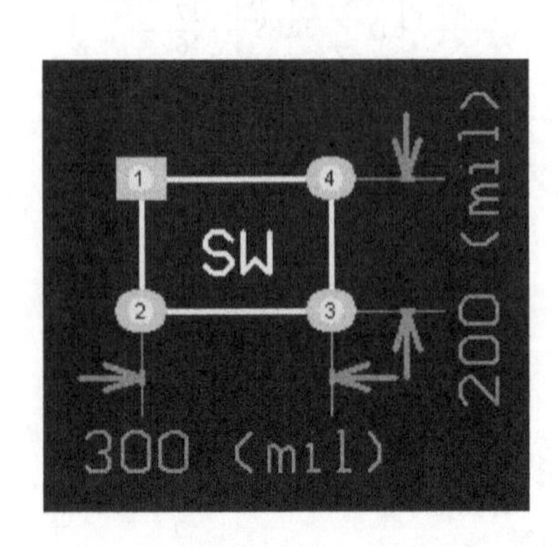

图 11-6　元件封装尺寸参数

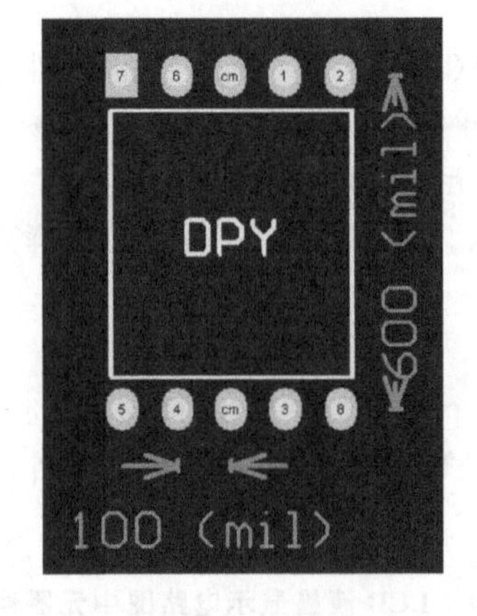

图 11-7　七段数码管的封装尺寸参数

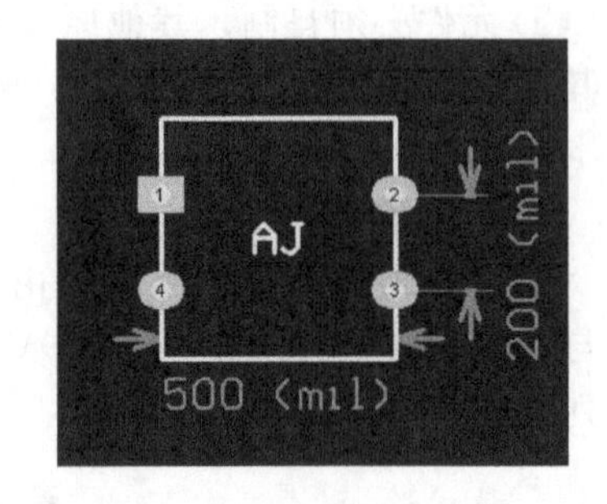

图 11-8　按键的封装尺寸参数

【注意】七段数码管 DS0～DS7 的封装形式比较特殊，请注意焊盘的排列序号与实际购买的数码管引脚必须对应。

2. 新建 PCB 文件

执行主菜单的【File】→【New】→【PCB】，新建一个 PCB1. PcbDoc 项目文件，取名为 jingsai. PcbDoc。

3. 规划电路板

电路板尺寸如图 11-9 所示。横向尺寸 X 为 7850mil（159mm），纵向尺寸 Y 为 6260mil（192mm）。

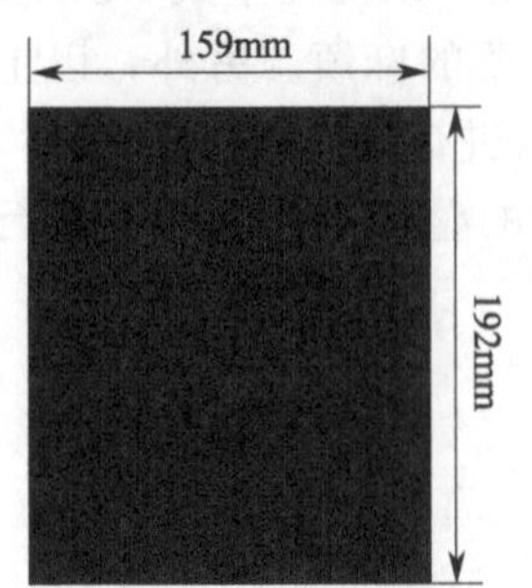

图 11-9　电路板尺寸

4. 添加元件封装库

添加自己创建的元件封装库 jingsai. PcbLib。

5. 载入网络表并手工布局

由于电路板上元件较多，而且为了按键使用方便，以及显示便于观看，所以自动布局已不能完成以上功能，于是采用手工布局的方法，如图 11-10 所示。

在电路板的下端设计了一部分焊盘区域，为扩展其他电路提供了方便。在焊盘区域上面设计了两排共 16 个按键，这样便于按键操作。在按键的上面设计了 8 位荧光数码管。另外，把 DA/AD 板插口和 40 脚的单片机引脚扩展口安排在了板子的左上边，这样便于连接。20 脚的 LCD 液晶显示器的插针则安排在了电路板的顶端，这样便于液晶显示器的安装。其他元件安排在了电路板的中央，从而使整个电路板布局紧凑、美观，操作与观看也很方便。

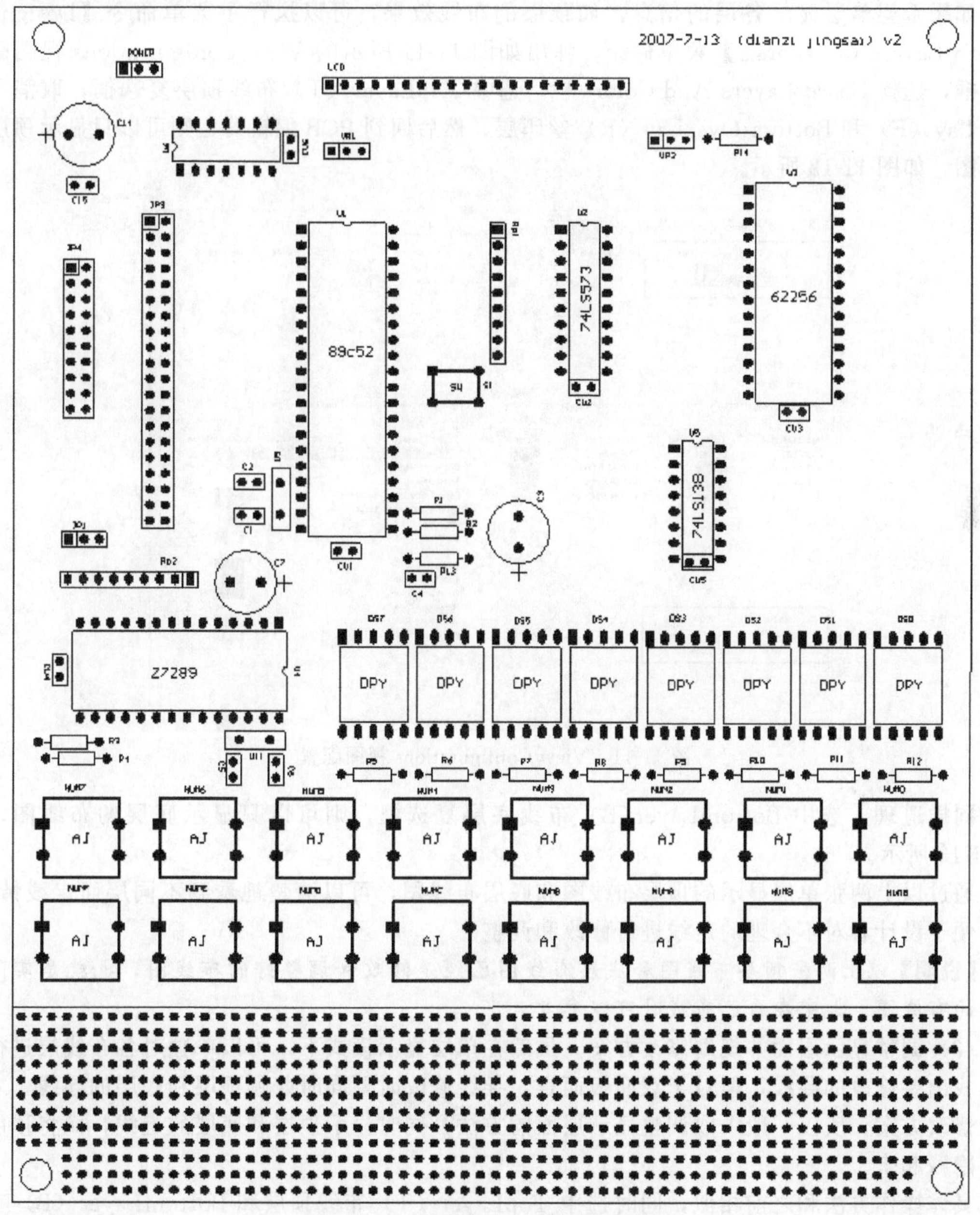

图 11-10　PCB 板中的元件手工布局

6. 设置布线规则，对电路板进行综合布线

由于自动布线时，系统往往片面地追求布通率，不可能按照电路板电气特性方面的要求进行布线，且布线也不是最简洁、美观的。因此对于一个电路较为复杂、元件较多的电路板而言，自动布线的结果往往不能令人满意，所以必须仔细地检查和修改，从而使制作的电路板既美观，又能满足电气特性的要求，同时便于安装和调试。本电路板布线时，采用手工布线和自动布线相结合的方法。

(1) 调整显示模式并分析自动布线结果。在默认情况下，PCB 编辑器采用复合模式显示所有用到的层面，但在分析自动布线结果时，用户希望将精力集中在布线层面上，而对于元件布局、编号、参数、元件外形等信息暂时不必考虑，可以隐藏起来，以便更好地分析走线情况。

如果希望单层显示各层的信息，如顶层的布线效果，可以执行主菜单命令【Design】→【Board Layers & Colors...】菜单命令，弹出如图 11-11 所示的 View Configurations 视图配置对话框，选择 Board Layers And Colors 栏，选中 TopLayer（T）布线顶层复选框，取消 Top OverLay（E）和 Bottom OverLay（R）丝印层，然后回到 PCB 编辑器，则可以只显示顶层的布线图，如图 11-12 所示。

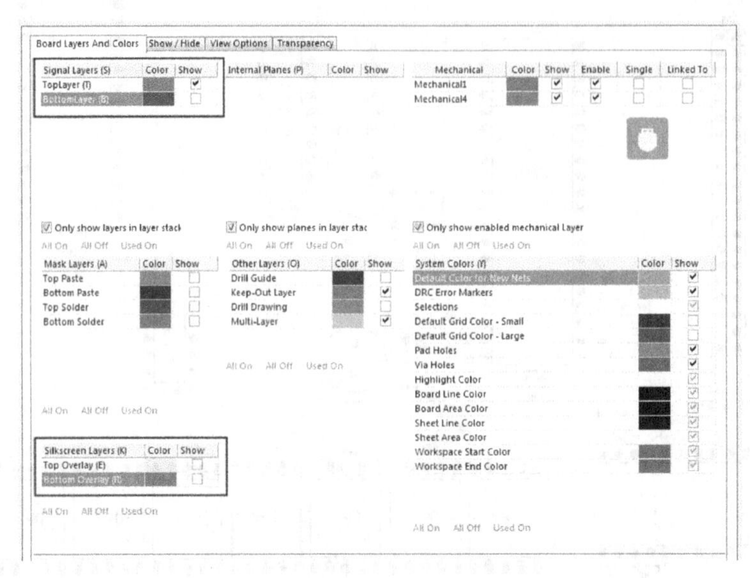

图 11-11　View Configurations 视图配置

同样道理，选中 BottomLayer(B) 布线底层复选框，则可以只显示底层的布线图，如图 11-13 所示。

通过以上两张单层显示的顶层布线图和底层布线图，可以清楚地看到不同层面走线情况，从而便于设计者对不合理的走线进行修改和调整。

【说明】 以上两张顶层布线图和底层布线图已经是修改和调整好的布线图，也就是实际制作时的布线图，大家在自己布线时可以参考。

(2) 调整显示层面并规划修改方案。虽然在单层显示模式下，可以单独对各布线层进行分析，找出要修改的导线，但对于双面板而言，导线修改时要同时兼顾顶层和底层的导线，才能确定修改方案，所以一般采取调整显示层面的方法，同时显示顶层和底层的走线，而将顶层丝印层隐藏起来。

具体操作方法和之前相似，同时选中 TopLayer（T）布线顶层和 BottomLayer（B）布线底层复选框，取消 Top OverLay（E）和 Bottom OverLay（R）丝印层，则显示顶层和底层布线图，如图 11-14 所示。

【说明】

① 该大学生电子设计竞赛单片机系统控制板，在无锡职业技术学院已成功应用于两届全国大学生电子设计竞赛。

② 如果读者对该电路板的制作和软件调试感兴趣，可以与本书作者联系，可提供相关资料。

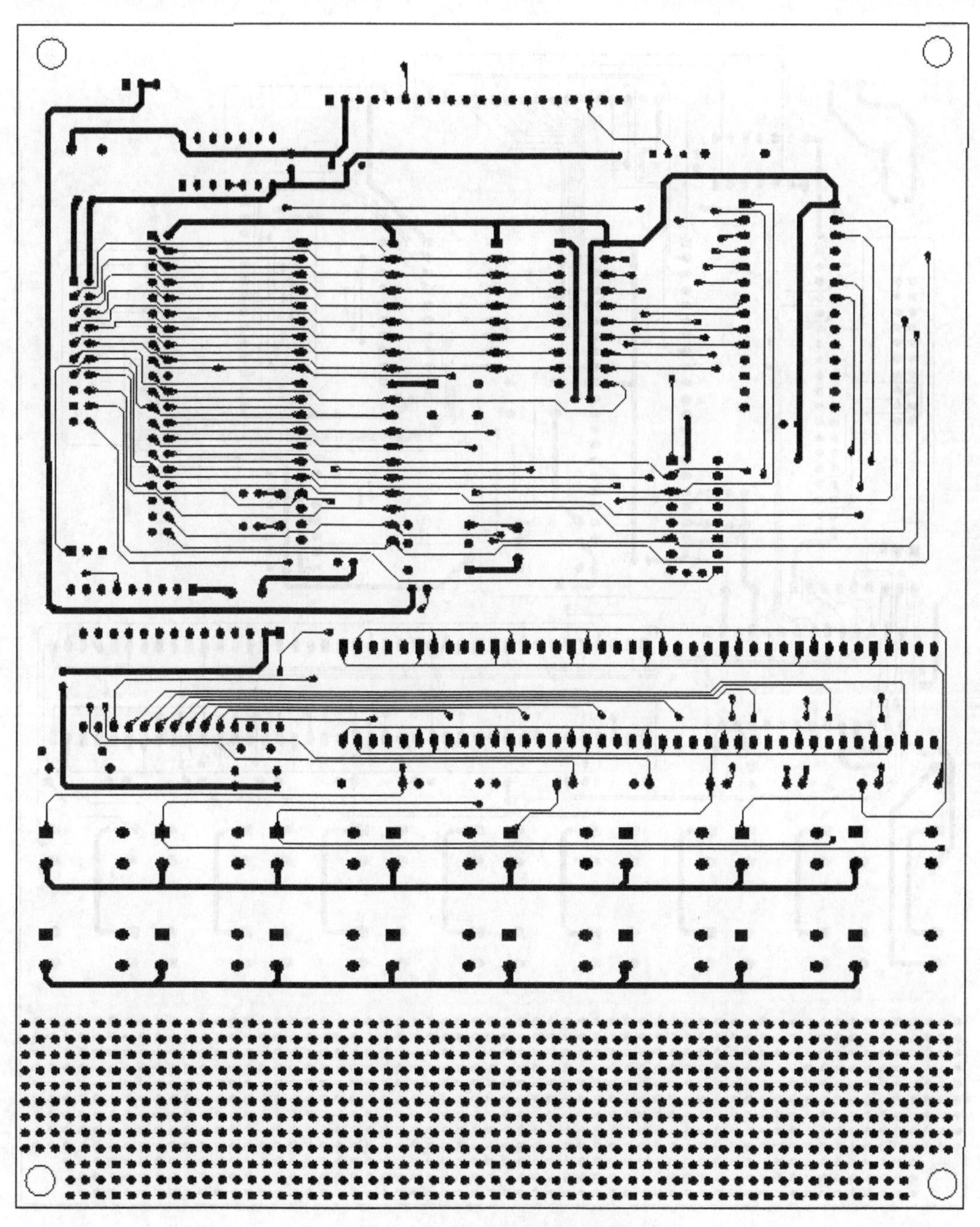

图 11-12　PCB 板顶层布线图

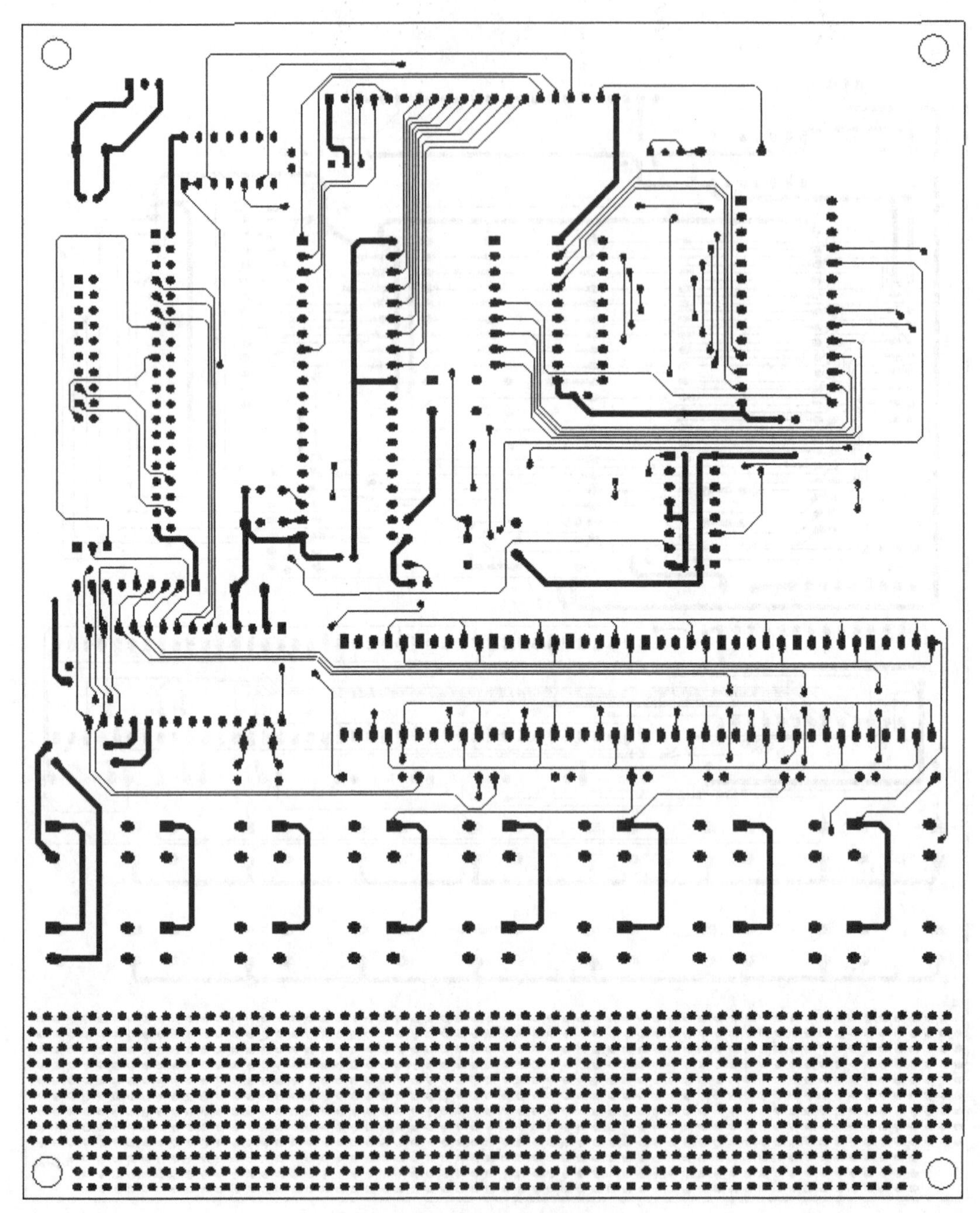

图 11-13　PCB 板底层布线图

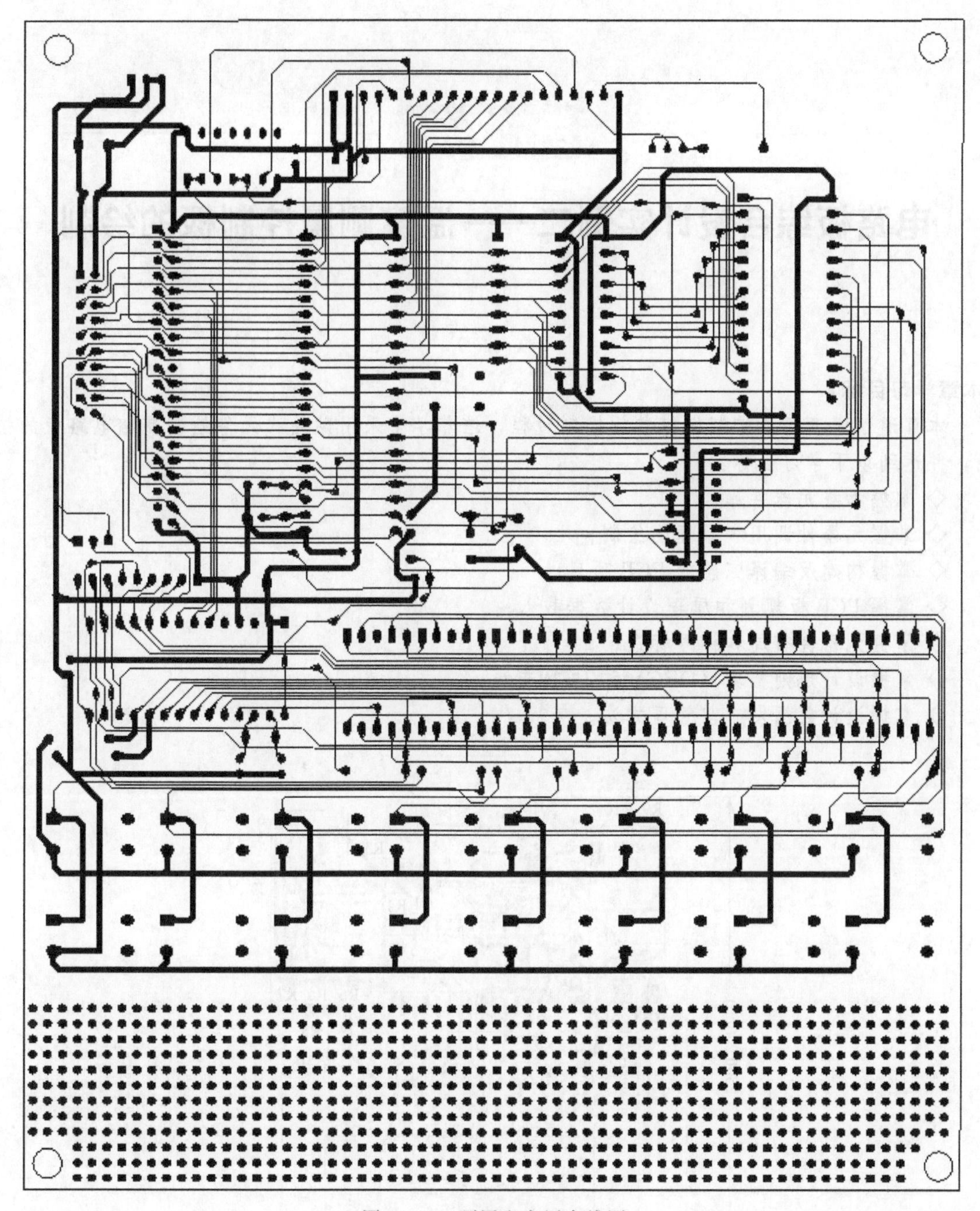

图 11-14　顶层和底层布线图

本章小结

本章通过讲解一个实际产品的电路板制作过程，以项目式教学模式进一步训练了学生的电路板制作技能，培养了直插式元件较复杂电路板的绘制技能。

第12章

电路板综合设计实例二——温度测量控制板的绘制

【本章学习目标】

本章通过温度测量控制板完整的绘制过程，培养学生采用贴片式元件绘制完整电路板的技能，并达到以下学习目标：

◇ 掌握加载元器件库；

◇ 掌握元器件调用和原理图绘制；

◇ 掌握构建及编译完整的PCB项目；

◇ 掌握PCB板规划和原理设计数据载入；

◇ 掌握元器件布局和标号标注；

◇ 掌握设计规则检测（DRC）和PCB布线；

◇ 掌握设计数据发布与管理方法。

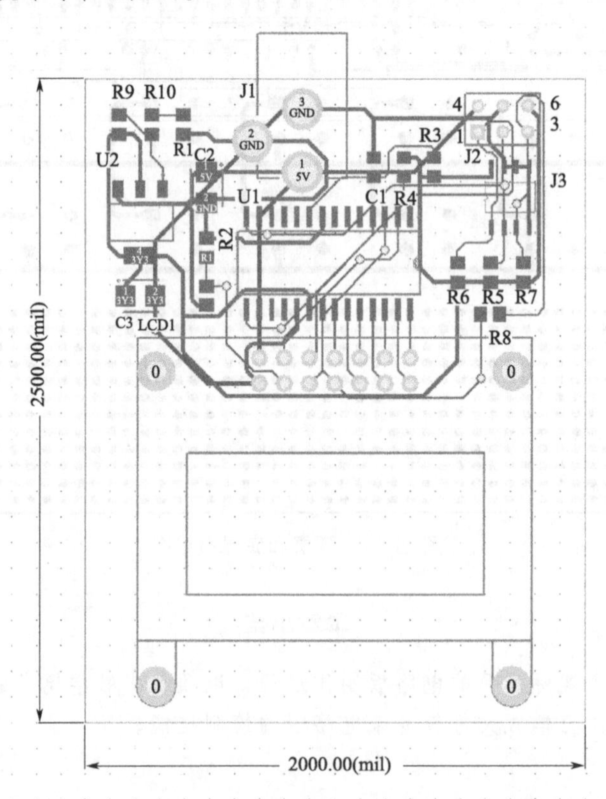

图12-1　温度测量控制PCB板

12.1　电路及任务分析

1. 电路分析

温度测量控制 PCB 板（图 12-1），板由微控制器 PIC16C72-04/SO、二线串行温度传感器 TCN75、稳压芯片 LM317MSTT3，以及 8 字符 2 行液晶显示器 DMC50448N 组成。其电路工作原理是稳压芯片将 5V 电压转变成 3.3V 电压为电路供电，温度传感器将温度数据通过串行总线传给微控制器，然后再经微控制器处理后，在液晶显示器上显示当前温度值，并实现相应的控制。

2. 任务分析

学生通过完成本任务，将掌握如何使用 Altium Designer 软件绘制电路原理图，并且把设计信息更新到 PCB 文件中，在 PCB 中布线和生成器件输出文件，同时理解工程和集成库的概念，以及 3D PCB 开发环境的应用。

12.2　温度测量控制板电路 PCB 板的绘制

12.2.1　创建一个新的 PCB 工程

在 Altium Designer 里，一个工程包括所有文件之间的关联和设计的相关设置。一个工程文件，例如 xxx.PrjPCB，是一个 ASCII 文本文件，它包括工程里的文件和输出的相关设置，例如，打印设置和 CAM 设置。与原理图和目标输出相关联的文件都被加入工程中，例如 PCB、FPGA、嵌入式（VHDL）和库。当工程被编译的时候，设计校验、仿真同步和比对都将一起进行，与工程无关的文件被称为 Free Files，原理图或者 PCB 设计文件将在编译的时候被自动更新。

开始创建一个 PCB 工程的步骤如下。

（1）选择菜单【File】→【New】→【Project】→【PCB Project】，或在【Files】面板的内【New】选项中，单击 Blank Project（PCB）。还可以在 Altium Designer 软件 Home 主页内 Pick a Task 区域中，选择 Printed Circuit Board Design 链接，并单击 New Blank PCB Project。

（2）如图 12-2 所示，在【Projects】面板的文件列表栏内，将显示一个不带任何文件 PCB_Project1.PrjPCB。

图 12-2　【Projects】面板文件列表栏

（3）重新命名工程文件（用扩展名 .PrjPCB），选择【File】→【Save Project As】。保存到想存储的地方，在【Open】对话窗口内【File Name】编辑栏中，输入新建工程名 Temperature Sensor.PrjPCB，并单击 Save 进行保存。

12.2.2　创建一个新的电气原理图

选择菜单【File】→【New】→【Schematic】，或者在【Files】面板内【New】选项中，单击【Schematic Sheet】命令，设计窗口中将出现了一个命名为 Sheet1.SchDoc 的新建空白原理图，并且该原理图将被自动添加到工程当中，同时，位于工程文件名的 Source Documents 目录下。

12.2.3 加载元器件库

1. 温度测量控制板所用元器件

温度测量控制板所需的元器件如表 12-1 所示。

表 12-1 温度测量控制板所需元器件列表

元器件序号	封装名称	所属库
J1	PWR2.5	自己创建库 Temperature Sensor. PcbLib(该库由项目资料提供)
J2	HDR2×3_CEN	Miscellaneous Connectors. IntLib
R1～R11	2012[0805]	Miscellaneous Devices. IntLib
C1	2012[0805]	Miscellaneous Devices. IntLib
C2、C3	MCCT-B	自己创建库 Temperature Sensor. PcbLib
U1	SOIC300-28_N	Microchip Microcontroller 8-Bit PIC16 2. IntLib(该库由项目资料提供)
U2	318E-04	ON Semi Power Mgt Voltage Regulator. IntLib
U3	SOIC8_L	Altera Footprints. PcbLib
LCD1	LCD-50448N	自己创建库 Temperature Sensor. PcbLib(该库由项目资料提供)

2. 当所需库已知的情况下查找元器件

按下列步骤加载 PIC 微控制器库。

(1) 选择菜单【View】→【Workspace Panels】→【System】→【Libraries】，则在工作区底部或右侧显示 Libraries 库按钮，双击库按钮将显示 Libraries 面板。

(2) 在库面板上单击库按钮（Library...）将显示可用器件库对话框，如图 12-3 所示。

图 12-3 可用器件库对话框

(3) 单击安装（Install…）按钮，然后定位到练习指定目录\\Temperature Sensor\，选择并加载 Microchip Microcontroller 8-Bit PIC162，如图 12-4 所示。

(4) 单击 CLOSE 关闭可用库对话框。

(5) 在库面板的 Microchip Microcontroller 8-Bit PIC162. IntLib 集成库中，查找并确认包括一个 PIC16C72-04/SO 的元器件库。

【注意】 *集成库 Microchip Microcontroller 8-Bit PIC162. IntLib 在 Altium Designer 软件自带的库中没有，此温度测量控制板项目相关资料可向作者索取。*

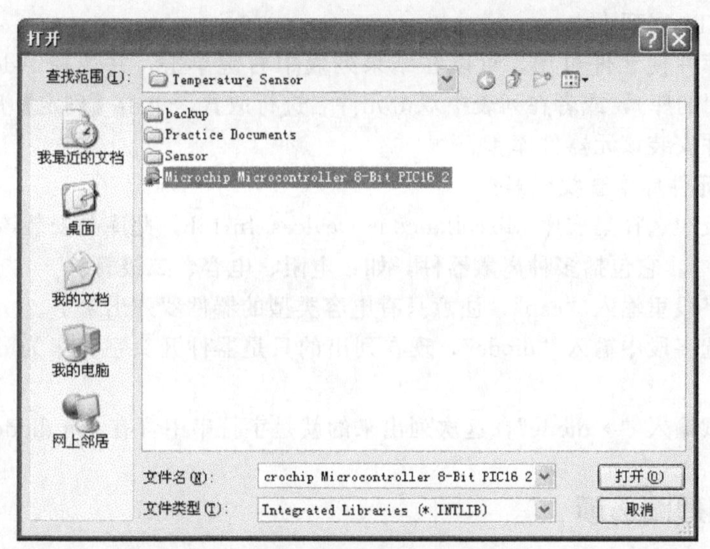

图 12-4　定位到练习指定目录

3. 当库未知的情况下查找元器件

在库未知的情况下，可以使用 Search 搜索按钮，或者菜单【Tools】→【Find Component】来查找元器件。单击库面板上的 Search 按钮，然后弹出【搜索库】对话框，如图 12-5 所示。

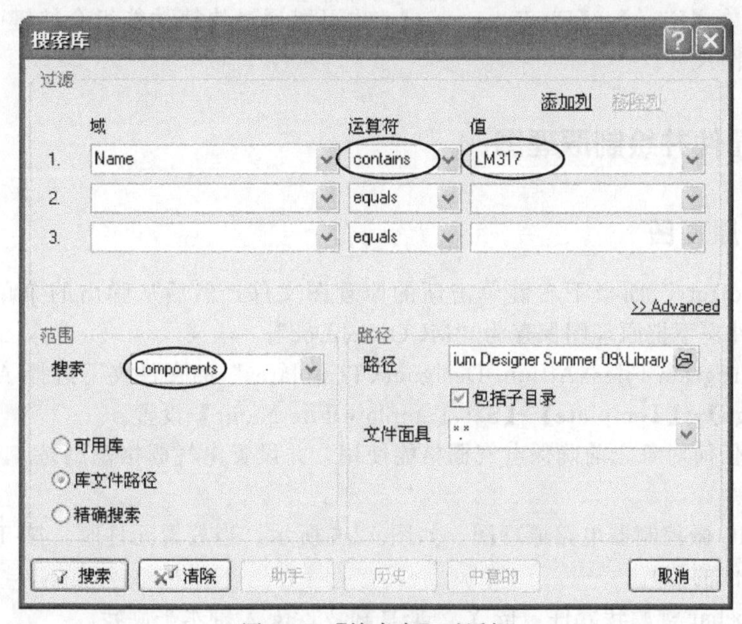

图 12-5　【搜索库】对话框

(1) 在库路径上设定范围，设置路径为 C:\Program Files\Altium Designer\Library（包含子目录选项在内）。

(2) 在该项目的设计中电源使用 LM317MSTT3 调整器。若要在提供的库中搜索一个适当的器件，可在【搜索字段】对话框中的名字的值（Value）区域，输入字符串 LM317，并选择包含 contains 字段，单击【搜索】按钮，如图 12-5 所示。

(3) 注意当前搜索的库是否在库面板中，一般需要花几分钟时间进行搜索。

(4) 搜索结果显示在集成库 ON Semi Power Mgt Voltage Regulator. IntLib 中，然后确认

器件 LM317MSTT3 在列表中。

(5) 加载此库并使元件可用，可以在结果列表中右键单击，并选择 Add or Remove Libraries（打开可用的库），或者在列表中双击元件名进行放置，单击【确定】后将出现对话框，然后就可以设置并安装该元器件库。

4. 在打开的元件库中查找元器件

(1) 在库面板中选择集成库 Miscellaneous Devices. IntLib，此库是安装该软件时默认安装的两个 PCB 库之一。它包括多种离散器件，如：电阻、电容、二极管等。

(2) 在筛选字段里输入"cap"，注意只有电容类型的器件罗列出来了。

(3) 尝试筛选字段中输入"diode"，现在列出的只是器件开头字符串为 diode 的二极管的器件。

(4) 现在尝试输入"＊diode"，这次列出来的就是字符串中含有"＊diode"的器件。

12.3 设置原理图选项

(1) 从系统编辑菜单中选择【Design】→【Document Options】，【文档选项设置】对话框就会出现。按照向导设置，只需要将图表的尺寸设置，然后将图层的大小设置为 A4。在 Sheet Options 选项中，找到 Standard Styles 选项，单击【下一步】将会列出许多图表层格式。

(2) 选择 A4 格式，单击 OK 关闭对话框，并且更新图表层大小尺寸。

可以单击菜单【View】→【Fit Document】，也可以通过快捷功能组合按键 V＋F，调整原理图到适当的视图尺寸。

12.4 放置元件并绘制原理图

12.4.1 绘制原理图

(1) 在"Projects"面板下右键单击新的原理图文件，然后从弹出的菜单里选择"Save As"。在项目文件夹下把原理图保存为"MCU. SchDoc"。

(2) 在"\Program Files\Altium Designer\Templates"的文件夹下选择 A4 大小的模板，通过菜单【Design】→【Template】→【Set Template File Name】设置。

(3) 在放置任何对象之前确保电气栅格能使用，并设置电气栅格范围是 4，捕捉栅格的大小设置为 10。

(4) 绘制 PIC 微控制器电路原理图，如图 12-6 所示。当放置元件时，按 Tab 键定义元件标号和注释（元件的值）。

(5) 按 Spacebar 键旋转元件，按 Y 键垂直翻转，按 X 键水平旋转。

(6) 设置端口 I/O 类型与其显示相匹配，设置电源和地端口的网络属性。

(7) 设置总线名字和端口名字为 RB [0..7]，目的是连接网络从 RB0～RB7 到总线上。

(8) 在总线上建立网络，首先在右面创建端口，复制端口并运行【Edit】→【Smart Paste】。从左面选择 Ports，在右面选择 Net Labels and Wires。在对话框的下部选择信号名字 Expand Buses，也可以设置合适的线长，如图 12-7 所示。注意间距以及导线是以目前的栅格设置为 80，以便导线和网络标号连接到元件的引脚。

(9) 在【文档选项】对话框的参数标签里输入必要的文档信息，比如输入标题为 PIC 微控制器。

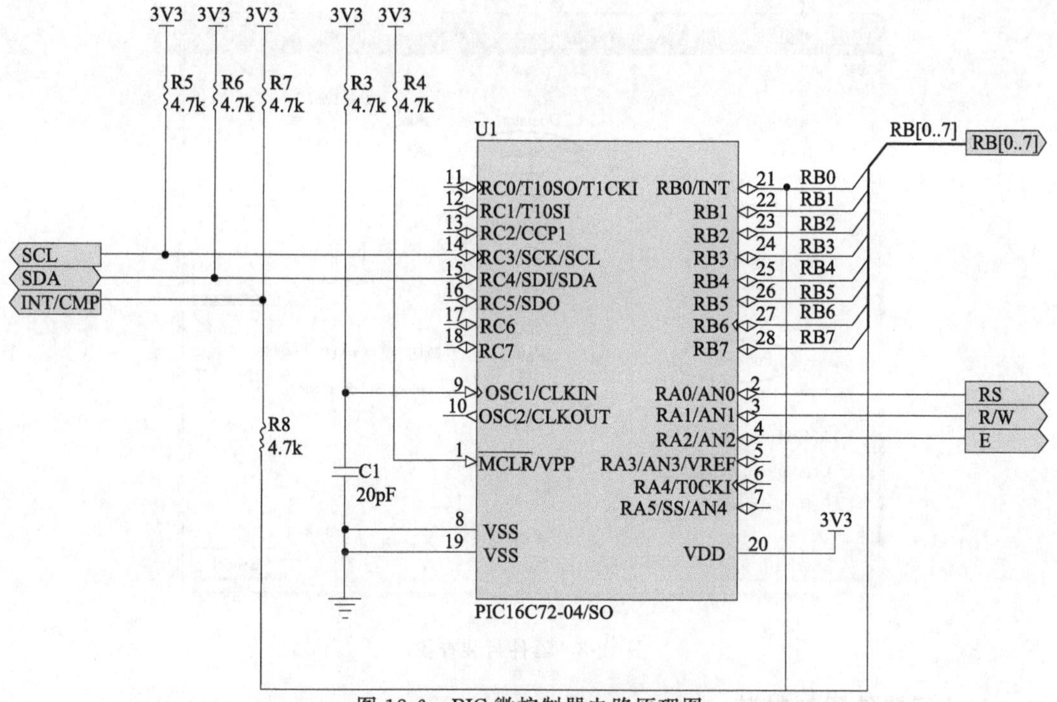

图 12-6　PIC 微控制器电路原理图

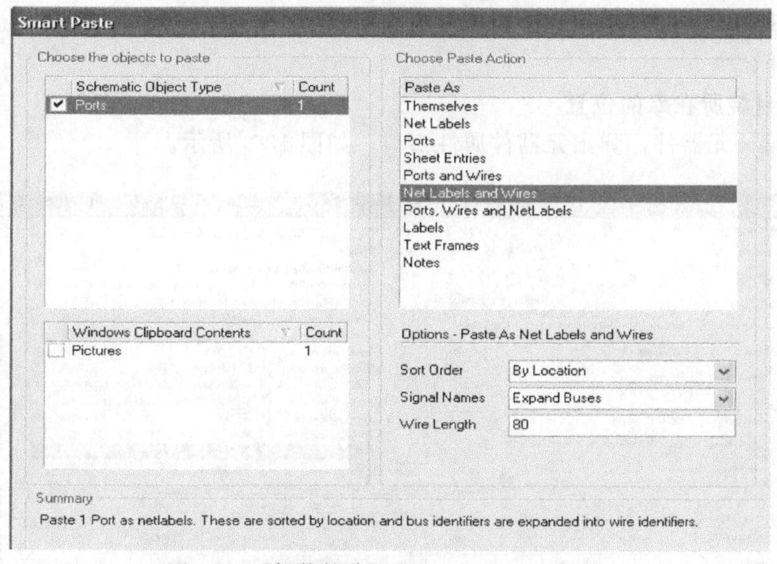

图 12-7　【智能粘贴】(Smart Paste) 对话框

12.4.2　当库未知的情况下查找封装

（1）封装查找和元器件符号查找基本上是一样的，唯一区别是需要在按 Search 按钮之前，在库查找面板中设置查找类型为 Footprints，如图 12-8 所示。

（2）设置查找路径为 C:\Program Files\Altium Designer\Library。

（3）输入字符串“0805”，然后单击 Search，查找结果显示包含一些库。

（4）在查询结果中双击其中一个 2012［0805］的封装，若包含该封装的库未安装，则会出现一个对话框，单击 YES 可以安装该库。

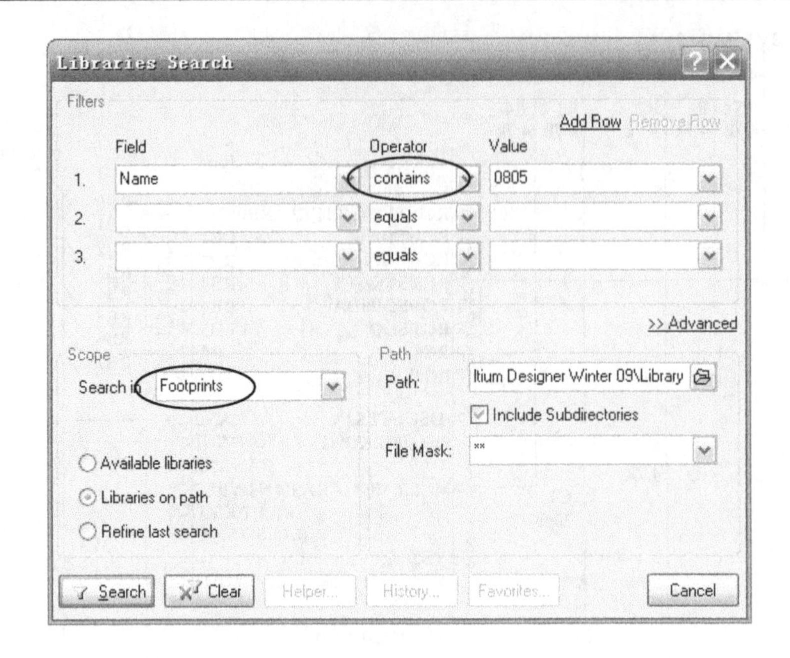

图 12-8 器件封装查找

12.4.3 给元器件添加封装

在绘制原理图时，元器件属性设置中一项很重要的工作就是设置封装（Footprints），设置封装的步骤如下。

1. 已知该封装所在库的位置

（1）双击某一元器件，弹出元器件属性窗口，如图 12-9 所示。

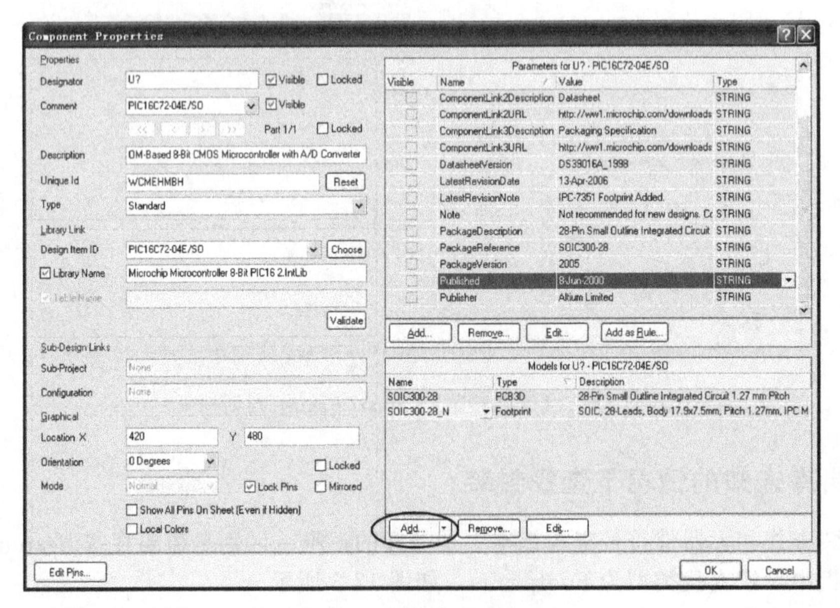

图 12-9 元器件属性窗口

（2）单击下方“Add...”按钮，并选择模型类型为 Footprint。

（3）弹出 PCB 元件模型窗口，单击“Browse”浏览按钮，弹出封装库浏览窗口，如图 12-10

所示。然后单击“...”按钮，弹出可用库窗口，如图 12-11 所示。

(4) 在可用库窗口下方单击“Install...”按钮，根据 Temperature Sensor. PcbLib 元件封装库的位置设置路径，并安装该库，如图 12-12 所示。

(5) 回到封装库浏览窗口，选择 Temperature Sensor. PcbLib，在该库中选择贴片电容自定义封装 MCCT-B，如图 12-13 所示。

2. 未知该封装所在库的位置

若不知元件封装的位置，但知道元件封装的名称，则可以在封装库浏览窗口（图 12-10）。单击“Find...”按钮，查找并添加包含该封装的库，并添加该封装（此处简略）。

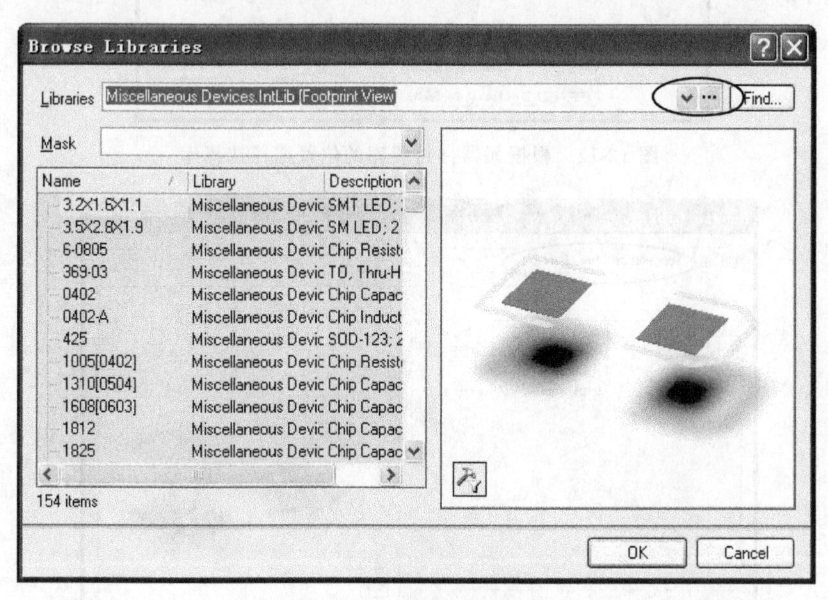

图 12-10　封装库浏览窗口

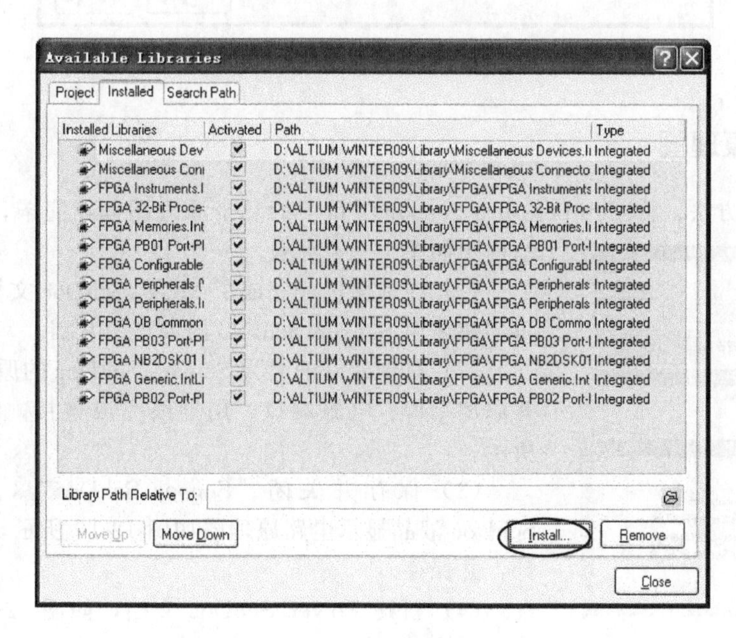

图 12-11　可用库窗口

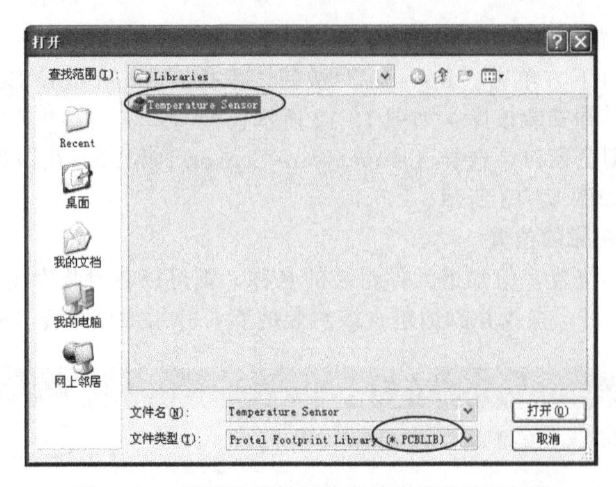

图 12-12 根据元器件封装库的位置路径选择库

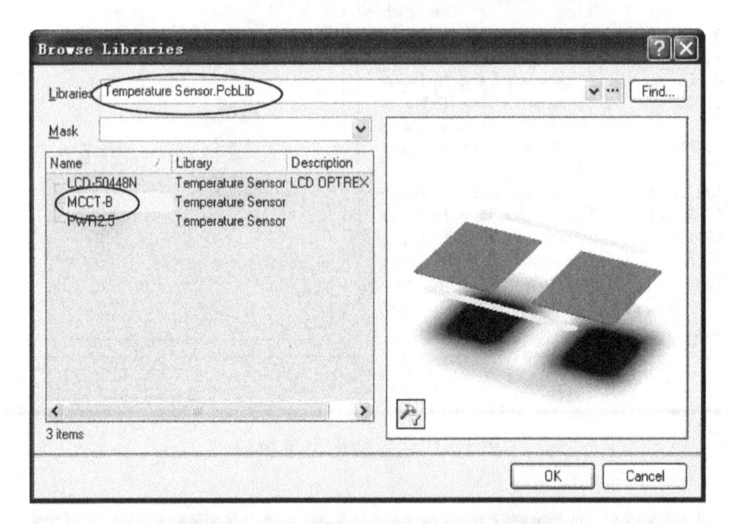

图 12-13 在元器件封装库中选择封装

12.5 完成原理图

通过下面的方法，将 Temperature Sensor 项目中的几个原理图创建完毕，完成后的项目结构图如图 12-14 所示。

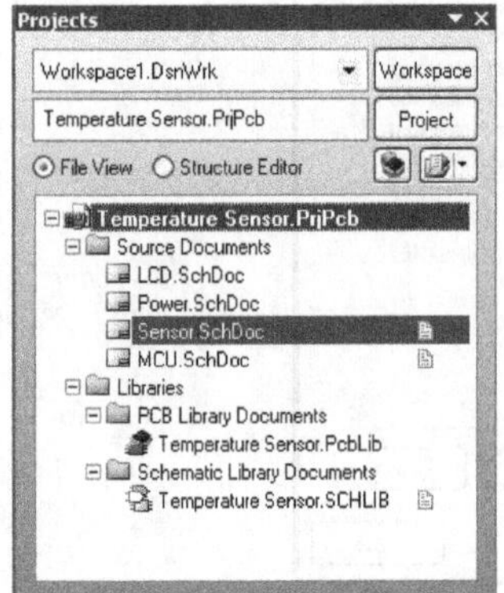

图 12-14 完成的项目结构图

(1) 在前面已经完成了 MCU. SchDoc 文档的设计，这里再创建名为 Sensor. SchDoc 的原理图文档。

(2) 对创建好的名为 Sensor. SchDoc 的原理图进行设计，并添加端口、电源端口，用导线完成连接，结果如图 12-15 所示。

(3) 保存并关闭“Sensor. SchDoc”，新建的 LCD. SchDoc 液晶显示电路原理图如图 12-16 所示，完成原理图设计，并保存。

(4) 新建 Power. SchDoc 文档，如图 12-17 所示，完成电源电路原理图设计，并保存。

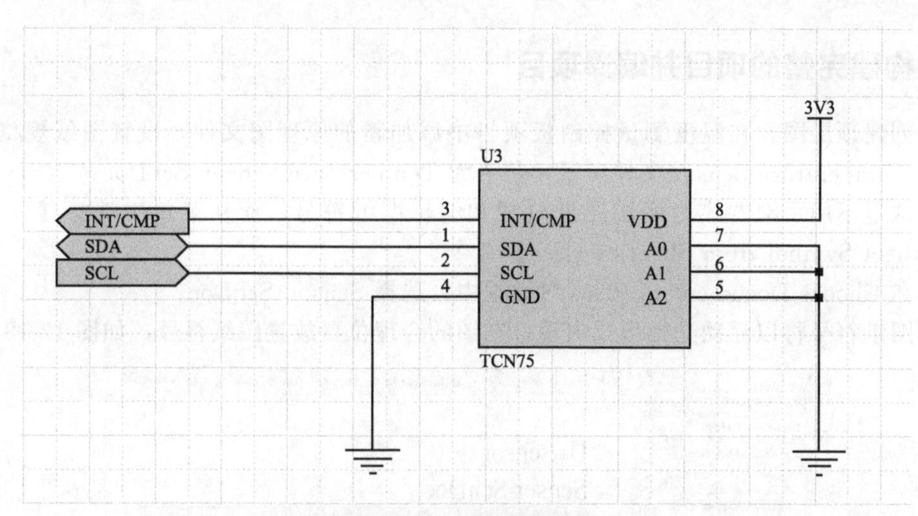

图 12-15　温度传感器电路原理图

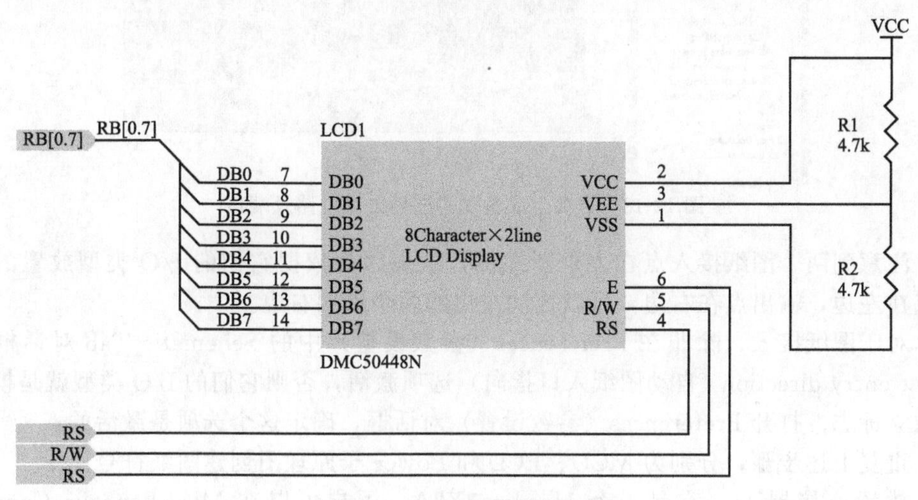

图 12-16　液晶显示电路原理图

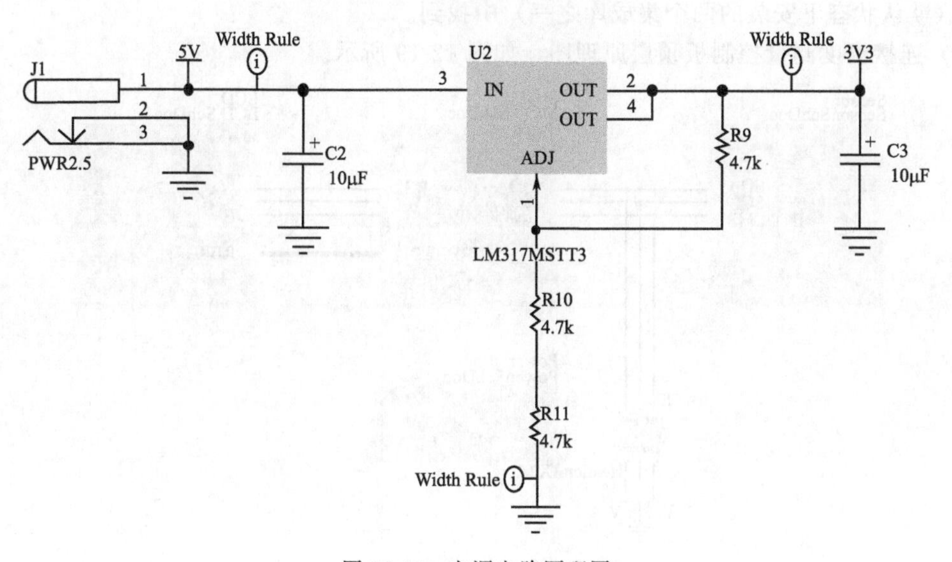

图 12-17　电源电路原理图

12.6 构建完整的项目并编译项目

（1）创建顶层图，在温度测量控制板项目中添加新的原理图文件，设置图纸规格为 A4，并保存在 Temperature Sensor 文件夹下，名字为 Temperature Sensor. SchDoc。

（2）这里不用手动方式为底层图纸放置和编辑图纸符号，而从菜单中选择【Design】→【Create Sheet Symbol from Sheet or HDL】命令。

（3）在 Choose Document to Place 对话框中，选择 Sensor. SchDoc。

（4）图纸符号将以浮动光标形式出现，在图的合理位置放置图纸符号，如图 12-18 所示。

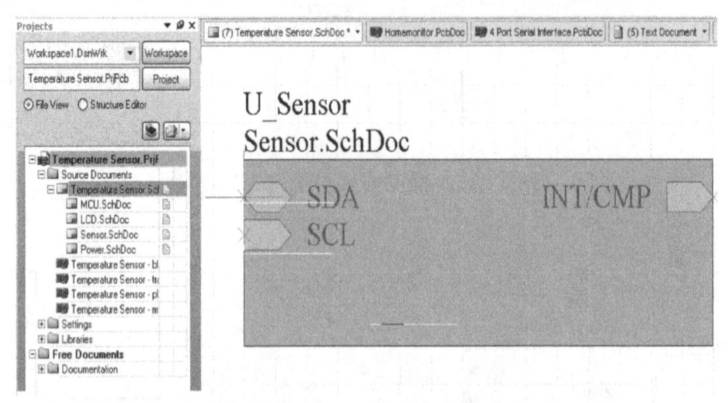

图 12-18　自动生成温度传感器方块电路及端口

（5）注意到两个图纸接入点在方框图左侧，这是因为依据它们的 I/O 类型放置的，输入及双向点在左边，输出点在右边，可以拖动左边的两个点到右边。

（6）对于图纸接入，除非在 Preferences（参数设置）中的 Schematic Tab 对话框中，把 auto sheet entry direction（自动图纸入口指向）选项激活，否则它们的 I/O 类型就是模式（指向）的独立标志。打开 Preferences（参数设置）对话框，确定这个选项是激活的。

（7）重复上述步骤，分别为 MCU、LCD 和 Power 子原理图创建图纸符号。

（8）放置连接器 J1，它是一个 Header 3X2A，用户可以在 Miscellaneous Connectors. IntLib（默认状态下安装的两个集成库之一）中找到。

（9）连接温度测量控制板顶层原理图，如图 12-19 所示。

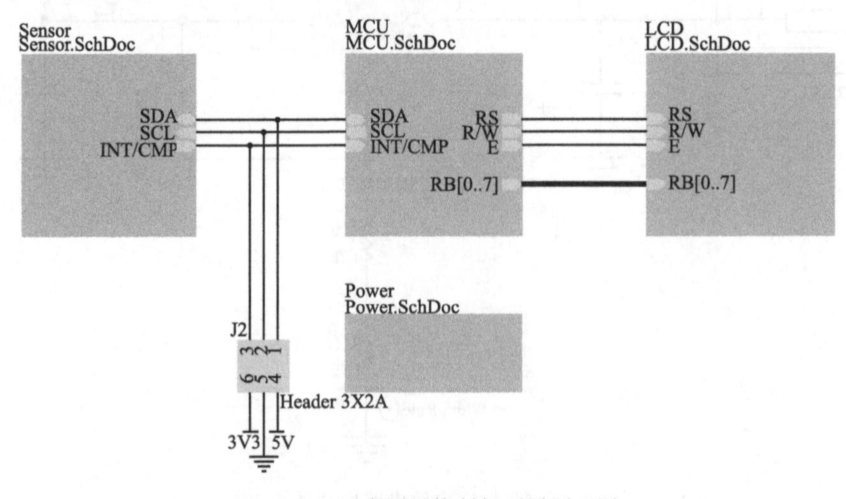

图 12-19　温度测量控制板顶层原理图

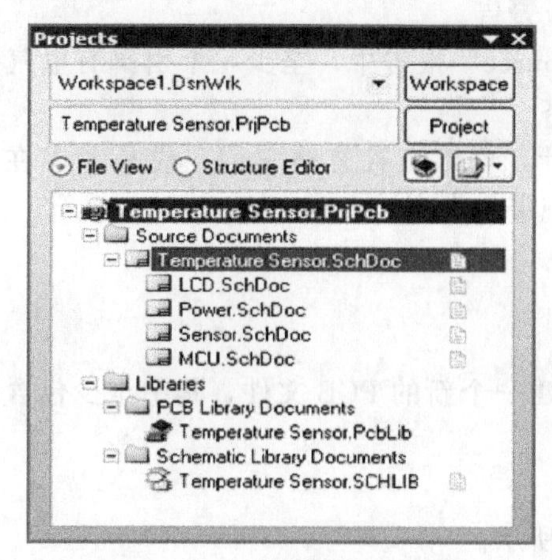

图 12-20　项目的层次结构图

(10) 编译这个工程，可选择【Projects】→【Compile PCB Project Temperature Sensor. PrjPcb】命令进行编译。确保所运行的编译是正确的，因为在工程菜单中有两个编译文件：一个编译的是现行的原理图文件；另外一个编译的是整个工程。这里需要的是编译整个工程。一旦编译完成，项目的层次结构将在 Projects 面板上展现出来，如图 12-20 所示。

(11) 保存工程（在 Project 面板上右击这个工程）。

本项目的设计现在基本上完成了，但是在被转到 PCB 板上之前还有几项工作要做，包括：

① 在层次表上为每一个图表指定一个图纸编号；

② 分配位号；

③ 检查设计错误。

12.7　元件标注及错误检查

(1) 在主菜单选择【Tools】→【Annotate Schematics】命令，弹出 Annotate 元件标注设置窗口，如图 12-21 所示。

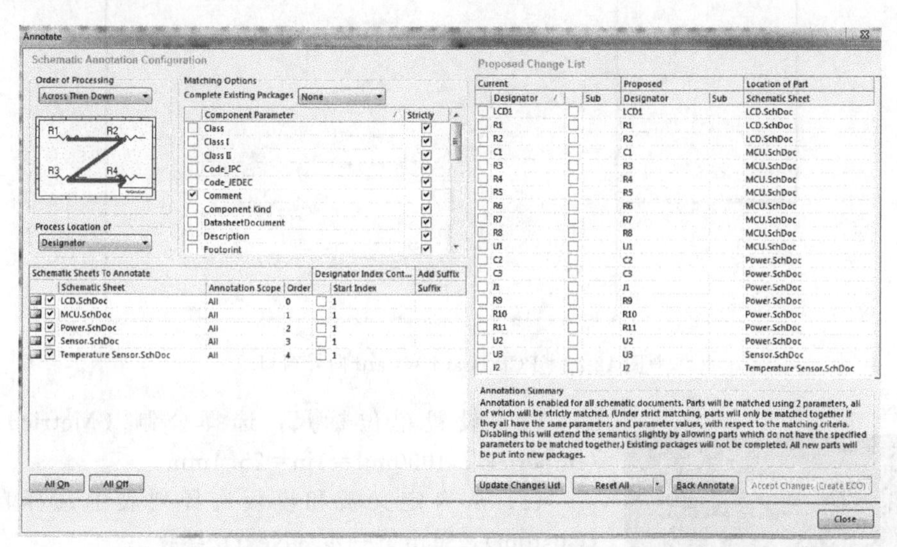

图 12-21　Annotate 元件标注设置窗口

(2) 在标注对话框中，单击 Reset All 按钮，然后单击出现的信息对话框中的 OK 按钮，在对话框中的建议标号列，将在所有位号符上显示“?”，作为其批注索引。

(3) 单击 Update Changes List 按钮，给每一个元器件分配一个唯一的位号，元器件根据顶部设置对话框选择的方向位置顺序标注。

(4) 重复设置和分配、更改方向选项的过程，选择用户喜欢的方向选项。

(5) 在 Annotate 设置窗口中，提交更改并更新元器件，单击 Accept Changes 按钮生成 ECO。在 ECO 对话框单击 Execute Changes，然后关闭 ECO 和标注对话框。

(6) 请注意，接受过更改的每个文档，在其窗口顶部的文档选项卡上的名称旁边都有一个 *，请保存项目中的所有文件。

（7）使用编译功能检查设计文档，检查所有的错误或警告。

（8）解决所有错误。注意，“Nets with no driving source”报告中，至少一个引脚有电气类型为：输入、输出、开极、高阻、发射极或电源的网络。

（9）也会有一些多余的警告，不会影响用户的设计，可以直接忽略它们，或是考虑在 Options for Project 对话框的 Error Reporting 标签上，把警告类型转成 No Report。

12.8 创建新的 PCB 文件

在将原理图设计数据传递到 PCB 设计之前，需要创建一个新的 PCB 文件，其中至少包含一个定义板形的机械层（board outline）。

1. 利用 PCB 向导工具创建新的 PCB 文件

（1）打开 PCB Board Wizard 向导窗口，如图 12-22 所示。

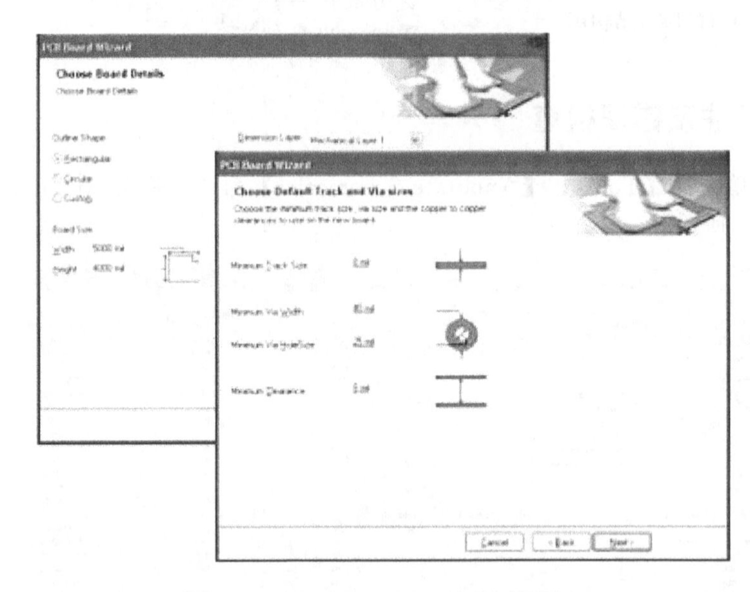

图 12-22　PCB Board Wizard 向导窗口

（2）设置单位标尺，选择公制（Metric）或英制（Imperial），1000mil＝1in＝25.4mm。

（3）从自定义板和模板选择列表中选择自定义板（Custom），单击下一步（Next）继续。

（4）输入自定义板的参数。本例中设置板尺寸为 2in×2.5in 的矩形板，分别在 Width 编辑栏中输入数值 2000，在 Height 编辑栏输入数值 2500，如图 12-23 所示，并取消选择 Title Block&Scale、Legend String 和 Dimension Lines 参数复选选项，单击下一步（Next）继续。

图 12-23　创建完成的 PCB 板尺寸

（5）通过 PCB Board Wizard 完成 PCB 板的创建。

（6）选择菜单【File】→【Save As】命令，PCB 文件定义为 Temperature Sensor.pcbDoc。

2. 导入设计

在将原理图的信息导入到新的 PCB 之前，请确保所有设计中被调用的元器件库均被安装到元器件库列表内。如果工程已经编译并且原理图没有任何错误，则可以使用【Update PCB】命令来产生 ECOs（Engineering Change Orders 工程变更订单命令），它将把原理图的电气设计信息导入到目标 PCB 文件内。

3. 更新 PCB 设计数据

（1）打开原理图文件 Temperature Sensor. Schdoc。选择菜单【Design】→【Update PCB Document Temperature Sensor. pcbDoc】命令，系统将弹出工程变更订单对话窗口，如图 12-24 所示。

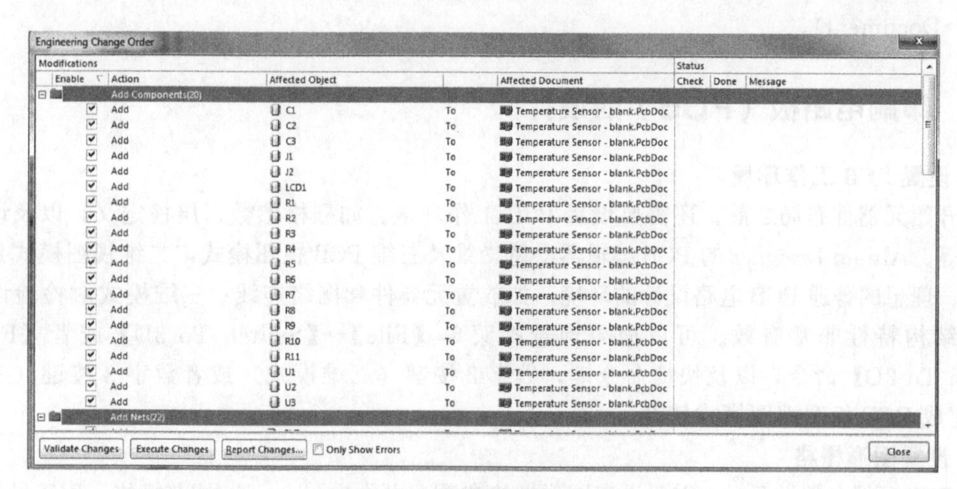

图 12-24　工程变更订单对话窗口

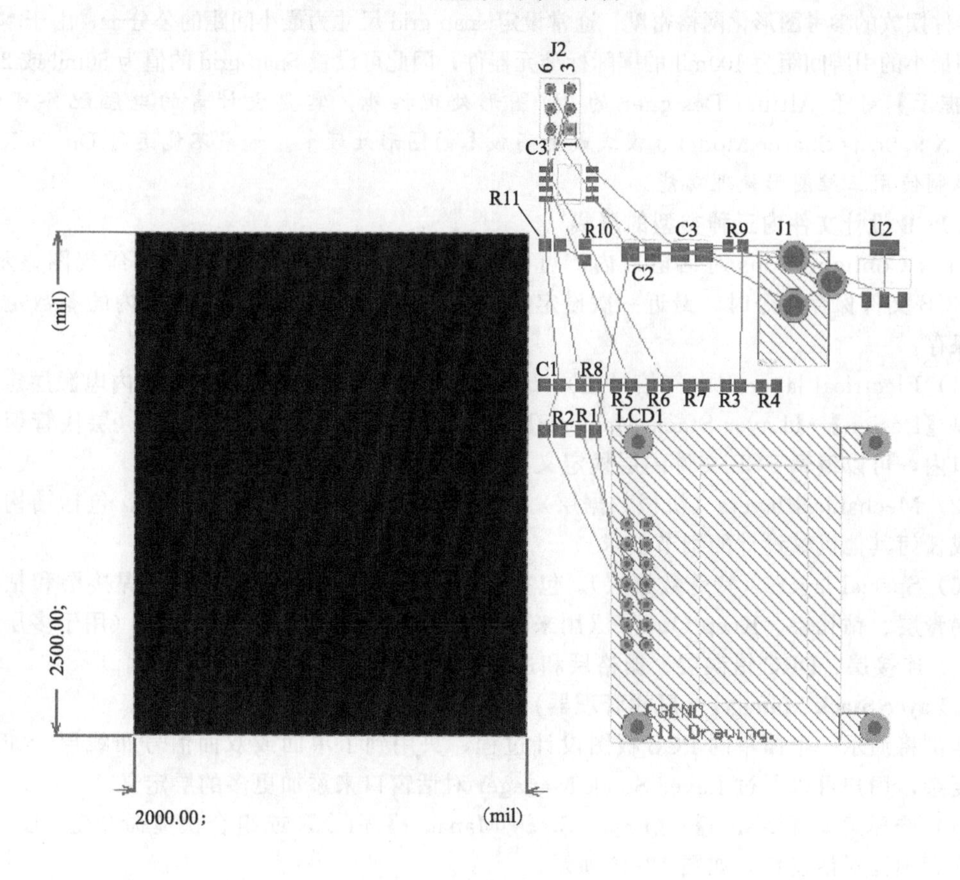

图 12-25　导入到 PCB 文件内的元器件封装图形

（2）单击【Validate Changes】（变更检查）命令，如果 Status（状态）列表栏中显示绿色标记，则表示数据正确；而红色标记表示数据错误，则需要更正设计中存在的错误。

（3）单击【Execute Changes】（执行变更）命令，将原理图的电气设计信息导入到目标 PCB 文件内。

（4）单击【Close】（关闭）命令，目标 PCB 文件将被打开，并且显示导入到 PCB 文件内的元器件封装图形，如图 12-25 所示。如果需要浏览 PCB 文件全貌，请使用组合快捷键 V+D（View→Document）。

12.9 印刷电路板（PCB）的设计

1. 设置 PCB 工作环境

在开始元器件布局之前，还需要设置 PCB 工作环境。如栅格参数、层栈定义，以及设计规则约束等。Altium Designer 的 PCB 编辑器支持二维及三维 PCB 视图模式，二维视图模式是一个多层的、理想的普通 PCB 电路设计的环境，如放置元器件和网络连线；三维模式对检验设计的工艺及结构特性非常有效。可以简单地选择菜单【File】→【Switch To 3D】或者【File】→【Switch To 2D】命令，以及快捷命令键，数字 2 按键（二维模式）或者数字 3 按键（三维模式），完成 PCB 板图视图模式切换。

2. 设置图形栅格

在 PCB 环境参数设置时，需要设定图形栅格参数，也称为 snap grid 捕获栅格，用于设置布局时元器件摆放的参考图形化网格密度。通常设定 snap grid 尺寸为最小间距的公分子，由于本例电路将使用最小的引脚间距为 100mil 的国际标准元器件，因此可设置 Snap grid 的值为 50mil 或 25mil。

【提示】对于 Altium Designer 的 3D 图形处理性能，需要设计者的电脑配备可以支持 Direct X 9.0c 和 Sharer Model 3 模式或更高版本的图形处理卡。如果不能运行 Direct X，用户将被限制使用三维图形处理功能。

3. PCB 设计文件内三种类型的层栈

View Configurations 对话窗口内，可以定义 PCB 板图设计的二维及三维视图显示参数，执行 PCB 文件保存命令时，最近一次设定的 View Configurations 对话窗口内的参数定义将被同时保存。

（1）Electrical layers（电气信号层）。最大支持 32 个信号布线层和 32 个内电源层定义，选择菜单【Design】→【Layer Stack Manager】命令，在 Layer Stack Manager（层栈管理器）对话窗口内，可以编辑 PCB 文件的层栈定义，如添加或移除层定义。

（2）Mechanical layers（机械数据层）。最大支持 32 个机械数据层定义，包括结构工艺的细节或任何其他机械设计的细节要求。

（3）Special layers（特殊数据层）。包括顶部和底部的丝网印刷层、阻焊接层和粘贴层的蒙版锡膏层、钻孔层、Keep-Out 层（用来界定电气界限的），以及多综合层（用于多层焊盘和过孔）、连接层、DRC 错误层、栅格层和过孔洞层。

4. Layer Stack Manager（层栈管理器）

本例将演示一个简单的 PCB 板图设计过程，只用到了单面或双面信号布线层。如果设计较为复杂，用户可以通过 Layer Stack Manager 对话窗口来添加更多的层定义。

（1）选择菜单【Design】→【Layer Stack Manager】命令，或组合快捷命令键：D+K，打开层栈管理器对话窗口，如图 12-26 所示。

（2）添加新的信号层，需要先选择被添加的信号层位于某一层之下，然后单击【Add

Layer】或【Add Plane】命令，分别添加信号布线层或内电源层。而层电气属性，如铜的厚度和介电系数的定义，则被用于信号完整性分析。

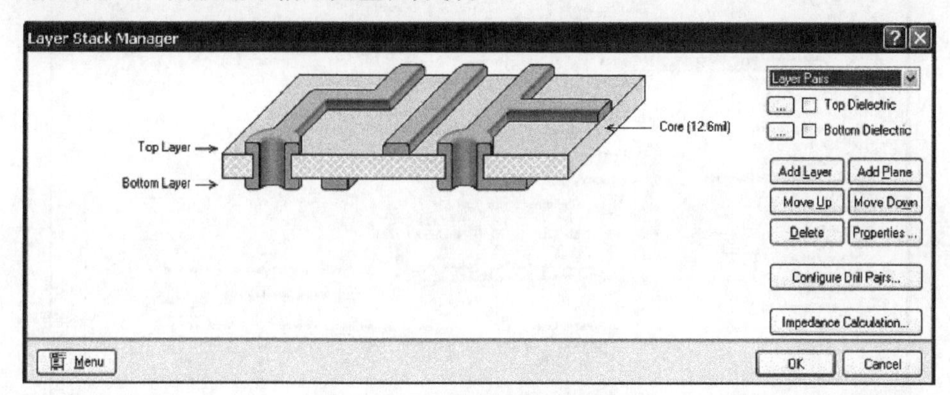

图 12-26　层栈管理器对话窗口

5. 规则定义

Altium Designer 的 PCB 编辑器是一个基于规则约束的电子设计环境，在设计的过程中，如网络布线、元器件布局，抑或执行自动布线器，系统都将监视每一步操作，并检查设计数据是否完全符合设计规则的约束条件。如果不符合，则会立即出现警告提示。

规则约束共分为 10 类，其中主要包括电气特性、布线模式、工艺要求、元器件布局和信号完整性等规则，如图 12-27 所示。

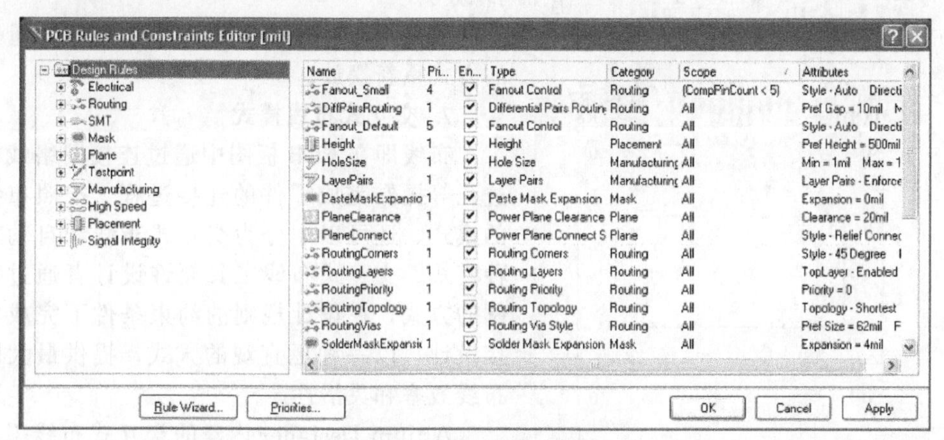

图 12-27　设计规则定义

通过电源线线宽规则的定义，演示设计规则的定义过程。

（1）在 PCB 编辑环境下，选择菜单【Design】→【Rules】命令。

（2）如图 12-28 所示，打开 PCB 规则和约束编辑器对话窗口。在窗口左侧的目录树列表区内将显示所有的规则类型。展开 Routing 选项后，双击【Width】命令，显示线宽规则定义页面。

（3）设置 Constraints 区域的布线线宽值，包括最小、优选、最大线宽数值。

（4）添加新的 12V 和 GND 网络线宽规则（宽度为 25mil）。

6. 元器件布局

（1）通过组合快捷命令按键：V+D，调整到合适的 PCB 视图尺寸。

（2）鼠标移动到元器件“1”封装图形之上，单击并按住鼠标左键；光标将变成十字交叉准线模式，并跳转到元器件的中心源点上，移动鼠标将拖动选定的元器件。

（3）参照图 12-29 所示，逐一摆放所有元器件封装图形。在元器件被移动时，焊盘连接的

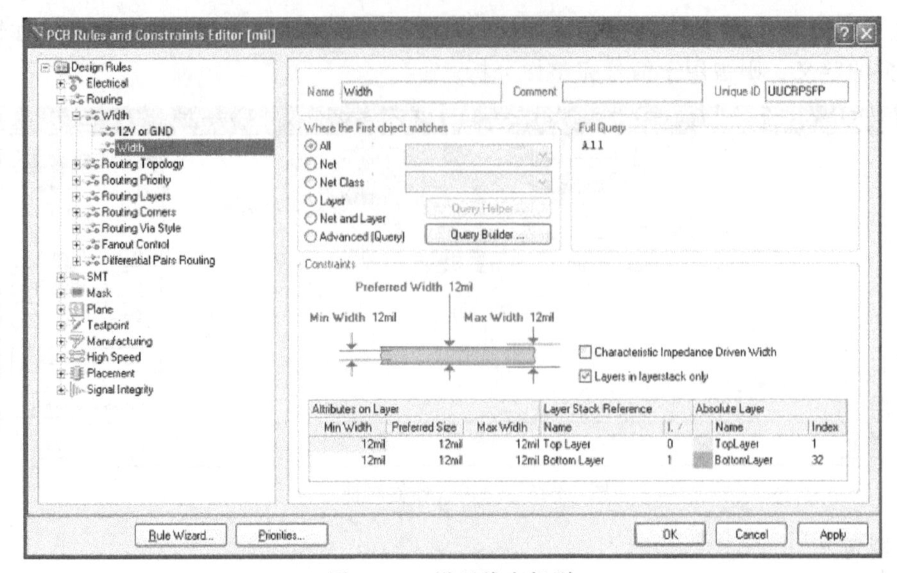

图 12-28 设置线宽规则

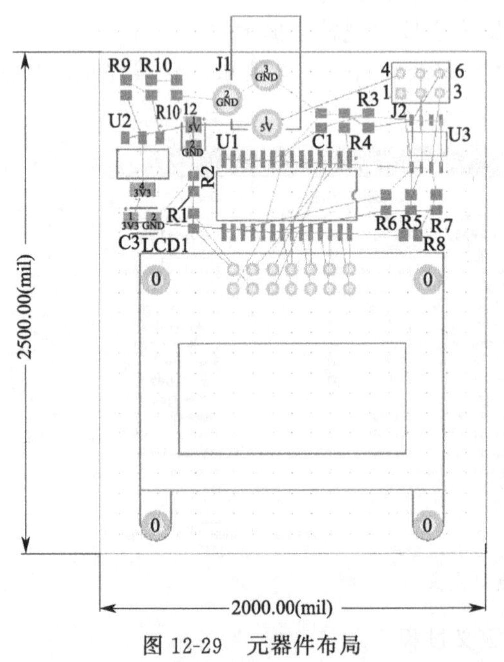

图 12-29 元器件布局

飞线随着元件一起移动。

(4) 在移动元器件的时候，还可使用空格按键改变元器件的放置方向（每次向逆时针方向转 90°）。

(5) 元器件的文字丝印标号也可以通过类似的方式重新摆放。

7. 交互式布线模式

布线即在 PCB 板图中通过连接网络线和放置过孔等操作完成零件的连接过程。按照布线实现的模式，还可以划分为交互式布线和自动布线两种模式。交互式布线工具允许设计者通过手工控制的方式，在设计规则的约束条件下完成电路连接设计，以一种更直观的方式，提供最大限度的布线效率和灵活性。

Altium Designer 内建的交互式布线工具，包括交互式单路信号布线工具 、交互式差分信号布线工具 和交互式多路（总线）布线工具 。结合电路设计中网络信号特性，遵循方便布线路由的原则，设计者可以选择适当的交互式布线工具完成线路连接，最常使用的工具为交互式单路布线工具。

8. 自动布线模式

(1) 选择菜单【Tools】→【Route】→【All】命令，在弹出的 Situs Routing Strategies 对话窗口中，单击【Route All】命令按键。

(2) 在 Messages 消息窗口中，将显示自动布线执行的阶段和布线完成状态。

(3) 完成布线后，选择菜单【File】→【Save】命令，保存 PCB 设计文件。

9. 手动布线调整

为了使 PCB 布线更加科学与美观，一般必须在自动布线的基础上进行手动布线的调整，或者经验丰富的工程师对 PCB 全部采用手动布线。手动布线后的 PCB 板，与本章开始部分的图 12-1 相同。

10. 学生手动布线训练参考图纸

为了使学生提高手动布线的能力，我们将原 PCB 图分解为顶层布线图和底层布线图，便于学生看清走线情况，实施手动布线。学生可以参考图 12-30、图 12-31 自己完成手动布线，从而体会手动布线的特点与方法，提高布线能力。

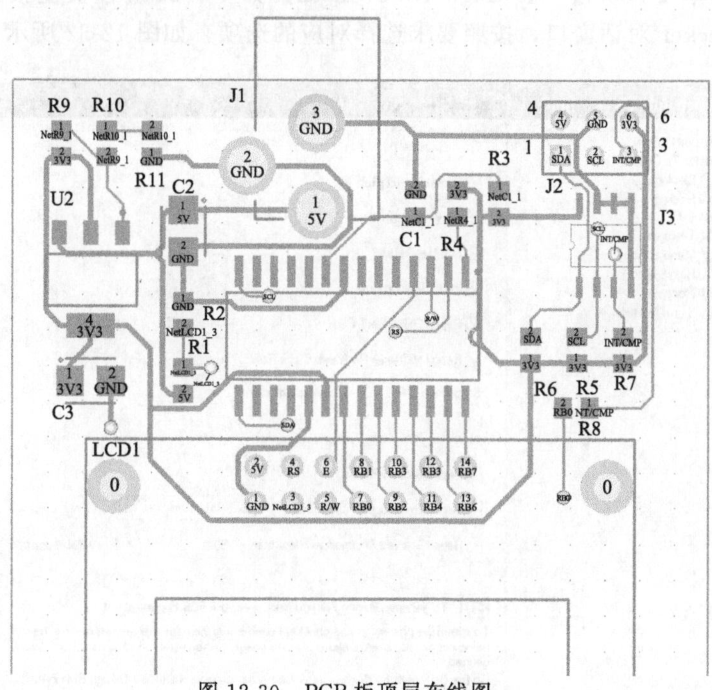

图 12-30　PCB 板顶层布线图

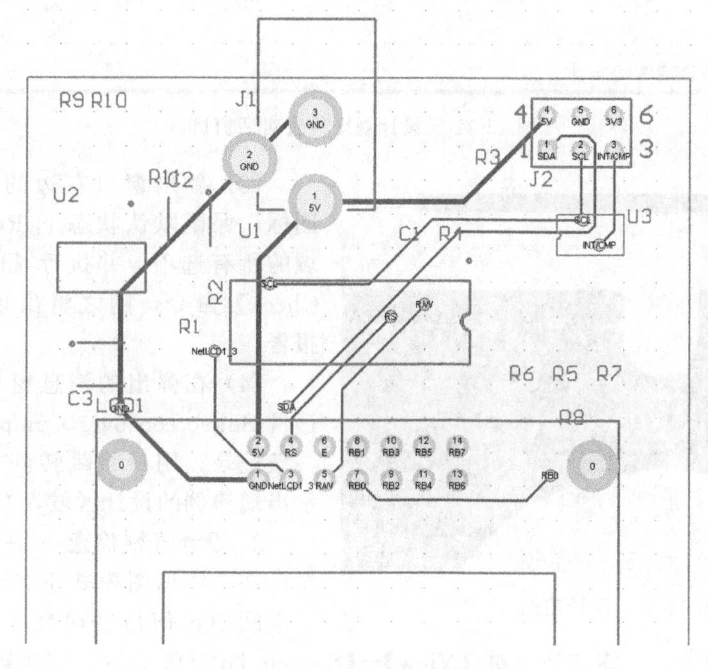

图 12-31　PCB 板底层布线图

12.10　PCB 板设计数据校验

1. 设计规则检查——二维视图模式

（1）选择菜单【Design】→【Board Layers & Colors】命令，或快捷按键：L，并确认复选项 Show 及 System Colors 区的 DRC 错误标记选项已被选取，这样 DRC 错误标记将被显示。

（2）选择菜单【Tools】→【Design Rule Check】命令，或组合快捷按键：T+D，打开 Design Rule Checker 对话窗口，按照要求选择对应的选项，如图 12-32 所示。

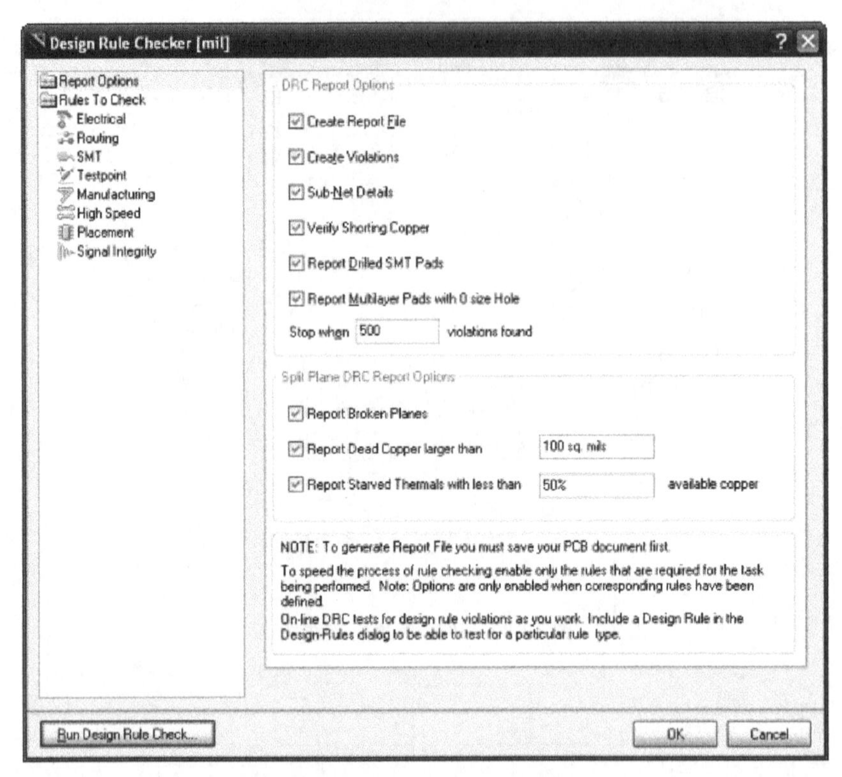

图 12-32　设计规则检查对话窗口

（3）单击窗口左边的 Report Options 图标，保留默认状态下 Report Options 区域的所有选项，并执行【Run Design Rule Check】命令，随之将出现设计规则检测报告。

（4）在弹出的消息窗口内，单击设计违例 Silkscreen over Component Pads 的任一条记录，用户将跳转到 PCB，并放大显示出现违例的设计区域，如图 12-33 所示。

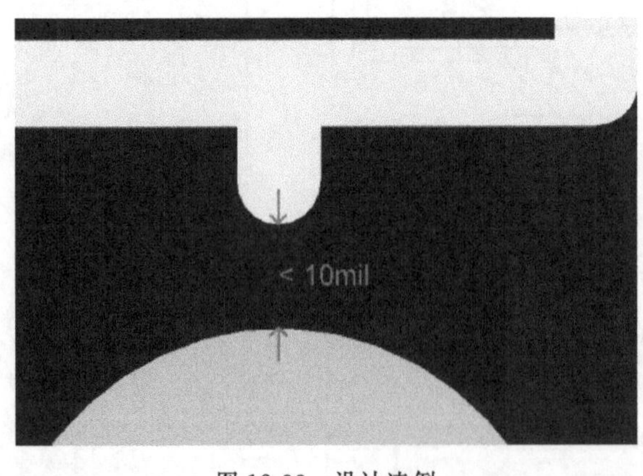

图 12-33　设计违例

2. 设计规则检查——三维视图模式

在三维视图模式下，可以帮助设计者从空间中任何角度观察电路板的设计。将视图切换到三维模式，只需选择菜单【View】→【Switch To 3D】命令，或按数字键：3 即可。

【提示】Altium Designer 的 3D 图形处理功能，电脑需要安装有支持 Direct X 9.0c 和 Sharer Model 3 模式或更高版本的图形处理卡。如需要了解当前使用的系统是否符合性能要求，可以在 Preferences 对话窗口，利用 PCB Editor-Display 页面的 Direct X 兼容性检测功能。

（1）三维视图模式下的操作功能。

① 视图缩放——按 Ctrl＋鼠标滚轮，或 PAGE UP / PAGE DOWN 键；

② 视图平移——按 Shift＋鼠标滚轮；

③ 视图旋转——按住 Shift 键进入 3D 旋转模式，如图 12-34 所示。

◇ 用鼠标右拖动圆盘 Center Dot，任意方向旋转视图；

◇ 用鼠标右拖动圆盘 Horizontal Arrow，绕 Y 轴旋转视图；

◇ 用鼠标右拖动圆盘 Vertical Arrow，绕 X 轴旋转视图；

◇ 用鼠标右拖动圆盘 Circle Segment，在 Y-plane 中旋转视图。

图 12-34　视图 3D 旋转模式

（2）创建或导入元器件的 3D 模型。器件 3D 模型可以被存储在封装库中，在三维视图模式下，系统将自动调用器件对应的 3D 模型，用于在 3D 环境下渲染该元件。此外，精确的元器件间隙检查，甚至是装配整个 PCB 和外部的自由浮动的 3D 机械物体外壳都是可能的。Altium Designer 将一体化电子产品设计技术发展到一个新的高度，通过支持 STEP 模型标准，与 MCAD 工具真正实现了在 3D 模型数据上的共享。

12.11　输出制造文件

Altium Designer 一体化设计平台提供了丰富的制造数据输出功能，由于在 PCB 制造过程中存在数据格式转换输出、元器件采购、电路板测试、元器件装配等多个环节，因此，电子设计自动化（EDA）工具，必须具备产生多种不同用途文件格式的能力。

1. 输出装配数据

① 元器件装配图：打印电路板两面装配的元器件位置和原点信息；

② Pick&Place File：用于控制机械手攫取元器件，并摆放到电路板的数据文本。

2. 输出设计文档

① 层复合格式绘图：控制打印视图中显示的层组合模式；

② 三维视图打印：打印输出电路板三维视图；

③ 原理图打印输出：输出原理图设计图纸；

④ PCB 板图打印输出：输出 PCB 板图设计图纸。

3. 输出制造数据

① 绘制复合钻孔数据设计：在一张图纸中绘制出机械板形和钻孔位置、尺寸信息；

② 绘制钻孔图/生成钻孔数据文件向导：在多张图纸上，分别绘制出不同钻孔信息的位置和尺寸；

③ Gerber Files：产生 Gerber 格式的 CAM 数据文件；

④ NC Drill Files：创建能被数控钻孔机读取的数据文本；

⑤ ODB＋＋Files：产生 ODB＋＋数据库格式的 CAM 数据文件；

⑥ Power-Plane Prints：创建内电源层和分割内电源层数据图纸；

⑦ Solder/Paste Mask Prints：创建阻焊层和锡膏层数据图纸；

⑧ Test Point Report：创建多种格式的测试点数据报告。

4. 输出网表数据

① EDIF 格式网表；

② PCAD 格式网表；

③ Protel 格式网表；

④ SIMetrix 格式网表；

⑤ SIMPLIS 格式网表；

⑥ Verlog 文件网表；

⑦ VHDL 文件网表；

⑧ 符合 XSpice 标准网表。

5. 输出设计报告

① 材料清单：列印出设计中调用的零件清单；

② 元器件交叉参考报告：在现有原理图的基础上，创建一个组件的列表；

③ 项目源文件层次报告：创建一个源文件的清单；

④ 单个引脚网络报告：创建一个只有一个引脚网络连接的报告；

⑤ 简单 BOM：创建一个简化版 BOM 文件。

【注意】 Altium Designer 内建 Output Job Files 的输出数据队列管理功能，可以统一管理各种类型的输出文件。

6. 生成 Gerber 格式的制造数据文件

选择菜单【File】→【Fabrication Outputs】→【Gerber Files】命令，打开 Gerber Setup 对话窗口，即可生成 Gerber 格式的制造数据文件。

7. 生成元器件清单

(1) 选择菜单【Reports】→【Bill of Materials】命令，打开 Bill of Materials for PCB Document 对话窗，如图 12-35 所示。

(2) 在 All Column 选项编辑区域内，选择需要输出到报告中元器件属性列的名称，选中 Show 复选框。

(3) 将设定为分组类型的属性列拖入 Grouped Columns 选项编辑区，用于在材料清单中按设置的类型划分元件组。如，若要以封装名称分组，在 All Columns 中选择 Footprint，并拖动到 Grouped Columns。

(4) 在 Export Option 属性区，设置 BOM 文件的输出格式，如“CSV”代表输出文件的格式为 CSV 浏览器编辑格式。

至此，已经完成了一个简单的电路设计全过程。

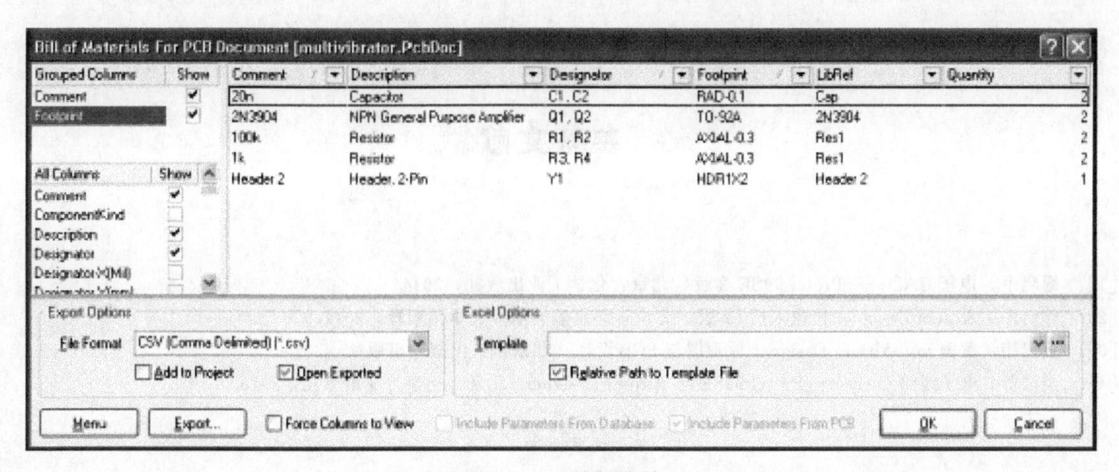

图 12-35　材料清单

本章小结

本章通过一个综合实例，进一步介绍了 Altium Designer 的基础功能。读者通过完成实例任务，可以掌握绘制电路原理图、设计 PCB 和布线等设计技巧。用户在深入探索 Altium Designer 的过程中，会发现它丰富的功能，使 PCB 设计工作变得更轻松。

参考文献

[1] 缪晓中．电子 CAD——Protel 99SE. 2 版．北京：化学工业出版社，2014.

[2] 徐向民．Altium Designer 快速入门．2 版．北京：北京航空航天大学出版社，2011.

[3] 黄智伟，黄国玉．Altium Designer 原理图与 PCB 设计．北京：人民邮电出版社，2016.

[4] 吴国贤．电子线路 CAD——Protel 99SE 与 Altium Designer. 北京：化学工业出版社，2015.